T0224670

Geometrie der Raumzeit

Rainer Oloff

Geometrie der Raumzeit

Eine mathematische Einführung
in die Relativitätstheorie

6., korrigierte und erweiterte Auflage

 Springer Spektrum

Rainer Oloff
Fakultät für Mathematik und Informatik
Universität Jena
Jena, Deutschland

ISBN 978-3-662-56736-4   ISBN 978-3-662-56737-1 (eBook)
https://doi.org/10.1007/978-3-662-56737-1

Die Deutsche Nationalbibliothek verzeichnet diese Publikation in der Deutschen Nationalbibliografie; detaillierte bibliografische Daten sind im Internet über http://dnb.d-nb.de abrufbar.

Springer Spektrum
Verantwortlich im Verlag: Margit Maly

Gedruckt auf säurefreiem und chlorfrei gebleichtem Papier

Springer Spektrum ist ein Imprint der eingetragenen Gesellschaft Springer-Verlag GmbH, DE und ist ein Teil von Springer Nature.
Die Anschrift der Gesellschaft ist: Heidelberger Platz 3, 14197 Berlin, Germany

Vorwort zur sechsten Auflage

Das zusätzliche Kap. 17 soll keinesfalls den Anspruch erfüllen, eine Einführung in das riesige Wissenschaftsgebiet der Stringtheorie zu sein. Vorgestellt werden hier lediglich in der Stringtheorie benötigte Modifikationen von Rechnungen, die schon im Rahmen der Relativitätstheorie durchgeführt wurden. Ergebnis ist die Nambu-Goto string action, die die kräftefreie Bewegung in der Raumzeit beschreibt.

Für das Erstellen der TeX-files dieses neuen Kapitels bin ich meinem Enkelsohn Tom Zierbock dankbar. Außerdem bedanke ich mich herzlich bei Frau Margit Maly vom Springer-Verlag und Frau Jeannette Krause von le-tex publishing GmbH für die konstruktive Zusammenarbeit.

Jena, Deutschland R. Oloff
Januar 2018

Vorwort zur fünften Auflage

Es wurden insbesondere drucktechnische Verbesserungen vorgenommen. Besonderer Dank gilt Herrn Dr. V. Putz für eine ungewönlich gründliche Durchsicht und für konstruktive Hinweise.

Jena, Deutschland   R. Oloff
April 2010

Vorwort zur vierten Auflage

Es wurden drucktechnische Mängel behoben. Außerdem ließ sich die Rechtschreibreform nun nicht mehr ignorieren.

Jena, Deutschland   R. Oloff
November 2007

Vorwort zur zweiten und dritten Auflage

Der Text ist erweitert durch ein Kapitel über Rotierende Schwarze Löcher. Da in der Kerr-Raumzeit auch Basen in den Tangentialräumen verwendet werden, die nicht aus Koordinatenvektorfeldern gebildet sind, mussten auch einige Passagen über Differentialgeometrie entsprechend verallgemeinert werden. Ich danke Herrn F. Rahe für den Hinweis auf einen Fehler in der 1. Auflage und Herrn Th. Fischer für die Anfertigung zusätzlicher Bilder.

Die dritte Auflage ist bis auf einige Druckfehlerkorrekturen ein Nachdruck der zweiten.

Jena, Deutschland   R. Oloff
August 2002 und April 2004

Vorwort zur ersten Auflage

Die Relativitätstheorie ist untrennbar mit dem Namen ALBERT EINSTEIN verbunden. Es ist sein Verdienst, aus physikalischer Intuition heraus in jahrelanger kreativer Arbeit das Raumzeit-Modell entwickelt zu haben. Mit der Erklärung der Periheldrehung des Merkur im Rahmen der Relativitätstheorie und der Vorhersage der dann bei einer Sonnenfinsternis auch tatsächlich beobachteten Ablenkung des von fernen Fixsternen emittierten Lichtes im Gravitationsfeld der Sonne hat sich der relativistische Standpunkt schließlich weltweit durchgesetzt.

Der vorliegende Text ist aus Vorlesungen hervorgegangen, die ich wiederholt für Studenten der Physik und der Mathematik an der Friedrich-Schiller-Universität Jena gehalten habe. Das Anliegen ist die systematische Behandlung der Mathematik, die bei der Formulierung des Raumzeit-Modells verwendet wird. Nachdem das Modell präzise beschrieben ist, werden die Aussagen der Relativitätstheorie durch einfache, rein mathematische Argumentationen deduktiv gewonnen. Damit ist dieser Text eine Einführung in die Spezielle und in die Allgemeine Relativitätstheorie in der auch sonst in der Mathematischen Physik üblichen Sprache.

Ich möchte mich bei all den Kolleginnen und Kollegen bedanken, die mir bei der Ausarbeitung dieses Lehrbuchs geholfen haben. Besonders danke ich den Professoren G. Neugebauer, H. Triebel und V. Wünsch aus Jena und Herrn Prof. H. Rumpf aus Wien für Anregungen und kritische Hinweise, Frau H. Fritsche und Herrn J. Dubielzig für die Anfertigung großer Teile des Tex-Files und Herrn W. Schwarz vom Vieweg-Verlag für die geduldige und konstruktive Zusammenarbeit.

Jena, Deutschland   R. Oloff
Mai 1999

Einführung

Im Rahmen der in den sechziger Jahren des vorigen Jahrhunderts vollendeten Maxwell-schen Elektrodynamik wird das Licht als elektromagnetische Welle aufgefasst. Da sich Schwingungsvorgänge sonst immer auf ein bestimmtes Medium beziehen, wurde damals ein fiktiver **Äther** als Träger der Feldstärken angesehen. In einem relativ zu diesem Äther ruhenden Bezugssystem müsste sich das Licht in alle Richtungen mit der gleichen Geschwindigkeit ausbreiten. In einem zweiten Bezugssystem, das sich relativ zu dem ersten bewegt, würde dann aber auch das Medium Äther mit der entsprechenden Geschwindigkeit strömen und dadurch die Lichtgeschwindigkeit so beeinflussen, dass in diesem bewegten Bezugssystem die Lichtgeschwindigkeit in verschiedenen Richtungen unterschiedliche Beträge hätte. Dieser Effekt konnte aber experimentell nicht bestätigt werden. In Versuchen, die seit 1881 wiederholt und mit wachsender Messgenauigkeit durchgeführt wurden, hat sich der Betrag der Lichtgeschwindigkeit als unabhängig von der Richtung und dem Betrag der Eigengeschwindigkeit des Bezugssystems erwiesen.

Die Newtonsche Mechanik beruht auf der Grundgleichung *Kraft gleich Masse mal Beschleunigung* bzw. *Kraft gleich zeitliche Änderung des Impulses*. Das gilt für die Bahngleichungen $x(t)$, $y(t)$, $z(t)$ in **Inertialsystemen**; das sind die Koordinatensysteme, in denen Körper, auf die keine Kräfte wirken, sich in Ruhe oder in gleichförmiger Bewegung befinden. Ein anderes Koordinatensystem x', y', z', das mit dem Inertialsystem x, y, z durch die **Galileo-Transformation** $x' = x - vt$, $y' = y$, $z' = z$ verbunden ist, ist ebenfalls inertial. Zur Galileo-Transformation gehört auch die Gleichung $t' = t$, die man bei entsprechender Synchronisation der Uhren für selbstverständlich hält.

Die Gültigkeit der Newtonschen Grundgleichung in allen Inertialsystemen führt zu dem Galileischen Relativitätsprinzip, dass Relativgeschwindigkeiten zwischen Inertialsystemen durch mechanische Experimente nicht bestimmt werden können. In seiner im Jahre 1905 veröffentlichten Speziellen Relativitätstheorie formulierte A. EINSTEIN das sogenannte **spezielle Relativitätsprinzip**, das besagt, dass alle Inertialsysteme gleichwertig sind, d. h. in allen Inertialsystemen gelten die gleichen physikalischen Gesetze. Zusammen mit dem Prinzip der Konstanz der Lichtgeschwindigkeit c zeigte er, dass sich die Koordinaten x', y', z' eines Bezugssystems, dessen Nullpunkt sich im Inertialsystem

x, y, z mit der Geschwindigkeit $(v, 0, 0)$ auf der x-Achse bewegt, gemäß den Gleichungen

$$x' = \frac{x - vt}{\sqrt{1 - (v/c)^2}}$$

$$y' = y$$

$$z' = z$$

$$t' = \frac{t - vx/c^2}{\sqrt{1 - (v/c)^2}}$$

berechnen ([R] Seite 49). Diese Umrechnung von x, y, z, t zu x', y', z', t' heißt **Lorentz-Transformation**. Sie wurde schon 1895 von H. A. LORENTZ aus anderen Erwägungen heraus formuliert. Bemerkenswert ist bei dieser Transformation die Vermischung von Raum und Zeit. Zu erwähnen sind noch zwei besonders spektakuläre Folgerungen ([Schr] Seiten 36 und 38): Die **Längenkontraktion** (*Ein Stab auf der x'-Achse, der dort die Ruhlänge l hat, hat bzgl. der x-Koordinate nur die Länge* $l \sqrt{1 - (v/c)^2}$) und die **Zeitdilatation** (*Während auf einer im gestrichenen Koordinatensystem mitgeführten Uhr nur die Zeit* Δt *verstreicht, vergeht im ungestrichenen System die Zeit* $\Delta t / \sqrt{1 - (v/c)^2}$).

In der Newtonschen Mechanik wird die Geschwindigkeit vom ungestrichenen auf das gestrichene Koordinatensystem durch Subtraktion des Vektors $(v, 0, 0)$ umgerechnet. In der Speziellen Relativitätstheorie gilt das nur, wenn die Geschwindigkeit v gegenüber der Lichtgeschwindigkeit c zu vernachlässigen ist. Ein Teilchen, das im ungestrichenen System die Geschwindigkeit (v_x, v_y, v_z) hat, hat im gestrichenen System die Geschwindigkeit $(v_{x'}, v_{y'}, v_{z'})$ mit

$$v_{x'} = \frac{v_x - v}{1 - vv_x/c^2}$$

$$v_{y'} = \frac{v_y \sqrt{1 - (v/c)^2}}{1 - vv_x/c^2}$$

$$v_{z'} = \frac{v_z \sqrt{1 - (v/c)^2}}{1 - vv_x/c^2}$$

([Schr] Seite 43).

Während man in der Newtonschen Physik sich überlagernde Geschwindigkeiten wie Vektoren addiert, muss das in der relativistischen Physik anders sein, sonst könnten Geschwindigkeiten mit einem Betrag größer als c auftreten. Um das in der Speziellen Relativitätstheorie gültige Gesetz zu formulieren, setzen wir in den obigen Formeln $v = -v_1$ und $(v_x, v_y, v_z) = (v_2, 0, 0)$. Dann ist als x-Komponente der aus $(v_1, 0, 0)$ und $(v_2, 0, 0)$ resultierenden Geschwindigkeit der Ausdruck $(v_1 + v_2)/(1 + v_1 v_2/c^2)$ abzulesen. Der Betrag dieser Zahl ist für $|v_i| < c$ auch wieder kleiner als c, denn aus

$$0 < (c - v_1)(c - v_2) = c(c + v_1 v_2/c - (v_1 + v_2))$$

folgt

$$v_1 + v_2 < c(1 + v_1 v_2/c^2).$$

Die Grundbegriffe der Speziellen Relativitätstheorie lassen sich am einfachsten im Minkowski-Raum $\mathbb{R}^4$, ausgestattet mit der Bilinearform

$$g((\xi^0, \xi^1, \xi^2, \xi^3), (\eta^0, \eta^1, \eta^2, \eta^3)) = c^2 \xi^0 \eta^0 - \xi^1 \eta^1 - \xi^2 \eta^2 - \xi^3 \eta^3,$$

formulieren. Die kanonische Basis

$$e_0 = (1, 0, 0, 0)$$
$$e_1 = (0, 1, 0, 0)$$
$$e_2 = (0, 0, 1, 0)$$
$$e_3 = (0, 0, 0, 1)$$

hat die Eigenschaft $g(e_0, e_0) = c^2$, $g(e_i, e_i) = -1$ für $i = 1, 2, 3$ und $g(e_j, e_k) = 0$ für $j \neq k$. Diese Eigenschaft haben auch zahlreiche andere Basen, die wir hier **Lorentz-Basen** nennen wollen. Insbesondere bilden für jede Zahl β die Vektoren

$$e_0' = \frac{e_0 + \beta c e_1}{\sqrt{1 - \beta^2}}$$
$$e_1' = \frac{e_1 + (\beta/c)e_0}{\sqrt{1 - \beta^2}}$$
$$e_2' = e_2$$
$$e_3' = e_3$$

eine Lorentz-Basis. Die Koordinaten t', x', y', z' bzgl. dieser gestrichenen Basis berechnen sich aus den Koordinaten t, x, y, z bzgl. der kanonischen Basis nach den Formeln

$$t' = \frac{t - (\beta/c)x}{\sqrt{1 - \beta^2}}$$
$$x' = \frac{x - \beta c t}{\sqrt{1 - \beta^2}}$$
$$y' = y$$
$$z' = z.$$

Das ist die Lorentz-Transformation mit $v = \beta c$. Wie schon die Bezeichnung suggeriert, wird die nullte Koordinate als Zeit gedeutet, die drei anderen sind Ortskoordinaten.

Unter der **Vierer-Geschwindigkeit** eines Teilchens, das in einem gegebenen Inertialsystem die Geschwindigkeit (v_x, v_y, v_z) hat, versteht man den Vektor im Minkowski-

Raum, der bzgl. der entsprechenden Lorentz-Basis die Koordinaten

$$\left(\frac{c}{\sqrt{1-\beta^2}}, \frac{v_x}{\sqrt{1-\beta^2}}, \frac{v_y}{\sqrt{1-\beta^2}}, \frac{v_z}{\sqrt{1-\beta^2}} \right)$$

mit $\beta = \sqrt{(v_x)^2 + (v_y)^2 + (v_z)^2}/c$ hat ([R] Seite 106). Der **Vierer-Impuls** ([R] Seite 111)

$$(p_0, p_x, p_y, p_z) = \left(\frac{cm_0}{\sqrt{1-\beta^2}}, \frac{m_0 v_x}{\sqrt{1-\beta^2}}, \frac{m_0 v_y}{\sqrt{1-\beta^2}}, \frac{m_0 v_z}{\sqrt{1-\beta^2}} \right)$$

entsteht aus der Vierer-Geschwindigkeit durch Multiplikation mit einer Zahl m_0, die als **Ruhmasse** gedeutet wird. Der Ausdruck

$$m = \frac{m_0}{\sqrt{1-\beta^2}}$$

ist die **relativistische Masse** und das Tripel

$$(p_x, p_y, p_z) = (mv_x, mv_y, mv_z)$$

der **relativistische Impuls**. Die nullte Komponente $p_0 = mc$ ist bis auf einen Faktor c die **Energie** E, es gilt $E = mc^2$ ([R] Seite 110).

Das elektromagnetische Feld wird in der Maxwellschen Elektrodynamik mit der elektrischen Feldstärke (E_x, E_y, E_z) und der magnetischen Feldstärke (B_x, B_y, B_z) beschrieben. Auf ein Teilchen mit der Ladung e und der Geschwindigkeit (v_x, v_y, v_z) wirkt die Lorentz-Kraft

$$e[(E_x, E_y, E_z) + (v_x, v_y, v_z) \times (B_x, B_y, B_z)].$$

In der Relativitätstheorie werden die Komponenten der Feldstärke zu der schiefsymmetrischen Matrix

$$(F_{ik}) = \begin{pmatrix} 0 & \frac{1}{c}E_x & \frac{1}{c}E_y & \frac{1}{c}E_z \\ -\frac{1}{c}E_x & 0 & -B_z & B_y \\ -\frac{1}{c}E_y & B_z & 0 & -B_x \\ -\frac{1}{c}E_z & -B_y & B_x & 0 \end{pmatrix}$$

zusammengefasst ([R] Seite 143). Durch Anwendung dieser Matrix auf die Vierer-Geschwindigkeit ergibt sich die zeitliche Änderung des Vierer-Impulses des Teilchens. Für die Umrechnung der Feldstärkekomponenten auf ein anderes sich in x-Richtung mit der Geschwindigkeit v bewegendes Inertialsystem gelten die Formeln ([R] Seite 144)

$$E_{x'} = E_x \qquad\qquad B_{x'} = B_x$$

$$E_{y'} = \frac{E_y - vB_z}{\sqrt{1 - (v/c)^2}} \qquad\qquad B_{y'} = \frac{B_y + (v/c^2)E_z}{\sqrt{1 - (v/c)^2}}$$

$$E_{z'} = \frac{E_z + vB_y}{\sqrt{1 - (v/c)^2}} \qquad\qquad B_{z'} = \frac{B_z - (v/c^2)E_y}{\sqrt{1 - (v/c)^2}}.$$

Damit sind die wichtigsten Grundbegriffe der Speziellen Relativitätstheorie referiert, jedenfalls diejenigen, die in den nachfolgenden Kapiteln eine Rolle spielen werden. Für weitere Motivationen, genauere Erklärungen und Anwendungen sei hier auf [R] und [Schr] verwiesen. Im Übrigen wird die Spezielle Relativitätstheorie im nachfolgenden Text nicht vorausgesetzt, alle benötigten Begriffe werden vom mathematischen Standpunkt aus systematisch eingeführt.

In der im Jahre 1916 zusammenfassend veröffentlichten Allgemeinen Relativitätstheorie gab A. EINSTEIN dem Begriff **Gravitation** einen völlig neuen Inhalt. Ausgangspunkt seiner Überlegungen waren offenbar die beiden folgenden Prinzipien. Das eine ist der schon 1893 von E. MACH formulierte Standpunkt, dass ein Körper in einem sonst leeren Universum keine Trägheitseigenschaften hätte. Da Bewegung immer nur relativ zu anderen Massen beschrieben werden kann, hat auch der Begriff der Beschleunigung nur bzgl. einer bestimmten Materieverteilung einen Sinn, d. h. die Materieverteilung bestimmt die Geometrie des Raumes. Das andere Prinzip ist das **Äquivalenzprinzip**, das die Beobachtung wiedergibt, dass die träge Masse gleich der schweren Masse ist. Das heißt, wenn der Körper B doppelt so träge ist wie der Körper A im Sinne von Beschleunigung pro Kraft, dann ist der Körper B auch doppelt so schwer wie der Körper A in einem Gravitationsfeld (passive Schwere) und erzeugt auch selbst ein doppelt so starkes Gravitationsfeld wie der Körper A im Sinne des Newtonschen Gravitationsgesetzes (aktive Schwere).

Die Grundaussage der Allgemeinen Relativitätstheorie ist, dass die Materieverteilung die Krümmung des Raumes bestimmt und sich Teilchen und Photonen entlang Geodäten bewegen. Mit anderen Worten [MTW]: *Matter tells space how to curve, and space tells matter how to move.* Die Beziehung zwischen Materie und Krümmung ist in den berühmten **Einsteinschen Feldgleichungen** angegeben. Darin werden die Komponenten von zwei symmetrischen zweifach kovarianten Tensoren bis auf einen Faktor gleichgesetzt. Auf der einen Seite steht der durch die Krümmung bestimmte **Einstein-Tensor** und auf der anderen der die Materieverteilung beschreibende **Energie-Impuls-Tensor**.

Eine Standardaufgabe innerhalb der Allgemeinen Relativitätstheorie besteht darin, zu gegebener Materieverteilung die Raumzeit einschließlich ihrer Metrik zu konstruieren. Für den einfachsten Fall eines nichtrotierenden Fixsterns gelang das K. SCHWARZSCHILD bereits 1915. In Kenntnis und Anwendung der Einsteinschen Theorie bestimmte er das

Linienelement zu

$$ds^2 = \left(1 - \frac{2G\mu}{c^2 r}\right) c^2 dt^2 - \frac{1}{1 - \frac{2G\mu}{c^2 r}} dr^2 - r^2 d\vartheta^2 - r^2 \sin^2 \vartheta \, d\varphi^2.$$

Dabei ist μ die Masse des Fixsterns, G ist die Gravitationskonstante und r, ϑ, φ sind die Kugelkoordinaten.

Die Rotation unserer Sonne kann vernachlässigt werden. Die Lösung des Geodätenproblems in der Schwarzschild-Raumzeit liefert für die Planetenbewegung Ergebnisse, die sogar noch besser mit den astronomischen Daten übereinstimmen als die klassische Newtonsche Himmelsmechanik. Bekanntlich bewegen sich die Planeten den Keplerschen Gesetzen zufolge auf Ellipsenbahnen, in deren einem Brennpunkt die Sonne steht. Da sich die Planeten auch untereinander durch Gravitation beeinflussen, kann sich der sonnennächste Punkt der Ellipse (Perihel) verschieben. Seit Mitte des neunzehnten Jahrhunderts ist bekannt, dass sich das Perihel des Merkur um die Sonne dreht, abzüglich der Einflüsse der anderen Planeten mit einer Winkelgeschwindigkeit von 43 Bogensekunden pro Jahrhundert. Genau diesen Wert liefert die Relativitätstheorie. Den Effekt der Periheldrehung gibt es natürlich auch bei den anderen sonnenferneren Planeten, er ist dort aber nicht so stark ausgeprägt.

Eine weitere glanzvolle Bestätigung erfuhr die Relativitätstheorie durch die Beobachtung der Lichtablenkung. In der Schwarzschild-Raumzeit lässt sich genau berechnen, um welchen Winkel ein Lichtstrahl, der am Fixstern vorbeigeht, abgelenkt wird. Dieser Effekt ist in der klassischen Strahlenoptik bekanntlich nicht enthalten und wurde von den Astronomen zunächst auch nicht wahrgenommen. Im Jahre 1919 wurde dann diese von A. EINSTEIN vorhergesagte Erscheinung bei einer Sonnenfinsternis zielgerichtet erforscht. Bei gutwilliger Interpretation der Messgenauigkeit konnte tatsächlich festgestellt werden, dass Sterne, die dicht am Rand der verdunkelten Sonnenscheibe zu sehen waren, aus ihrer Position am Fixsternhimmel geringfügig nach außen verschoben waren. Dieses Ergebnis trug maßgeblich zur Anerkennung der Relativitätstheorie in der Fachwelt bei. Heutzutage können sich die Astronomen mit leistungsstarken Teleskopen davon überzeugen, dass weit entfernte sichtbare oder vermutete Sternensysteme wie **Gravitationslinsen** wirken.

Die (äußere) Schwarzschild-Metrik gilt nur für das Gebiet außerhalb des Fixsterns, die radiale Koordinate r muss größer als dessen Radius sein. Der Tatsache, dass Metrikkoeffizienten für $r_\mu = 2G\mu/c^2$ singulär werden und aus dem Bereich $0 < r < r_\mu$ Teilchen und Photonen nicht mehr entweichen können, wurde zunächst wenig Aufmerksamkeit geschenkt, denn diese Zahl r_μ ist im Fall unserer Sonne nur ein Bruchteil ihres Radius, während r_μ nur knapp 3 km ist, ist der Radius unserer Sonne fast 696.000 km. Eine so gewaltige Dichte eines Fixsterns, bei der der Radius kleiner als r_μ ist, hielt man lange Zeit für unmöglich. Spätestens in den sechziger Jahren aber setzte sich die Erkenntnis durch, dass Sterne unter bestimmten Umständen am Ende ihrer Entwicklung zu einem praktisch punktförmigen Gebilde kollabieren. J. A. WHEELER prägte dafür den Begriff

Schwarzes Loch. Heute nimmt man an, dass Schwarze Löcher im Universum eine ganz alltägliche Erscheinung sind. Weitere populärwissenschaftlich beschriebene Einzelheiten über Schwarze Löcher und spektakuläre Konsequenzen sind [L] zu entnehmen.

Das sollte ein erster Überblick über die zu behandelnden Dinge sein. Gegenstand der nachfolgenden Kapitel ist die mathematische Darstellung der Relativitätstheorie. Die mathematischen Grundlagen werden systematisch eingeführt. Das Raumzeitmodell wird axiomatisch formuliert und die wichtigsten relativistischen Effekte daraus abgeleitet. Insofern ist dieses Lehrbuch an dem folgenden Zitat von A. EINSTEIN orientiert: *Höchste Aufgabe der Physiker ist also das Aufsuchen jener allgemeinsten Gesetze, aus denen durch reine Deduktion das Weltbild zu gewinnen ist. Zu diesen elementaren Gesetzen führt kein logischer Weg, sondern nur die auf Einfühlung in die Erfahrung sich stützende Intuition* ([Schr] Seite 9). Natürlich geht es hier in diesem Lehrbuch nur darum, längst bekannte Dinge nach diesem Prinzip anzuordnen. Entscheidendes Hilfsmittel sind diejenigen Bereiche der Mathematik, die schon vor zwei Jahrzehnten im Inhaltsverzeichnis von [SU] *neue differentialgeometrische Methoden* genannt wurden und damals auch schon einige Jahrzehnte alt waren. Die Situation, dass man überall lokale Koordinaten verwenden kann, erfordert den Begriff der n-dimensionalen Mannigfaltigkeit, in Kap. 1 systematisch entwickelt. In Kap. 2 werden die Tangentenvektoren als Funktionale auf einem Funktionenraum eingeführt. Damit hat man in jedem Punkt den n-dimensionalen Tangentialraum, auf dem dann Tensoralgebra (Kap. 3) betrieben werden kann und im Interesse der physikalischen Anwendungen auch betrieben werden muss. Tensoren sind grundsätzlich Multilinearformen, in die je nach Typ mehr oder weniger viele Linearformen und Vektoren eingesetzt werden können. Die Auswahl eines Koordinatensystems gibt in jedem Tensorraum Anlass zu einer Basis. Dementsprechend bewirkt jeder Wechsel des Koordinatensystems ein Umrechnen der Tensorkomponenten. Damit ist man beim Standpunkt der klassischen theoretischen Physik angekommen, bei dem man unter einem Tensor lediglich das System seiner Komponenten einschließlich der Vorschrift zur Umrechnung auffasst.

In der Relativitätstheorie meint man mit Tensoren meistens Tensorfelder (Kap. 4). Insbesondere der metrische Tensor ist ein zweifach kovariantes symmetrisches Tensorfeld. Für die Formulierung der Speziellen Relativitätstheorie ist wichtig, dass in jedem Punkt der vierdimensionalen Mannigfaltigkeit diese Bilinearform indefinit ist; wenn ihre Komponentenmatrix diagonal ist, müssen in der Diagonalen eine positive und drei negative Zahlen stehen (Es können auch eine negative und drei positive Zahlen gefordert werden, das ist eine Frage der Konvention.). Am Ende von Kap. 4 ist dann der Begriff der Raumzeit geklärt.

In Kap. 5 werden die wichtigsten Begriffe der Speziellen Relativitätstheorie eingeführt. An die Stelle des Inertialsystems tritt, entsprechend der Logik koordinatenfreier Darstellung, der Beobachter. Ohne Verwendung der Lorentz-Transformation wird ausgerechnet, wie geometrisch-physikalische Objekte von einem Beobachter auf einen anderen umgerechnet werden. Um Indexziehen so weit wie möglich zu vermeiden und die Formeln so einfach wie möglich zu gestalten, wird der Impuls als Linearform aufgefasst. Schon vor über 80 Jahren vermerkte H. WEYL, dass man die Kraft besser als Linearform auffassen sollte ([We] Seite 34). Die Kraft ordnet grob gesprochen dem Weg linear die Arbeit zu. Nach dem Newtonschen Axiom *Kraft gleich Änderung des Impulses* ist dann auch der Impuls eine Linearform.

Eine Differentialform ist ein schiefsymmetrisches kovariantes Tensorfeld. Auch Differentiation und Integration hängen nicht von einer Metrik ab. Beim Differenzieren (Kap. 6) erhöht sich die Ordnung um Eins. Das Integrieren (Kap. 13) ist nur sinnvoll für eine Differentialform, deren Ordnung mit der Dimension der Mannigfaltigkeit übereinstimmt. Wenn der Träger der Differentialform in einer Karte enthalten ist, setzt man deren Koordinatenvektorfelder in die Differentialform ein und berechnet das Integral über die dadurch entstandene reellwertige Funktion. Wenn der Träger nicht in einer Karte enthalten ist, muss die Differentialform in geeignete Summanden zerlegt werden. In keinem Fall wird der unerfreuliche aber weit verbreitete Begriff der Tensordichte benötigt.

Die kovariante Ableitung von Vektorfeldern (Kap. 7) hängt wesentlich von der Metrik ab und wird für die Definition des Krümmungstensors (Kap. 8) entscheidend gebraucht. Zwei Beispiele werden ausführlich behandelt: die gekrümmte Fläche im dreidimensionalen Raum (aus methodischen Gründen) und die Schwarzschild-Raumzeit (wegen späteren Anwendungen). Es zeigt sich, dass der Krümmungsskalar einer gekrümmten Fläche das Doppelte der Gauß-Krümmung ist. Als Nebenprodukt hat man damit einen eleganten Beweis des berühmten theorema egregium von C. F. GAUSS, das besagt, dass die Gauß-Krümmung (heute so genannt) biegeinvariant ist.

In Kap. 9 wird die Einsteinsche Feldgleichung formuliert. Die Hauptschwierigkeit ist die Erklärung des relativistischen Energie-Impuls-Tensors (stress-energy-tensor) und der Vergleich mit den Newtonschen Begriffen Energiedichte, Energiestromdichte, Impulsdichte und Impulsstromdichte. Der Energie-Impuls-Tensor wird für die ideale Strömung (perfect fluid) und das elektromagnetische Feld berechnet.

Von der axiomatischen Bedeutung des Geodätenbegriffs (Kap. 10) war schon die Rede. Hier können jetzt die relativistischen Effekte in unserem Sonnensystem nachgerechnet werden. Kovariante Ableitung und Lie-Ableitung von Tensorfeldern werden bewusst erst in den hinteren Kapiteln (Kap. 11 und 12) behandelt. Während die Spezialfälle kovariante Ableitung von Vektorfeldern und Lie-Klammer in entscheidenden Situationen angewendet werden, haben die allgemeineren Begriffe keine so grundsätzliche Bedeutung für ein erstes Verständnis der Relativitätstheorie und sind auch nur recht mühselig erschöpfend zu erklären. Die Schwarzen Löcher (Kap. 14) waren auch schon angesprochen. Erfreulicherweise ist es hier möglich, die auch schon in populärwissenschaftlichen Medien angesprochenen Effekte rechnerisch nachzuvollziehen. In Kap. 15 wird aus dem kosmologischen Prinzip die Robertson-Walker-Metrik abgeleitet und damit Weltmodelle konstruiert. Im Mittelpunkt von Kap. 16 steht die Kerr-Metrik, die das Gravitationsfeld eines kollabierten rotierenden Sterns beschreibt.

Im Gegensatz zu dieser Einführung werden im Haupttext grundsätzlich **relativistische (geometrisierte) Maßeinheiten** verwendet. Diese sind so gewählt, dass die Lichtgeschwindigkeit c und die Gravitationskonstante G den Wert 1 haben. Standardeinheit für die Länge ist 1 m. Das ist dann zugleich aber auch eine Zeiteinheit, nämlich die Zeit, in der das Licht diese Strecke zurücklegt. Demzufolge ist eine Sekunde das gleiche wie $2{,}99793 \cdot 10^8$ m. Die Gravitationskonstante G ist in klassischen Maßeinheiten $6{,}673 \cdot 10^{-11}$ m^3/(kg $\cdot$ s^2). Wenn man Sekunden in Meter umrechnet, sind das

$$\frac{6{,}673}{(2{,}99793)^2} \cdot 10^{-27} \frac{\text{m}}{\text{kg}} = 7{,}425 \cdot 10^{-28} \text{ m/kg}.$$

Die Forderung, dass auch diese Zahl 1 ist, führt zu dem Standpunkt, dass 1 kg auch $7{,}425 \cdot 10^{-28}$ m sind. Beispielsweise hat unsere Sonne eine Masse von

$$1{,}989 \cdot 10^{30} \text{ kg} = 1{,}989 \cdot 7{,}425 \cdot 10^2 \text{ m} = 1{,}477 \cdot 10^3 \text{ m}.$$

Der vorliegende Text gibt ausreichend Stoff für einen einsemestrigen Kurs im Umfang von zwei Doppelstunden plus eine Doppelstunde Übungen pro Woche. Auch wenn weniger Zeit zur Verfügung steht, ist es möglich, bei Überspringen der Kap. 6, 11, 12, 13 und der Abschn. 1.2, 1.3, 5.3, 7.4, 8.2, 8.5, 9.2, 9.4, 9.5, 9.8 bis zu den schwarzen Löchern zu gelangen.

Dieses Lehrbuch ist bewusst nicht *Relativitätstheorie für Mathematiker* betitelt. Vorausgesetzt wird nur Lineare Algebra und Differential- und Integralrechnung für Funktionen mehrerer Variabler, und das benötigte Abstraktionsvermögen geht auch nicht über dieses Niveau hinaus. Der nur an der Physik interessierte Leser wird manchen Beweis ignorieren, die grundlegenden mathematischen Begriffe sollten aber auch dann noch verständlich sein.

Inhaltsverzeichnis

Differenzierbare Mannigfaltigkeiten

1

Inhaltsverzeichnis

1.1 Karten und Atlanten

Flächen im dreidimensionalen Raum beschreibt man häufig durch eine Parameterdarstellung. Jedem Punkt P der Fläche M wird dabei durch eine Abbildung φ ein Paar von Parameterwerten u und v zugeordnet. Die Abbildung φ von M zur Parametermenge $\Gamma \subseteq \mathbb{R}^2$ soll bijektiv, also umkehrbar sein. Eine Parameterdarstellung wird im allgemeinen durch Angabe der die Umkehrabbildung φ^{-1} beinhaltenden drei reellwertigen Funktionen formuliert, d. h. die drei kartesischen Koordinaten x, y, z sind als Funktionen von u und v gegeben. Es sei hier an die üblichen Darstellungen einer Zylinderfläche durch die drei Gleichungen $x = r \cos u$, $y = r \sin u$, $z = v$ für $(u, v) \in \Gamma = (0, 2\pi) \times \mathbb{R}$ und einer Kugeloberfläche durch $x = r \sin u \cos v$, $y = r \sin u \sin v$, $z = r \cos u$ für $(u, v) \in \Gamma = (0, \pi) \times (0, 2\pi)$ mit den geometrischen Interpretationen entsprechend Abb. 1.1 erinnert.

Diese beiden Beispiele illustrieren auch schon die Schwierigkeiten, die bei geschlossenen Flächen in den Punkten auftreten, die dem Rand der Parametermenge entsprechen. Dort ist die Stetigkeit der Abbildung φ verletzt, oder die Definition von φ ist dort mangels Injektivität von φ^{-1} gar nicht sinnvoll möglich.

Diese Schwierigkeiten kann man vermeiden, indem man in verschiedenen Teilen von M verschiedene Parameterdarstellungen verwendet, wobei für jeden Punkt einschließlich einer gewissen Umgebung mindestens eine Parameterdarstellung zuständig sein muss. In Abb. 1.2 sind zwei sich überschneidende Teilmengen U und V von M eingezeichnet, für die Parameterdarstellungen φ und ψ vorliegen. Zwischen den Bildern des schraffierten

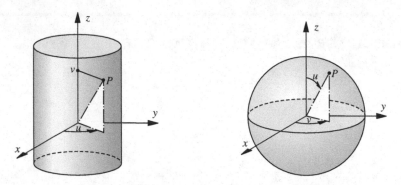

Abb. 1.1 Parameterdarstellungen von Zylinder und Kugel

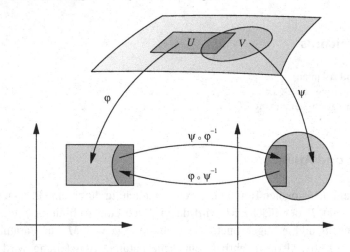

Abb. 1.2 Kompatible Karten (U, φ) und (V, ψ)

Durchschnitts $U \cap V$ ergibt sich in natürlicher Weise eine Bijektion, die mehr oder weniger oft stetig differenzierbar sein soll. Wenn wir uns nun noch von dem Standpunkt lösen, dass die Parameterdarstellungen jeweils zwei Parameter beinhalten, sind wir im wesentlichen beim Begriff der n-dimensionalen Mannigfaltigkeit angelangt.

Die bisherigen Motivationen, Interpretationen und Ankündigungen werden jetzt mit einer präzisen Definition zusammengefasst.

Definition 1.1

M sei eine Menge, und n sei eine natürliche Zahl. Eine n-**dimensionale Karte** von M ist ein Paar (U, φ), wobei U eine Teilmenge von M ist und φ eine Bijektion von U auf eine offene Teilmenge von $\mathbb{R}^n$ ist. Es sei k eine natürliche Zahl oder ∞. Ein C^k-**Atlas** $\mathcal{A}$ von M ist eine Familie von Karten (U_i, φ_i), $(i \in I)$ mit den beiden Eigenschaften

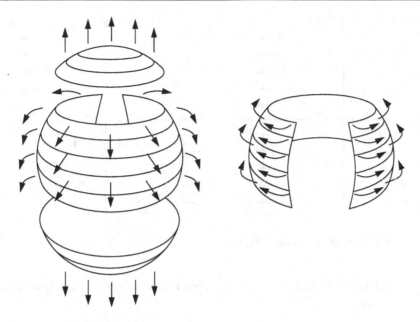

Abb. 1.3 Ein Atlas für die Kugel

(MA1)
$$M = \bigcup_{i \in I} U_i$$

(MA2) Die Karten sind paarweise kompatibel im folgenden Sinn: Für $i, j \in I$ und $U_i \cap U_j \neq \emptyset$ ist $\varphi_j \circ \varphi_i^{-1}$ C^k-diffeomorph, d. h. bijektiv und in beiden Richtungen k-mal stetig differenzierbar. ◆

Das erste der folgenden Beispiele gibt noch einmal den Ausgangspunkt unserer Überlegung wieder. Die Beispiele 2 und 3 sollen verdeutlichen, dass die Karten verschiedener Atlanten durchaus nicht kompatibel zu sein brauchen. Auf das Beispiel 4 werden wir wegen seiner besonderen Bedeutung für die Relativitätstheorie wiederholt Bezug nehmen.

Beispiel 1 Für die Kugeloberfläche

$$M = \left\{ (x, y, z) \in \mathbb{R}^3 : x^2 + y^2 + z^2 = 1 \right\}$$

könnte der Atlas aus vier Karten (U_i, φ_i) bestehen, wobei die Teilmengen U_i in Abb. 1.3 skizziert und die Abbildungen φ_i dort durch Pfeile angedeutet sind. φ_1 und φ_2 sollen die Kugeloberfläche U_1 bzw. U_2 auf die Ebene $z = \pm 1$ orthogonal projizieren. φ_3 soll U_3 zunächst von der z-Achse aus horizontal auf die Zylinderfäche $x^2 + y^2 = 1$ projizieren, die

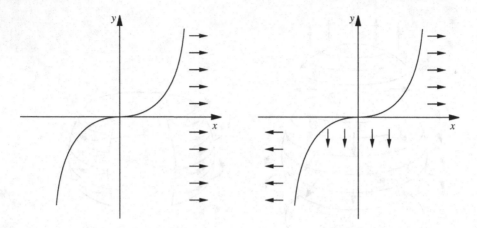

Abb. 1.4 Zwei Atlanten für die kubische Parabel

danach geeignet aufgeschnitten und zu einer ebenen Fläche aufgerollt wird. Ganz analog soll φ_4 auf U_4 wirken.

Beispiel 2 Für die Kurve

$$M = \left\{ (x, y) \in \mathbb{R}^2 : y = x^3 \right\}$$

bildet schon die eine Karte (M, φ) mit $\varphi(x, y) = y$ einen Atlas (siehe Abb. 1.4).

Beispiel 3 Die gleiche Kurve wird jetzt mit drei Karten ausgestattet (noch einmal Abb. 1.4). Auf

$$U_1 = \left\{ (x, y) \in M : y > 1 \right\}$$

sei $\varphi_1(x, y) = y$, und auf

$$U_2 = \left\{ (x, y) \in M : y < -1 \right\}$$

sei auch $\varphi_2(x, y) = y$. Als dritte Karte ist $\varphi_3(x, y) = x$ auf

$$U_3 = \left\{ (x, y) \in M : -2 < x < 2 \right\}$$

definiert. Die Überlappungen $U_1 \cap U_3$ und $U_2 \cap U_3$ geben Anlass zu Bijektionen $\left(\varphi_3 \circ \varphi_1^{-1} \right)(y) = \sqrt[3]{y}$ vom Intervall $(1, 8)$ zum Intervall $(1, 2)$ bzw. $\left(\varphi_3 \circ \varphi_2^{-1} \right)(y) = \sqrt[3]{y}$ vom Intervall $(-8, -1)$ zum Intervall $(-2, -1)$. Diese beiden Funktionen und ihre Umkehrfunktionen sind beliebig oft differenzierbar. Jedoch ist die Karte (U_3, φ_3) nicht mit der Karte (U, φ) vom Beispiel 2 kompatibel, denn die Bijektion $\left(\varphi_3 \circ \varphi^{-1} \right)(y) = \sqrt[3]{y}$ ist bei $y = 0$ nicht differenzierbar.

Beispiel 4 Zu einer positiven Zahl μ betrachten wir die Punktmenge

$$M = \mathbb{R} \times (2\mu, +\infty) \times S_2$$

aus der Menge $\mathbb{R}$ aller reellen Zahlen, dem offenen Intervall $(2\mu, +\infty)$ und der Oberfläche S_2 der Einheitskugel in $\mathbb{R}^3$. Jede Karte (U_i, φ_i) eines Atlas zu S_2 erzeugt eine Karte $(\mathbb{R} \times (2\mu, +\infty) \times U_i, \psi_i)$, wobei ψ_i einer Zahl t, einer Zahl $r > 2\mu$ und einem Punkt $P \in S_2$ das Quadrupel (t, r, p, q) mit $(p, q) = \varphi_i(P)$ zuordnet. Diese Karten bilden einen Atlas auf M.

Definition 1.2
Zwei C^k-Atlanten $\mathcal{A}$ und $\mathcal{B}$ einer Menge M sind **äquivalent**, wenn $\mathcal{A} \cup \mathcal{B}$ wieder ein C^k-Atlas ist, d. h. jede Karte von $\mathcal{A}$ ist mit jeder Karte von $\mathcal{B}$ kompatibel und umgekehrt. ◆

Die beiden Atlanten der Beispiele 2 und 3 sind nicht äquivalent.

Definition 1.3
Ein C^k-Atlas $\mathcal{A}$ ist **maximal**, wenn er jeden zu $\mathcal{A}$ äquivalenten Atlas umfasst. ◆

Jeder Atlas kann offensichtlich durch Hinzunahme aller denkbaren Karten, die mit den Karten des Atlas kompatibel sind, zu einem maximalen Atlas erweitert werden.

Unter einer Mannigfaltigkeit möchte man eine mit einem Atlas ausgestattete Menge verstehen, wobei äquivalente Atlanten zur gleichen Mannigfaltigkeit führen sollen. Da zwei Atlanten auf derselben Menge genau dann äquivalent sind, wenn sie in demselben maximalen Atlas enthalten sind, lässt sich der aktuelle Stand der Begriffsbildung folgendermaßen zusammenfassen: *Eine C^k-Mannigfaltigkeit $[M, \mathcal{A}]$ ist eine Menge M mit einem maximalen C^k-Atlas $\mathcal{A}$.*

Als endgültige Definition ist das noch nicht geeignet, denn wir benötigen später noch den Begriff der Stetigkeit einer auf einer Mannigfaltigkeit definierten reellwertigen Funktion.

1.2 Topologisierung

Bekanntlich lässt sich die Stetigkeit einer Abbildung mit dem Begriff der offenen Mengen charakterisieren: *Eine Abbildung φ ist genau dann stetig, wenn das vollständige Urbild $\varphi^{-1}(G)$ jeder offenen Teilmenge G wieder offen ist.* Eine Karte φ auf einer Mannigfaltigkeit bildet nach $\mathbb{R}^n$ ab. Durch den dort üblichen Abstandsbegriff ist festgelegt, was offene Teilmengen sind. Wir werden in diesem Abschnitt von den Teilmengen einer Mannigfaltigkeit die offenen so auswählen, dass alle Karten stetig sind.

Definition 1.4

Ein **topologischer Raum** $[M, \mathcal{G}]$ ist eine Menge M und ein System $\mathcal{G}$ von Teilmengen von M mit

(G1) $M, \emptyset \in \mathcal{G}$
(G2) Für $G_i \in \mathcal{G}$ gilt auch $\bigcup_i G_i \in \mathcal{G}$
(G3) Für $G_1, \dots, G_m \in \mathcal{G}$ gilt $G_1 \cap \dots \cap G_m \in \mathcal{G}$.

Das System $\mathcal{G}$ heißt **Topologie**, seine Bestandteile heißen **offene Mengen**. ◆

Durch die Topologie ist bekanntlich ein Konvergenzbegriff festgelegt: *Eine Folge von Elementen $P_1, P_2, \dots$ des topologischen Raumes M konvergiert genau dann gegen ein Element $P \in M$, wenn zu jeder Menge $G \in \mathcal{G}$ mit $P \in G$ ein Index m_0 existiert, so dass für jede natürliche Zahl $m > m_0$ $P_m \in G$ gilt.* Die Eindeutigkeit des Grenzwertes erzwingt man durch ein sogenanntes Trennungsaxiom:

Definition 1.5

Ein topologischer Raum $[M, \mathcal{G}]$ heißt **Hausdorff-Raum**, wenn zu zwei verschiedenen Elementen $P, Q \in M$ immer disjunkte Mengen $G, H \in \mathcal{G}$ mit $P \in G$ und $Q \in H$ existieren. ◆

Zu zwei verschiedenen Grenzwerten P und Q der gleichen Folge von Elementen P_m eines Hausdorff-Raumes könnte man disjunkte offene Mengen G und H mit $P \in G$ und $Q \in H$ wählen, und dann müssten für große m alle P_m sowohl in G als auch in H liegen, was aber wegen $G \cap H = \emptyset$ nicht möglich ist.

Ein Atlas erzeugt auf der Grundmenge eine Topologie mit der Zielstellung, die Karten zu Homeomorphismen, d. h. zu in beiden Richtungen stetigen Funktionen zu machen.

Definition 1.6

Eine Teilmenge G einer mit einem Atlas ausgestatteten Menge M heißt **offen**, wenn für jede Karte (U, φ) die Teilmenge

$$\varphi(U \cap G) = \{ \varphi(P) : P \in U \wedge P \in G \}$$

von $\mathbb{R}^n$ offen ist. ◆

Die so ausgezeichneten Mengen bilden eine Topologie im Sinne von Def. 1.4: Die gesamte Menge M und die leere Menge $\emptyset$ gehören offenbar dazu, und (G2) und (G3) folgen aus

$$\varphi(U \cap \bigcup_i G_i) = \bigcup_i \varphi(U \cap G_i)$$

bzw.

$$\varphi(U \cap G_1 \cap \dots \cap G_m) = \varphi(U \cap G_1) \cap \dots \cap \varphi(U \cap G_m).$$

Um die Stetigkeit der Karte φ zu zeigen, untersuchen wir das Urbild $\varphi^{-1}(H)$ einer offenen Teilmenge von $\mathbb{R}^n$. Für eine (andere) Karte (V, ψ) gilt

$$\psi\big(V \cap \varphi^{-1}(H)\big) = \big(\varphi \circ \psi^{-1}\big)^{-1}(H).$$

Die Abbildung $\varphi \circ \psi^{-1}$ von $\psi(U \cap V)$ nach $\varphi(U \cap V)$ ist k-mal stetig differenzierbar, insbesondere also stetig. Deshalb ist das Urbild der offenen Menge H bzgl. $\varphi \circ \psi^{-1}$ auch offen, und im Sinne von Def. 1.6 ist $\varphi^{-1}(H)$ offen. Dass auch φ^{-1} stetig ist, folgt unmittelbar aus Def. 1.6.

Bedauerlicherweise gelingt es nicht, für die durch Def. 1.6 eingeführte Topologie das in Def. 1.5 formulierte Trennungsaxiom nachzuweisen. Das folgende Gegenbeispiel zeigt, dass diese Topologie auch tatsächlich nicht Hausdorff zu sein braucht.

Es sei M die Menge der reellen Zahlen ohne Null, aber erweitert mit den komplexen Zahlen i und $-i$, also $M = \big(\mathbb{R}\backslash\{0\}\big) \cup \{i\} \cup \{-i\}$. Diese Menge wird ausgestattet mit den beiden Karten

$$U_1 = \big(\mathbb{R}/\{0\}\big) \cup \{i\}, \qquad \varphi_1(x) = \begin{cases} x & \text{für} \quad x \in \mathbb{R}\backslash\{0\} \\ 0 & \text{für} \quad x = i \end{cases}$$

und

$$U_2 = \big(\mathbb{R}/\{0\}\big) \cup \{-i\}, \qquad \varphi_2(x) = \begin{cases} x & \text{für} \quad x \in \mathbb{R}\backslash\{0\} \\ 0 & \text{für} \quad x = -i \end{cases}.$$

Jede im Sinne von Def. 1.6 offene Menge, die i enthält, enthält auch eine punktierte Nullumgebung $(-\varepsilon, 0) \cup (0, \varepsilon)$, gleiches gilt für eine Menge H, die $-i$ enthält. Solche offenen Mengen können aber nicht disjunkt sein.

Da das Trennungsaxiom also nicht automatisch erfüllt ist, muss zusätzlich gefordert werden, dass die durch den maximalen Atlas erzeugte Topologie die Grundmenge zu einem Hausdorff-Raum macht. Desgleichen muss ein sogenanntes **zweites Abzählbarkeitsaxiom** gefordert werden: *Es gibt eine Folge von offenen Teilmengen $G_1, G_2, \ldots$ von M, so dass jede offene Teilmenge G von M Vereinigung von mehr oder weniger vielen dieser Mengen G_i ist.* Von diesem Axiom werden wir erst bei der Integration auf Mannigfaltigkeiten Gebrauch machen müssen, es wird aber üblicherweise schon beim Begriff der Mannigfaltigkeiten gefordert.

Die bisherige Diskussion hat die folgende Definition motiviert:

Definition 1.7
Eine n-**dimensionale** C^k-**Mannigfaltigkeit** $[M, \mathcal{A}]$ ist ein das zweite Abzählbarkeitsaxiom erfüllender Hausdorff-Raum M mit einem C^k-Atlas $\mathcal{A}$, bestehend aus Karten (U_i, φ_i), wobei jedes φ_i ein Homeomorphismus von der offenen Teilmenge U_i von M auf eine offene Teilmenge von $\mathbb{R}^n$ ist. Die Zahl n ist die **Dimension** der Mannigfaltigkeit. ♦

1.3 Untermannigfaltigkeiten von $\mathbb{R}^m$

Zur weiteren Illustration des Begriffs der Mannigfaltigkeit und zur Vorbereitung des im nächsten Kapitel axiomatisch eingeführten Begriffs des Tangentenvektors untersuchen wir in diesem Abschnitt Mannigfaltigkeiten, die als Durchschnitt von Hyperflächen in $\mathbb{R}^m$ entstehen.

Auf $\mathbb{R}^m$ seien l ($l < m$) stetig differenzierbare reellwertige Funktionen $f_1, \ldots, f_l$ gegeben. Die unabhängigen Variablen seien mit $\xi^1, \ldots, \xi^m$ bezeichnet. Die Funktional-matrix

$$\begin{pmatrix} \dfrac{\partial f_1}{\partial \xi^1} & \cdots & \dfrac{\partial f_1}{\partial \xi^m} \\ \vdots & & \vdots \\ \dfrac{\partial f_l}{\partial \xi^1} & \cdots & \dfrac{\partial f_l}{\partial \xi^m} \end{pmatrix}$$

soll überall den Rang l haben. Wären die Funktionen f_i Linearformen auf $\mathbb{R}^m$, hieße das, die Koeffizientenmatrix des entsprechenden homogenen linearen Gleichungssystems hätte den Rang l und die Lösungsmenge wäre n-dimensional mit $n = m - l$. In gewisser Weise gilt das auch im allgemeinen Fall. Es zeigt sich, dass

$$M = \left\{ (\xi^1, \ldots, \xi^m) \in \mathbb{R}^m : f_i(\xi^1, \ldots, \xi^m) = 0, \ i = 1, \ldots l \right\}$$

eine n-dimensionale Mannigfaltigkeit ist. Beim Beweis verwenden wir, dass die Funk-tionalmatrix auf M den Rang l hat. Wir wählen einen Punkt $(\xi_0^1, \ldots, \xi_0^m) \in M$. Um indizierte Indizes zu vermeiden, stellen wir uns auf den Standpunkt, dass die quadratische Matrix

$$\begin{pmatrix} \dfrac{\partial f_1}{\partial \xi^1} & \cdots & \dfrac{\partial f_1}{\partial \xi^l} \\ \vdots & & \vdots \\ \dfrac{\partial f_l}{\partial \xi^1} & \cdots & \dfrac{\partial f_l}{\partial \xi^l} \end{pmatrix}$$

an dieser Stelle regulär ist. Bekanntlich lässt sich dann das Gleichungssystem

$$f_i(\xi^1, \ldots, \xi^l, \xi^{l+1}, \ldots, \xi^m) = 0, \ i = 1, \ldots, l$$

lokal eindeutig nach $(\xi^1, \ldots, \xi^l)$ auflösen, d.h. zu $(\xi^{l+1}, \ldots, \xi^m)$ aus einer Umgebung von $(\xi_0^{l+1}, \ldots, \xi_0^m)$ existiert genau ein l-Tupel $(\xi^1, \ldots, \xi^l)$ aus einer Umgebung von $(\xi_0^1, \ldots, \xi_0^l)$, so dass $(\xi^1, \ldots, \xi^m) \in M$. Folglich ist die Projektion

$$\varphi(\xi^1, \ldots, \xi^l, \xi^{l+1}, \ldots, \xi^m) = (\xi^{l+1}, \ldots, \xi^m),$$

eingeschränkt auf eine hinreichend kleine Umgebung von $(\xi_0^1, \ldots, \xi_0^m)$, invertierbar, und deren Inverse ist mindestens so oft stetig differenzierbar, wie die gegebenen Funktionen

f_i. Die Kompatibilität dieser Karten untereinander steht außer Frage, und die Metrik und damit eine Hausdorff-Topologie überträgt sich von $\mathbb{R}^m$ auf M.

Nach dieser Diskussion ist die folgenden Definition gerechtfertigt:

Definition 1.8
Eine n-dimensionale C^k-**Untermannigfaltigkeit** M in $\mathbb{R}^m$ ($n < m$) ist eine nichtleere Menge der Form

$$M = \left\{ (\xi^1, \ldots, \xi^m) \in \mathbb{R}^m : f_i(\xi^1, \ldots, \xi^m) = 0,\ i = 1, \ldots, m - n \right\}$$

mit k-mal stetig differenzierbaren Funktionen f_i auf $\mathbb{R}^m$, deren Funktionalmatrix auf M den Rang $m - n$ hat.   ◆

Was ein Tangentenvektor zu einer glatten Fläche in $\mathbb{R}^3$ ist, ist schon dem Namen nach geometrisch-anschaulich klar: Der Fußpunkt eines solchen Vektors liegt in einem Punkt P der Fläche, und die Spitze und damit der gesamte Pfeil liegt in der im Punkt P an der Fläche angelegten Tangentialebene. Ziel der nachfolgenden Diskussion ist die Formulierung dieses Begriffes für Untermannigfaltigkeiten in $\mathbb{R}^m$ und die Vorbereitung des axiomatischen Zugangs für den allgemeinen Fall einer Mannigfaltigkeit.

Definition 1.9
Eine C^k-**Kurve** auf einer C^k-Untermannigfaltigkeit in $\mathbb{R}^m$ ist eine Abbildung γ von einem Intervall I nach M, deren Bestandteile γ^i, definiert durch

$$\gamma(t) = \left(\gamma^1(t), \ldots, \gamma^m(t) \right),$$

k-mal stetig differenzierbar sind.   ◆

Eine Kurve ist hier also über eine Parameterdarstellung erklärt. Wir stellen uns hier auf den Standpunkt, dass verschiedene Parameterdarstellungen zu verschiedenen Kurven führen. Tangentenvektoren lassen sich erklären als Geschwindigkeitsvektoren, wenn eine Kurve als Bahngleichung für einen Massepunkt aufgefasst wird (Abb. 1.5).

Definition 1.10
Der Vektor

$$\gamma'(t) = \lim_{h \to 0} \frac{\gamma(t + h) - \gamma(t)}{h}$$

zu einer Kurve auf der Untermannigfaltigkeit M heißt **Tangentenvektor** im Punkt $\gamma(t)$. M_P bezeichnet die Menge aller Tangentenvektoren im Punkt P und heißt **Tangentialraum** in P.   ◆

Satz 1.1
Jeder Tangentialraum zu einer n-dimensionalen Untermannigfaltigkeit in $\mathbb{R}^m$ ist ein n-dimensionaler linearer Raum.

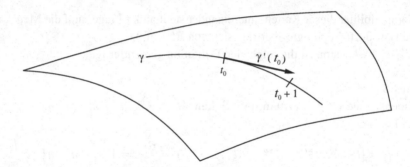

Abb. 1.5 Kurve und Tangentenvektor

Beweis Um den gesamten Tangentialraum M_P zu erfassen, genügt es natürlich, die Ableitung aller Kurven γ mit $\gamma(0) = P$ zu untersuchen. Der gegebene Punkt $P \in M$ liege in der Karte (U, φ). Eine Kurve γ gibt durch Umrechnung auf die Karte Anlass zu k-mal stetig differenzierbaren reellwertigen Funktionen $u^1, \ldots, u^n$, definiert durch

$$\left(u^1(t), \ldots, u^n(t)\right) = \varphi\left(\gamma(t)\right).$$

Wenn wir auf die Zerlegung $\gamma = \varphi^{-1} \circ (\varphi \circ \gamma)$ die Kettenregel anwenden, erhalten wir

$$\gamma' = \begin{pmatrix} \dfrac{\partial \xi^1}{\partial u^1} & \cdots & \dfrac{\partial \xi^1}{\partial u^n} \\ \vdots & & \vdots \\ \dfrac{\partial \xi^m}{\partial u^1} & \cdots & \dfrac{\partial \xi^m}{\partial u^n} \end{pmatrix} \begin{pmatrix} \dfrac{du^1}{dt} \\ \vdots \\ \dfrac{du^n}{dt} \end{pmatrix}.$$

Jede Kurve γ mit $\gamma(0) = P$ erzeugt einen Vektor

$$\left(\frac{du^1}{dt}, \ldots, \frac{du^n}{dt}\right)_{t=0} \in \mathbb{R}^n,$$

und umgekehrt gibt es zu jedem n-Tupel $v = (v^1, \ldots, v^n)$ eine Kurve γ mit $\gamma(0) = P$ und

$$\frac{du^k}{dt}(0) = v^k,$$

man könnte z. B. die Kurve $u = vt$ von der Karte auf die Mannigfaltigkeit übertragen. Zusammenfassend lässt sich feststellen, dass der Tangentialraum der Bildraum der Matrix $(\frac{\partial \xi^i}{\partial u^k})$, berechnet für das n-Tupel $(u^1, \ldots, u^m) = \varphi(P)$, ist. Damit ist die Linearität von M_P gezeigt, und es bleibt nachzuweisen, dass diese Matrix den Rang n hat.

Der Tangentialraum und seine Dimension sind natürlich unabhängig von der Auswahl der Karte. Deshalb können wir uns auf den Standpunkt stellen, dass φ eine Projektion ist, die den m Zahlen $\xi^1, \ldots, \xi^m$ n von ihnen zuordnet. Eventuell durch Umnummerierung kann wieder erreicht werden, dass das die ersten n sind. Es gilt also $u^k = \xi^k$ für $k = 1, \ldots, n$. Die ersten n Zeilen der Matrix $(\frac{\partial \xi^i}{\partial u^k})$ bilden dann die Einheitsmatrix, und der Rang ist deshalb n.

Ein Tangentenvektor lässt sich als Richtungsableitung verwenden. Es wird sich zeigen, dass sich der Tangentenvektor durch die Wirkung, die die Richtungsableitung auf reelle Funktionen hat, identifizieren lässt.

Definition 1.11
Für eine C^∞-Untermannigfaltigkeit M von $\mathbb{R}^m$ sei $\mathcal{F}(M)$ der lineare Raum aller reellwertigen Funktionen f auf M, für die für jede Karte φ die Funktion $f \circ \varphi^{-1}$ beliebig oft differenzierbar ist.   ◆

Eine Funktion $f \in \mathcal{F}(M)$ wird uns oft nur in ihrem Verhalten auf einer offenen P enthaltenden Menge (offene Umgebung von P) interessieren. Jede auf einer offenen Umgebung von P definierte und beschränkte Funktion, für die $f \circ \varphi^{-1}$ beliebig oft differenzierbar ist, lässt sich unter Wahrung dieser Eigenschaft auf ganz M fortsetzen.

Definition 1.12
Zu $P \in M$, $x \in M_P$ und $f \in \mathcal{F}(M)$ heißt die Zahl $xf = (f \circ \gamma)'(0)$ mit $\gamma(0) = P$ und $\gamma'(0) = x$ **Richtungsableitung** von f an der Stelle P in Richtung x.   ◆

Dass die Richtungableitung nicht von der Auswahl der Kurve γ abhängt, ist im Fall, dass die partiellen Ableitungen von f nach den Koordinaten von $\mathbb{R}^m$ bildbar sind, durch die Gleichung

$$(f \circ \gamma)'(0) = \operatorname{grad} f(P) \cdot \gamma'(0)$$

klar. Wenn f nur auf M definiert ist, müssen wir stattdessen eine geeignete Karte φ verwenden und $f \circ \gamma$ faktorisieren in $f \circ \gamma = g \circ u$ mit $g = f \circ \varphi^{-1}$ und $u = \varphi \circ \gamma$. Nach Kettenregel gilt dann

$$(f \circ \gamma)' = \operatorname{grad} g(\varphi(P)) \cdot u'(0).$$

Wegen

$$x = \gamma'(0) = (\varphi^{-1} \circ u)'(0)$$

ist $u'(0)$ das Urbild von x bzgl. der Funktionalmatrix von φ^{-1}. Weil diese den Rang n hat, ist $u'(0)$ eindeutig bestimmt durch x, und dadurch ist auch $(f \circ \gamma)'(0)$ durch x eindeutig bestimmt.

Beispiel Es sei i eine der Zahlen 1 bis m, und die Funktion f_i ordne jedem Punkt der Untermannigfaltigkeit M von $\mathbb{R}^m$ seine i-te Koordinate zu. Für den Tangentenvektor $y = (y^1, \ldots, y^m)$ ergibt sich sofort

$$yf_i = \operatorname{grad} f \cdot y = y^i.$$

Bei Verwendung einer Karte φ bekommt man das gleiche Ergebnis durch die folgenden Überlegungen: Die Funktion $g = f_i \circ \varphi^{-1}$ ordnet dem n-Tupel $(x^1, \ldots, x^n)$ die i-te Koordinate des entsprechenden Punktes zu. Es gilt $y f_i = \operatorname{grad} g \cdot v$, wobei v das Urbild von y bzgl. der Matrix $(\frac{\partial \xi^i}{\partial u^k})$ ist. Da $\operatorname{grad} g$ die i-te Zeile dieser Matrix ist, ist das Skalarprodukt $\operatorname{grad} g \cdot v$ die i-te Komponente des Tangentenvektors y.

Aus der Definition der Richtungsableitung sind sofort die folgenden einfachen Rechenregeln abzulesen:

Satz 1.2
Für $P \in M$, $x \in M_P$, $f, g \in \mathcal{F}(M)$ und reelle Zahlen λ und μ gilt

(L) $x(\lambda f + \mu g) = \lambda(xf) + \mu(xg)$
(P) $x(fg) = (xf)g(P) + f(P)(xg)$

Satz 1.3
Wenn für die beiden Tangentenvektoren $x, y \in M_P$ für alle $f \in \mathcal{F}(M)$ die Richtungsableitungen xf und yf übereinstimmen, dann müssen x und y gleich sein.

Beweis Für die im Beispiel nach Def. 1.12 behandelten Funktionen f_i gilt $x f_i = x^i$. Aus der Gleichheit der Richtungsableitungen folgt deshalb $x^i = y^i$ für $i = 1, \ldots, n$, also $x = y$.

Tangentenvektoren

2

Inhaltsverzeichnis

2.1   Der Tangentialraum

In diesem Kapitel sei M eine n-dimensionale C^∞-Mannigfaltigkeit im Sinne von Def. 1.7. Der Funktionenraum $\mathcal{F}(M)$ sei hier wie in Def. 1.11 eingeführt. Im Abschn. 1.3 haben wir für n-dimensionale Untermannigfaltigkeiten von $\mathbb{R}^m$ im Sinne von Def. 1.8 den Begriff des Tangentenvektors eingeführt. Def. 1.10 lässt sich nicht unmittelbar auf den allgemeinen Fall übertragen, aber die Sätze 1.2 und 1.3 legen den folgenden Zugang nahe:

Definition 2.1
Es sei $P \in M$. Eine Abbildung $x\colon \mathcal{F}(M) \longrightarrow \mathbb{R}$ mit

(L) $x(\lambda f + \mu g) = \lambda(xf) + \mu(xg)$
(P) $x(fg) = (xf)g(P) + f(P)(xg)$

heißt **Tangentenvektor** in P (**Tangentialvektor, Vektor, kontravarianter Vektor**). Die Menge aller Tangentenvektoren zu einem festen Punkt $P \in M$ heißt **Tangentialraum** M_P.   ◆

Für eine n-dimensionale Untermannigfaltigkeit von $\mathbb{R}^m$ ist jeder Tangentenvektor im Sinne von Def. 1.10 auch ein Tangentenvektor im Sinne von Def. 2.1. Dass auch die Umkehrung gilt, wird sich erst im nächsten Abschnitt zeigen.

© Springer-Verlag GmbH Deutschland, ein Teil von Springer Nature 2018
R. Oloff, *Geometrie der Raumzeit*, https://doi.org/10.1007/978-3-662-56737-1_2

Satz 2.1
Jeder Tangentialraum M_P ist ein linearer Raum.

Beweis Für $x, y \in M_P$ ist zu zeigen, dass auch die durch

$$(\alpha x + \beta y)f = \alpha x f + \beta y f$$

definierte Abbildung $\alpha x + \beta y \colon \mathcal{F}(M) \longrightarrow \mathbb{R}$ die Linearitätseigenschaft (L) hat und die Produktregel (P) erfüllt. Es gilt in der Tat

$$
\begin{aligned}
(\alpha x + \beta y)(\lambda f + \mu g) &= \alpha x(\lambda f + \mu g) + \beta y(\lambda f + \mu g) \\
&= \alpha\lambda x f + \alpha\mu x g + \beta\lambda y f + \beta\mu y g \\
&= \lambda(\alpha x + \beta y)f + \mu(\alpha x + \beta y)g
\end{aligned}
$$

und

$$
\begin{aligned}
(\alpha x + \beta y)(fg) &= \alpha x(fg) + \beta y(fg) \\
&= \alpha(xf)g(P) + \alpha f(P)(xg) + \beta(yf)g(P) + \beta f(P)(yg) \\
&= \big((\alpha x + \beta y)f\big)g(P) + f(P)(\alpha x + \beta y)g.
\end{aligned}
$$

In den beiden folgenden Sätzen werden Eigenschaften von Tangentenvektoren beschrieben, die im Sonderfall einer Untermannigfaltigkeit von $\mathbb{R}^m$ für die Richtungsableitung selbstverständlich sind.

Satz 2.2
Sei $P \in M$, $x \in M_P$ und f konstant. Dann gilt $xf = 0$.

Beweis Wegen der Homogenität $x(\lambda f) = \lambda x f$ genügt es, die Behauptung für die Funktion $f = 1$ zu zeigen. Es gilt

$$x1 = x(1 \cdot 1) = (x1)1 + 1(x1) = 2x1$$

und deshalb $x1 = 0$.

Satz 2.3
Wenn f und g in einer offenen Umgebung von P übereinstimmen, gilt für $x \in M_P$ $xf = xg$.

Beweis Es sei U eine offene Umgebung von P, und f und g stimmen auf U überein. Wir wählen eine Funktion $h \in \mathcal{F}(M)$ mit $h(P) = 1$ und $h(Q) = 0$ für $Q \notin U$. Dass eine solche Funktion existiert, ist zunächst plausibel, eine präzise Begründung folgt in Abschn. 13.2. Die Produktregel (P) besagt in der vorliegenden Situation

$$x(hf) = xh \cdot f(P) + 1 \cdot xf$$

und
$$x(hg) = xh \cdot g(P) + 1 \cdot xg.$$

Wegen $hf = hg$ und $f(P) = g(P)$ folgt daraus $xf = xg$.
Der letzte Satz gibt Anlass zu den folgenden Begriffsbildungen.

Definition 2.2
Zwei Funktionen $f, g \in \mathcal{F}(M)$ heißen P-**äquivalent**, wenn sie auf einer offenen Umgebung von P übereinstimmen. ◆

Die P-Äquivalenz ist eine Äquivalenzrelation im algebraischen Sinne und erzeugt deshalb eine Klasseneinteilung in $\mathcal{F}(M)$.

Definition 2.3
$\mathcal{F}(P)$ ist das System aller Klassen untereinander P-äquivalenter Funktionen aus $\mathcal{F}(M)$. ◆

Der Raum $\mathcal{F}(P)$ lässt sich demnach als Quotientenraum $\mathcal{F}(P) = \mathcal{F}(M)/\mathcal{N}(P)$ beschreiben. Dabei ist $\mathcal{N}(P)$ der Unterraum aller $g \in \mathcal{F}(M)$, zu denen es eine offene Umgebung U von P gibt mit $g(Q) = 0$ für $Q \in U$. Eine andere Beschreibung ist die folgende: $\mathcal{F}(P)$ besteht aus allen beschränkten C^∞-Funktionen, die auf einer offenen Umgebung von P definiert sind. Zu einer solchen auf einer offenen Menge U definierten Funktion f gibt es eine auf ganz M definierte C^∞-Funktion g, die auf einer P enthaltenden offenen Teilmenge V von U mit f übereinstimmt (siehe Abschn. 13.2). Umgekehrt kann man aus einer Klasse untereinander P-äquivalenter Funktionen einen Vertreter auswählen und auf eine offene Umgebung von P einschränken. Der Raum $\mathcal{F}(P)$ ist im Zusammenhang mit Tangentenvektoren deshalb von Bedeutung, weil wegen Satz 2.3 in Def. 2.1 der Funktionenraum $\mathcal{F}(M)$ durch den Raum $\mathcal{F}(P)$ ersetzt werden kann.

2.2 Erzeugung von Tangentenvektoren

Was eine Kurve auf einer Mannigfaltigkeit ist, lässt sich durch Modifikation der Formulierung von Def. 1.9 klären.

Definition 2.4
Eine C^∞-**Kurve** γ auf einer n-dimensionalen C^∞-Mannigfaltigkeit M ist eine Abbildung γ von einem Intervall I nach M, so dass für jede Karte φ die Abbildung $\varphi \circ \gamma$ beliebig oft differenzierbar ist. ◆

Die Kurve selbst lässt sich im Gegensatz zu der im Abschn. 1.3 beschriebenen Situation nicht mehr differenzieren, aber für jede C^∞-Funktion f ist $f \circ \gamma = (f \circ \varphi^{-1}) \circ (\varphi \circ \gamma)$

differenzierbar. Insofern erzeugt jede C^∞-Kurve γ mit $\gamma(0) = P$ einen Tangentenvektor $x \in M_P$

$$f \xrightarrow{\;x\;} (f \circ \gamma)'(0),$$

denn es gilt

$$\big((\lambda f + \mu g) \circ \gamma\big)'(0) = \lambda(f \circ \gamma)'(0) + \mu(g \circ \gamma)'(0)$$

und

$$\big((fg) \circ \gamma\big)'(0) = \big((f \circ \gamma)(g \circ \gamma)\big)'(0) = (f \circ \gamma)'(0)(g \circ \gamma)(0) + (f \circ \gamma)(0)(g \circ \gamma)'(0).$$

Bei Verwendung einer Karte berechnet sich die Richtungsableitung durch

$$xf = (f \circ \gamma)'(0) = \big((f \circ \varphi^{-1}) \circ (\varphi \circ \gamma)\big)'(0) = \sum_{i=1}^{n} \frac{\partial(f \circ \varphi^{-1})}{\partial u^i}(\varphi(P))\frac{du^i}{dt}(0).$$

Diese Formel zeigt, dass jeder durch eine Kurve erzeugte Tangentenvektor Linearkombination der in der folgenden Definition genannten speziellen Tangentenvektoren ist.

Definition 2.5
Zu einem gegebenen Punkt P der n-dimensionalen C^∞-Mannigfaltigkeit und der Karte φ bezeichnet $\frac{\partial}{\partial u^i}(P)$ oder kürzer ∂_i den Tangentenvektor, der der Funktion $f \in \mathcal{F}(P)$ die Zahl

$$\frac{\partial(f \circ \varphi^{-1})}{\partial u^i}(\varphi(P))$$

zuordnet.   ◆

Den Tangentenvektor ∂_i auf f anwenden heißt also, die auf die Karte φ umgerechnete Funktion $f \circ \varphi^{-1}$ partiell nach der i-ten Koordinate abzuleiten. Im Fall einer n-dimensionalen Untermannigfaltigkeit von $\mathbb{R}^m$ mit lokaler Darstellung

$$(\xi^1, \dots, \xi^m) = \varphi^{-1}(u^1, \dots, u^n)$$

entspricht dieser Prozedur im Sinne von Def. 1.10 der Vektor

$$\partial_i = \left(\frac{\partial \xi^1}{\partial u^i}, \dots, \frac{\partial \xi^m}{\partial u^i}\right).$$

In Abb. 2.1 ist der Spezialfall $m = 3$ und $n = 2$ skizziert. Der Rest dieses Abschnittes ist dem Nachweis gewidmet, dass die Tangentenvektoren $\partial_1, \dots, \partial_n$ eine Basis im Tangentialraum M_P bilden.

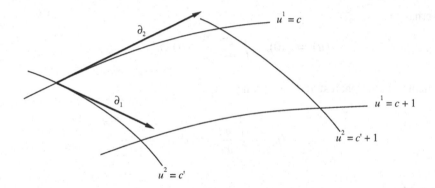

Abb. 2.1 Koordinatenvektoren

Satz 2.4
Die Tangentenvektoren $\frac{\partial}{\partial u^1}(P), \ldots, \frac{\partial}{\partial u^n}(P)$ sind linear unabhängig.

Beweis Es sei

$$\sum_{i=1}^{n} \lambda_i \frac{\partial}{\partial u^i}(P) = 0,$$

d. h. für $f \in \mathcal{F}(P)$ gilt

$$\sum_{i=1}^{n} \lambda_i \frac{\partial(f \circ \varphi^{-1})}{\partial u^i}(\varphi(P)) = 0.$$

Spezialisiert auf die Funktion f_k, die den Punkten ihre k-te Koordinate in der Karte φ zuordnet, ergibt sich $\lambda_k = 0$.

Satz 2.5
B sei eine offene Kugel um den Nullpunkt von $\mathbb{R}^n$, und g sei eine auf B definierte C^∞-Funktion. Dann existieren auf B n C^∞-Funktionen $g_1, \ldots, g_n$ mit

$$g_i(0) = \frac{\partial g}{\partial u^i}(0),$$

so dass für $u \in B$ gilt

$$g(u) = g(0) + \sum_{i=1}^{n} g_i(u) u^i.$$

Beweis Für $u = (u^1, \ldots, u^n) \in B$ wenden wir auf die Funktion $h(t) = g(tu)$ die Identität

$$h(1) = h(0) + \int_0^1 h'(t)\, dt$$

an und erhalten

$$g(u) = g(0) + \int\limits_0^1 \sum_{i=1}^n \frac{\partial g}{\partial u^i}(tu) \cdot u^i \, dt.$$

Die gesuchten Funktionen sind die Integrale

$$g_i(u) = \int\limits_0^1 \frac{\partial g}{\partial u^i}(tu) \, dt.$$

Theorem 2.6
Die Tangentenvektoren $\frac{\partial}{\partial u^1}(P), \ldots, \frac{\partial}{\partial u^n}(P)$ bilden eine Basis im Tangentialraum M_P.

Beweis Es ist zu zeigen, dass jeder Tangentenvektor $x \in M_P$ Linearkombination von $\frac{\partial}{\partial u^i}(P)$ ist. Wir können $\varphi(P) = 0$ voraussetzen. Es sei wieder f_i die Funktion, die jedem Punkt seine i-te Koordinate in der Karte φ zuordnet. Wir werden für $f \in \mathcal{F}(P)$

$$xf = \sum_{i=1}^n x f_i \frac{\partial(f \circ \varphi^{-1})}{\partial u^i}(0)$$

zeigen, d. h. die Richtungsableitungen $x f_i$ sind die gesuchten Koeffizienten der Linearkombination. Dazu wenden wir Satz 2.5 auf die Funktion $g = f \circ \varphi^{-1}$ an und erhalten

$$f\left(\varphi^{-1}(u)\right) = f\left(\varphi^{-1}(0)\right) + \sum_{i=1}^n g_i(u) u^i,$$

also

$$f(Q) = f(P) + \sum_{i=1}^n (g_i \circ \varphi)(Q) f_i(Q).$$

Die Funktion f ist also dargestellt als

$$f = f(P) + \sum_{i=1}^n (g_i \circ \varphi) f_i.$$

Daraus ergibt sich

$$xf = \sum_{i=1}^n x(g_i \circ \varphi) f_i(P) + \sum_{i=1}^n (g_i \circ \varphi)(P) x f_i.$$

Nach Definition von f_i gilt $f_i(P) = 0$, und nach der in Satz 2.5 formulierten Eigenschaft von g_i gilt

$$(g_i \circ \varphi)(P) = g_i(0) = \frac{\partial g}{\partial u^i}(0) = \frac{\partial (f \circ \varphi^{-1})}{\partial u^i}(0).$$

Damit ist das Theorem bewiesen.

2.3 Vektorfelder

Definition 2.6
Ein **Vektorfeld** X auf einer C^∞-Mannigfaltigkeit M ist eine Abbildung, die jedem Punkt $P \in M$ einen Tangentenvektor $X(P) \in M_P$ zuordnet. X ist ein C^∞-Vektorfeld, wenn für alle $f \in \mathcal{F}(M)$ die reellwertige Funktion Xf, definiert durch $Xf(P) = X(P)f$, beliebig oft differenzierbar ist. $\mathcal{X}(M)$ bezeichnet den linearen Raum aller C^∞-Vektorfelder auf M. $\mathcal{X}(P)$ bezeichnet den Quotientenraum von $\mathcal{X}(M)$ nach dem Unterraum aller Vektorfelder, die in einer Umgebung von P Null sind. ◆

Beispiel P sei ein Punkt einer n-dimensionalen C^∞-Mannigfaltigkeit M. Jede Karte (U, φ) mit $P \in U$ gibt Anlass zu den n Vektorfeldern $\frac{\partial}{\partial u^i} \in \mathcal{X}(P)$, definiert durch

$$\frac{\partial}{\partial u^i} f(P) = \frac{\partial (f \circ \varphi^{-1})}{\partial u^i}(\varphi(P))$$

(siehe Def. 2.5). Das sind die zur Karte φ gehörenden n **Koordinatenvektorfelder**. Gelegentlich werden wir sie, wie früher schon erwähnt, kürzer mit ∂_i bezeichnen.

Zur weiteren Illustration des Begriffes des Vektorfeldes veranschaulichen wir uns jetzt Vektorfelder auf gekrümmten Flächen in $\mathbb{R}^3$. Ein Tangentenvektor ist ein im Punkt P angehefteter Pfeil in der Tangentialebene. Bei einem Vektorfeld X ist in jedem Punkt P ein solcher Vektor angeheftet (Abb. 2.2), wobei sich bei einem C^∞-Vektorfeld die Pfeile zu nur wenig voneinander entfernten Punkten auch nur wenig unterscheiden. Dieses System von Pfeilen lässt sich als Strömung interpretieren, in jedem Punkt der Fläche ist durch den Tangentenvektor eine Geschwindigkeit vorgeschrieben. Für eine Funktion $f \in \mathcal{F}(P)$ beschreibt dann die Richtungsableitung $Xf(P)$ die von einem mit der Strömung treibenden Beobachter registrierte Änderung des Funktionswertes von f in dem Moment, in dem er den Punkt P passiert.

Zu den n Koordinatenvektorfeldern $\frac{\partial}{\partial u^1}, \ldots, \frac{\partial}{\partial u^n}$ bilden für jeden Punkt Q der Karte die Tangentenvektoren $\frac{\partial}{\partial u^i}(Q)$ im Tangentialraum M_Q eine Basis. Die Umkehrung gilt aber nicht. Zu n Vektorfeldern $X_1, \ldots, X_n$, für die für jeden Punkt Q aus U die Tangentenvektoren $X_1(Q), \ldots, X_n(Q)$ linear unabhängig sind, gibt es im allgemeinen keine Karte

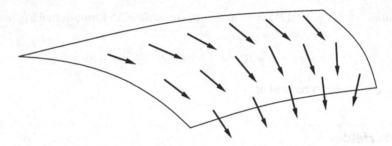

Abb. 2.2 Vektorfeld

φ, so dass $X_1, \ldots, X_n$ die dazugehörigen Koordinatenvektorfelder sind. Das lässt sich mit dem folgenden Gegenbeispiel belegen.

Es sei $M = \mathbb{R}^2 \backslash \{0\}$, ausgestattet mit den Polarkoordinaten ϱ und φ. Die Vektorfelder X und Y seien definiert durch

$$X(P) = \frac{\partial}{\partial \varrho}(P) \quad \text{und} \quad Y(P) = \frac{1}{\varrho}\frac{\partial}{\partial \varphi}(P).$$

Für jedes P sind die Vektoren $X(P)$ und $Y(P)$ orthogonal, insbesondere also linear unabhängig. Wenn X und Y Koordinatenvektorfelder wären, wären wie bei den Polarkoordinaten konzentrische Kreise und Strahlen vom Nullpunkt aus die Koordinatenlinien, und $\|Y(P)\|$ müsste proportional zum Abstand vom Nullpunkt sein. Dies widerspricht aber $\|Y(P)\| = 1$.

Der im nächsten Abschnitt zu behandelne Begriff der Lie-Klammer (benannt zu Ehren des norwegischen Mathematikers SOPHUS LIE 1842–1899) kann unter anderem dazu verwendet werden, innerhalb der Vektorfelder die Koordinatenvektorfelder zu diagnostizieren.

2.4 Die Lie-Klammer

Ein Vektorfeld X kann punktweise auf ein skalares Feld f (d. h. auf eine reellwertige Funktion) angewendet werden und erzeugt dadurch in jedem Punkt eine Zahl $X(P)f$, insgesamt also wieder ein skalares Feld $g = Xf$. Wenn man auf g ein weiteres Vektorfeld Y anwendet, erhält man ein drittes skalares Feld $h = YXf$. Die Zuordnung $f \longrightarrow h(P)$ ist linear, erfüllt aber nicht die Produktregel. Wenn man jedoch die Differenz $XYf - YXf$ bildet, heben sich die störenden Glieder auf.

Satz 2.7
X und Y seien zwei C^∞-Vektorfelder. Die Abbildung, die der C^∞-Funktion f die Zahl $(XYf)(P) - (YXf)(P)$ zuordnet, ist ein Tangentenvektor in M_P.

Beweis Die geforderte Linearität wird für jeden der beiden Summanden nachgewiesen. Für den ersten gilt

$$XY(\lambda f + \mu g)(P) = X(P)(\lambda Yf + \mu Yg)$$
$$= \lambda X(P)Yf + \mu X(P)Yg = \lambda XYf(P) + \mu XYg(P)$$

und für den zweiten analog

$$YX(\lambda f + \mu g)(P) = \lambda YXf(P) + \mu YXg(P).$$

Die Produktregel für das jeweils zuerst angewendete Vektorfeld ergibt

$$XY(fg)(P) - YX(fg)(P)$$
$$= X(P)\big((Yf)g\big) + X(P)\big(f(Yg)\big) - Y(P)\big((Xf)g\big) - Y(P)\big(f(Xg)\big).$$

Für den ersten Summanden gilt nach der Produktregel für das äußere Vektorfeld X

$$X(P)\big((Yf)g\big) = X(P)(Yf)g(P) + (Y(P)f)(X(P)g).$$

Addiert bzw. subtrahiert mit den analogen Zwischenergebnissen für die anderen drei Summanden ergibt sich

$$\big(X(P)Y - Y(P)X\big)(fg)$$
$$= \big((X(P)Y - Y(P)X)f\big)g(P) + f(P)\big(X(P)Y - Y(P)X\big)g.$$

Definition 2.7
Die **Lie-Klammer** ist die Operation in $X(M)$, die den Vektorfeldern X und Y das Vektorfeld $[X, Y]$, definiert durch

$$[X, Y](P)f = XYf(P) - YXf(P),$$

zuordnet. ◆

Es gilt also

$$[X, Y]f = XYf - YXf,$$

noch kürzer schreibt man

$$[X, Y] = XY - YX.$$

Satz 2.8
Für zwei Koordinatenvektorfelder einer Karte ergibt die Lie-Klammer das Nullvektorfeld.

Beweis Es gilt

$$\left[\frac{\partial}{\partial u^i}, \frac{\partial}{\partial u^k}\right] f = \frac{\partial}{\partial u^i}\frac{\partial}{\partial u^k}(f \circ \varphi^{-1}) - \frac{\partial}{\partial u^k}\frac{\partial}{\partial u^i}(f \circ \varphi^{-1}) = 0,$$

weil beim partiellen Ableiten die Reihenfolge bekanntlich keine Rolle spielt.

Aus Def. 2.7 ist sofort abzulesen, dass die Lie-Klammer eine schiefsymmetrische und bilineare Operation in $X(M)$ bzw. $X(P)$ ist. Es gilt also

$$[X, Y] = -[Y, X]$$
$$[X + Y, Z] = [X, Z] + [Y, Z]$$
$$[X, Y + Z] = [X, Y] + [X, Z]$$
$$[\lambda X, \mu Y] = \lambda\mu[X, Y].$$

Die letzte Gleichung gilt für Funktionen statt Zahlen λ und μ jedoch nicht mehr.

Satz 2.9
Für $X, Y \in X(P)$ und $f, g \in \mathcal{F}(P)$ gilt

$$[fX, gY] = fg[X, Y] + f(Xg)Y - g(Yf)X.$$

Beweis Die Produktregel für Vektorfelder impliziert

$$[fX, gY]h = fX(gYh) - gY(fXh) = f(Xg)(Yh) + fgXYh - g(Yf)(Xh) - gfYXh.$$

Bei Auswahl einer Karte lassen sich Vektorfelder durch die n Koordinatenvektorfelder $\partial_1, \ldots, \partial_n$ darstellen. Die Koeffizienten sind dann skalare Felder.

Satz 2.10
Für $X = \sum_{i=1}^{n} X^i \partial_i$ und $Y = \sum_{k=1}^{n} Y^k \partial_k$ gilt

$$[X, Y] = \sum_{j=1}^{n}\left(\sum_{i=1}^{n}(X^i\partial_i Y^j - Y^i\partial_i X^j)\right)\partial_j.$$

Beweis Nach Satz 2.9 gilt

$$[X, Y] = \sum_{i,k=1}^{n}[X^i\partial_i, Y^k\partial_k] = \sum_{i,k=1}^{n} X^i(\partial_i Y^k)\partial_k - \sum_{i,k=1}^{n} Y^k(\partial_k X^i)\partial_i.$$

Satz 2.11
Für Vektorfelder X, Y, Z gilt

$$[[X, Y], Z] + [[Y, Z], X] + [[Z, X], Y] = 0.$$

Beweis Diese sogenannte **Jacobi-Identität** beruht darauf, dass sich alle zwölf Summanden paarweise aufheben.

Tensoren

3

Inhaltsverzeichnis

3.1 Einführung

Die Darstellung von Elementen eines endlichdimensionalen Raumes E, Linearformen auf E und linearen Abbildungen in E als n-Tupel bzw. Matrizen hängt wesentlich von der Auswahl der Basis in E ab. Der im nächsten Abschnitt eingeführte Tensorbegriff verallgemeinert diese Objekte und ermöglicht so unter anderem eine einheitliche Theorie der Koordinatentransformationen. Dass der zugrunde liegende Raum E in den späteren Anwendungen immer ein Tangentialraum einer Mannigfaltigkeit sein wird, spielt in diesem Kapitel noch keine Rolle. Insofern ist dieses Kapitel völlig unabhängig von den Überlegungen der ersten beiden Kapitel.

In der Tensoralgebra treten immer wieder Summen mit oft mehreren Summationsindizes auf. Zur Vereinfachung der Schreibweisen ist die folgende sogenannte **Einsteinsche Summenkonvention** üblich: *Wenn in einem Ausdruck ein Indexsymbol zweimal auftritt, einmal als oberer und einmal als unterer Index, wird über diesen Index summiert.* Statt $\sum_{i=1}^{n} \lambda^i x_i$ wird kürzer $\lambda^i x_i$ geschrieben. Eine Gleichung der Form $\eta^k = \sum_{i=1}^{n} \alpha_i^k \xi^i$ verkürzt sich zu $\eta^k = \alpha_i^k \xi^i$. Die Summationsgrenze ist nun nicht mehr angebbar, ist aber normalerweise nach Lage der Dinge sowieso klar.

Die Verwendung der Summenkonvention erfordert einheitliche Vorschriften, welche Indizes oben und welche unten zu stehen haben. Vektoren werden wir beim Numerieren ab jetzt immer unten indizieren, die Koeffizienten in Linearkombinationen von Vektoren

© Springer-Verlag GmbH Deutschland, ein Teil von Springer Nature 2018 25
R. Oloff, *Geometrie der Raumzeit*, https://doi.org/10.1007/978-3-662-56737-1_3

müssen dann natürlich oben indiziert werden. Da die Koordinaten eines Vektors in der Basisdarstellung Koeffizienten sind, muss deren laufender Index auch oben stehen. Matrizen, die lineare Abbildungen darstellen sollen, werden auf Koordinaten angewendet. Deshalb steht der Spaltenindex unten und der Zeilenindex oben. Wenn eine Matrix als Koeffizientenmatrix einer Bilinearform verwendet werden soll, müssen beide Indizes unten stehen. Linearformen werden oben indiziert und ihre Koordinaten unten.

Um die Verwendung der Summenkonvention zu demonstrieren, diskutieren wir jetzt die Koordinatentransformationen für Vektoren und lineare Abbildungen, wobei wir die neue Schreibweise verwenden wollen. Zugrunde liegt dabei immmer ein n-dimensionaler Raum E.

Gegeben seien zwei Basen $x_1, \dots, x_n$ und $y_1, \dots, y_n$, gekoppelt durch $y_k = \alpha_k^i x_i$ bzw. $x_i = \beta_i^k y_k$. Die Darstellung $z = \xi^i x_i$ eines Vektors $z \in E$ soll auf die andere Basis umgerechnet werden. Dazu wird lediglich die obige Umrechnungsformel für x_i in die gegebene Darstellung eingesetzt. Man erhält $z = \xi^i \beta_i^k y_k$ und liest die Koordinaten $\eta^k = \xi^i \beta_i^k$ ab.

Die Matrix (τ_k^i) beschreibe die Abbildung $A \in L(E, E)$ bzgl. der Basis $x_1, \dots, x_n$, d. h. es gilt $A x_k = \tau_k^i x_i$. Es soll die Matrix (σ_k^j) von A bzgl. der anderen Basis berechnet werden. Durch Anwendung beider Umrechnungsformeln bekommt man

$$ A y_k = A \alpha_k^i x_i = \alpha_k^i A x_i = \alpha_k^i \tau_i^l x_l = \alpha_k^i \tau_i^l \beta_l^j y_j $$

und liest ab $\sigma_k^j = \alpha_k^i \tau_i^l \beta_l^j$.

3.2 Multilinearformen

An den Begriff der Multilinearform ist man durch die Determinante gewöhnt: Aus den n Zeilen der quadratischen Matrix wird eine Zahl, und diese Zuordnung ist bekanntlich bzgl. jeder einzelnen Zeile (die anderen festgehalten) linear.

Es sei E wieder ein n-dimensionaler linearer Raum, und E^* bezeichne den dazu dualen Raum, bestehend aus allen Linearformen a auf E. Den Wert von a an der Stelle x bezeichnen wir mit $\langle x, a \rangle$.

Definition 3.1
Es seien p und q nichtnegative ganze Zahlen. Eine Abbildung $f \colon E^{*p} \times E^q \longrightarrow \mathbb{R}$ mit den Eigenschaften

$$ f(a^1, \dots, a^{i-1}, \lambda a + \mu b, a^{i+1}, \dots, a^p, x_1, \dots, x_q) $$
$$ = \lambda f(a^1, \dots, a, \dots, a^p, x_1, \dots, x_q) + \mu f(a^1, \dots, b, \dots, a^p, x_1, \dots, x_q) $$

und

$$ f(a^1, \dots, a^p, x_1, \dots, x_{k-1}, \lambda x + \mu y, x_{k+1}, \dots, x_q) $$
$$ = \lambda f(a^1, \dots, a^p, x_1, \dots, x, \dots, x_q) + \mu f(a^1, \dots, a^p, x_1, \dots, y, \dots, x_q) $$

heißt p-**fach kontravarianter und** q-**fach kovarianter Tensor** auf E oder kürzer (p, q)-**Tensor.** ◆

Beispiel 1 Die auf $E^* \times E$ definierte Funktion $f(a, x) = \langle x, a \rangle$ ist ein $(1, 1)$-Tensor, der sogenannte **Einheitstensor.**

Beispiel 2 Es sei $E = \mathbb{R}^3$. Die auf $E^* \times E \times E$ definierte Funktion $f(a, x_1, x_2) = \langle x_1 \times x_2, a \rangle$ ist ein $(1, 2)$-Tensor auf $\mathbb{R}^3$.

Beispiel 3 Zu gegebenen Vektoren $x_1, \ldots, x_p \in E$ und Linearformen $a^1, \ldots, a^q$ ist die auf $E^{*p} \times E^q$ definierte Funktion

$$f(b^1, \ldots, b^p, y_1, \ldots, y_q) = \langle x_1, b^1 \rangle \cdots \langle x_p, b^p \rangle \langle y_1, a^1 \rangle \cdots \langle y_q, a^q \rangle$$

ein (p, q)-Tensor. Dieser wird durch

$$f = x_1 \otimes \cdots \otimes x_p \otimes a^1 \otimes \cdots \otimes a^q$$

bezeichnet. Tensoren dieser Art heißen **einfach.**

Zu einem gegebenen reellen linearen Raum E und nichtnegativen ganzen Zahlen p und q bildet die Menge aller p-fach kontravarianten und q-fach kovarianten Tensoren bzgl. der punktweisen Addition und der punktweisen Vervielfachung einen linearen Raum. Dieser wird bezeichnet mit E_q^p oder $E \otimes \cdots \otimes E \otimes E^* \otimes \cdots \otimes E^*$, wobei die Symbole E und E^* so oft stehen, wie p und q vorschreiben. Beispielsweise schreibt man statt E_2^1 auch $E \otimes E^* \otimes E^*$. Mit E_0^0 meint man natürlich $\mathbb{R}$.

Der folgende Satz liefert eine Fülle weiterer Beispiele und zeigt die große Allgemeinheit des Tensorbegriffs.

Satz 3.1
Im Sinne von Isomorphie gelten für einen endlichdimensionalen Raum E die folgenden Gleichungen:

(1) $E = E_0^1$
(2) $E^* = E_1^0$
(3) $L(E, E) = E_1^1$
(4) $L(E, L(E, E)) = E_2^1$
(5) $L(L(E, E), L(E, E)) = E_2^2$

Dabei hängen die Isomorphismen nicht von der Auswahl der Basis ab.

Beweis Ein Vektor x erzeugt durch den Ansatz $(Jx)(a) = \langle x, a \rangle$ eine reelle Funktion Jx auf E^*. Der Linearität der Zuordnung $a \longrightarrow \langle x, a \rangle$ entspricht die Vereinbarung, wie mit Linearformen gerechnet wird, und die Linearität von $x \longrightarrow Jx$ ist genau die

Linearität von Linearformen. Die angegebene Abbildung $J: E \longrightarrow E_0^1$ ist eine Injektion, denn zu verschiedenen Vektoren x_1 und x_2 gibt es bekanntlich eine Linearform a mit $\langle x_1, a \rangle \neq \langle x_2, a \rangle$. Die Übereinstimmung der Dimensionen von E und E_0^1, die wir im allgemeineren Zusammenhang im nächsten Abschnitt zeigen werden, beendet dann schließlich den Beweis von (1). Die Gleichung (2) ist trivial. Zum Beweis der anderen Punkte geben wir nur die Isomorphismen an. Einer linearen Abbildung A in E ordnen wir die Bilinearform $f(a, x) = \langle Ax, a \rangle$ zu. Für $T \in L(E, L(E, E))$ ist die Trilinearform $f(a, x_1, x_2) = \langle (Tx_1)x_2, a \rangle$ der entsprechende $(1, 2)$-Tensor, und $T \in L(L(E, E), L(E, E))$ wird aufgefasst als $(2, 2)$-Tensor

$$f(a^1, a^2, x_1, x_2) = \langle (T(x_1 \otimes a^1))x_2, a^2 \rangle.$$

Angesichts der Identifizierungen (1) und (2) nennt man Vektoren auch **kontravariante Vektoren** und Linearformen **kovariante Vektoren**.

Die beiden folgenden Rekursionsformeln verallgemeinern die Gleichungen (3), (4) und (5) von Satz 3.1 und ermöglichen die Konstruktion von Tensoren beliebig hoher Stufen.

Satz 3.2
Es sei E ein endlichdimensionaler Raum, und p, q, r, s, t, u seien nichtnegative ganze Zahlen. Im Sinne von Isomorphie gilt

$$L(E_s^r, E_t^u) = E_{r+t}^{s+u}$$

und speziell

$$L(E, E_q^p) = E_{q+1}^p.$$

Beweis Als Isomorphismus bietet sich die Abbildung J an, die jedem $T \in L(E_s^r, E_t^u)$ den Tensor

$$f(a^1, \ldots, a^s, a^{s+1}, \ldots, a^{s+u}, x_1, \ldots, x_r, x_{r+1}, \ldots, x_{r+t})$$
$$= (T(x_1 \otimes \cdots \otimes x_r \otimes a^1 \otimes \cdots \otimes a^s))(a^{s+1}, \ldots, a^{s+u}, x_{r+1}, \ldots, x_{r+t})$$

zuordnet. Offensichtlich ist f multilinear und J linear. Wenn man hier bereits verwendet, dass man in E_s^r eine Basis aus einfachen Tensoren bilden kann (Satz 3.3 im folgenden Abschnitt), sieht man auch, dass $f = 0$ $T = 0$ impliziert. Also ist J eine Injektion. Weil, wie sich zeigen wird, beide Räume die gleichen Dimensionen haben, ist J auch surjektiv. Die zweite Gleichung in Satz 3.2 ist der Spezialfall der ersten für $r = 1, s = 0, t = q$, $u = p$.

3.3 Komponenten

Jede Basis $x_1, \ldots, x_n$ im linearen Raum E gibt bekanntlich Anlass zu einer Basis $a^1, \ldots, a^n$ im dualen Raum E^*, definiert durch

$$\langle \lambda^i x_i, a^k \rangle = \lambda^k.$$

Diese Basis $a^1, \ldots, a^n$ ist die zur gegebenen Basis $x_1, \ldots, x_n$ **duale Basis**.

Satz 3.3
Es sei $x_1, \ldots, x_n$ eine Basis des Raumes E, und die dazu duale Basis in E^* sei $a^1, \ldots, a^n$. Die n^{p+q} einfachen Tensoren

$$x_{i_1} \otimes \cdots \otimes x_{i_p} \otimes a^{j_1} \otimes \cdots \otimes a^{j_q},$$

wobei die Indizes $i_1, \ldots, i_p, j_1, \ldots, j_q$ unabhängig voneinander von 1 bis n laufen, bilden eine Basis in E_q^p. Es gilt folglich

$$\dim E_q^p = n^{p+q}.$$

Beweis Nach der Definition der einfachen Tensoren und der dualen Basis gilt

$$x_{i_1} \otimes \cdots \otimes x_{i_p} \otimes a^{j_1} \otimes \cdots \otimes a^{j_q}(a^{i'_1}, \ldots, a^{i'_p}, x_{j'_1}, \ldots, x_{j'_q}) = 1$$

genau dann, wenn alle sich entsprechenden Indizes paarweise übereinstimmen, sonst ist der Funktionswert Null. Mit dieser Kenntnis lässt sich leicht die lineare Unabhängigkeit zeigen. Es sei

$$\lambda^{i_1 \cdots i_p}_{j_1 \cdots j_q} x_{i_1} \otimes \cdots \otimes x_{i_p} \otimes a^{j_1} \otimes \cdots \otimes a^{j_q} = 0$$

(n^{p+q} Summanden).

Angewendet auf die Variablen $a^{i'_1}, \ldots, a^{i'_p}, x_{j'_1}, \ldots, x_{j'_q}$ verschwinden alle Summanden bis auf einen, und es ergibt sich

$$\lambda^{i'_1 \cdots i'_p}_{j'_1 \cdots j'_q} = 0,$$

wobei die Indizes $i'_1, \ldots, i'_q$ beliebig gewählt waren. Es ist nun noch zu zeigen, dass die genannten einfachen Tensoren ganz E_q^p aufspannen. Es sei

$$f = \lambda^{i_1 \cdots i_p}_{j_1 \cdots j_q} x_{i_1} \otimes \cdots \otimes x_{i_p} \otimes a^{j_1} \otimes \cdots \otimes a^{j_q}.$$

Angewendet auf die Variablen $a^{i'_1}, \ldots, x_{j'_q}$ ergibt sich

$$f(a^{i'_1}, \ldots, a^{i'_p}, x_{j'_1}, \ldots, x_{j'_q}) = \lambda^{i'_1 \cdots i'_p}_{j'_1 \cdots j'_q}.$$

Wenn $f \in E^p_q$ überhaupt in obiger Form darstellbar ist, dann lautet die Darstellung

$$f = f(a^{i_1}, \ldots, a^{i_p}, x_{j_1}, \ldots, x_{j_q}) x_{i_1} \otimes \cdots \otimes x_{i_p} \otimes a^{j_1} \otimes \cdots \otimes a^{j_q}.$$

Diese Gleichung stimmt, wenn die Variablen aus der verwendeten Basis von E und der dazu dualen Basis genommen werden. Aus Gründen der Multilinearität stimmt sie dann auch allgemein. Damit ist Satz 3.3 bewiesen, und auch die im vorherigen Abschnitt unter Verwendung von Satz 3.3 bewiesenen Sätze 3.1 und 3.2 sind jetzt gesichert.

Wie wir in dem soeben beendeten Beweis festgestellt haben, berechnen sich die Koordinaten eines Tensors bzgl. der in Satz 3.3 genannten Basis in erfreulich einfacher Weise. Wir halten diese Formel im folgenden Satz fest und vereinbaren gleichzeitig eine Standardbezeichnung.

Satz 3.4
Die Koordinaten von $f \in E^p_q$ bezüglich der durch die Basis $x_1, \ldots, x_n$ von E in E^p_q erzeugten Basis aus einfachen Tensoren $x_{i_1} \otimes \cdots \otimes x_{i_p} \otimes a^{j_1} \otimes \cdots \otimes a^{j_q}$ sind die Zahlen

$$f^{i_1 \cdots i_p}_{j_1 \cdots j_q} = f(a^{i_1}, \ldots, a^{i_p}, x_{j_1}, \ldots, x_{j_q}).$$

Sie werden **Komponenten** *von f bzgl. der Basis $x_1, \ldots, x_n$ genannt.*

Beispiel Eine lineare Abbildung $T \in L(E, E)$ sei durch die Matrix (τ^i_k) bzgl. der Basis $x_1, \ldots, x_n$ in E gegeben, d. h. es gilt

$$T(\xi^k x_k) = \tau^l_k \xi^k x_l.$$

Die Linearform a^i der dualen Basis ordnet jedem Element $x \in E$ seine i-te Koordinate bzgl. der gegebenen Basis zu. Der einer Abbildung $T \in L(E, E)$ entsprechende Tensor $f \in E^1_1$ ist definiert durch $f(a, x) = \langle Tx, a \rangle$ und hat die Komponenten

$$f^i_j = f(a^i, x_j) = \langle Tx_j, a^i \rangle = \langle \tau^l_j x_l, a^i \rangle = \tau^i_j.$$

Die Elemente der Matrix sind also die Komponenten des Tensors bzgl. der gleichen Basis.

Wir untersuchen jetzt den Einfluss der Basis in E auf die Komponenten eines Tensors $f \in E^p_q$. Neben der Basis $X = \{x_1, \ldots, x_n\}$ sei noch eine andere Basis $\overline{X} = \{\overline{x}_1, \ldots, \overline{x}_n\}$ gegeben. Beide Basen sind miteinander gekoppelt durch die Umrechnungsformeln $\overline{x}_i = \alpha^j_i x_j$ und $x_j = \beta^i_j \overline{x}_i$. Natürlich sind die Matrizen (α^j_i) und (β^i_j) invers zueinander. Wir berechnen jetzt die Kopplung zwischen den zu X und $\overline{X}$ dualen Basen $A = \{a^1, \ldots, a^n\}$ bzw. $\overline{A} = \{\overline{a}^1, \ldots, \overline{a}^n\}$. Wir setzen $\overline{a}^k = \gamma_l^k a^l$ an und wenden die Linearformen auf die Basiselemente $x_1, \ldots, x_n$ an. Aus

$$\langle x_j, \overline{a}^k \rangle = \langle \beta_j^i \overline{x}_i, \overline{a}^k \rangle = \beta_j^i \langle \overline{x}_i, \overline{a}^k \rangle = \beta_j^k$$

und

$$\langle x_j, \gamma_l^k a^l \rangle = \gamma_l^k \langle x_j, a^l \rangle = \gamma_j^k$$

folgt die Umrechnungsformel $\overline{a}^k = \beta_l^k a^l$, und da (α_i^j) zu (β_j^i) invers ist, folgt daraus die andere Formel $a^l = \alpha_k^l \overline{a}^k$.

Jetzt lassen sich die Komponenten $f^{i_1 \cdots i_p}_{\ j_1 \cdots j_q}$ eines Tensors $f \in E_q^p$ bzgl. der Basis X mühelos auf die Komponenten $\overline{f}^{i_1 \cdots i_p}_{\ j_1 \cdots j_q}$ umrechnen. Es ergibt sich

$$\overline{f}^{i_1 \cdots i_p}_{\ j_1 \cdots j_q} = f(\overline{a}^{i_1}, \ldots, \overline{a}^{i_p}, \overline{x}_{j_1}, \ldots, \overline{x}_{j_q})$$
$$= f(\beta_{l_1}^{i_1} a^{l_1}, \ldots, \beta_{l_p}^{i_p} a^{l_p}, \alpha_{j_1}^{k_1} x_{k_1}, \ldots, \alpha_{j_q}^{k_q} x_{k_q}) = \beta_{l_1}^{i_1} \cdots \beta_{l_p}^{i_p} f^{l_1 \cdots l_p}_{\ k_1 \cdots k_q} \alpha_{j_1}^{k_1} \cdots \alpha_{j_q}^{k_q}.$$

Wir fassen das Ergebnis zusammen.

Theorem 3.5
Die Basen $X = \{x_1, \ldots, x_n\}$ und $\overline{X} = \{\overline{x}_1, \ldots, \overline{x}_n\}$ in E seien durch $\overline{x}_i = \alpha_i^j x_j$ und $x_j = \beta_j^i \overline{x}_i$ gekoppelt. Dann werden die Komponenten von $f \in E_q^p$ nach der Formel

$$\overline{f}^{i_1 \cdots i_p}_{\ j_1 \cdots j_q} = \beta_{l_1}^{i_1} \cdots \beta_{l_p}^{i_p} f^{l_1 \cdots l_p}_{\ k_1 \cdots k_q} \alpha_{j_1}^{k_1} \cdots \alpha_{j_q}^{k_q}$$

von der Basis X auf die Basis $\overline{X}$ umgerechnet.

Beispiel Zu $f \in E_1^1$ gehört eine Abbildung $T \in L(E, E)$ mit der Matrix (τ_k^i) bzgl. einer Basis X. Wir hatten schon geklärt, dass Elemente τ_k^i die Komponenten f_k^i des Tensors sind. Bezüglich einer anderen Basis $\overline{X}$ sind die Komponenten $\overline{f}_j^i = \beta_l^i f_k^l \alpha_j^k$. An diese Formel hatten wir schon im Abschn. 3.1 erinnert.

3.4 Operationen mit Tensoren

Zunächst sei daran erinnert, dass E_q^p ein linearer Raum ist. Zwei Tensoren f und g gleichen Typs (man sagt auch: gleichen Indexbildes) werden nach der Formel

$$(f + g)(a^1, \ldots, a^p, x_1, \ldots, x_q) = f(a^1, \ldots, a^p, x_1, \ldots, x_q) + g(a^1, \ldots, a^p, x_1, \ldots, x_q)$$

addiert. Für die Komponenten heißt das

$$(f + g)^{i_1 \cdots i_p}_{j_1 \cdots j_q} = f^{i_1 \cdots i_p}_{j_1 \cdots j_q} + g^{i_1 \cdots i_p}_{j_1 \cdots j_q}.$$

Die Multiplikation mit einer Zahl ist erklärt durch

$$(\lambda f)(a^1, \ldots, a^p, x_1, \ldots, x_q) = \lambda f(a^1, \ldots, a^p, x_1, \ldots, x_q)$$

beziehungsweise

$$(\lambda f)^{i_1 \cdots i_p}_{j_1 \cdots j_q} = \lambda f^{i_1 \cdots i_p}_{j_1 \cdots j_q}.$$

Definition 3.2

Das **Tensorprodukt** $f \otimes g$ zweier Tensoren $f \in E^p_q$ und $g \in E^r_s$ ist ein Tensor aus E^{p+r}_{q+s}, definiert durch

$$f \otimes g(a^1, \ldots, a^p, a^{p+1}, \ldots, a^{p+r}, x_1, \ldots, x_q, x_{q+1}, \ldots, x_{q+s})$$
$$= f(a^1, \ldots, a^p, x_1, \ldots, x_q)g(a^{p+1}, \ldots, a^{p+r}, x_{q+1}, \ldots, x_{q+s}). \qquad \blacklozenge$$

Das Tensorprodukt zweier Tensoren ist bildbar, wenn jeweils der gleiche lineare Raum E zugrunde liegt. Die Komponenten des Tensorproduktes berechnen sich aus den Komponenten der beiden Faktoren durch

$$(f \otimes g)^{i_1 \cdots i_p i_{p+1} \cdots i_{p+r}}_{j_1 \cdots j_q j_{q+1} \cdots j_{q+s}} = f^{i_1 \cdots i_p}_{j_1 \cdots j_q} \, g^{i_{p+1} \cdots i_{p+r}}_{j_{q+1} \cdots j_{q+s}}.$$

Die folgenden Rechenregeln sind unmittelbar abzulesen:

$$(f \otimes g) \otimes h = f \otimes (g \otimes h)$$
$$(f + g) \otimes h = (f \otimes h) + (g \otimes h)$$
$$f \otimes (g + h) = (f \otimes g) + (f \otimes h)$$
$$(\lambda f) \otimes g = \lambda(f \otimes g) = f \otimes (\lambda g)$$

Die im Beispiel 3 aus Abschn. 3.2 vereinbarte Schreibweise für einfache Tensoren ordnet sich dem Begriff des Tensorproduktes unter. Der einfache Tensor

$$x_1 \otimes \cdots \otimes x_p \otimes a^1 \otimes \cdots \otimes a^q \in E^p_q$$

ist das Tensorprodukt der Tensoren $x_1, \ldots, x_p, a^1, \ldots, a^q$ aus E^1_0 bzw. E^0_1.

Definition 3.3

Zu $r \in \{1, \ldots, p\}$, $s \in \{1, \ldots, q\}$ und $f \in E^p_q$ sei der Tensor $C^r_s f \in E^{p-1}_{q-1}$ definiert durch die Summe (Summation über k)

$$C^r_s f(a^1, \ldots, a^{r-1}, a^{r+1}, \ldots, a^p, x_1, \ldots, x_{s-1}, x_{s+1}, \ldots, x_q)$$
$$= f(a^1, \ldots, a^{r-1}, b^k, a^{r+1}, \ldots, a^p, x_1, \ldots, x_{s-1}, y_k, x_{s+1}, \ldots, x_q),$$

wobei $y_1, \ldots, y_n$ eine beliebige Basis von E und $b^1, \ldots, b^n$ die dazu duale Basis von E^* ist. Der Übergang vom Tensor f zum Tensor $C_s^r f$ heißt **Verjüngung** oder **Kontraktion** von f. ◆

Es ist zu klären, dass die Definition von $C_s^r f$ unabhängig von der Auswahl der Basis $y_1, \ldots, y_n$ in E ist. Dazu betrachten wir eine zweite Basis $z_i = \alpha_i^j y_j$ und die dazu duale Basis $c^1, \ldots, c^n$. Wie wir im Beweis von Theorem 3.5 festgestellt haben, gilt $c^j = \beta_i^j b^i$ mit der zu (α_i^j) inversen Matrix (β_i^j). Daraus folgt

$$f(a^1, \ldots, c^k, \ldots, a^p, x_1, \ldots, z_k, \ldots, x_q)$$
$$= f(a^1, \ldots, \beta_l^k b^l, \ldots, a^p, x_1, \ldots, \alpha_k^m y_m, \ldots, x_q)$$
$$= \beta_l^k \alpha_k^m f(a^1, \ldots, b^l, \ldots, a^p, x_1, \ldots, y_m, \ldots, x_q)$$
$$= f(a^1, \ldots, b^l, \ldots, a^p, x_1, \ldots, y_l, \ldots, x_q).$$

Die Umrechnung der Komponenten eines Tensors bei der Verjüngung ist wesentlich einfacher als die abstrakte Formulierung der Definition der Verjüngung. Wenn wir die Definition des verjüngten Tensors $C_s^r f$ auf die Basis anwenden, auf die sich die Komponenten beziehen sollen, lesen wir ab

$$C_s^r f_{j_1 \cdots j_{s-1} \, j_{s+1} \cdots j_q}^{i_1 \cdots i_{r-1} \, i_{r+1} \cdots i_p} = f_{j_1 \cdots j_{s-1} \, k \, j_{s+1} \cdots j_q}^{i_1 \cdots i_{r-1} \, k \, i_{r+1} \cdots i_p}.$$

Beispiel Einer linearen Abbildung T in E entspricht ein Tensor $f \in E_1^1$. Die Elemente τ_k^i der Matrix von T sind die Komponenten f_k^i des Tensors f. Der verjüngte Tensor ist die Zahl $f_i^i = \tau_i^i$. Das ist die Spur der Matrix.

Definition 3.4
Zu $f \in E_q^p$ und $g \in E_s^r$ heißt ein Tensor $h \in E_{q+s-1}^{p+r-1}$ der Form $h = C_{q+u}^t (f \otimes g)$ mit $t \in \{1, \ldots, p\}$ und $u \in \{1, \ldots, s\}$ oder $h = C_u^{p+t} (f \otimes g)$ mit $t \in \{1, \ldots, r\}$ und $u \in \{1, \ldots, q\}$ **Überschiebung** von f und g. ◆

Da die Überschiebung auf Tensorprodukt und Verjüngung zurückgeführt ist, ist sie unabhängig von der Auswahl der Basis $y_1, \ldots, y_n$ und der Dualbasis $b^1, \ldots, b^n$. Die Komponenten des durch Überschiebung definierten Tensors h berechnen sich durch

$$h_{j_1 \cdots j_q \, j_{q+1} \cdots j_{q+u-1} \, j_{q+u+1} \cdots j_{q+s}}^{i_1 \cdots i_{t-1} i_{t+1} \cdots i_p i_{p+1} \cdots i_{p+r}} = f_{j_1 \cdots j_q}^{i_1 \cdots i_{t-1} \, k \, i_{t+1} \cdots i_p} \cdot g_{j_{q+1} \cdots j_{q+u-1} \, k \, j_{q+u+1} \cdots j_{q+s}}^{i_{p+1} \cdots i_{p+r}}$$

bzw.

$$h_{j_1 \cdots j_{u-1} \, j_{u+1} \cdots j_q \, j_{q+1} \cdots j_{q+s}}^{i_1 \cdots i_p \, i_{p+1} \cdots i_{p+t-1} i_{p+t+1} \cdots i_{p+r}} = f_{j_1 \cdots j_{u-1} \, k \, j_{u+1} \cdots j_q}^{i_1 \cdots i_p} \cdot g_{j_{q+1} \cdots j_{q+s}}^{i_{p+1} \cdots i_{p+t-1} \, k \, i_{p+t+1} \cdots i_{p+r}}.$$

Beispiel Einer linearen Abbildung $T \in L(E, E)$ entspricht ein Tensor $f \in E_1^1$ und einem Vektor $x \in E$ ein Tensor $g \in E_0^1$. Die einzig mögliche Variante einer Überschiebung von f und g ist der Tensor $h \in E_0^1$, definiert unter Verwendung einer Basis $x_1, \ldots, x_n$ und der Dualbasis $a^1, \ldots, a^n$ durch

$$h(a) = f(a, x_k) g(a^k) = \langle Tx_k, a \rangle \langle x, a^k \rangle = \langle \langle x, a^k \rangle Tx_k, a \rangle = \langle Tx, a \rangle.$$

Hierbei wurde im letzten Schritt die Darstellung $x = \langle x, a^k \rangle x_k$ verwendet. Es hat sich gezeigt, dass die Überschiebung derjenige Tensor ist, der dem Bild Tx entspricht. Die Anwendung einer linearen Abbildung auf einen Vektor ist also das Überschieben der beiden Tensoren. Das sieht man übrigens auch an den Komponenten

$$h^i = f_k^i g^k = \tau_k^i \xi^k.$$

Man sieht ebenfalls den Komponenten eines Tensors an, dass das Überschieben mit dem Einheitstensor (Beispiel 1 aus Abschn. 3.2) keine Wirkung hat, denn die Komponenten des Einheitstensors sind die Elemente des Kronecker-Symbols.

3.5 Tensoren auf euklidischen Räumen

Auf einem endlichdimensionalen Raum E sei ein Skalarprodukt vereinbart, also eine positiv definite symmetrische Bilinearform, d. h. ein $(0, 2)$-Tensor. Wir bezeichnen ihn mit g und nennen ihn **metrischen Tensor**. Statt $x \cdot y$ schreiben wir jetzt $g(x, y)$.

Da das Skalarprodukt insbesondere vom zweiten Faktor linear abhängt, erzeugt es einen Isomorphismus $J : E \longrightarrow E^*$, charakterisiert durch

$$\langle y, Jx \rangle = g(x, y) \qquad \text{für alle } x, y \in E.$$

Für jede Basis $x_1, \ldots, x_n \in E$, die dazu duale Basis $a^1, \ldots, a^n \in E^*$ und einen Vektor $x = \xi^k x_k$ lassen sich die Komponenten λ_i der Linearform $Jx = \lambda_i a^i$ gemäß

$$\lambda_i = \langle x_i, \lambda_j a^j \rangle = \langle x_i, Jx \rangle = g(x, x_i) = g(\xi^k x_k, x_i) = \xi^k g_{ki}$$

ausdrücken, also gilt

$$Jx = \xi^k g_{ki} a^i,$$

insbesondere

$$Jx_i = g_{ij} a^j.$$

Wenn die Basis $x_1, \ldots, x_n$ orthonormal ist, sind die Komponenten von g bezüglich dieser Basis das Kronecker-Symbol δ_{ij}

$$g_{ij} = \delta_{ij} = \begin{cases} 1 & \text{für } i = j \\ 0 & \text{für } i \neq j. \end{cases}$$

Die zu $x_1, \ldots, x_n$ duale Basis von E^* ist in diesem Fall $J x_1, \ldots, J x_n$. Aus $x = \xi^k x_k$ folgt damit, da J linear ist,

$$J x = \xi^k J x_k,$$

d. h. die Linearform $J x$ hat bezüglich $J x_1, \ldots, J x_n$ die gleichen Komponenten wie der Vektor x bezüglich $x_1, \ldots, x_n$. Allerdings müsste $J x_k$ als Linearform den Index k oben und ξ^k als Koeffizient einer Linearform diesen Koeffizienten unten stehen haben. Den Effekt von J nennt man daher **Indexziehen**, in diesem Fall „von oben nach unten", da aus den ξ^k die Koeffizienten einer Linearform werden. Allgemeiner erzeugt der Isomorphismus $J : E \longrightarrow E^*$ durch Indexziehen aus einem (p, q)-Tensor f mit $p \geq 1$ einen $(p-1, q+1)$-Tensor h, definiert durch

$$h(b^2, \ldots, b^p, y_0, y_1, \ldots, y_q) = f(J y_0, b^2, \ldots, b^p, y_1, \ldots, y_q)$$

für $y_0, \ldots, y_q \in E$ und $b^2, \ldots, b^q \in E^*$. Die Komponenten des neuen Tensors h bzgl. einer beliebigen, nicht notwendig orthonormierten Basis $x_1, \ldots, x_n$ sind

$$h_{j_0 j_1 \cdots j_q}^{i_2 \cdots i_p} = h(a^{i_2}, \ldots, a^{i_p}, x_{j_0}, x_{j_1}, \ldots, x_{j_q}) = f(J x_{j_0}, a^{i_2}, \ldots, a^{i_p}, x_{j_1}, \ldots, x_{j_q})$$
$$= f(g_{j_0 i_1} a^{i_1}, a^{i_2}, \ldots, a^{i_p}, x_{j_1}, \ldots, x_{j_q}) = g_{j_0 i_1} f_{j_1 \cdots j_q}^{i_1 i_2 \cdots i_p}.$$

Indexziehen (von oben nach unten) ist also die Überschiebung des gegebenen Tensors bzgl. seiner ersten kovarianten Variablen mit dem metrischen Tensor. Das sieht man übrigens auch durch die Rechnung

$$f(J y, b^2, \ldots, b^p, y_1, \ldots, y_q)$$
$$= y^k g_{jk} f(a^j, b^2, \ldots, b^p, y_1, \ldots, y_q) = g(y, x_j) f(a^j, b^2, \ldots, b^p, y_1, \ldots, y_q).$$

Das Skalarprodukt im endlichdimensionalen euklidischen Raum E erzeugt in natürlicher Weise auch ein Skalarprodukt im dualen Raum E^*. Dieser $(2, 0)$-Tensor wird **kontravarianter metrischer Tensor** genannt und auch wieder mit g bezeichnet. Er ist definiert durch

$$g(a, b) = g(J^{-1} a, J^{-1} b).$$

Welcher der beiden Tensoren mit dem Symbol g jeweils gemeint ist, geht aus der Art der eingesetzten Variablen hervor. Man sieht sofort, dass auch der kontravariante metrische Tensor symmetrisch und positiv definit ist.

Durch Überschiebung des kontravarianten metrischen Tensors mit dem metrischen Tensor, also durch Indexziehen des kontravarianten metrischen Tensors, entsteht der $(1, 1)$-Tensor (Einheitstensor), der im Sinne von Satz 3.1 der identischen Abbildung entspricht. Das bestätigt man unter Beachtung von $J x = \xi^k g_{jk} a^j = g(x, x_j) a^j$ durch

$$g(x, x_j) \, g(a^j, a) = g(J x, a) = g(a, J x) = g(J^{-1} a, x) = \langle x, a \rangle.$$

Folglich sind bezüglich jeder Basis in E die Komponentenmatrizen (g_{ik}) und (g^{jl}) der beiden metrischen Tensoren zueinander invers.

Indexziehen gibt es auch „von unten nach oben". Dabei macht man aus einem (p, q)-Tensor f mit $q \geq 1$ einen $(p + 1, q - 1)$-Tensor h, definiert durch

$$h(b^0, b^1, \ldots, b^p, y_2, \ldots, y_q) = f(b^1, \ldots, b^p, J^{-1}b^0, y_2, \ldots, y_q).$$

Wegen $J^{-1}a^i = g^{ij}x_j$ heißt das für die Komponenten

$$h_{j_2 \cdots j_q}^{i_0 i_1 \cdots i_p} = f(a^{i_1}, \ldots, a^{i_p}, J^{-1}a^{i_0}, x_{j_2}, \ldots, x_{j_q}) = g^{i_0, j_1} f_{j_1 j_2 \cdots j_q}^{i_1 \cdots i_p}.$$

Es handelt sich also wieder um ein Überschieben, diesmal aber mit dem kontravarianten metrischen Tensor. Offensichtlich heben sich beide Arten des Indexziehens gegenseitig auf.

In euklidischen Räumen bringt die Verwendung orthonormaler Basen erhebliche rechnerische Vorteile. Dementsprechend beschränkt man sich dann oft darauf, die Komponenten eines Tensors nur für orthonormale Basen zu berechnen. Dazu benötigt man die Transformationsformel für die Umrechnung der Komponenten (Theorem 3.5) auch nur für den Fall des Übergangs von einer orthonormalen Basis $X = \{x_1, \ldots, x_n\}$ zu einer anderen orthonormalen Basis $\tilde{X} = \{\tilde{x}_1, \ldots, \tilde{x}_n\}$. Die Umrechnungsmatrix (α_i^j) der Koeffizienten aus der Kopplung $\tilde{x}_i = \alpha_i^j x_j$ ist dabei orthogonal. Ihre Inverse und ihre Transponierte stimmen überein. Für die Koeffizienten der umgekehrten Kopplung $x_j = \beta_j^i \tilde{x}_i$ gilt deshalb $\beta_j^i = \alpha_i^j$. Der Isomorphismus $J : E \longrightarrow E^*$ beeinflusst die Komponenten eines Vektors bzgl. einer orthonormalen Basis nicht, das heißt die Linearform Jx hat bzgl. der zur orthonormalen Basis $X = \{x_1, \ldots, x_n\}$ dualen Basis $JX = \{Jx_1, \ldots, Jx_n\}$ die gleichen Komponenten wie x bzgl. X. Es gibt bei dieser Identifizierung von E und E^* mittels J keine Veranlassung mehr, zwischen Vektoren und Linearformen zu unterscheiden, beides sind nur noch von der Auswahl der orthonormalen Basis abhängige n-Tupel. Die Komponenten eines (p, q)-Tensors f werden unter diesen Annahmen generell unten indiziert, also

$$f_{i_1 \cdots i_p j_1 \cdots j_q} = f(Jx_{i_1}, \ldots, Jx_{i_p}, x_{j_1}, \ldots, x_{j_q}).$$

Die Transformationsformel für Tensorkomponenten bezüglich orthonormaler Basen hat dann die Gestalt

$$\tilde{f}_{i_1 \cdots i_p j_1 \cdots j_q} = \alpha_{i_1}^{l_1} \cdots \alpha_{i_p}^{l_p} f_{l_1 \cdots l_p k_1 \cdots k_q} \alpha_{j_1}^{k_1} \cdots \alpha_{j_q}^{k_q}.$$

Damit verschwindet der Unterschied zwischen kovariant und kontravariant. Die Anzahl $p + q$ der Variablen des Tensors heißt **Stufe** des Tensors. Die Transformationsformel für die Komponenten eines Tensor r-ter Stufe f auf einem endlichdimensionalen euklidischen Raum lautet dann

$$\tilde{f}_{i_1 \cdots i_r} = \alpha_{i_1}^{k_1} \cdots \alpha_{i_r}^{k_r} f_{k_1 \cdots k_r}$$

bei Umrechnung von einer orthonormalen Basis $x_1, \ldots, x_n$ auf eine andere mit $\tilde{x}_i = \alpha_i^k x_k$.

Beispiel Wenn wir den im Abschn. 3.2 als Beispiel 2 behandelten $(1, 2)$-Tensor f auf $\mathbb{R}^3$ im soeben beschriebenen Sinne umformulieren und dabei den euklidischen Raum $\mathbb{R}^3$ mit dem üblichen Skalarprodukt versehen, stoßen wir auf den Tensor dritter Stufe

$$\varepsilon(y_1, y_2, y_3) = f(Jy_1, y_2, y_3) = \langle y_2 \times y_3, Jy_1 \rangle = y_1 \cdot (y_2 \times y_3),$$

genannt ε-**Tensor**. Bezüglich der kanonischen Basis hat er die Komponenten

$$\varepsilon_{123} = \varepsilon_{231} = \varepsilon_{312} = 1$$

und

$$\varepsilon_{321} = \varepsilon_{213} = \varepsilon_{132} = -1$$

und $\varepsilon_{ijk} = 0$ für die übrigen 21 Fälle. Die Komponenten bzgl. einer anderen orthonormalen Basis $\{x_1, x_2, x_3\}$ mit $x_3 = x_1 \times x_2$ sind die gleichen. Das sieht man sowohl an der Definition dieses Tensors als auch an der Transformationsformel

$$\tilde{\varepsilon}_{ijk} = \alpha_i^s \alpha_j^t \alpha_k^u \varepsilon_{stu}$$

mit einer Drehungsmatrix (α_i^s), denn nach der Sarrusschen Regel gilt

$$\tilde{\varepsilon}_{123} = \tilde{\varepsilon}_{231} = \tilde{\varepsilon}_{312} = \det(\alpha_i^s) = 1$$

und

$$\tilde{\varepsilon}_{321} = \tilde{\varepsilon}_{213} = \tilde{\varepsilon}_{132} = -\det(\alpha_i^s) = -1,$$

und für die übrigen Fälle erscheint die Determinante einer Matrix, in der gewisse Zeilen übereinstimmen.

Im nächsten Kapitel werden wir uns auch mit symmetrischen Bilinearformen g befassen, die nicht positiv definit sind. Wir werden sehen, dass die durch $\langle y, Jx \rangle = g(x, y)$ definierte lineare Abbildung $J \colon E \longrightarrow E^*$ auch dann bijektiv ist, wenn g nur als nicht ausgeartet vorausgesetzt wird, d. h. die Determinante der Komponenten von g ist regulär. Alle Ergebnisse des vorliegenden Abschnittes gelten dann auch in diesem allgemeineren Fall.

Semi-Riemannsche Mannigfaltigkeiten

4

Inhaltsverzeichnis

4.1 Tensorfelder

Jeder Tangentialraum M_P einer n-dimensionalen C^∞-Mannigfaltigkeit M ist ein n-dimensionaler linearer Raum. Damit sind für nichtnegative ganze Zahlen p und q die Tensorräume $(M_P)_q^p$ erklärt. Insbesondere lassen sich die Dualräume $M_P^* = (M_P)_1^0$ bilden.

Definition 4.1
Der zum linearen Tangentialraum M_P duale Raum $M_P^* = (M_P)_1^0$ heißt **Kotangential-raum**, seine Elemente heißen **Kotangentialvektoren** oder **Kovektoren** oder **kovariante Vektoren**. ◆

Definition 4.2
Ein **Kovektorfeld** K auf M ordnet jedem $P \in M$ einen Kovektor $K(P) \in (M_P)_1^0$ zu. K ist ein C^∞-**Kovektorfeld**, wenn für jedes C^∞-Vektorfeld X auf M die reellwertige Funktion $P \longrightarrow \langle X(P), K(P) \rangle$ beliebig oft differenzierbar ist. ◆

Eine Karte gibt bekanntlich Anlass zu n-Koordinatenvektorfeldern $\frac{\partial}{\partial u^i}$ $(i = 1, \ldots, n)$. Für jeden Punkt $P \in U$ bilden die Tangentenvektoren $\frac{\partial}{\partial u^i}(P)$ eine Basis in M_P.

© Springer-Verlag GmbH Deutschland, ein Teil von Springer Nature 2018
R. Oloff, *Geometrie der Raumzeit*, https://doi.org/10.1007/978-3-662-56737-1_4

Definition 4.3

Die n Kovektorfelder $du^1, \ldots, du^n$ ordnen jedem Punkt P der Karte mit Koordinaten-vektorfeldern $\frac{\partial}{\partial u^i}$ die Elemente der zur Basis $\frac{\partial}{\partial u^1}(P), \ldots, \frac{\partial}{\partial u^n}(P)$ dualen Basis zu.   ◆

Üblicherweise wird in der Bezeichnung nicht zwischen dem Kovektorfeld und der Line-arform, die es an der Stelle P annimmt, unterschieden. Es gilt also

$$\left\langle \frac{\partial}{\partial u^i}(P), du^k \right\rangle = \begin{cases} 1 & \text{für } i = k \\ 0 & \text{für } i \neq k \end{cases},$$

d. h. du^k ordnet dem Tangentenvektor $x^i \partial_i$ seine k-te Komponente x^k zu.

Mit Symbolen der Gestalt du^k assoziiert man bei der Modellierung physikalischer oder technischer Vorgänge eine kleine Änderung der Variablen u^k. Diesen Standpunkt findet man bei der Interpretation der folgenden Situation wieder: Ein Punkt bewegt sich entlang einer Kurve und hat zum Zeitpunkt t_0 die Geschwindigkeit $x = x^i \partial_i$. Wie stark ändert sich die k-te Koordinate seiner Position? Es gilt

$$\frac{du^k}{dt} = xu^k = x^i \partial_i u^k = x^k,$$

oder in einer in der Physik weit verbreiteten Schreibweise

$$du^k = x^k \, dt.$$

Definition 4.4

Ein (p, q)-**Tensorfeld** T auf M ist eine Abbildung, die jedem $P \in M$ einen Ten-sor $T(P) \in (M_P)_q^p$ zuordnet. T ist ein C^∞-Tensorfeld, wenn für C^∞-Vektorfelder $X_1, \ldots, X_q$ und C^∞-Kovektorfelder $K^1, \ldots, K^p$ die reellwertige Funktion

$$P \longrightarrow T(P)(K^1(P), \ldots, K^p(P), X_1(P), \ldots, X_q(P))$$

beliebig oft differenzierbar ist.   ◆

Definition 4.5

$\mathcal{T}_q^p(M)$ bezeichnet den linearen Raum aller C^∞-(p, q)-Tensorfelder auf M. $\mathcal{K}(M) = \mathcal{T}_1^0(M)$ ist der lineare Raum aller C^∞-Kovektorfelder. Zu $P \in M$ ist $\mathcal{T}_q^p(P)$ der Quo-tientenraum von $\mathcal{T}_q^p(M)$ nach dem Unterraum der Tensorfelder, die in einer offenen Umgebung Null sind. Es gilt auch $\mathcal{K}(P) = \mathcal{T}_1^0(P)$ (andere Interpretation entsprechend der Diskussion im Anschluss an Def. 2.3).   ◆

Ein (p, q)-Tensorfeld ordnet einem Punkt $P \in M$, q Vektoren aus M_P und p Linearformen auf M_P eine Zahl zu. Durch Einsetzen wird aus q Vektorfeldern und p Kovektorfeldern ein skalares Feld. Insbesondere wird aus zwei Vektorfeldern durch Einsetzen in ein $(0, 2)$-Tensorfeld ein skalares Feld. Genauer, ein $(0, 2)$-Tensorfeld ordnet zwei Vektorfeldern in bilinearer Weise ein skalares Feld zu. Aber nicht jede bilineare Abbildung von $\mathcal{X}(P) \times \mathcal{X}(P)$ nach $\mathcal{F}(P)$ ist ein $(0, 2)$-Tensorfeld. Beispielsweise ist die Lie-Klammer kein Tensorfeld, denn der Vektor $[X, Y](P)$ ist durch $X(P)$ und $Y(P)$ nicht eindeutig bestimmt, es werden noch partielle Ableitungen der Komponenten von X und Y, also die Vektorwerte von X und Y in einer Umgebung von P, benötigt.

Definition 4.6
Eine multilineare Abbildung

$$A: \underbrace{\mathcal{K}(P) \times \cdots \times \mathcal{K}(P)}_{p\text{-mal}} \times \underbrace{\mathcal{X}(P) \times \cdots \times \mathcal{X}(P)}_{q\text{-mal}} \longrightarrow \mathcal{F}(P)$$

heißt $\mathcal{F}$-**homogen**, wenn für Kovektorfelder $K^1, \ldots, K^p \in \mathcal{K}(P)$, Vektorfelder $X_1, \ldots, X_q \in \mathcal{X}(P)$ und skalare Felder $f_1, \ldots, f_p, g^1, \ldots, g^q \in \mathcal{F}(P)$ gilt

$$A(f_1 K^1, \ldots, f_p K^p, g^1 X_1, \ldots, g^q X_q) = f_1 \cdots f_p g^1 \cdots g^q A(K^1, \ldots, K^p, X_1, \ldots, X_q).$$
◆

Satz 4.1
Eine multilineare Abbildung

$$A: \mathcal{K}(P) \times \cdots \times \mathcal{K}(P) \times \mathcal{X}(P) \times \cdots \times \mathcal{X}(P) \longrightarrow \mathcal{F}(P)$$

ist genau dann ein Tensorfeld, wenn sie $\mathcal{F}$-homogen ist.

Beweis Ein (p, q)-Tensorfeld T erzeugt eine multilineare Abbildung A durch

$$A(K^1, \ldots, K^p, X_1, \ldots, X_q)(P) = T(P)(K^1(P), \ldots, K^p(P), X_1(P), \ldots, X_q(P)),$$

die offenbar $\mathcal{F}$-homogen ist. Umgekehrt erzeugt eine $\mathcal{F}$-homogene multilineare Abbildung A folgendermaßen ein Tensorfeld T: Die Linearformen $a^1, \ldots, a^p \in M_P^*$ und die Vektoren $x_1, \ldots, x_q \in M_P$ werden fortgesetzt zu Kovektorfeldern $K^1, \ldots, K^p$ und Vektorfeldern $X_1, \ldots, X_q$, und es sei

$$T(P)(a^1, \ldots, a^p, x_1, \ldots, x_q) = A(K^1, \ldots, K^p, X_1, \ldots, X_q)(P).$$

Es bleibt zu zeigen, dass diese Zahl unabhängig von der Art und Weise der Fortsetzung ist. Dazu wählen wir eine Karte und dadurch Koordinatenvektorfelder $\partial_1, \ldots, \partial_n$ und Kovektorfelder $du^1, \ldots, du^n$. Weil A multilinear und $\mathcal{F}$-homogen ist, gilt

$$
\begin{aligned}
& A(K^1, \ldots, K^p, X_1, \ldots, X_q)(P) \\
& = A(K^1_{i_1} du^{i_1}, \ldots, K^p_{i_p} du^{i_p}, X^{k_1}_1 \partial_{k_1}, \ldots, X^{k_q}_q \partial_{k_q})(P) \\
& = K^1_{i_1}(P) \cdots K^p_{i_p}(P) X^{k_1}_1(P) \cdots X^{k_q}_q(P) A(du^{i_1}, \ldots, du^{i_p}, \partial_{k_1}, \ldots, \partial_{k_q})(P),
\end{aligned}
$$

und die Unabhängigkeit von der Fortsetzung ist abzulesen.

4.2 Riemannsche Mannigfaltigkeiten

Definition 4.7
Eine **Riemannsche Mannigfaltigkeit** $[M, g]$ ist eine endlichdimensionale C^∞-Mannigfaltigkeit M, auf der zusätzlich noch ein zweifach kovariantes C^∞-Tensorfeld g erklärt ist, so dass auf den Tangentialräumen M_P die Bilinearform $g(P)$ ein Skalarprodukt ist. Das Tensorfeld g heißt **Fundamentaltensor**, **metrischer Tensor** oder kurz **Metrik**. Das dazugehörige kontravariante Tensorfeld (siehe Abschn. 3.5) heißt **kontravarianter metrischer Tensor** und wird auch mit g bezeichnet.   ◆

Beispiel Auf einer gekrümmtem Fläche in $\mathbb{R}^3$ wird durch Einschränkung des kanonischen Skalarproduktes auf die Tangentialräume eine Metrik g erzeugt. Zu einer Karte (Parameterdarstellung) gehören zwei Koordinatenvektorfelder ∂_1 und ∂_2. Die entsprechenden Komponenten von g werden in der klassischen Gaußschen Schreibweise mit

$$
\begin{aligned}
E &= g_{11} = g(\partial_1, \partial_1) \\
F &= g_{12} = g(\partial_1, \partial_2) \\
G &= g_{22} = g(\partial_2, \partial_2)
\end{aligned}
$$

bezeichnet. Der kontravariante metrische Tensor hat die Komponentenmatrix

$$
\begin{pmatrix} E & F \\ F & G \end{pmatrix}^{-1} = \frac{1}{EG - F^2} \begin{pmatrix} G & -F \\ -F & E \end{pmatrix}.
$$

Eine Metrik ermöglicht den Begriff der **Bogenlänge** $s(\gamma)$ einer Kurve γ als Integral

$$
s(\gamma) = \int_{t_1}^{t_2} \sqrt{g(\gamma'(t), \gamma'(t))} \, dt.
$$

Dass Kurven, die sich nur durch die Parametrisierung unterscheiden, die gleiche Bogenlänge haben, folgt aus der klassischen Substitutionsregel für Riemann-Integrale.

Bei Auswahl einer Karte mit den Koordinaten $u^1, \ldots, u^n$ ist der Tangentenvektor
$\frac{du^k}{dt} \partial_k$, und für die Bogenlänge ergibt sich

$$s(\gamma) = \int_{t_1}^{t_2} \sqrt{g_{ik} \frac{du^i}{dt} \frac{du^k}{dt}} \, dt$$

und für deren Ableitung

$$\frac{ds}{dt} = \sqrt{g_{ik} \frac{du^i}{dt} \frac{du^k}{dt}}.$$

In der Physik ist es üblich, die letzte Gleichung in der Form

$$ds^2 = g_{ik} \, du^i \, du^k$$

zu schreiben. Mit diesem sogenannten **Linienelement** definiert und interpretiert man die
Metrikkomponenten g_{ik}. Zum Beispiel ist das Linienelement in $\mathbb{R}^3$ für die kartesischen
Koordinaten

$$ds^2 = dx^2 + dy^2 + dz^2$$

und für die Kugelkoordinaten

$$ds^2 = dr^2 + r^2 \, d\vartheta^2 + r^2 \sin^2 \vartheta \, d\varphi^2.$$

4.3 Bilinearformen

Ein Skalarprodukt ist eine positiv definite symmetrische Bilinearform. In der Relativitätstheorie ist man genötigt, die positive Definitheit fallenzulassen und zu ersetzen durch eine
andere Forderung, die zu formulieren einige grundsätzliche Betrachtungen über symmetrische Bilinearformen erfordert.

Die Komponenten $g_{ik} = g(x_i, x_k)$ einer Bilinearform g bzgl. der Basis $x_1, \ldots, x_n$
werden nach Theorem 3.5 auf eine andere Basis $\overline{x}_j = \tau_j^i x_i$ mit der Formel

$$\overline{g}_{jl} = g_{ik} \tau_j^i \tau_l^k$$

umgerechnet. In Matrizenschreibweise heißt das $B = T^T A T$ mit $A = (g_{ik})$, $B = (\overline{g}_{ik})$ und $T = (\tau_k^i)$. Der folgende sogenannte **Trägheitssatz von Sylvester** gibt an, inwieweit man die Komponentenmatrix durch Verwendung einer besonders geeigneten Basis vereinfachen kann.

Theorem 4.2

Zu jeder symmetrischen Bilinearform g auf einem n-dimensionalen reellen Raum E gibt es eine Basis $x_1, \ldots, x_n$ von E, so dass die Komponentenmatrix von g bzgl. dieser Basis die Gestalt

$$
\overbrace{}^{p} \quad \overbrace{}^{q}
\begin{pmatrix}
1 & 0 & \cdots & & & \cdots & 0 \\
 & \ddots & & & & & \vdots \\
0 & & 1 & \ddots & & & \vdots \\
\vdots & & \ddots & -1 & \ddots & & \vdots \\
\vdots & & & \ddots & -1 & \ddots & \vdots \\
\vdots & & & & \ddots & 0 & 0 \\
0 & \cdots & & \cdots & & 0 & 0
\end{pmatrix}
$$

hat. Die nichtnegativen ganzen Zahlen p und q sind unabhängig von der Auswahl der Basis.

Beweis Wir starten mit einer beliebigen Basis $y_1, \ldots, y_n$ in E und erhalten für g bzgl. dieser Basis eine symmetrische Komponentenmatrix A. Nach dem bekannten Satz über Hauptachsentransformation existiert eine orthogonale Matrix D, so dass des Produkt $D^T A D$ die Diagonalform

$$
D^T A D =
\begin{pmatrix}
\lambda_1 & 0 & \cdots & \cdots & 0 \\
0 & \ddots & & & \vdots \\
\vdots & & \ddots & & \vdots \\
\vdots & & & \ddots & 0 \\
0 & \cdots & & 0 & \lambda_n
\end{pmatrix}
$$

hat. Dabei können wir

$$
\begin{aligned}
\lambda_i > 0 \quad &\text{für} \quad i = 1, \ldots, p \\
\lambda_i < 0 \quad &\text{für} \quad i = p+1, \ldots, p+q \\
\lambda_i = 0 \quad &\text{für} \quad i = p+q+1, \ldots, n
\end{aligned}
$$

voraussetzen. Wir zerlegen die Diagonalmatrix in

$$
\begin{pmatrix}
\lambda_1 & 0 & \cdots & \cdots & 0 \\
0 & & & & \vdots \\
\vdots & & & & 0 \\
0 & \cdots & \cdots & 0 & \lambda_n
\end{pmatrix}
$$

$$
=
\begin{pmatrix}
\gamma_1 & 0 & \cdots & \cdots & 0 \\
0 & & & & \vdots \\
\vdots & & & & 0 \\
0 & \cdots & \cdots & 0 & \gamma_n
\end{pmatrix}
\begin{pmatrix}
1 & 0 & \cdots & \cdots & \cdots & \cdots & 0 \\
0 & 1 & & & & & \vdots \\
\vdots & & -1 & & & & \vdots \\
\vdots & & & -1 & & & \vdots \\
\vdots & & & & 0 & 0 & \vdots \\
0 & \cdots & \cdots & \cdots & \cdots & 0 & 0
\end{pmatrix}
\begin{pmatrix}
\gamma_1 & 0 & \cdots & \cdots & 0 \\
0 & & & & \vdots \\
\vdots & & & & 0 \\
0 & \cdots & \cdots & 0 & \gamma_n
\end{pmatrix}
$$

mit

$$
\gamma_l =
\begin{cases}
\sqrt{|\lambda_i|} & \text{für} \quad i = 1, \ldots, p+q \\
1 & \text{sonst}
\end{cases}
$$

und erhalten damit durch Umstellung der Matrizengleichung das gewünschte Ergebnis

$$
\begin{pmatrix}
1 & 0 & \cdots & \cdots & \cdots & \cdots & 0 \\
0 & 1 & & & & & \vdots \\
\vdots & & -1 & & & & \vdots \\
\vdots & & & -1 & & & \vdots \\
\vdots & & & & 0 & 0 & \vdots \\
0 & \cdots & \cdots & \cdots & 0 & 0
\end{pmatrix}
= T^T A T
$$

mit

$$
T = D
\begin{pmatrix}
\gamma_1^{-1} & 0 & \cdots & \cdots & 0 \\
0 & & & & \vdots \\
\vdots & & & & 0 \\
0 & \cdots & \cdots & 0 & \gamma_n^{-1}
\end{pmatrix}.
$$

Zum Nachweis der Unabhängigkeit der Zahlen p und q von der Auswahl der Basis geben wir den Zahlen p und $p + q$ eine von der verwendeten Basis unabhängige Deutung. Die Zahl $p + q$ ist offensichtlich der Rang der Komponentenmatrix, und dass alle diese Matrizen den gleichen Rang haben, folgt aus den beiden allgemeingültigen Ungleichungen

$$\text{rg}(AB) \leq \text{rg}(A) \qquad \text{und} \qquad \text{rg}(AB) \leq \text{rg}(B).$$

Wir zeigen jetzt, dass p die maximale Dimension derjenigen Unterräume M von E ist, auf denen $g(x, x)$ positiv ist für alle von Null verschiedenen $x \in M$. Es sei $x_1, \ldots, x_n$ die in der Formulierung des Theorems genannte Basis, es gilt also

$$g(\xi^i x_i, \xi^k x_k) = \sum_{j=1}^{p} (\xi^j)^2 - \sum_{j=p+1}^{p+q} (\xi^j)^2.$$

Für vom Nullelement verschiedene Elemente x der p-dimensionalen linearen Hülle M_0 der Basiselemente $x_1, \ldots, x_p$ gilt dann $g(x, x) > 0$. Wir zeigen jetzt noch, dass für jeden Unterraum M mit der Eigenschaft $g(x, x) > 0$ für $x \in M$ und $x \neq 0$ gilt $\dim M \leq p$. Dazu untersuchen wir die lineare Abbildung S, die jedem Element

$$x = \sum_{i=1}^{n} \xi^i x_i \in M$$

die verkürzte Summe

$$Sx = \sum_{i=1}^{p} \xi^i x_i \in M_0$$

zuordnet. S ist injektiv, denn $Sx = 0$ heißt

$$x = \sum_{i=p+1}^{n} \xi^i x_i$$

und impliziert

$$g(x, x) = -\sum_{i=p+1}^{p+q} (\xi^i)^2 \leq 0.$$

Wegen $x \in M$ und der vorausgesetzten Eigenschaft von M folgt daraus $x = 0$. Für die Injektion $S \colon M \longrightarrow M_0$ gilt

$$\dim M \leq \dim M_0 = p.$$

Damit ist der Trägheitssatz vollständig bewiesen.

Weil die Komponentenmatrizen A und B einer symmetrischen Bilinearform bzgl. verschiedener Basen in der Relation $B = T^T A T$ stehen, ist die Aussage, dass die Determinante der Komponentenmatrix von Null verschieden ist, unabhängig von der Auswahl der Basis.

Definition 4.8
Eine symmetrische Bilinearform g heißt **nichtausgeartet**, wenn ihre Komponentenmatrizen (g_{ik}) regulär sind. ◆

Ein Skalarprodukt ermöglicht in der am Anfang des Abschn. 3.5 beschriebenen Weise eine Interpretation der Linearformen als Vektoren. Das funktioniert auch im allgemeineren Fall.

Satz 4.3
Für eine nichtausgeartete symmetrische Bilinearform g auf E ist die durch $\langle y, Jx \rangle = g(x, y)$ definierte lineare Abbildung $J: E \longrightarrow E^*$ ein Isomorphismus.

Beweis Es ist zu zeigen, dass J injektiv ist. Es sei $Jx = 0$, also $g(x, y) = 0$ für alle $y \in E$. In Komponentenschreibweise heißt das

$$g_{ik} x^i y^k = 0$$

für jedes n-Tupel $(y^1, \dots, y^n)$. Daraus folgt das homogene lineare Gleichungssystem

$$g_{ik} x^i = 0,$$

das wegen $\det(g_{ik}) \neq 0$ nur die triviale Lösung $x^i = 0$ hat.

Zu einer Orthonormalbasis $x_1, \dots, x_n$ eines euklidischen Raumes bilden die Linearformen $Jx_1, \dots, Jx_n$ die dazu duale Basis. Wenn statt eines Skalarproduktes eine nichtausgeartete symmetrische Bilinearform verwendet wird, ist dieses Ergebnis geringfügig zu modifizieren.

Satz 4.4
Es sei g eine nichtausgeartete symmetrische Bilinearform und $x_1, \dots, x_n$ eine Basis mit

$$g(x_i, x_k) = 0 \quad \text{für} \quad i \neq k$$

und

$$g(x_i, x_i) = \varepsilon_i = \pm 1.$$

Dann bilden die Linearformen $\varepsilon_i J x_i$ die zur Basis $x_1, \dots, x_n$ duale Basis.

Beweis Es ist die Gleichung

$$\langle x_i, \varepsilon_k J x_k \rangle = \varepsilon_k g(x_i, x_k)$$

entsprechend zu interpretieren.

4.4 Orientierung

Definition 4.9
Zwei Basen $x_1, \ldots, x_n$ und $y_1, \ldots, y_n$ eines reellen linearen Raumes heißen **gleichorientiert**, wenn für die Matrix (α_k^i) mit $y_k = \alpha_k^i x_i$ gilt $\det(\alpha_k^i) > 0$.   ◆

Die Gleichorientierung ist eine Äquivalenzrelation, die die Menge aller Basen des Raumes in zwei Restklassen einteilt.

Definition 4.10
Ein n-dimensionaler reeller linearer Raum heißt **orientiert**, wenn eine der beiden Restklassen untereinander gleichorientierter Basen gegenüber der anderen ausgewählt ist. Von den Basen dieser ausgewählten Restklasse sagt man, sie **liegen in der Orientierung** oder sind **positiv orientiert**. Der zu einem orientierten Raum duale Raum wird orientiert durch die Vereinbarung, dass die zu einer positiv orientierten Basis duale Basis auch positiv orientiert ist.   ◆

Beispiel 1 Im Raum $\mathbb{R}^n$ ist die kanonische Basis üblicherwiese positiv orientiert. Damit liegt eine Basis von n-Tupeln $(\xi_1^i, \ldots, \xi_n^i)$ genau dann in der Orientierung, wenn für deren Komponenten $\det(\xi_k^i) > 0$ gilt.

Beispiel 2 Eine gekrümmte Fläche in $\mathbb{R}^3$ heißt orientiert, wenn eine der beiden Seiten ausgezeichnet ist. Bei einer geschlossenen Fläche (soll hier heißen Oberfläche eines Körpers) ist das üblicherweise die Außenseite, bei einer Fläche der Form $z = f(x, y)$ die Oberseite.

Manchmal ist es auch nicht möglich, eine Seite auszuzeichnen. Diese Situation liegt vor beim **Möbius-Band** und bei der **Kleinschen Flasche** (Abb. 4.1). Durch die Orientierung einer Fläche ist in jedem Punkt von den beiden Normaleneinheitsvektoren einer ausgewählt. Dieser Normalenvektor n orientiert den Tangentialraum durch die Vereinbarung, dass eine Basis x_1, x_2 positiv orientiert ist, wenn das Spatprodukt $(x_1 \times x_2) \cdot n$ positiv ist. Das ist tatsächlich eine Orientierung im Sinne von Def. 4.10, denn eine weitere Basis aus den Tangentenvektoren

$$y_1 = \alpha_1^1 x_1 + \alpha_1^2 x_2 \quad \text{und} \quad y_2 = \alpha_2^1 x_+ \alpha_2^2 x_2$$

ist wegen

$$(y_1 \times y_2) \cdot n = \left[(\alpha_1^1 x_1 + \alpha_1^2 x_2) \times (\alpha_2^1 x_1 + \alpha_2^2 x_2) \right] \cdot n = \left(\alpha_1^1 \alpha_2^2 - \alpha_1^2 \alpha_2^1 \right)(x_1 \times x_2) \cdot n$$

genau dann positiv orientiert, wenn sie zur Basis x_1, x_2 gleichorientiert im Sinne von Def. 4.9 ist.

Der Begriff der Orientierung einer Fläche lässt sich auf Mannigfaltigkeiten übertragen. Zunächst fordert man, dass die Mannigfaltigkeit zusammenhängend in dem Sinne ist, dass

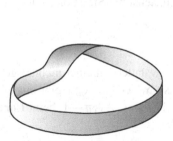

Abb. 4.1 Möbius-Band und Kleinsche Flasche

zwei Punkte immer durch einen stetigen Weg verbindbar sind, d. h. zu P und Q gibt es eine stetige Abbildung $w \colon [0, 1] \longrightarrow M$ mit $w(0) = P$ und $w(1) = Q$. Nun erwartet man, dass alle Tangetialräume orientiert sind und dass diese Orientierung in einer für die Tangentialräume untereinander verträglichen Weise ausgewählt worden sind. Dass dies nicht immer möglich ist, zeigen die Beispiele Möbiusband und Kleinsche Flasche.

Definition 4.11
Ein Atlas heißt **orientiert**, wenn für alle Karten (U, φ) und (V, ψ) mit $U \cap V \neq \emptyset$ die Jacobi-Determinante des Diffeomorphismus $\varphi \circ \psi^{-1}$ überall positiv ist. Eine **orientierte Mannigfaltigkeit** ist ausgestattet mit dem innerhalb aller orientierbaren Atlanten gebildeten maximalen orientierbaren Atlas. Die einzelnen Tangentialräume sind dann **orientiert** durch die Vereinbarung, dass für jede Karte die Basis $\partial_1, \dots, \partial_n$ positiv orientiert ist. ◆

In der Relativitätstheorie verwendet man statt der Riemannschen Mannigfaltigkeiten sogenannte Lorentz-Mannigfaltigkeiten. Der gemeinsame Oberbegriff sind die semi-Riemannschen Mannigfaltigkeiten.

Definition 4.12
Eine **semi-Riemannsche Mannigfaltigkeit** ist eine endlichdimensionale C^∞-Mannigfaltigkeit mit symmetrischem zweifach kovariantem C^∞-Tensorfeld g, für das die Bilinearform $g(P)$ überall nichtausgeartet ist. g heißt auch wieder Fundamentaltensor, metrischer Tensor oder Metrik, und die auch mit g bezeichnete kontravariante Version heißt auch wieder kontravarianter metrischer Tensor. ◆

Definition 4.13
Eine **Lorentz-Mannigfaltigkeit** ist eine semi-Riemannsche Mannigfaltigkeit, deren Metrik überall die Eigenschaft hat, dass in der Normalform im Sinne des Trägheitssatzes (Theorem 4.2) einmal die Zahl $+1$ und sonst -1 steht. ◆

Für Lorentz-Mannigfaltigkeiten gibt es noch einen weiteren Orientierungsbegriff, die sogenannte Zeitorientierung. Zur Erkärung ist zunächst die Situation in den Tangentialräumen zu untersuchen.

Definition 4.14
Ein n-dimensionaler linearer reeller Raum, ausgestattet mit einer nichtausgearteten symmetrischen Bilinearform g, zu der es eine Basis $x_0, x_1, \ldots, x_{n-1}$ gibt mit $g(x_i, x_k) = 0$ für $i \neq k$, $g(x_0, x_0) = 1$ und $g(x_i, x_i) = -1$ für $i = 1, \ldots, n-1$, heißt **Lorentz-Raum**, solche Basen heißen **Lorentz-Basen**.   ◆

Die Menge aller Vektoren x eines Lorentz-Raumes mit $g(x, x) > 0$ besteht aus zwei disjunkten konvexen Kegeln. Kegel soll hier heißen, dass jedes positive Vielfache eines Vektors aus dem Kegel wieder zu diesem Kegel gehört. Bei Verwendung einer Lorentz-Basis $x_0, x_1, \ldots, x_{n-1}$ lassen sich die beiden Kegel formulieren als

$$K_1 = \left\{ \xi^i x_i \colon \xi^0 > \sqrt{(\xi^1)^2 + \cdots + (\xi^{n-1})^2} \right\}$$

und

$$K_2 = \left\{ \xi^i x_i \colon \xi^0 < -\sqrt{(\xi^1)^2 + \cdots + (\xi^{n-1})^2} \right\}.$$

Ein solcher Kegel K_j ist konvex, weil mit $x, y \in K_j$ und $\lambda, \mu > 0$ auch $\lambda x + \mu y$ in dieser Menge K_j ist. Das folgt für K_1 aus der Minkowski-Ungleichung

$$\lambda \xi^0 + \mu \eta^0 > \lambda \sqrt{(\xi^1)^2 + \cdots + (\xi^{n-1})^2} + \mu \sqrt{(\eta^1)^2 + \cdots + (\eta^{n-1})2}$$
$$\geq \sqrt{(\lambda \xi^1 + \mu \eta^1)^2 + \cdots + (\lambda \xi^{n-1} + \mu \eta^{n-1})^2}$$

und für K_2 ganz analog.

Definition 4.15
Eine zusammenhängende Lorentz-Mannigfaltigkeit ist **zeitorientiert**, wenn in jedem Tangentialraum von den beiden Kegeln, aus denen die Menge $\{x \colon g(x, x) > 0\}$ besteht, einer ausgezeichnet ist in einer Weise, dass für jedes C^∞-Vektorfeld X mit überall $g(X, X) > 0$ folgendes gilt: Wenn $X(P)$ im ausgezeichneten Kegel von M_P ist, dann sind auch alle Vektoren $X(Q)$ Elemente des ausgezeichneten Kegels im jeweiligen Tangentialraum M_Q.   ◆

Eine Lorentz-Mannigfaltigkeit ist keineswegs immer zeitorientierbar. Als Gegenbeispiel kann ein Zylinder dienen, bei dem die Metrik so definiert ist, dass sich die Kegel, das sind hier Sektoren, im Verlaufe einer Umrundung des Zylinders um 180° drehen. In Abb. 4.2 ist diese Situation im aufgerollten Zustand skizziert.

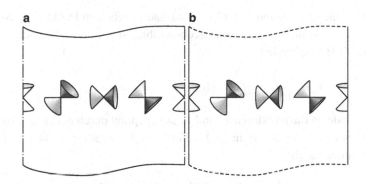

Abb. 4.2 Indefinite Metrik auf dem Zylinder, die nicht zeitorientierbar ist

4.5 Raumzeit

In der Relativitätstheorie wird die Welt als Raumzeit aufgefasst.

Definition 4.16
Eine **Raumzeit** ist eine vierdimensionale orientierte und zeitorientierte Lorentz-Mannig-faltigkeit. ◆

Definition 4.17
Ein Tangentenvektor x einer Raumzeit heißt

zeitartig, wenn $g(x,x) > 0$,
raumartig, wenn $g(x,x) < 0$ oder $x = 0$,
lichtartig, wenn $g(x,x) = 0$ und $x \neq 0$.

Ein zeitartiger Vektor, der zum ausgezeichneten Kegel gehört, heißt **zukunftsweisend.** ◆

Angesichts der vielen Forderungen an eine Raumzeit stellt sich die Frage, ob diese überhaupt realisierbar sind. Die positive Antwort geben zwei Beispiele, die wichtige Standardmodelle für die Relativitätstheorie sind.

Beispiel 1 Schon im Abschn. 1.1 (Beispiel 4) hatten wir aus einem Atlas der Oberfläche S_2 der Einheitskugel in $\mathbb{R}^3$ einen Atlas für die Menge $M = \mathbb{R} \times (2\mu, +\infty) \times S_2$ konstruiert. Ausgestattet mit einer geeigneten Metrik ist das eine Raumzeit, die sogenannte **Schwarzschild-Raumzeit**. Die Karten $(\mathbb{R} \times (2\mu, +\infty) \times U_i, \psi_i)$ mit $\psi_i(t, r, Q) = (t, r, \varphi_i(Q))$ bilden einen Atlas für M, wenn die Karten (U_i, φ_i) einen Atlas für S_2 bilden. Die üblichen Topologien von $\mathbb{R}$, $(2\mu, +\infty)$ und S_2 erzeugen auf M die Produkttopologie, die dann auch wieder das geforderte Trennungsaxiom erfüllt. M ist offenbar auch zusammenhängend. Die Metrik g führen wir als Matrix bzgl. der folgenden Basis ein:

Zu gegebenen Zahlen $t \in \mathbb{R}$ und $r \in (2\mu, +\infty)$ und gegebenem Punkt $Q \in S_2$ ordnen die Vektoren $x_1 = \frac{\partial}{\partial t}$ und $x_2 = \frac{\partial}{\partial r}$ entsprechend ihrer suggestiven Bezeichnung einer Funktion $f \in \mathcal{F}(M)$ die Zahlen

$$x_1 f = \frac{\partial f}{\partial t}(t, r, Q) \qquad \text{bzw.} \qquad x_2 f = \frac{\partial f}{\partial r}(t, r, Q)$$

zu. Die beiden anderen Basisvektoren x_3 und x_4 sind geprägt durch eine Karte von S_2 mit positiv orientierter Basis y_1 und y_2 in $(S_2)_Q$. Für $f \in \mathcal{F}(M)$ sei $g = f(t, r, .)$, und x_3 und x_4 sind definiert durch

$$x_3 f = y_1 g \qquad \text{und} \qquad x_4 f = y_2 g.$$

Diese Basis x_1, x_2, x_3, x_4 wird als positiv orientiert angesehen. Zugelassen werden dann nur noch Karten, die zur verwendeten Karte kompatibel sind im Sinne von Def. 4.11. Die dadurch korrekt eingeführte Orientierung von M ist offenbar unabhängig von der Auswahl der anfangs verwendeten Karte von S_2. Die Lorentz-Metrik g wird jetzt bzgl. dieser Basis eingeführt durch die Matrix

$$(g_{ik}) = \begin{pmatrix} 1 - \dfrac{2\mu}{r} & 0 & 0 & 0 \\ 0 & -\left(1 - \dfrac{2\mu}{r}\right)^{-1} & 0 & 0 \\ 0 & 0 & -h_{11} & -h_{12} \\ 0 & 0 & -h_{21} & -h_{22} \end{pmatrix},$$

wobei die Teilmatrix h das r^2-fache der euklidischen Metrik auf S_2 beschreibt. Schließlich wird noch festgelegt, dass innerhalb der zeitartigen Vektoren diejenigen mit positiver $\frac{\partial}{\partial t}$-Komponente zukunftsweisend sind.

Beispiel 2 Der **Einstein-de Sitter-Raumzeit** liegt die Menge

$$M = (0, +\infty) \times \mathbb{R}^3 = \{(u^0, u^1, u^2, u^3) \in \mathbb{R}^4 : u^0 > 0\}$$

zugrunde. Die identische Abbildung I, genauer das Paar (M, I), ist eine Karte, und diese Karte stellt bereits einen Atlas dar. Bezüglich der positiv orientierten kanonischen Basis $\frac{\partial}{\partial u^0}, \frac{\partial}{\partial u^1}, \frac{\partial}{\partial u^2}, \frac{\partial}{\partial u^3}$ wird die Metrik g durch die Matrix

$$(g_{i,k}) = \begin{pmatrix} 1 & 0 & 0 & 0 \\ 0 & -a(u^0)^{\frac{4}{3}} & 0 & 0 \\ 0 & 0 & -a(u^0)^{\frac{4}{3}} & 0 \\ 0 & 0 & 0 & -a(u^0)^{\frac{4}{3}} \end{pmatrix}$$

mit einer positiven Zahl a eingeführt. Der Vektor $\frac{\partial}{\partial u^0}$ wird als zukunftsweisend aufgefasst.

Jeder Tangentialraum einer Raumzeit ist ein Lorentz-Raum. Für die Anwendung des Modells der Raumzeit in der speziellen Relativitätstheorie sind die folgenden beiden Sätze wesentlich, die hier im allgemeinen Kontext der Lorentz-Räume formuliert sind. Ein Element eines Lorentz-Raumes heißt **zeitartig**, wenn $g(x, x) > 0$. Die **zukunftsweisenden** Vektoren sind die Elemente des ausgezeichneten Kegels eines zeitorientierten Lorentz-Raumes. Die Dimension spielt hier keine Rolle.

Satz 4.5
Für jeden zeitartigen Vektor x eines Lorentz-Raumes ist der Unterraum

$$x^\perp = \{y \in E : g(x, y) = 0\},$$

ausgestattet mit $-g$ als Metrik, euklidisch.

Beweis Für $y \in x^\perp$ mit $y \neq 0$ ist $-g(y, y) > 0$ zu zeigen. Wir wählen eine Lorentz-Basis und interpretieren damit x und y als Komponenten-n-Tupel $(x^0, x^1, \ldots, x^{n-1})$ bzw. $(y^0, y^1, \ldots, y^{n-1})$. Die Gleichung $g(x, y) = 0$ bedeutet

$$x^0 y^0 = x^1 y^1 + \ldots + x^{n-1} y^{n-1}$$

und impliziert

$$|x^0||y^0| \leq \sqrt{(x^1)^2 + \ldots + (x^{n-1})^2} \sqrt{(y^1)^2 + \ldots + (y^{n-1})^2}.$$

Aus $g(x, x) > 0$ folgt
$$(x^1)^2 + \ldots + (x^{n-1})^2 < (x^0)^2.$$

Die Komponenten $y^1, \ldots, y^{n-1}$ können nicht alle Null sein, denn sonst wäre wegen $g(x, y) = 0$ auch $y^0 = 0$ und somit $y = 0$. Die beiden Ungleichungen ergeben deshalb

$$|x^0||y^0| < |x^0| \sqrt{(y^1)^2 + \ldots + (y^{n-1})^2},$$

also

$$(y^0)^2 < (y^1)^2 + \ldots + (y^{n-1})^2$$

und damit $g(y, y) < 0$.

Satz 4.6
Für zwei zukunftsweisende Vektoren x und z eines Lorentz-Raumes mit $g(x, x) = g(z, z) = 1$ gilt $g(x, z) \geq 1$. Mit dem zukunftsweisenden Vektor x sind auch alle zeitartigen Vektoren y mit $g(x, y) > 0$ zukunftsweisend.

Abb. 4.3 Orthogonale Geraden

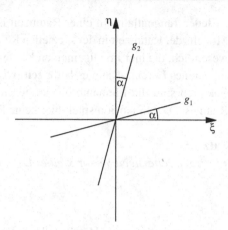

Beweis Wir wählen eine orthonormale Basis $e_1, \ldots, e_{n-1}$ im euklidischen Raum $x^\perp$ und stellen z mit der Lorentz–Basis $x, e_1, \ldots, e_{n-1}$ dar. Ein Ansatz mit unbekannten Koeffizienten liefert sofort

$$z = g(z,x)x - g(z,e_1)e_1 - \ldots - g(z,e_{n-1})e_{n-1}.$$

Daraus folgt

$$g(z,z) = \big(g(z,x)\big)^2 - \big(g(z,e_1)\big)^2 - \ldots - \big(g(z,e_{n-1})\big)^2.$$

Wegen $g(z,z) = 1$ ist damit die Zahl $(g(z,x))^2 - 1$ als Summe der Quadrate von $g(z,e_i)$ dargestellt, also gilt

$$\big(g(x,z)\big)^2 - 1 \geq 0$$

und somit $|g(x,z)| \geq 1$. Da z neben x auch zukunftsweisend ist, muss die x-Komponente von z positiv sein, also gilt außerdem $g(x,z) > 0$. Aus $g(x,y) > 0$ folgt $g(x,-y) < 0$, und somit kann $-y$ nicht zukunftsweisend sein, also ist y zukunftsweisend.

Der Begriff der Orthogonalität in einem Lorentz-Raum im Sinne von $g(x,y) = 0$ hängt natürlich wesentlich von der Metrik g ab und ist etwa im Fall $\mathbb{R}^2$ zu unterscheiden vom geometrisch anschaulichen Begriff der Orthogonalität. In Abb. 4.3 ist die Ebene $\mathbb{R}^2$ ausgestattet mit der Metrik

$$g\big((\xi_1,\eta_1),(\xi_2,\eta_2)\big) = \xi_1\xi_2 - \eta_1\eta_2.$$

Zwei durch $(0,0)$ verlaufende Geraden sind hier genau dann orthogonal, wenn die Gerade $\xi = \eta$ Winkelhalbierende ist.

Spezielle Relativitätstheorie

5

Inhaltsverzeichnis

5.1 Kinematik

In der Mechanik wird zunächst die Bewegung von Teilchen untersucht. Eine Bahngleichung ist in der klassischen Newtonschen Mechanik eine Abbildung von $\mathbb{R}$ nach $\mathbb{R}^3$,
damit wird zu jedem Zeitpunkt t die Position $\bar{r}(t)$ des Teilchens angegeben. Somit ist
die Bahngleichung eine Parameterdarstellung einer Kurve in $\mathbb{R}^3$. In Abb. 5.1 ist die Situation dargestellt, wobei aber eine Dimension unterdrückt ist. Um diesen Newtonschen
Standpunkt mit dem relativistischen vergleichen zu können, modifizieren wir jetzt die Formulierung. Wir fassen die Welt als kartesisches Produkt auf, wobei der erste Bestandteil
der Elemente die Zeit und der zweite der Ort ist, und statt der Bahngleichung $\bar{r}(t)$ eines
Teilchens verwenden wir die Abbildung $\hat{r}: \mathbb{R} \rightarrow \mathbb{R} \times \mathbb{R}^3$ mit $\hat{r}(t) = (t, \bar{r}(t))$. Dadurch
entsteht eine Kurve in $\mathbb{R} \times \mathbb{R}^3$ (Abb. 5.2). Die Geschwindigkeitsvektoren haben die Gestalt

Abb. 5.1 Kurve in $\mathbb{R}^3$

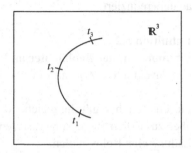

Abb. 5.2 Kurve in $\mathbb{R} \times \mathbb{R}^3$

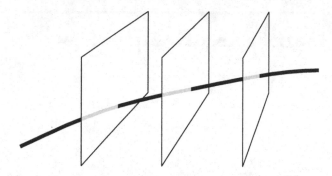

$\hat{r}'(t) = (1, \bar{r}'(t))$. Diese Ableitungen liegen wieder in $\mathbb{R} \times \mathbb{R}^3$, jeder Tangentialraum kann also auch wieder mit $\mathbb{R} \times \mathbb{R}^3$ identifiziert werden. Dort führen wir die Metrik

$$g((s_1, v_1), (s_2, v_2)) = s_1 s_2 - v_1 v_2$$

ein. Der Vektor $\hat{r}'(t)$ hat dann den Betrag $\sqrt{1 - (\bar{r}'(t))^2}$, das ist für kleine Geschwindigkeiten $\bar{r}'(t)$ (Lichtgeschwindigkeit c=1) fast Eins. Zum Zeitpunkt t spielt die Menge $\{(t, v) : v \in \mathbb{R}^3\}$ die Rolle des dreidimensionalen euklidischen Anschauungsraumes. Der Vektor $\hat{r}'(t)$ ist fast orthogonal zu dieser Hyperebene.

Das ist der Newtonsche Standpunkt über die Bewegung eines Teilchens (oder auch eines Beobachters) in einer etwas ungewöhnlichen Formulierung. Der im Folgenden beschriebene relativistische Standpunkt unterscheidet sich für kleine Geschwindigkeiten davon nur in Nuancen. Den Part der Grundmenge $\mathbb{R} \times \mathbb{R}^3$ übernimmt eine Raumzeit M, also eine vierdimensionale orientierte und zeitorientierte Lorentz-Mannigfaltigkeit.

Definition 5.1
Ein **Beobachter** ist eine stetig differenzierbare Abbildung γ von einem Intervall nach M (Kurve), deren Tangentenvektoren $\gamma'(t) \in M_{\gamma(t)}$ zukunftsweisend zeitartig mit $g(\gamma'(t), \gamma'(t)) = 1$ sind. ◆

Viele Überlegungen beziehen sich nur auf die jeweils gegenwärtige Situation. Deshalb wird der Begriff des Beobachters auch auf den folgenden Begriff des momentanen Beobachters reduziert.

Definition 5.2
Ein **momentaner Beobachter** im Punkt $P \in M$ ist ein zukunftsweisend zeitartiger Tangentenvektor $x \in M_P$ mit $g(x, x) = 1$. ◆

Für ein Teilchen gilt die gleiche Motivierung wie für einen Beobachter. Ein Teilchen ist aber zusätzlich Bewegungsgesetzen unterworfen, für die dessen Masse und elektrische Ladung eine Rolle spielen.

Abb. 5.3 Relativgeschwindigkeit v von z für den Beobachter x

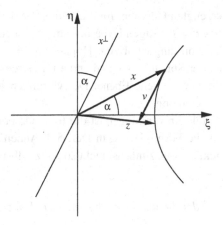

Definition 5.3

Ein **Teilchen** im Punkt $P \in M$ ist ein zukunftsweisend zeitartiger Tangentenvektor $z \in M_P$ mit $g(z, z) = 1$, zusätzlich ausgestattet mit einer nichtnegativen Zahl m (**Ruhmasse**) und einer reellen Zahl e (**Ladung**). ◆

Was ein mit Geschwindigkeit x bewegter momentaner Beobachter von einem mit Geschwindigkeit z bewegtem Teilchen wahrnimmt, ist im Rahmen der Newtonschen Physik die Relativgeschwindigkeit v, definiert durch $x + v = z$. In der Relativitätstheorie wird dieser Standpunkt modifiziert. Für den Beobachter x spielt sich das Geschehen im bzgl. $-g$ euklidischen Unterraum $x^\perp$ ab.

Definition 5.4

Die Geschwindigkeit, die der Beobachter x am Teilchen z misst, ist der raumartige Tangentenvektor $v \in x^\perp$, der eindeutig bestimmt ist durch $z = \lambda(x + v)$ mit $\lambda > 0$. v heißt **Relativgeschwindigkeit von z bzgl. x.** ◆

Wenn man den vierdimensionalen Tangentenraum durch den zweidimensionalen Lorentz-Raum $\mathbb{R}^2$ mit der Metrik

$$g\big((\xi_1, \eta_1), (\xi_2, \eta_2)\big) = \xi_1\xi_2 - \eta_1\eta_2$$

ersetzt, kann man sich die Situation entsprechend Abb. 5.3 geometrisch veranschaulichen. Die Spitze aller zukunftsweisend zeitartigen Vektoren bilden den rechten Zweig der Hyperbel $\xi^2 - \eta^2 = 1$. Zum Beobachter x gehört der Unterraum $x^\perp$. Um den Geschwindigkeitsvektor v zu konstruieren, den x am Teilchen z wahrnimmt, ist die Gerade $x^\perp$ so parallel zu verschieben, dass sie durch die Spitze von x verläuft. Diese verschobene Gerade ist tangential zum Hyperbelzweig. Der Geschwindigkeitsvektor v startet dann an der Spitze von x und endet am Schnittpunkt der verschobenen Geraden mit der durch z

erzeugten Geraden. Im dreidimensionalen Fall ist der Hyperbelzweig die eine Schale eines zweischaligen Hyperboloids, $x^\perp$ ist eine Ebene, die in der entsprechend verschobenen Version tangential zum Hyperboloid ist. Der Geschwindigkeitsvektor v beginnt wieder an der Spitze von x und endet im Durchstoßpunkt der durch z erzeugten Geraden durch die verschobene Ebene. Der vierdimensionale Fall entzieht sich leider naturgemäß der Anschauung.

Für Anwendungen ist die folgende Formel für die Relativgeschwindigkeit handlicher als die Formulierung in Def. 5.4. Außerdem ist dadurch die Existenz und Eindeutigkeit geklärt, was zunächst nicht so ganz selbstverständlich ist.

Satz 5.1
Für den Beobachter x hat das Teilchen z die Relativgeschwindigkeit

$$v = \frac{z}{g(x,z)} - x.$$

Beweis Aus $z = \lambda(x + v)$ folgt

$$g(z,x) = \lambda(g(x,x) + g(v,x)) = \lambda$$

und damit $z = g(x,z)(x + v)$. Die zu beweisende Formel ergibt sich daraus durch Auflösen nach v. Umgekehrt hat das so berechnete v auch die in Def. 5.4 geforderten Eigenschaften.

Es ist eine wesentliche Aussage der Speziellen Relativitätstheorie, dass alle auftretenden Geschwindigkeiten kleiner als die Lichtgeschwindigkeit sind. Da diese hier auf 1 normiert ist, müsste das $-g(v,v) < 1$ heißen.

Satz 5.2
Für jede Relativgeschwindigkeit v gilt $0 \geq g(v,v) > -1$.

Beweis Für die Relativgeschwindigkeit v von z bzgl. x gilt

$$g(v,v) = g\left(\frac{z}{g(x,z)} - x, \frac{z}{g(x,z)} - x\right)$$

$$= \frac{g(z,z)}{(g(x,z))^2} - 2\frac{g(x,z)}{g(x,z)} + g(x,x) = \frac{1}{(g(x,z))^2} - 1 > -1.$$

Die andere Ungleichung wurde bereits in Satz 4.5 bestätigt.

Satz 5.3
Was der Beobachter x mit Relativgeschwindigkeit v wahrnimmt, ist das Teilchen

$$z = \frac{x + v}{\sqrt{1 + g(v,v)}}.$$

Abb. 5.4 Beobachter x und x', dazu normierte raumartige Vektoren $e \in x^\perp$ und $e' \in (x')^\perp$

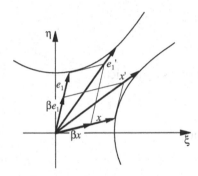

Beweis Nach Def. 5.4 ist die Summe lediglich auf Länge 1 zu normieren, und das entspricht genau der angegebenen Formel.

Im Mittelpunkt der Speziellen Relativitätstheorie steht die Umrechnung von physikalischen Größen zwischen verschiedenen Bezugssystemen. Ein Bezugssystem ist hier ein Beobachter x mit einer orthonormalen Basis im euklidischen Raum $x^\perp$. Ein anderer Beobachter kann diese Basis nicht verwenden, weil er einen anderen euklidischen Raum beobachtet. Wie die Basis modifiziert werden kann, ist im folgenden Satz formuliert und in Abb. 5.4 für den Fall $\beta = 2/3$ skizziert.

Satz 5.4

Ein Beobachter x sieht einen anderen Beobachter x' mit der Relativgeschwindigkeit βe_1. Es gilt $e_1 \in x^\perp$, $g(e_1, e_1) = -1$ und $0 < \beta < 1$. Zu zwei Vektoren e_2 und e_3, die x und e_1 zu einer Lorentz-Basis ergänzen, bilden auch die vier Vektoren

$$x' = \frac{x + \beta e_1}{\sqrt{1 - \beta^2}}, \qquad e_1' = \frac{\beta x + e_1}{\sqrt{1 - \beta^2}}, \qquad e_2' = e_2, \qquad e_3' = e_3$$

eine Lorentz-Basis.

Beweis Die Formulierung von x' ist eine Anwendung von Satz 5.3, und dass die drei Vektoren $e_1', e_2', e_3' \in (x')^\perp$ orthogonal sind, ist unmittelbar abzulesen.

Die Lorentz-Basis x, e_1, e_2, e_3 im Tangentialraum M_P erzeugt dort ein Koordinatensystem $\xi^0, \xi^1, \xi^2, \xi^3$. Beim Übergang zur anderen Lorentz-Basis x', e_1', e_2', e_3' verändern sich diese Koordinaten zu $\eta^0, \eta^1, \eta^2, \eta^3$, charakterisiert durch

$$\eta^0 \frac{x + \beta e_1}{\sqrt{1 - \beta^2}} + \eta^1 \frac{\beta x + e_1}{\sqrt{1 - \beta^2}} + \eta^2 e_2 + \eta^3 e_3 = \xi^0 x + \xi^1 e_1 + \xi^2 e_2 + \xi^3 e_3.$$

Koeffizientenvergleich liefert

$$\frac{1}{\sqrt{1 - \beta^2}} \eta^0 + \frac{\beta}{\sqrt{1 - \beta^2}} \eta^1 = \xi^0$$

und

$$\frac{\beta}{\sqrt{1-\beta^2}}\eta^0 + \frac{1}{\sqrt{1-\beta^2}}\eta^1 = \xi^1.$$

Daraus ergibt sich

$$\eta^0 = \frac{\xi^0 - \beta\xi^1}{\sqrt{1-\beta^2}}$$

und

$$\eta^1 = \frac{\xi^1 - \beta\xi^0}{\sqrt{1-\beta^2}}.$$

Zusammen mit $\eta^2 = \xi^2$ und $\eta^3 = \xi^3$ ist das die Lorentz-Transformation (siehe Einführung), denn β ist die e_1-Komponente der Relativgeschwindigkeit von x' bzgl. x.

Für $f \in \mathcal{F}(P)$ empfindet ein Beobachter x im Punkt P die Zahl xf als partielle Ableitung von f nach der Zeit. Für den von x als βe_1 gesehenen Beobachter x' gilt nach Satz 5.4

$$x'f = \frac{1}{\sqrt{1-\beta^2}}xf + \frac{\beta}{\sqrt{1-\beta^2}}e_1 f.$$

Der Vorfaktor $1/\sqrt{1-\beta^2}$ ist, wie auch bei der Lorentz-Transformation, als Zeitdilatation zu interpretieren (siehe auch Abschn. 10.1).

Satz 5.5

Ein Beobachter x sieht ein Teilchen mit einer Relativgeschwindigkeit mit den Komponenten v^1, v^2, v^3 bzgl. der orthonormalen Basis e_1, e_2, e_3 in $x^\perp$ (orthonormal im Sinne von $-g$) und einen anderen Beobachter x' mit einer Relativgeschwindigkeit βe_1. Dann sieht x' dieses Teilchen mit einer Relativgeschwindigkeit, die bzgl. der Basis $(\beta x + e_1)/\sqrt{1-\beta^2}, e_2, e_3$ in $(x')^\perp$ die Komponenten

$$(v')^1 = \frac{v^1 - \beta}{1 - \beta v^1}, \qquad (v')^2 = \frac{v^2\sqrt{1-\beta^2}}{1 - \beta v^1}, \qquad (v')^3 = \frac{v^3\sqrt{1-\beta^2}}{1 - \beta v^1}$$

hat.

Beweis Nach Satz 5.3 sieht x den anderen Beobachter

$$x' = \frac{x + \beta e_1}{\sqrt{1-\beta^2}}$$

und das Teilchen

$$z = \frac{x + v^i e_i}{\sqrt{1 - (v^1)^2 - (v^2)^2 - (v^3)^2}}.$$

Nach Satz 5.1 ist die Relativgeschwindigkeit von z bzgl. x'

$$\frac{z}{g(x',z)} - x' = \frac{x + v^i e_i}{g\left(\frac{x+\beta e_1}{\sqrt{1-\beta^2}}, x + v^i e_i\right)} - \frac{x + \beta e_1}{\sqrt{1-\beta^2}} = \frac{\sqrt{1-\beta^2}}{1 - \beta v^1}(x + v^i e_i) - \frac{x + \beta e_1}{\sqrt{1-\beta^2}}.$$

Die angekündigten Koeffizienten $(v')^2$ und $(v')^3$ sind abzulesen, und es bleibt die Gleichung

$$\frac{\sqrt{1-\beta^2}}{1 - \beta v^1}(x + v^1 e_1) - \frac{x + \beta e_1}{\sqrt{1-\beta^2}} = \frac{v^1 - \beta}{1 - \beta v^1} \cdot \frac{\beta x + e_1}{\sqrt{1-\beta^2}}$$

zu zeigen. Diese ist aber äquivalent zu

$$(1 - \beta^2)(x + v^1 e_1) - (1 - \beta v^1)(x + \beta e_1) = (v^1 - \beta)(\beta x + e_1),$$

und diese letzte Gleichung stimmt offenbar.

5.2 Dynamik

Unter dem Impuls eines Teilchens versteht man in der Newtonschen Physik das Produkt *Masse mal Geschwindigkeit*. Diesen Standpunkt sollte man folgendermaßen modifizieren: *Der Impuls eines Teilchens mit Masse m und Geschwindigkeit v ist die Linearform, die dem Vektor mv entspricht*, also die Linearform $g(mv, \cdot) = mg(v, \cdot)$. Beim relativistischen Standpunkt wird diese Linearform auf dem euklidischen Raum durch Einschränkung einer auf dem vierdimensionalen Tangentialraum gegebenen Linearform erzeugt.

Definition 5.5
Die **Energie-Impuls-Form** p eines Teilchens $z \in M_P$ mit der Ruhmasse m ist die Linearform auf M_P

$$p = mg(z, \cdot). \qquad \blacklozenge$$

Definition 5.6
Der vom Beobachter x am Teilchen z gemessene **Impuls** ist die Einschränkung von $-p$ auf $x^\perp$, wobei p die Energie-Impuls-Form ist. Das Teilchen z hat für den Beobachter x die **relative Masse**

$$E = p(x) = mg(z, x) = mg\left(\frac{x + v}{\sqrt{1 + g(v, v)}}, x\right) = \frac{m}{\sqrt{1 + g(v, v)}},$$

wobei v die Relativgeschwindigkeit von z bzgl. x ist. $\qquad \blacklozenge$

Die Bezeichnung E deutet auf die Interpretation der relativen Masse als Energie hin. Tatsächlich approximiert die kinetische Energie im Sinne der Newtonschen Mechanik die Differenz aus relativer und Ruhmasse für kleine Geschwindigkeiten. Das beruht auf der Taylorentwicklung der Funktion $f(w) = 1/\sqrt{1 - w^2}$ bis zum quadratischen Glied, denn wegen $f'(0) = 0$ und $f''(0) = 1$ gilt

$$\frac{1}{\sqrt{1 - w^2}} \approx 1 + \frac{1}{2} w^2,$$

und für die relative Masse bedeutet das

$$E = \frac{m}{\sqrt{1 - \left(\sqrt{-g(v,v)}\right)^2}} \approx m + \frac{m}{2} \left(\sqrt{-g(v,v)}\right)^2.$$

Bezüglich einer orthonormalen Basis stimmen Vektorkomponenten mit den Komponenten der entsprechenden Linearform überein. Zwischen den Komponenten der Relativgeschwindigkeit und des Impulses gibt es dann einen recht einfachen Zusammenhang.

Satz 5.6
Es sei e_1, e_2, e_3 eine Orthonormalbasis in $x^\perp$ zum Beobachter x. Ein Teilchen mit Ruhmasse m und Relativgeschwindigkeit $v = v^i e_i$ bzgl. x hat für x einen Impuls mit den Komponenten

$$-p_i = \frac{m v^i}{\sqrt{1 + g(v,v)}}.$$

Beweis Das Teilchen ist

$$z = \frac{x + v^i e_i}{\sqrt{1 + g(v,v)}},$$

und durch Einsetzen der Basisvektoren e_i in die Energie-Impuls-Form p erhält man

$$p_i = p(e_i) = mg\left(\frac{x + v^k e_k}{\sqrt{1 + g(v,v)}}, e_i\right) = -\frac{m v^i}{\sqrt{1 + g(v,v)}}.$$

Die relative Masse hat also in der Beziehung zwischen Relativgeschwindigkeit und gemessenem Impuls die gleiche Bedeutung wie die Masse in der Newtonschen Mechanik.

Der Begriff der Energie beruht in der Newtonschen Physik auf der Berechnung des Arbeitsintegrals, definiert als Kurvenintegral der auf das betreffende Teilchen wirkenden Kraft. Die Kraft ist nach Newton gleich der durch sie bewirkten Änderung des Impulses. Bei der Bewegung vom Punkt P_1 zum Punkt P_2 gemäß einer Bewegungsgleichung $r(t)$ wird die Arbeit

$$\int_{P_1}^{P_2} (m r'(t))' \, dr = m \int_{t_1}^{t_2} r''(t) r'(t) \, dt = \frac{m}{2} \int_{t_1}^{t_2} \left((r'(t))^2\right)' \, dt = \frac{m}{2}(r'(t_2))^2 - \frac{m}{2}(r'(t_1))^2$$

verrichtet. Im Rahmen der Relativitätstheorie ist die Masse m durch die relative Masse $m/\sqrt{1-(r'(t))^2}$ zu ersetzen. Dass in der Relativitätstheorie die relative Masse auch Energie genannt wird, ist durch die folgende Überlegung zu motivieren: An die Stelle der Masse tritt beim Arbeitsintegral die relative Masse. Aus

$$\left(\frac{r'(t)}{\sqrt{1-\left(r'(t)\right)^2}}\right)' = \frac{r''(t)}{\sqrt{1-\left(r'(t)\right)^2}^{\,3}}$$

und

$$\left(\frac{1}{\sqrt{1-\left(r'(t)\right)^2}}\right)' = \frac{r'(t)r''(t)}{\sqrt{1-\left(r'(t)\right)^2}^{\,3}}.$$

folgt

$$\int_{P_1}^{P_2}\left(\frac{m\,r'(t)}{\sqrt{1-\left(r'(t)\right)^2}}\right)' dr = m\int_{t_1}^{t_2}\left(\frac{r'(t)}{\sqrt{1-\left(r'(t)\right)^2}}\right)' r'(t)\,dt$$

$$= m\int_{t_1}^{t_2}\left(\frac{1}{\sqrt{1-\left(r'(t)\right)^2}}\right)' dt$$

$$= \frac{m}{\sqrt{1-\left(r'(t_2)\right)^2}} - \frac{m}{\sqrt{1-\left(r'(t_1)\right)^2}}.$$

Somit ist die verrichtete Arbeit in der Relativitätstheorie die Differenz der relativen Massen nach und vor der Bewegung.

Satz 5.7

Es sei e_1, e_2, e_3 eine Orthonormalbasis in $x^\perp$ zum Beobachter x. Dieser sieht einen anderen Beobachter x' mit Relativgeschwindigkeit βe_1 und ein Teilchen mit relativer Masse E und Impulskomponenten $-p_1, -p_2, -p_3$. Dann misst der andere Beobachter eine relative Masse

$$E' = \frac{E - \beta(-p_1)}{\sqrt{1-\beta^2}}$$

und bzgl. der Basis $(\beta x + e_1)/\sqrt{1-\beta^2}, e_2, e_3$ in $(x')^\perp$ Impulskomponenten

$$-p_1' = \frac{(-p_1) - \beta E}{\sqrt{1-\beta^2}}, \quad -p_2' = -p_2, \quad -p_3' = -p_3.$$

Beweis Durch Einsetzen der Vektoren

$$x' = \frac{x + \beta e_1}{\sqrt{1 - \beta^2}} \quad \text{und} \quad e_1' = \frac{\beta x + e_1}{\sqrt{1 - \beta^2}}$$

in die Energie-Impuls-Form ergibt sich

$$E' = p(x') = p\left(\frac{x + \beta e_1}{\sqrt{1 - \beta^2}}\right) = \frac{p(x) + \beta p(e_1)}{\sqrt{1 - \beta^2}} = \frac{E - \beta(-p_1)}{\sqrt{1 - \beta^2}}$$

und

$$-p_1' = -p\left(\frac{\beta x + e_1}{\sqrt{1 - \beta^2}}\right) = \frac{-\beta p(x) - p(e_1)}{\sqrt{1 - \beta^2}} = \frac{(-p_1) - \beta E}{\sqrt{1 - \beta^2}}.$$

Außerdem gilt $p_2' = p(e_2) = p_2$ und $p_3' = p(e_3) = p_3$.

5.3 Elektrodynamik

Die Orientierung einer Raumzeit orientiert auch jeden einem Beobachter x zugeordneten dreidimensionalen euklidischen Raum $x^\perp$.

Definition 5.7
Es sei x ein Beobachter im Punkt P einer Raumzeit M. Eine Basis e_1, e_2, e_3 in $x^\perp$ ist **positiv orientiert**, wenn die Basis x, e_1, e_2, e_3 in der Orientierung des Tangentialraumes M_P liegt.   ◆

Ein elektromagnetisches Feld wird beschrieben durch ein schiefsymmetrisches $(0, 2)$-Tensorfeld F auf der Raumzeit, genannt **Feldstärketensor** oder **Faraday-Tensor**. Weitere Eigenschaften von F, die auch den Zusammenhang mit der Ladungsverteilung beschreiben und den klassischen Maxwell-Gleichungen entsprechen, werden erst später formuliert. Hier wird zunächst nur geklärt, wie die Feldstärken vom Feldstärketensor abzulesen sind.

Definition 5.8
Ein Beobachter x im Punkt P misst an dem Feldstärketensor F die **elektrische Feldstärke** $E \in x^\perp$, definiert durch

$$F(y, x) = g(y, E) \quad \text{für} \quad y \in x^\perp,$$

und die **magnetische Feldstärke** $B \in x^\perp$, definiert durch

$$F(y, z) = g(y \times z, B) \quad \text{für} \quad y, z \in x^\perp.$$ ◆

Die elektrische Feldstärke ist also der Vektor $E \in M_P$, der die Einschränkung der Linearform $F(.,x)$ auf den Unterraum $x^\perp$ repräsentiert. Zum Verständnis der Definition der magnetischen Feldstärke B sei darauf hingewiesen, dass jede schiefsymmetrische Bilinearform f auf dem orientierten dreidimensionalen euklidischen Raum $x^\perp$ durch einen eindeutig bestimmtem Vektor w in der Form

$$f(y,z) = g(y \times z, w)$$

erzeugt werden kann.

Aus der klassischen Elektrodynamik ist bekannt, dass die Feldstärken auf ein sich mit der Geschwindigkeit v bewegendes Teilchen mit der Ladung e die Kraft $e(E + v \times B)$ ausübt. Sie bewirkt eine Änderung des Impulses. Mit dem Impuls sollte man deshalb auch die Kraft besser als Linearform auffassen. In dieser Terminologie heißt das dann, dass die Linearform $e(-g)(E + v \times B, .)$ die Änderung des Impulses angibt. Was zeitliche Änderung für eine Linearform heißt, wird erst im Kap. 11 geklärt, als Vorbereitung und zur Interpretation von F, E und B ist aber schon jetzt der folgende Satz von Interesse.

Satz 5.8

Ein Beobachter x beobachtet ein Teilchen z mit der Relativgeschwindigkeit v im Feld F. Dann stimmen die Linearformen $F(z, .)$ und $-g(., E + v \times B)/\sqrt{1 + g(v,v)}$ auf $x^\perp$ überein.

Beweis Für $y \in x^\perp$ gilt

$$F(z,y) = F\left(\frac{x+v}{\sqrt{1+g(v,v)}}, y \right) = \frac{F(x,y) + F(v,y)}{\sqrt{1+g(v,v)}} = \frac{-g(y,E) + g(v \times y, B)}{\sqrt{1+g(v,v)}}.$$

Da im Spatprodukt $(y,v,B) \longrightarrow g(y \times v, B)$ die drei Variablen zyklisch vertauscht werden können, ist damit

$$F(z,y) = \frac{-g(y, E + v \times B)}{\sqrt{1+g(v,v)}}$$

bewiesen.

Satz 5.9

Der Feldstärketensor F hat bzgl. einer positiv orientierten Lorentz-Basis $e_0 = x, e_1, e_2, e_3$ die Komponenten

$$(F_{ik}) = \begin{pmatrix} 0 & E^1 & E^2 & E^3 \\ -E^1 & 0 & -B^3 & B^2 \\ -E^2 & B^3 & 0 & -B^1 \\ -E^3 & -B^2 & B^1 & 0 \end{pmatrix},$$

wobei die Tripel (E^1, E^2, E^3) und (B^1, B^2, B^3) die Komponenten von E und B bzgl. der im Sinne von $-g$ orthonormalen Basis e_1, e_2, e_3 sind.

Beweis Für $k = 1, 2, 3$ gilt

$$F_{0k} = F(e_0, e_k) = -F(e_k, x) = -g(e_k, E) = E^k.$$

Ferner gilt

$$F_{12} = F(e_1, e_2) = g(e_1 \times e_2, B) = g(e_3, B) = -B^3$$

und analog $F_{13} = B^2$ und $F_{23} = -B^1$. Die anderen Matrixelemente ergeben sich dann aus der Schiefsymmetrie.

Satz 5.10

Ein Beobachter misst elektrische und magnetische Feldstärke mit den Komponenten E^1, E^2, E^3 bzw. B^1, B^2, B^3 bzgl. einer positiv orientierten orthonormalen Basis e_1, e_2, e_3 und sieht einen anderen Beobachter $\hat{x}$ mit einer Geschwindigkeit βe_1. Dann misst der andere Beobachter bzgl. der Basis $(\beta x + e_1)/\sqrt{1 - \beta^2}, e_2, e_3$ Feldstärkekomponenten

$$\hat{E}^1 = E^1 \qquad\qquad\qquad \hat{B}^1 = B^1$$

$$\hat{E}^2 = \frac{E^2 - \beta B^3}{\sqrt{1 - \beta^2}} \qquad\qquad \hat{B}^2 = \frac{B^2 + \beta E^3}{\sqrt{1 - \beta^2}}$$

$$\hat{E}^3 = \frac{E^3 + \beta B^2}{\sqrt{1 - \beta^2}} \qquad\qquad \hat{B}^3 = \frac{B^3 - \beta E^2}{\sqrt{1 - \beta^2}}.$$

Beweis Es müssen die Vektoren

$$\hat{e}_0 = \hat{x} = \frac{x + \beta e_1}{\sqrt{1 - \beta^2}}, \quad \hat{e}_1 = \frac{\beta x + e_1}{\sqrt{1 - \beta^2}}, \quad \hat{e}_2 = e_2 \quad \text{und} \quad \hat{e}_3 = e_3$$

in den Feldstärketensor eingesetzt werden. Dabei ergibt sich

$$\hat{E}^1 = F(\hat{x}, \hat{e}_1) = \frac{F(x + \beta e_1, \beta x + e_1)}{1 - \beta^2} = \frac{F(x, e_1) + \beta^2 F(e_1, x)}{1 - \beta^2} = F(x, e_1) = E^1$$

$$\hat{E}^2 = F(\hat{x}, e_2) = \frac{F(x + \beta e_1, e_2)}{\sqrt{1 - \beta^2}} = \frac{E^2 - \beta B^3}{\sqrt{1 - \beta^2}}$$

$$\hat{E}^3 = F(\hat{x}, e_3) = \frac{F(x + \beta e_1, e_3)}{\sqrt{1 - \beta^2}} = \frac{E^3 + \beta B^2}{\sqrt{1 - \beta^2}}$$

$$\hat{B}^1 = F(e_3, e_2) = B^1$$

$$\hat{B}^2 = F(\hat{e}_1, e_3) = \frac{F(\beta x + e_1, e_3)}{\sqrt{1 - \beta^2}} = \frac{B^2 + \beta E^3}{\sqrt{1 - \beta^2}}$$

$$\hat{B}^3 = F(e_2, \hat{e}_1) = \frac{F(e_2, \beta x + e_1)}{\sqrt{1 - \beta^2}} = \frac{B^3 - \beta E^2}{\sqrt{1 - \beta^2}}.$$

Differentialformen

6

Inhaltsverzeichnis

6.1 p-Formen

Die Überlegungen in den Abschn. 6.1 bis 6.3 dieses Kapitels beziehen sich auf einen endlichdimensionalen reellen linearen Raum E, dessen Part dann später die Tangentialräume einer Mannigfaltigkeit spielen werden.

Definition 6.1
Eine p-**Form** auf E ist ein schiefsymmetrischer $(0, p)$-Tensor auf E.   ♦

Die Schiefsymmetrie bedeutet für einen $(0, p)$-Tensor f natürlich

$$f(\ldots, x_{i-1}, x_i, x_{i+1}, \ldots, x_{k-1}, x_k, x_{k+1}, \ldots)$$
$$= - f(\ldots, x_{i-1}, x_k, x_{i+1}, \ldots, x_{k-1}, x_i, x_{k+1}, \ldots).$$

Diese Eigenschaft impliziert

$$f(x_{\mathcal{P}(1)}, \ldots, x_{\mathcal{P}(p)}) = \chi(\mathcal{P}) f(x_1, \ldots, x_p)$$

für jede Permutation $\mathcal{P}$. Statt „schiefsymmetrisch" sagt man auch „**alternierend**". Jede Linearform ist eine 1-Form, und die 0-Formen sind die Zahlen.

© Springer-Verlag GmbH Deutschland, ein Teil von Springer Nature 2018
R. Oloff, *Geometrie der Raumzeit*, https://doi.org/10.1007/978-3-662-56737-1_6

Beispiel Für Linearformen $a^1, \ldots, a^p \in E^*$ ist der durch

$$a^1 \wedge \cdots \wedge a^p = \sum_{\mathcal{P}} \chi(\mathcal{P}) a^{\mathcal{P}(1)} \otimes \cdots \otimes a^{\mathcal{P}(p)}$$

definierte Tensor $a^1 \wedge \cdots \wedge a^p$ (summiert wird über alle Permutationen $\mathcal{P}$) eine p-Form. Der Nachweis der Schiefsymmetrie folgt weitgehend den Überlegungen, mit denen man zeigt, dass die durch die Leibnizsche Formel definierte Determinante bei der Vertauschung von zwei Zeilen ihr Vorzeichen ändert. Die mit i und k indizierten Variablen sollen vertauscht werden. Es ergibt sich mit

$$\mathcal{P}_{i,k} = \begin{pmatrix} 1 \cdots i \cdots k \cdots n \\ 1 \cdots k \cdots i \cdots n \end{pmatrix}$$

und der Abkürzung $\mathcal{Q} = \mathcal{P} \circ \mathcal{P}_{i,k}$

$$a^1 \wedge \cdots \wedge a^p (x_1, \ldots, x_k, \ldots, x_i, \ldots, x_p)$$

$$= \sum_{\mathcal{P}} \chi(\mathcal{P}) \langle x_1, a^{\mathcal{P}(1)} \rangle \cdots \langle x_k, a^{\mathcal{P}(i)} \rangle \cdots \langle x_i, a^{\mathcal{P}(k)} \rangle \cdots \langle x_p, a^{\mathcal{P}(p)} \rangle$$

$$= \sum_{\mathcal{P}} \chi(\mathcal{P}) \left(\cdots \langle x_k, a^{\mathcal{P} \circ \mathcal{P}_{i,k}(k)} \rangle \cdots \langle x_i, a^{\mathcal{P} \circ \mathcal{P}_{i,k}(i)} \rangle \cdots \right)$$

$$= \sum_{\mathcal{Q}} (-\chi(\mathcal{Q})) \langle x_1, a^{\mathcal{Q}(1)} \rangle \cdots \langle x_p, a^{\mathcal{Q}(p)} \rangle$$

$$= -a^1 \wedge \cdots \wedge a^p (x_1, \ldots, x_p).$$

Die Menge aller p-Formen auf E ist offensichtlich ein Unterraum von $E_p^0 = E^* \otimes \cdots \otimes E^*$, den man mit $E^* \wedge \cdots \wedge E^*$ oder $\wedge^p E^*$ bezeichnet. Bekanntlich ist die Abbildung, die n Elementen aus $\mathbb{R}^n$ die aus diesen Zeilen gebildete Determinante zuordnet, eine n-Form, und jede andere n-Form unterscheidet sich von dieser nur durch einen Faktor. Der Raum $\wedge^n(\mathbb{R}^n)$ ist also eindimensional. Der folgende Satz verallgemeinert dieses Ergebnis.

Satz 6.1
Es sei $x_1, \ldots, x_n$ eine Basis von E und $a^1, \ldots, a^n$ die dazu duale Basis von E^*. Die $\binom{n}{p}$ p-Formen $a^{i_1} \wedge \cdots \wedge a^{i_p}$ mit $1 \leq i_1 < \ldots < i_p \leq n$ bilden eine Basis in $\wedge^p E^*$. Der zur p-Form $a^{i_1} \wedge \cdots \wedge a^{i_p}$ gehörende Koeffizient der Darstellung von $f \in \wedge^p E^*$ ist

$$f_{i_1 \ldots i_p} = f(x_{i_1}, \ldots, x_{i_p}).$$

Jedes $f \in \wedge^p E^*$ lässt sich auch in der Form

$$f = \frac{1}{p!} f_{i_1 \ldots i_p} a^{i_1} \wedge \ldots \wedge a^{i_p}$$

darstellen, wobei alle Indizes im Sinne der Summenkonvention unabhängig voneinander von 1 bis n laufen.

Beweis Die lineare Unabhängigkeit der genannten $\binom{n}{p}$ p-Formen beruht auf der Tatsache, dass für vorgegebene Basisvektoren $x_{k_1}, \ldots, x_{k_p}$ mit $1 \leq k_1 < \cdots < k_p \leq n$ von den genannten p-Formen nur $a^{k_1} \wedge \cdots \wedge a^{k_p}$ einen von Null verschiedenen Wert haben. Wir stellen jetzt eine beliebige p-Form f als Linearkombination der $\binom{n}{p}$ p-Formen $a^{i_1} \wedge \cdots \wedge a^{i_p}$ mit $1 \leq i_1 < \cdots < i_p \leq n$ dar. Es gilt

$$
\begin{aligned}
f &= f_{j_1 \ldots j_p} a^{j_1} \otimes \cdots \otimes a^{j_p} \\
&= \sum_{1 \leq i_1 < \cdots < i_p \leq n} \sum_{\mathcal{P}} f_{i_{\mathcal{P}(1)} \ldots i_{\mathcal{P}(p)}} a^{i_{\mathcal{P}(1)}} \otimes \cdots \otimes a^{i_{\mathcal{P}(p)}} \\
&= \sum_{1 \leq i_1 < \cdots < i_p \leq n} \sum_{\mathcal{P}} \chi(\mathcal{P}) f_{i_1 \ldots i_p} a^{i_{\mathcal{P}(1)}} \otimes \cdots \otimes a^{i_{\mathcal{P}(p)}} \\
&= \sum_{1 \leq i_1 < \cdots < i_p \leq n} f_{i_1 \ldots i_p} a^{i_1} \wedge \cdots \wedge a^{i_p} .
\end{aligned}
$$

Weil für jede Permutation $\mathcal{P}$

$$
f_{i_{\mathcal{P}(1)} \ldots i_{\mathcal{P}(p)}} a^{\mathcal{P}(1)} \wedge \cdots \wedge a^{\mathcal{P}(p)} = f_{i_1 \ldots i_p} a^{i_1} \wedge \cdots \wedge a^{i_p}
$$

(das soll hier keine Summe sein) gilt, lässt sich jeder der Summanden der letzten Summe auch als

$$
f_{i_1 \ldots i_p} a^{i_1} \wedge \cdots \wedge a^{i_p} = \frac{1}{p!} \sum_{\mathcal{P}} f_{i_{\mathcal{P}(1)} \ldots i_{\mathcal{P}(p)}} a^{i_{\mathcal{P}(1)}} \wedge \cdots \wedge a^{i_{\mathcal{P}(p)}}
$$

schreiben. Wir setzen $j_k = i_{\mathcal{P}(k)}$ und erhalten die Darstellung

$$
f = \frac{1}{p!} \sum_{\substack{j_1, \ldots, j_p \\ j_k \neq j_l}} f_{j_1 \ldots j_p} a^{j_1} \wedge \cdots \wedge a^{j_p} ,
$$

wobei aber die Forderung, dass die Indizes $j_1, \ldots, j_p$ paarweise verschieden sind, auch fallengelassen werden kann, denn die Koeffizienten der dabei zusätzlich auftretenden Summanden sind Null. Damit ist auch die zweite im Satz angekündigte Darstellung bewiesen.

6.2   Das Keilprodukt

Das Keilprodukt (auch **äußeres Produkt**) bildet den theoretischen Hintergrund für das bereits im vorherigen Abschnitt verwendete Zeichen „$\wedge$". Der Name kommt von der Form des Zeichens. Wir definieren hier das Keilprodukt in zwei Schritten.

Definition 6.2

Die **Alternation** A ordnet jedem $(0, p)$-Tensor f die p-Form Af mit

$$Af(x_1, \ldots, x_p) = \frac{1}{p!} \sum_{\mathcal{P}} \chi(\mathcal{P}) f(x_{\mathcal{P}(1)}, \ldots, x_{\mathcal{P}(p)})$$

zu.   ◆

Natürlich ist Af multilinear und schiefsymmetrisch (oder alternierend), das lässt sich genauso zeigen wie im Beispiel des vorherigen Abschnittes. Die Abbildung A in E_p^0 ist offenbar linear. Weil A die p-Formen invariant lässt, gilt $A \circ A = A$.

Beispiel Für Linearformen $a^1, \ldots, a^p$ gilt

$$A(a^1 \otimes \cdots \otimes a^p) = \frac{1}{p!} a^1 \wedge \cdots \wedge a^p.$$

Definition 6.3

Das **Keilprodukt** $f \wedge g$ aus einer p-Form f und einer q-Form g ist die $(p + q)$-Form

$$f \wedge g = \frac{(p + q)!}{p!q!} A(f \otimes g).$$ ◆

Beispiel Die im vorigen Abschnitt definierten p-Formen $a^1 \wedge \cdots \wedge a^p$ lassen sich als iterierte Keilprodukte auffassen. Dazu zeigen wir

$$(a^1 \wedge \cdots \wedge a^p) \wedge (a^{p+1} \wedge \cdots \wedge a^{p+q}) = a^1 \wedge \cdots \wedge a^p \wedge a^{p+1} \wedge \cdots \wedge a^{p+q},$$

wobei der zwischen beiden Klammerausdrücken stehende Keil auf der linken Seite im Sinne von Def. 6.3 und die anderen Keile im Sinne des Beispiels nach Def. 6.2 gemeint sind. Es gilt

$$(a^1 \wedge \cdots \wedge a^p) \wedge (a^{p+1} \wedge \cdots \wedge a^{p+q})$$

$$= \left(\sum_{\mathcal{P}} \chi(\mathcal{P}) a^{\mathcal{P}(1)} \otimes \cdots \otimes a^{\mathcal{P}(p)} \right) \wedge \left(\sum_{\mathcal{Q}} \chi(\mathcal{Q}) a^{\mathcal{Q}(p+1)} \otimes \cdots \otimes a^{\mathcal{Q}(p+q)} \right)$$

$$= \frac{(p + q)!}{p!q!} \sum_{\mathcal{P},\mathcal{Q}} \chi(\mathcal{P})\chi(\mathcal{Q}) A \left(a^{\mathcal{P}(1)} \otimes \cdots \otimes a^{\mathcal{P}(p)} \otimes a^{\mathcal{Q}(p+1)} \otimes \cdots \otimes a^{\mathcal{Q}(p+q)} \right),$$

wobei die Summation über alle Permutationen $\mathcal{P}, \mathcal{Q}$ von $\{1, \ldots, p\}$ bzw. $\{p + 1, \ldots, p + q\}$ läuft. Die Definition von A eingesetzt ergibt

$$(a^1 \wedge \cdots \wedge a^p) \wedge (a^{p+1} \wedge \cdots \wedge a^{p+q})$$

$$= \frac{1}{p!q!} \sum_{\mathcal{P},\mathcal{Q},\mathcal{R}} \chi(\mathcal{P})\chi(\mathcal{Q})\chi(\mathcal{R}) a^{\mathcal{R}(\mathcal{P}(1))} \otimes \cdots \otimes a^{\mathcal{R}(\mathcal{Q}(p+q))}.$$

Dabei durchläuft $\mathcal{R}$ alle Permutationen von $\{1, \ldots, p+q\}$. Für die modifizierten Permutationen

$$\tilde{P} = \begin{pmatrix} 1 & \cdots & p & p+1 \cdots p+q \\ \mathcal{P}(1) & \cdots & \mathcal{P}(p) & p+1 \cdots p+q \end{pmatrix}$$

und

$$\tilde{Q} = \begin{pmatrix} 1 \cdots p & p+1 & \cdots & p+q \\ 1 \cdots p & \mathcal{Q}(p+1) & \cdots & \mathcal{Q}(p+q) \end{pmatrix}$$

gilt offenbar $\chi(\tilde{P}) = \chi(\mathcal{P})$ und $\chi(\tilde{Q}) = \chi(\mathcal{Q})$. Damit erhält man mit der Abkürzung $S = \mathcal{R} \circ \tilde{Q} \circ \tilde{P}$

$$(a^1 \wedge \cdots \wedge a^p) \wedge (a^{p+1} \wedge \cdots \wedge a^{p+q}) = \frac{1}{p!q!} \sum_{\mathcal{P},\mathcal{Q},\mathcal{R}} \chi(S) a^{S(1)} \otimes \cdots \otimes a^{S(p+q)}.$$

Für alle $p!q!$ Möglichkeiten, $\mathcal{P}$ und $\mathcal{Q}$ zu wählen, durchläuft S alle Permutationen von $\{1, \ldots, p+q\}$, wenn $\mathcal{R}$ diese Permutationen durchläuft, so dass sich schließlich die zu beweisende Gleichung ergibt.

Satz 6.2

(1) *Das Keilprodukt ist als Abbildung von $(\wedge^p E^*) \times (\wedge^q E^*)$ nach $\wedge^{p+q} E^*$ bilinear.*
(2) *Das Keilprodukt ist assoziativ.*
(3) *Für $f \in \wedge^p E^*$ und $g \in \wedge^q E^*$ gilt $f \wedge g = (-1)^{pq} g \wedge f$.*

Beweis Die Bilinearität des Keilproduktes ergibt sich aus der Bilinearität des Tensorproduktes und der Linearität der Alternation. Die Assoziativität braucht wegen der Bilinearität nur für Basiselemente nachgeprüft werden. In diesen Spezialfällen ist sie aber erfüllt, denn nach den Überlegungen im vorigen Beispiel ist jede Klammerung überflüssig. Auch (3) braucht nur noch für Basiselemente gezeigt werden. Sowohl f als auch g sind dann Keilprodukte von Linearformen. Die Vertauschung von f und g lässt sich dann auf pq Vertauschungen benachbarter Linearformen zurückführen, wobei sich jedesmal das Vorzeichen ändert. Dadurch entsteht insgesamt der Vorfaktor $(-1)^{pq}$.

6.3 Der Hodge-Stern-Operator

In diesem Abschnitt ist E ein orientierter n-dimensionaler reeller linearer Raum, der mit einer nichtausgearteten symmetrischen Bilinearform g ausgestattet ist. Dem Trägheitssatz (Theorem 4.2) zufolge gibt es orthogonale Basen $x_1, \ldots, x_n$ mit der Eigenschaft $g(x_i, x_i) = \varepsilon_i = \pm 1$. Solche Basen wollen wir hier **semi-orthonormal** nennen.

Satz 6.3

Für zwei positiv orientierte semi-orthonormale Basen $x_1, \ldots, x_n$ und $y_1, \ldots, y_n$, gekoppelt durch $y_i = \lambda_i^j x_j$, gilt $\det(\lambda_i^j) = 1$.

Beweis Mit $\varepsilon_i = g(x_i, x_i)$ und $\varepsilon_i' = g(y_i, y_i)$ gilt

$$\varepsilon_i' = g(\lambda_i^j x_j, \lambda_i^k x_k) = \sum_{j=1}^n (\lambda_i^j)^2 \varepsilon_j$$

und für $i \neq k$

$$0 = g(y_i, y_k) = g(\lambda_i^j x_j, \lambda_k^l x_l) = \sum_{j=1}^n \lambda_i^j \lambda_k^j \varepsilon_j.$$

In Matrixschreibweise heißt das

$$\begin{pmatrix} \varepsilon_1' & 0 & \cdots & 0 \\ 0 & & & \vdots \\ \vdots & & & 0 \\ 0 & \cdots & 0 & \varepsilon_n' \end{pmatrix} = \begin{pmatrix} \lambda_1^1 & \cdots & \lambda_1^n \\ \vdots & \ddots & \vdots \\ \lambda_n^1 & \cdots & \lambda_n^n \end{pmatrix} \begin{pmatrix} \varepsilon_1 & 0 & \cdots & 0 \\ 0 & & & \vdots \\ \vdots & & & 0 \\ 0 & \cdots & 0 & \varepsilon_n \end{pmatrix} \begin{pmatrix} \lambda_1^1 & \cdots & \lambda_n^1 \\ \vdots & \ddots & \vdots \\ \lambda_1^n & \cdots & \lambda_n^n \end{pmatrix}$$

und impliziert $(\det(\lambda_i^j))^2 = 1$. Weil die Basen gleichorientiert sind, heißt das $\det(\lambda_i^j) = 1$.

Satz 6.4

Eine n-Form hat auf allen positiv orientierten semi-orthonormalen Basen den gleichen Wert.

Beweis Es seien $x_1, \ldots, x_n$ und $y_1, \ldots, y_n$ solche Basen. Durch Einsetzen der Gleichungen $y_i = \lambda_i^j x_j$ in die n-Form f ergibt sich

$$f(y_1, \ldots, y_n) = f(\lambda_1^{j_1} x_{j_1}, \cdots, \lambda_n^{j_n} x_{j_n}) = \lambda_1^{j_1} \cdots \lambda_n^{j_n} f(x_{j_1}, \ldots, x_{j_n})$$

$$= \sum_{\mathcal{P}} \lambda_1^{\mathcal{P}(1)} \cdots \lambda_n^{\mathcal{P}(n)} f(x_{\mathcal{P}(1)}, \ldots, x_{\mathcal{P}(n)})$$

$$= \sum_{\mathcal{P}} \lambda_1^{\mathcal{P}(1)} \cdots \lambda_n^{\mathcal{P}(n)} \chi(\mathcal{P}) f(x_1, \ldots, x_n)$$

$$= f(x_1, \ldots, x_n) \det(\lambda_i^j) = f(x_1, \ldots, x_n).$$

Der lineare Raum aller n-Formen auf dem n-dimensionalen Raum E ist nach Satz 6.1 eindimensional. Damit ist jede n-Form auf E ein Vielfaches der n-Form, die für jede semi-orthonormale Basis aus E den Wert 1 annimmt.

Definition 6.4

Die **Volumenform** V ist die n-Form, die auf jeder positiv otientierten semi-orthonormalen Basis den Wert 1 hat. ◆

Für $p = 0, 1, \ldots, n$ haben die Räume $\wedge^p E^*$ und $\wedge^{n-p} E^*$ die gleiche Dimension $\binom{n}{p}$ (Satz 6.1), folglich sind sie zueinander isomorph. Der Hodge-Stern-Operator ist ein Isomorphismus, der nicht von der Auswahl der Basen in den beiden Räumen abhängt, obwohl zur Definition eine positiv orientierte semi-orthonormale Basis $x_1, \ldots, x_n$ verwendet wird. Wir erinnern daran, dass dazu dual die Basis $\varepsilon_1 J x_1, \ldots, \varepsilon_n J x_n$ ist, wobei $\varepsilon_i = g(x_i, x_i)$ ist und der Isomorphismus $J : E \longrightarrow E^*$ durch $\langle y, Jx \rangle = g(x, y)$ charakterisiert ist (Sätze 4.3 und 4.4).

Definition 6.5

Es sei $x_1, \ldots, x_n$ eine positv orientierte semi-orthonormale Basis in E. Der **Hodge-Stern-Operator** $*$ ordnet der p-Form $J x_{i_1} \wedge \cdots \wedge J x_{i_p}$ ($i_1, \ldots, i_p$ paarweise verschieden) die $(n - p)$-Form

$$*(J x_{i_1} \wedge \cdots \wedge J x_{i_p}) = \varepsilon_{i_{p+1}} \cdots \varepsilon_{i_n} J x_{i_{p+1}} \wedge \cdots \wedge J x_{i_n}$$

zu, wobei

$$\begin{pmatrix} 1 \cdots p & p+1 \cdots n \\ i_1 \cdots i_p & i_{p+1} \cdots i_n \end{pmatrix}$$

eine Permutation mit positiver Charakteristik sein muss. ◆

Die Zahlen $i_{p+1}, \ldots, i_n$ sind in ihrer Anordnung durch $i_1, \ldots, i_p$ natürlich nicht eindeutig bestimmt, auf den Ausdruck $J x_{i_{p+1}} \wedge \cdots \wedge J x_{i_n}$ hat diese Mehrdeutigkeit aber keinen Einfluss. Für die Grenzfälle $p = 0$ und $p = n$ gilt

$$*1 = \varepsilon_1 \cdots \varepsilon_n J x_1 \wedge \cdots \wedge J x_n$$

bzw.

$$*(J x_1 \wedge \cdots \wedge J x_n) = 1.$$

Weil $\varepsilon_1 J x_1 \wedge \cdots \wedge \varepsilon_n J x_n$ die Volumenform V ist, heißt das $*1 = V$ und $*V = \varepsilon_1 \cdots \varepsilon_n$. Allgemein lässt sich die Abbildung $*$ auch durch die Eigenschaft

$$*(J x_{\mathcal{P}(1)} \wedge \cdots \wedge J x_{\mathcal{P}(p)}) = \varepsilon_{\mathcal{P}(p+1)} \cdots \varepsilon_{\mathcal{P}(n)} \chi(\mathcal{P}) J x_{\mathcal{P}(p+1)} \wedge \cdots \wedge J x_{\mathcal{P}(n)}$$

für jede Permutation $\mathcal{P}$ charakterisieren. Daraus folgt insbesondere

$$*(J x_{\mathcal{P}(1)} \wedge \cdots \wedge J x_{\mathcal{P}(p)})(x_{\mathcal{P}(p+1)}, \ldots, x_{\mathcal{P}(n)}) = \chi(\mathcal{P}).$$

Wir zeigen jetzt, dass die in Def. 6.5 beschriebene Konstruktion des Hodge-Stern-Operators nicht von der Auswahl der Basis $x_1, \ldots, x_n$ abhängt. Es sei dieser Operator auf den Basiselementen $J x_{i_1} \wedge \cdots \wedge J x_{i_p}$ gemäß Def. 6.5 festgelegt und linear auf den Raum $\wedge^p E^*$ fortgesetzt. Wir zeigen, dass auch für jede andere positiv orientierte semi-orthonormale Basis $y_1, \ldots, y_n$ mit $\varepsilon_i' = g(y_i, y_i)$ für jede Permutation $\mathcal{P}$ die Gleichung

$$*(J y_{\mathcal{P}(1)} \wedge \cdots \wedge J y_{\mathcal{P}(p)}) = \varepsilon_{\mathcal{P}(p+1)}' \cdots \varepsilon_{\mathcal{P}(n)}' \chi(\mathcal{P}) J y_{\mathcal{P}(p+1)} \wedge \cdots \wedge J y_{\mathcal{P}(n)}$$

gilt, indem wir

$$*(J y_{\mathcal{P}(1)} \wedge \cdots \wedge J y_{\mathcal{P}(p)})(y_{\mathcal{P}(p+1)}, \ldots, y_{\mathcal{P}(n)}) = \chi(\mathcal{P})$$

und für Indizes $i_{p+1}, \ldots, i_n$ mit $\{\mathcal{P}(1), \ldots, \mathcal{P}(p)\} \cap \{i_{p+1}, \ldots, i_n\} \neq \emptyset$

$$*(J y_{\mathcal{P}(1)} \wedge \cdots \wedge J y_{\mathcal{P}(p)})(y_{i_{p+1}}, \ldots, y_{i_n}) = 0$$

bestätigen. Dazu setzen wir die Gleichungen $y_i = \lambda_i^j x_j$ ein und erhalten

$$* (J y_{\mathcal{P}(1)} \wedge \cdots \wedge J y_{\mathcal{P}(p)})(y_{\mathcal{P}(p+1)}, \ldots, y_{\mathcal{P}(n)})$$
$$= \lambda_{\mathcal{P}(1)}^{j_1} \cdots \lambda_{\mathcal{P}(p)}^{j_p} \lambda_{\mathcal{P}(p+1)}^{j_{p+1}} \cdots \lambda_{\mathcal{P}(n)}^{j_n} * (J x_{j_1} \wedge \cdots \wedge J x_{j_p})(x_{j_{p+1}}, \ldots, x_{j_n})$$
$$= \sum_{\mathcal{Q}} \lambda_{\mathcal{P}(1)}^{\mathcal{Q}(1)} \cdots \lambda_{\mathcal{P}(n)}^{\mathcal{Q}(n)} \chi(\mathcal{Q}) = \chi(\mathcal{P}) \det(\lambda_i^j) = \chi(\mathcal{P})$$

nach Satz 6.3. Für Indizes $i_{p+1}, \ldots, i_n$ ergibt sich durch ähnliche Rechnung

$$* (J y_{\mathcal{P}(1)} \wedge \cdots \wedge J y_{\mathcal{P}(p)})(y_{i_{p+1}}, \ldots, y_{i_n})$$
$$= \lambda_{\mathcal{P}(1)}^{j_1} \cdots \lambda_{\mathcal{P}(p)}^{j_p} \lambda_{i_{p+1}}^{j_{p+1}} \cdots \lambda_{i_n}^{j_n} * (J x_{j_1} \wedge \cdots \wedge J x_{j_p})(x_{j_{p+1}}, \ldots, x_{j_n})$$
$$= \sum_{\mathcal{Q}} \lambda_{\mathcal{P}(1)}^{\mathcal{Q}(1)} \cdots \lambda_{\mathcal{P}(p)}^{\mathcal{Q}(p)} \lambda_{i_{p+1}}^{\mathcal{Q}(p+1)} \cdots \lambda_{i_n}^{\mathcal{Q}(n)} \chi(\mathcal{Q}).$$

Das ist die Determinante einer Matrix mit mindestens zwei gleichen Spalten, dieser Ausdruck ist also Null.

Es ist geklärt, dass der Hodge-Stern-Operator unabhängig von der Auswahl der Basis ist. In Satz 6.6 wird eine basisunabhängige Charakterisierung formuliert werden. Dazu werden Linearformen auf $\wedge^p E^*$ verwendet. Eine solche Linearform ordnet insbesondere auch jeder p-Form $J x_1 \wedge \cdots \wedge J x_p$ in linearer Weise eine Zahl zu und lässt sich deshalb auch selbst als p-Form interpretieren.

Satz 6.5

Die lineare Abbildung $K: (\wedge^p E^*)^* \longrightarrow \wedge^p E^*$, *die jeder Linearform* c *auf* $\wedge^p E^*$ *die* p-*Form*

$$Kc(x_1, \ldots, x_p) = \langle J x_1 \wedge \cdots \wedge J x_p, c \rangle$$

zuordnet, ist ein Isomorphismus.

Beweis Weil die Dimensionen der beiden beteiligten Räume übereinstimmen, genügt es zu zeigen, dass K injektiv ist. Es sei $Kc = 0$, also für $x_1, \dots, x_p \in E$ gilt

$$0 = Kc(x_1, \dots, x_p) = \langle Jx_1 \wedge \cdots \wedge Jx_p, c \rangle.$$

Da sich aus p-Formen solcher Gestalt eine Basis in $\wedge^p E^*$ bilden lässt, gilt $\langle f, c \rangle = 0$ für jede p-Form f, also ist $c = 0$.

Beispiel Es sei $x_1, \dots, x_n$ eine orthonormale Basis in E mit $\varepsilon_i = g(x_i, x_i)$. Für Linearformen $c_{j_1 \cdots j_p}$ $(1 \le j_1 < \cdots < j_p \le n)$ auf $\wedge^p E^*$ gelte

$$\langle \varepsilon_{i_1} Jx_{i_1} \wedge \cdots \wedge \varepsilon_{i_p} Jx_{i_p}, c_{j_1 \cdots j_n} \rangle = \begin{cases} 1 & \text{für} \quad i_k = j_k \\ 0 & \text{für} \quad \{i_1, \dots, i_p\} \ne \{j_1, \dots, j_p\} \end{cases}.$$

Dann gilt

$$Kc_{i_1 \cdots i_p} = Jx_{i_1} \wedge \cdots \wedge Jx_{i_p}$$

wegen

$$\begin{aligned} Kc_{i_1 \cdots i_p}(x_{i_1}, \dots, x_{i_p}) &= \langle Jx_{i_1} \wedge \cdots \wedge Jx_{i_p}, c_{i_1 \cdots i_p} \rangle \\ &= \varepsilon_{i_1} \cdots \varepsilon_{i_p} = Jx_{i_1} \wedge \cdots \wedge Jx_{i_p}(x_{i_1}, \dots, x_{i_p}) \end{aligned}$$

und

$$\begin{aligned} Kc_{i_1 \cdots i_p}(x_{j_1}, \dots, x_{j_p}) &= \langle Jx_{j_1} \wedge \cdots \wedge Jx_{j_p}, c_{i_1 \cdots i_p} \rangle \\ &= 0 = Jx_{i_1} \wedge \cdots \wedge Jx_{i_p}(x_{j_1}, \dots, x_{j_p}) \end{aligned}$$

für andere Indexsysteme $j_1, \dots, j_p$.

Satz 6.6
Für $f \in \wedge^p E^*$ und $c \in (\wedge^p E^*)^*$ gilt mit dem Isomorphismus K entsprechend Satz 6.5 und der Volumenform V
$$Kc \wedge (*f) = \langle f, c \rangle V.$$

Beweis Es sei $x_1, \dots, x_n$ eine positv orientierte semi-orthonormale Basis in E. Da beide Seiten der zu beweisenden Gleichung bilinear von f und c abhängen, genügt es, diese Gleichung für p-Formen $\varepsilon_{i_1} Jx_{i_1} \wedge \cdots \wedge \varepsilon_{i_p} Jx_{i_p}$ und die dazu dualen Linearformen $c_{j_1 \cdots j_p}$ zu zeigen. Es gilt

$$\begin{aligned} &Kc_{i_1 \cdots i_p} \wedge (*(\varepsilon_{i_1} Jx_{i_1} \wedge \cdots \wedge \varepsilon_{i_p} Jx_{i_p})) \\ &= (Jx_{i_1} \wedge \cdots \wedge Jx_{i_p}) \wedge \varepsilon_{i_1} \cdots \varepsilon_{i_p} \varepsilon_{i_{p+1}} \cdots \varepsilon_{i_n} (Jx_{i_{p+1}} \wedge \cdots \wedge Jx_{i_n}) = V \end{aligned}$$

und für andere Indizes $j_1, \ldots, j_p$

$$Kc_{j_1 \cdots j_p} \wedge (*(\varepsilon_{i_1} J x_{i_1} \wedge \cdots \wedge \varepsilon_{i_p} J x_{i_p}))$$
$$= \varepsilon_{i_1} \cdots \varepsilon_{i_n} J x_{j_1} \wedge \cdots \wedge J x_{j_p} \wedge J x_{i_{p+1}} \wedge \cdots \wedge J x_{i_n} = 0.$$

6.4 Äußere Differentiation

Definition 6.6
Eine Differentialform F p-ter Stufe auf der n-dimensionalen C^∞-Mannigfaltigkeit M ist ein C^∞-$(0, p)$-Tensorfeld auf M, für das in jedem Punkt P der p-fach kovariante Tensor $F(P)$ schiefsymmetrisch ist.   ◆

Eine solche Differentialform F ordnet also jedem Punkt P eine p-Form $F(P) \in \wedge^p M_P^*$ zu. Differentialformen lassen sich punktweise addieren und mit einer Zahl multiplizieren. Insofern bilden die Differentialformen p-ter Stufe einen linearen Raum, den wir hier mit Λ_p bezeichnen werden. Punktweise können auch der Hodge-Stern-Operator als Abbildung $\Lambda_p \longrightarrow \Lambda_{n-p}$ mit $*F(P) = *(F(P))$ und das Keilprodukt $(F \wedge G)(P) = F(P) \wedge G(P)$ als Operation $\Lambda_p \times \Lambda_q \longrightarrow \Lambda_{p+q}$ ausgeführt werden. Im Mittelpunkt dieses Abschnitts steht jedoch die lineare Abbildung $d: \Lambda_p \longrightarrow \Lambda_{p+1}$ entsprechend der folgenden Definition, die sich zunächst auf eine Karte bezieht und sich dann aber als unabhängig von der Auswahl dieser Karte erweist. Verwendet werden die Kovektorfelder du^i gemäß Def. 4.3.

Definition 6.7
Die **äußere Ableitung** der Differentialform

$$F = \frac{1}{p!} F_{i_1 \ldots i_p} du^{i_1} \wedge \cdots \wedge du^{i_p}$$

ist die Differentialform

$$dF = \frac{1}{p!} \frac{\partial}{\partial u^{i_0}} F_{i_1 \ldots i_p} du^{i_0} \wedge du^{i_1} \wedge \cdots \wedge du^{i_p}. \qquad ◆$$

Diese Definition hängt tatsächlich nicht von der Auswahl der Karte mit den Koordinatenvektorfeldern $\frac{\partial}{\partial u^i}$ ab. Eine andere Karte hat die Koordinatenvektorfelder $\frac{\partial}{\partial v^i}$ mit den dazugehörigen Kovektorfeldern $dv^1, \ldots, dv^n$. Es gilt

$$dF = \frac{1}{p!} \frac{\partial}{\partial u^{i_0}} F \left(\frac{\partial}{\partial u^{i_1}}, \ldots, \frac{\partial}{\partial u^{i_p}} \right) du^{i_0} \wedge du^{i_1} \wedge \cdots \wedge du^{i_p}$$
$$= \frac{1}{p!} \frac{\partial v^{k_0}}{\partial u^{i_0}} \frac{\partial}{\partial v^{k_0}} F \left(\frac{\partial v^{k_1}}{\partial u^{i_1}} \frac{\partial}{\partial v^{k_1}}, \ldots, \frac{\partial v^{k_p}}{\partial u^{i_p}} \frac{\partial}{\partial v^{k_p}} \right) \left(\frac{\partial u^{i_0}}{\partial v^{l_0}} dv^{l_0} \right) \wedge \cdots \wedge \left(\frac{\partial u^{i_p}}{\partial v^{l_p}} dv^{l_p} \right).$$

Wegen der Multilinearität des Keilproduktes und der Differentialform ergibt sich bei Beachtung der Produktregel für das partielle Differenzieren

$$dF = \frac{1}{p!} \frac{\partial}{\partial v^{k_0}} F \left(\frac{\partial}{\partial v^{k_1}}, \ldots, \frac{\partial}{\partial v^{k_p}} \right) dv^{k_0} \wedge \cdots \wedge dv^{k_p}$$

$$+ \frac{1}{p!} \sum_{r=1}^{p} \frac{\partial u^{i_r}}{\partial v^{l_r}} \frac{\partial}{\partial v^{k_0}} \frac{\partial v^{k_r}}{\partial u^{i_r}} F \left(\frac{\partial}{\partial v^{k_1}}, \ldots, \frac{\partial}{\partial v^{k_p}} \right) dv^{k_0} \wedge \cdots \wedge dv^{l_r} \wedge \cdots \wedge dv^{k_p}.$$

Der die letzte Zeile beinhaltende Ausdruck ist Null, weil erstens der Produktregel zufolge

$$\frac{\partial u^{i_r}}{\partial v^{l_r}} \frac{\partial}{\partial v^{k_0}} \frac{\partial v^{k_r}}{\partial u^{i_r}} = \frac{\partial}{\partial v^{k_0}} \left(\frac{\partial u^{i_r}}{\partial v^{l_r}} \frac{\partial v^{k_r}}{\partial u^{i_r}} \right) - \frac{\partial v^{k_r}}{\partial u^{i_r}} \frac{\partial^2 u^{i_r}}{\partial v^{k_0} \partial v^{l_r}}$$

gilt, zweitens der Ausdruck in der Klammer 0 oder 1, jedenfalls konstant ist, und drittens

$$\frac{\partial^2 u^{i_r}}{\partial v^{k_0} \partial v^{l_r}} dv^{k_0} \wedge \cdots \wedge dv^{k_{r-1}} \wedge dv^{l_r} \wedge dv^{k_{r+1}} \wedge \cdots \wedge dv^{k_p} = 0$$

ist, weil sich die Summanden paarweise aufheben. Damit ist

$$dF = \frac{1}{p!} \frac{\partial}{\partial v^{k_0}} F \left(\frac{\partial}{\partial v^{k_1}}, \ldots, \frac{\partial}{\partial v^{k_p}} \right) dv^{k_0} \wedge dv^{k_1} \wedge \cdots \wedge dv^{k_p}$$

gezeigt.

Eine Differentialform F nullter Stufe ist eine reellwertige Funktion. In diesem Fall ($p = 0$) besagt Def. 6.7

$$dF = \frac{\partial F}{\partial u^i} du^i.$$

Diese Differentialform erster Stufe heißt **Differential** von F. Ein anderes Beispiel ($p = 2$, $n = 4$) wird ausführlich im nächsten Abschnitt behandelt.

Die Zuordnung $F \longrightarrow dF$ ist selbstverständlich linear, insbesondere gilt für zwei Differentialformen F und G gleicher Stufe $d(F + G) = dF + dG$.

Satz 6.7
Für zwei Differentialformen F und G gilt

$$d(F \wedge G) = dF \wedge G + (-1)^p F \wedge dG,$$

wobei p die Stufe von F ist. Insbesondere gilt für eine reelle Funktion φ die Produktregel

$$d(\varphi F) = d\varphi \wedge F + \varphi \, dF.$$

Beweis Das Keilprodukt von

$$F = \frac{1}{p!} F_{i_1\ldots i_p} du^{i_1} \wedge \cdots \wedge du^{i_p}$$

und

$$G = \frac{1}{q!} G_{i_{p+1}\ldots i_{p+q}} du^{i_{p+1}} \wedge \cdots \wedge du^{i_{p+q}}$$

ist

$$F \wedge G = \frac{1}{p!q!} F_{i_1\ldots i_p} G_{i_{p+1}\ldots i_{p+q}} du^{i_1} \wedge \cdots \wedge du^{i_{p+q}},$$

und dessen äußere Ableitung ist

$$d(F \wedge G) = \frac{1}{p!q!} \frac{\partial}{\partial u^{i_0}} (F_{i_1\ldots i_p} G_{i_{p+1}\ldots i_{p+q}}) du^{i_0} \wedge du^{i_1} \wedge \cdots \wedge du^{i_{p+q}}.$$

Die partielle Ableitung wird mit der üblichen Produktregel ausgeführt, und das Differential du^{i_0} wird dann im zweiten Ausdruck an den Differentialen $du^{i_1} \wedge \cdots \wedge du^{i_p}$ vorbeigetauscht, wobei sich p-mal das Vorzeichen ändert. Es ergibt sich

$$
\begin{aligned}
&d(F \wedge G) \\
&= \left(\frac{1}{p!} \frac{\partial}{\partial u^{i_0}} F_{i_1\ldots i_p} du^{i_0} \wedge du^{i_1} \wedge \cdots \wedge du^{i_p} \right) \wedge \left(\frac{1}{q!} G_{i_{p+1}\ldots i_{p+q}} du^{i_{p+1}} \wedge \cdots \wedge du^{i_{p+q}} \right) \\
&\quad + (-1)^p \left(\frac{1}{p!} F_{i_1\ldots i_p} du^{i_1} \wedge \cdots \wedge du^{i_p} \right) \wedge \left(\frac{1}{q!} \frac{\partial}{\partial u^{i_0}} G_{i_{p+1}\ldots i_{p+q}} du^{i_0} \wedge du^{i_{p+1}} \wedge \cdots \wedge du^{i_{p+q}} \right) \\
&= dF \wedge G + (-1)^p F \wedge dG.
\end{aligned}
$$

Der folgende Satz wird auch **erstes Poincare-Lemma** genannt.

Satz 6.8
Für jede Differentialform F gilt $d(dF) = 0$.

Beweis Zweimalige Anwendung der Definition liefert

$$ddF = \frac{1}{p!} \frac{\partial}{\partial u^{i_{-1}}} \left(\frac{\partial}{\partial u^{i_0}} F_{i_1\ldots i_p} \right) du^{i_{-1}} \wedge du^{i_0} \wedge du^{i_1} \wedge \cdots \wedge du^{i_p}.$$

Wegen

$$\frac{\partial^2}{\partial u^{i_0} \partial u^{i_{-1}}} = \frac{\partial^2}{\partial u^{i_{-1}} \partial u^{i_0}}$$

und

$$du^{i_0} \wedge du^{i_{-1}} = -du^{i_{-1}} \wedge du^{i_0}$$

heben sich die Summanden paarweise auf.

Satz 6.9

*Die Komponenten der Differentialform dF berechnen sich aus den Komponenten von F
nach der Formel*

$$(dF)_{k_0 \cdots k_p} = \frac{\partial}{\partial u^{k_0}} F_{k_1 \cdots k_p} - \frac{\partial}{\partial u^{k_1}} F_{k_0 k_2 \cdots k_p}$$
$$+ \frac{\partial}{\partial u^{k_2}} F_{k_0 k_1 k_3 \cdots k_p} - + \cdots + (-1)^p \frac{\partial}{\partial u^{k_p}} F_{k_0 \cdots k_{p-1}}.$$

Beweis Es gilt

$$(dF)_{k_0 \cdots k_p} = dF\left(\frac{\partial}{\partial u^{k_0}}, \ldots, \frac{\partial}{\partial u^{k_p}} \right)$$

$$= \frac{1}{p!} \sum_{i_0, \ldots, i_p} \frac{\partial}{\partial u^{i_0}} F_{i_1 \cdots i_p} \sum_{\mathcal{Q}^{-1}} \chi(\mathcal{Q}^{-1}) \left\langle \frac{\partial}{\partial u^{k_0}}, du^{i_{\mathcal{Q}^{-1}(0)}} \right\rangle \cdots \left\langle \frac{\partial}{\partial u^{k_p}}, du^{i_{\mathcal{Q}^{-1}(p)}} \right\rangle$$

$$= \frac{1}{p!} \sum_{\mathcal{Q}} \chi(\mathcal{Q}) \sum_{i_0, \ldots, i_p} \frac{\partial}{\partial u^{i_0}} F_{i_1 \cdots i_p} \left\langle \frac{\partial}{\partial u^{k_{\mathcal{Q}(0)}}}, du^{i_0} \right\rangle \cdots \left\langle \frac{\partial}{\partial u^{k_{\mathcal{Q}(p)}}}, du^{i_p} \right\rangle$$

$$= \frac{1}{p!} \sum_{\mathcal{Q}} \chi(\mathcal{Q}) \frac{\partial}{\partial u^{k_{\mathcal{Q}(0)}}} F_{k_{\mathcal{Q}(1)} \cdots k_{\mathcal{Q}(p)}}.$$

Dabei wird über alle Permutationen der Zahlen 0 bis p summiert. Wir klassifizieren diese
Permutationen nach der Zahl $\mathcal{Q}(0)$. Zu $r \in \{0, 1, \ldots, p\}$ und $\mathcal{Q}$ mit $\mathcal{Q}(0) = r$ existiert
genau eine Permutation $\mathcal{P}$ der Zahlen 1 bis p mit

$$\mathcal{Q} \circ \begin{pmatrix} 0 & 1 & \cdots & p \\ 0 & \mathcal{P}(1) & \cdots & \mathcal{P}(p) \end{pmatrix}$$

$$= \begin{pmatrix} 0 & 1 & \cdots & p \\ r & \mathcal{Q}(\mathcal{P}(1)) & \cdots & \mathcal{Q}(\mathcal{P}(p)) \end{pmatrix} = \begin{pmatrix} 0 & 1 \cdots & r & r+1 \cdots p \\ r & 0 \cdots r-1 & r+1 \cdots p \end{pmatrix}.$$

Offenbar ist $\chi(\mathcal{Q})\chi(\mathcal{P}) = (-1)^r$. Wegen der Schiefsymmetrie von F gilt für die Komponenten

$$F_{k_{\mathcal{Q}(1)} \cdots k_{\mathcal{Q}(p)}} = \chi(\mathcal{P}) F_{k_{\mathcal{Q}(\mathcal{P}(1))} \cdots k_{\mathcal{Q}(\mathcal{P}(p))}} = \chi(\mathcal{P}) F_{k_0 \cdots k_{r-1} k_{r+1} \cdots k_p},$$

und wir können die obige Gleichungskette fortsetzen zu

$$(dF)_{k_0 \cdots k_p} = \frac{1}{p!} \sum_{r=0}^{p} \sum_{\mathcal{Q}(0)=r} \chi(\mathcal{Q})\chi(\mathcal{P}) \frac{\partial}{\partial u^{k_r}} F_{k_0 \cdots k_{r-1} k_{r+1} \cdots k_p}$$

$$= \sum_{r=0}^{p} (-1)^r \frac{\partial}{\partial u^{k_r}} F_{k_0 \cdots k_{r-1} k_{r+1} \cdots k_p}.$$

Das $(p + 1)$-fach kovariante Tensorfeld dF macht durch Einsetzen aus $p + 1$ Vektorfeldern ein skalares Feld. Aus den Koordinatenvektorfeldern $\partial_{k_0}, \ldots, \partial_{k_p}$ wird dem letzten Satz zufolge das skalare Feld

$$dF(\partial_{k_0}, \ldots, \partial_{k_p}) = \sum_{r=0}^{p} (-1)^r \partial_{k_r} F(\partial_{k_0}, \ldots, \partial_{k_{r-1}}, \partial_{k_{r+1}}, \ldots, \partial_{k_p}).$$

Für andere Vektorfelder ist das Ergebnis etwas komplizierter.

Satz 6.10
Für eine Differentialform p-ter Stufe und C^∞-Vektorfelder $X_0, \ldots, X_p$ gilt

$$dF(X_0, X_1, \ldots, X_p)$$

$$= \sum_{r=0}^{p} (-1)^r X_r F(X_0, \ldots, X_{r-1} X_{r+1}, \ldots, X_p)$$

$$+ \sum_{0 \leq r < s \leq p} (-1)^{r+s} F([X_r, X_s], X_0, \ldots, X_{r-1}, X_{r+1}, \ldots, X_{s-1}, X_{s+1}, \ldots, X_p).$$

Beweis Wir werden die Gleichung in einer Umgebung eines beliebig gewählten Punktes P bestätigen. Beide Seiten der Gleichung sind offenbar multilineare Abbildungen von $\mathcal{X}(P) \times \cdots \times \mathcal{X}(P)$ nach $\mathcal{F}(P)$. Die linke Seite ist, weil durch ein Tensorfeld erzeugt, $\mathcal{F}$-homogen (siehe Def. 4.6). Beide Seiten stimmen für Koordinatenvektorfelder überein. Wenn auch die rechte Seite $\mathcal{F}$-homogen ist, stimmen sie dann auch für andere Vektorfelder überein. Es sei

$$G \colon \mathcal{X}(P) \times \cdots \times \mathcal{X}(P) \longrightarrow \mathcal{F}(P)$$

die multilineare Abbildung auf der rechten Seite, zu zeigen ist

$$G(X_0, \ldots, X_{l-1}, \varphi X_l, X_{l+1}, \ldots, X_p) = \varphi G(\ldots, X_l, \ldots).$$

Def. 2.1 (P) und Satz 2.9 implizieren

$$G(X_0, \ldots, \varphi X_l, \ldots, X_p)$$

$$= \varphi G(X_0, \ldots, X_l, \ldots, X_p) + \sum_{r=0}^{l-1} (-1)^r (X_r \varphi) F(\cdots, X_{r-1}, X_{r+1}, \cdots)$$

$$+ \sum_{r=l+1}^{p} (-1)^r (X_r \varphi) F(\cdots, X_{r-1}, X_{r+1}, \cdots)$$

$$+ \sum_{r=0}^{l-1} (-1)^{r+l} F((X_r \varphi) X_l, X_0, \ldots, X_{r-1}, X_{r+1}, \ldots, X_{l-1}, X_{l+1}, \ldots, X_p)$$

$$+ \sum_{r=l+1}^{p} (-1)^{l+r} F(-(X_r \varphi) X_l, X_0, \ldots, X_{l-1}, X_{l+1}, \ldots, X_{r-1}, X_{r+1}, \ldots, X_p).$$

Die Schiefsymmetrie von F bewirkt schließlich, dass sich die Summen paarweise aufheben.

Nachdem Satz 6.10 nun in voller Allgemeinheit bewiesen ist, seien noch die Gleichungen in den Spezialfällen $p = 0, 1, 2$ vermerkt. Sie lauten

$$dF(X) = XF,$$
$$dF(X, Y) = XF(Y) - YF(X) - F([X, Y])$$

und

$$dF(X, Y, Z)$$
$$= XF(Y, Z) - YF(X, Z) + ZF(X, Y) - F([X, Y], Z) + F([X, Z], Y) - F([Y, Z], X).$$

Das erste Poincare-Lemma Satz 6.8 besagt, dass die äußere Ableitung einer Differentialform bei nochmaligem Ableiten Null wird. Es stellt sich die Frage, ob umgekehrt jede Differentialform, deren äußere Ableitung Null ist, selbst schon äußere Ableitung einer anderen Differentialform ist. Wir versuchen zunächst im Spezialfall $M = \mathbb{R}^3$ und $p = 1$ eine Antwort zu finden. Eine Differentialform $F = F_i \, du^i$ erster Stufe auf $\mathbb{R}^3$ ist genau dann äußere Ableitung einer Differentialform G nullter Stufe, wenn die Komponenten F_i die partiellen Ableitungen von G sind. Die äußere Ableitung von $F = F_i \, du^i$ ist

$$dF = \frac{\partial F_k}{\partial u^j} \, du^j \wedge du^k$$
$$= \left(\frac{\partial F_3}{\partial u^2} - \frac{\partial F_2}{\partial u^3} \right) du^2 \wedge du^3 + \left(\frac{\partial F_1}{\partial u^3} - \frac{\partial F_3}{\partial u^1} \right) du^3 \wedge du^1$$
$$+ \left(\frac{\partial F_2}{\partial u^1} - \frac{\partial F_1}{\partial u^2} \right) du^1 \wedge du^2.$$

Der Forderung $dF = 0$ entspricht also in der Terminologie der Differential-Integralrechnung die Wirbelfreiheit des Vektorfeldes mit den Komponenten F_1, F_2, F_3. Ein wirbelfreies Vektorfeld auf $\mathbb{R}^3$ hat bekanntlich ein Potential. Wenn das Vektorfeld aber nur auf einem Teilbereich M von $\mathbb{R}^3$ gegeben ist und keine weiteren Forderungen an M (wie z. B. sternförmig) gestellt werden, lässt sich eventuell nur lokal ein Potential finden. Im allgemeinen Fall ist deshalb zu einer Differentialform F mit $dF = 0$ die Frage nach der Existenz einer Differentialform G mit $dG = F$, wenn überhaupt, nur im lokalen Sinne positiv zu beantworten. Grundlage für den konstruktiven Beweis ist der Begriff des Homotopieoperators.

Definition 6.8
Es sei M eine offene Kugel in $\mathbb{R}^n$ mit dem Nullpunkt als Mittelpunkt. Der **Homotopieoperator** p-**ter Stufe** H_p ordnet der Differntialform F p-ter Stufe auf M die Differentialform $H_p F$ $(p - 1)$-ter Stufe

$$H_p F(x)(x_1, \ldots, x_{p-1}) = \int_0^1 t^{p-1} F(tx)(x, x_1, \ldots, x_{p-1}) \, dt$$

zu.   ◆

Beispiel Für eine Basis $x_1, \ldots, x_n$ in $\mathbb{R}^n$ berechnen wir das Bild $H_p F$ der p-Form

$$F(x) = f(x) \, dx^{i_1} \wedge \cdots \wedge dx^{i_p} = f(x) \sum_{\mathcal{P}} \chi(\mathcal{P}) \, dx^{i_{\mathcal{P}(1)}} \otimes \cdots \otimes dx^{i_{\mathcal{P}(p)}}.$$

Mit den Komponenten $x^1, \ldots, x^n$ von x bzgl. der gegebenen Basis gilt

$$H_p F(x) = \sum_{k=1}^{p} \sum_{\mathcal{P}(1)=k} \chi(\mathcal{P}) \int_0^1 t^{p-1} f(tx) \, dt \, x^{i_k} dx^{i_{\mathcal{P}(2)}} \otimes \cdots \otimes dx^{i_{\mathcal{P}(p)}}$$

$$= \int_0^1 t^{p-1} f(tx) \, dt \sum_{k=1}^{p} (-1)^{k-1} x^{i_k} \, dx^{i_1} \wedge \cdots \wedge dx^{i_{k-1}} \wedge dx^{i_{k+1}} \wedge \cdots \wedge dx^{i_p},$$

weil die Zahlen $\mathcal{P}(2), \ldots, \mathcal{P}(p)$ in dieser Anordnung $k-1$ weniger Inversionen enthalten als die Permutation $\mathcal{P}$.

Satz 6.11

Für jede Differentialform F auf einer offenen Kugel von $\mathbb{R}^n$ mit dem Mittelpunkt im Null-punkt gilt

$$dH_p F + H_{p+1} dF = F.$$

Beweis Die Abbildung $H_p \colon \Lambda_p \longrightarrow \Lambda_{p-1}$ ist selbstverständlich linear. Deshalb genügt es, die Gleichung für p-Formen der Gestalt

$$F(x) = f(x) \, dx^{i_1} \wedge \cdots \wedge dx^{i_p}$$

zu zeigen. Nach dem bereits erzielten Zwischenergebnis für $H_p F$ gilt

$$dH_p F(x)$$

$$= \frac{\partial}{\partial x^{i_0}} \int_0^1 t^{p-1} f(tx) \, dt \sum_{k=1}^{p} (-1)^{k-1} x^{i_k} \, dx^{i_0} \wedge dx^{i_1} \wedge \cdots \wedge dx^{i_{k-1}} \wedge dx^{i_{k+1}} \wedge \cdots \wedge dx^{i_p}$$

$$+ \int_0^1 t^{p-1} f(tx) \, dt \sum_{k=1}^{p} (-1)^{k-1} \, dx^{i_k} \wedge dx^{i_1} \wedge \cdots \wedge dx^{i_{k-1}} \wedge dx^{i_{k+1}} \wedge \cdots \wedge dx^{i_p}$$

$$= \int_0^1 t^p \frac{\partial f}{\partial x^{i_0}}(tx) \, dt \sum_{k=1}^{p} (-1)^{k-1} x^{i_k} \, dx^{i_0} \wedge \cdots \wedge dx^{i_{k-1}} \wedge dx^{i_{k+1}} \wedge \cdots \wedge dx^{i_p}$$

$$+ \int_0^1 t^{p-1} f(tx) \, dt \, p \, dx^{i_1} \wedge \cdots \wedge dx^{i_p}.$$

Die sinngemäße Anwendung des obigen Ergebnisses auf H_{p+1} und

$$dF(x) = \frac{\partial f}{\partial x^{i_0}}(x)\, dx^{i_0} \wedge dx^{i_1} \wedge \cdots \wedge dx^{i_p}$$

liefert

$$H_{p+1}dF(x) = \int_0^1 t^p \frac{\partial f}{\partial x^{i_0}}(tx)\, dt \sum_{k=0}^p (-1)^k x^{i_k} dx^{i_0} \wedge \cdots \wedge dx^{i_{k-1}} \wedge dx^{i_{k+1}} \wedge \cdots \wedge dx^{i_p}.$$

Die Summe ist

$$dH_p F(x) + H_{p+1}dF(x)$$

$$= \int_0^1 \left[t^p \frac{\partial f}{\partial x^{i_0}}(tx)x^{i_0} + pt^{p-1} f(tx) \right] dt\, dx^{i_1} \wedge \cdots \wedge dx^{i_p} = f(x)\, dx^{i_1} \wedge \cdots \wedge dx^{i_p}$$

$$= F(x).$$

Jetzt lässt sich die **zweites Poincare-Lemma** genannte und bereits angekündigte Umkehrung von Satz 6.8 beweisen.

Satz 6.12
Zu einer Differentialform F mit $dF = 0$ existiert auf einer Umgebung eines Punktes P eine Differentialform G mit $dG = F$.

Beweis Wir wählen eine Karte γ mit $\gamma(P) = 0$ und wenden Satz 6.11 auf die Einschränkung F' von $F \circ \gamma^{-1}$ auf eine Kugel um 0 an. Da die Bijektion γ zugleich auch Isomorphismen zwischen den entsprechenden Tangentialräumen von M und $\mathbb{R}^n$ erzeugt, ist F' tatsächlich wieder eine Differentialform, und es gilt auch $dF' = 0$. Mit den Homotopieoperatoren H_p und H_{p+1} gilt

$$F' = dH_p F' + H_{p+1}dF',$$

also ist die der Differentialform $H_p F'$ auf $\mathbb{R}^n$ entsprechende Differentialform G auf M die gesuchte mit $dG = F$.

6.5   Die Maxwell-Gleichungen im Vakuum

Das elektromagnetische Feld wird mit dem Feldstärketensor F beschrieben (siehe Abschn. 5.3). Wenn auf diese Differentialform zweiter Stufe punktweise der Hodge-Stern-Operator angewendet wird, entsteht eine weitere Differentialform zweiter Stufe $*F$, genannt **Maxwell-Tensor**. Da der Hodge-Stern-Operator ein Isomorphismus ist, enthält auch der Maxwell-Tensor die volle Information über das elektromagnetische Feld.

Satz 6.13

Der Maxwell-Tensor $*F$ hat bzgl. einer positiv orientierten Lorentz-Basis die Komponentenmatrix

$$
(*F_{ik}) = \begin{pmatrix} 0 & -B^1 & -B^2 & -B^3 \\ B^1 & 0 & -E^3 & E^2 \\ B^2 & E^3 & 0 & -E^1 \\ B^3 & -E^2 & E^1 & 0 \end{pmatrix}.
$$

Beweis Wir wählen eine Karte, deren Koordinatenvektorfelder $\frac{\partial}{\partial u^i}$, $i = 0, 1, 2, 3$ punktweise eine positiv orientierte Lorentz-Basis im jeweiligen Tangentialraum bilden. Von der in Satz 5.9 angegebenen Komponentenmatrix für den Feldstärketensor ist die Darstellung

$$
F = E^1 du^0 \wedge du^1 + E^2 du^0 \wedge du^2 + E^3 du^0 \wedge du^3 - B^1 du^2 \wedge du^3 + B^2 du^1 \wedge du^3
$$
$$
- B^3 du^1 \wedge du^2
$$

abzulesen. Zum Verständnis von Def. 6.5 ist hier $\varepsilon_0 = 1$, $J \partial_0 = du^0$ und $\varepsilon_i = -1$, $J \partial_i = -du^i$ für $i = 1, 2, 3$ zu beachten. Es gilt folglich

$$
*(du^0 \wedge du^1) = (-1) * (J \partial_0 \wedge J \partial_1) = (-1)^3 J \partial_2 \wedge J \partial_3 = -du^2 \wedge du^3
$$

und analog

$$
\begin{aligned}
*(du^0 \wedge du^2) &= \ du^1 \wedge du^3 \\
*(du^0 \wedge du^3) &= -du^1 \wedge du^2 \\
*(du^1 \wedge du^2) &= \ du^0 \wedge du^3 \\
*(du^1 \wedge du^3) &= -du^0 \wedge du^2 \\
*(du^2 \wedge du^3) &= \ du^0 \wedge du^1,
\end{aligned}
$$

insgesamt

$$
*F = - E^1 du^2 \wedge du^3 + E^2 du^1 \wedge du^3 - E^3 du^1 \wedge du^2
$$
$$
- B^1 du^0 \wedge du^1 - B^2 du^0 \wedge du^2 - B^3 du^0 \wedge du^3,
$$

wovon die Matrix abzulesen ist.

Ein Vergleich der beiden Komponentenmatrizen von F und $*F$ zeigt, dass beim Maxwell-Tensor die Vektoren $-B$ und E die gleiche Rolle spielen wie beim Faraday-Tensor die Vektoren E und B. Wenn Def. 5.8 entsprechend modifiziert wird, ergibt sich der folgende Satz.

Satz 6.14

Für die vom Beobachter x gemessenen Feldstärken E und B gilt

$$*F(y, z) = g(y \times z, E) \quad \text{für} \quad y, z \in x^{\perp}$$

und

$$*F(x, y) = g(y, B) \quad \text{für} \quad y \in x^{\perp}.$$

Im ladungsfreien Raum beruht die nichtrelativistische Elektrodynamik auf den vier Maxwell-Gleichungen

$$\text{div } E = 0, \quad \text{rot } E = -\frac{\partial B}{\partial t}, \quad \text{div } B = 0, \quad \text{rot } B = \frac{\partial E}{\partial t}.$$

Diese lassen sich jetzt wesentlich eleganter formulieren.

Satz 6.15

Die Gleichungen div $B = 0$ *und* rot $E = -\frac{\partial B}{\partial t}$ *sind äquivalent zu* $dF = 0$, *und die Gleichungen* div $E = 0$ *und* rot $B = \frac{\partial E}{\partial t}$ *sind äquivalent zu* $d * F = 0$.

Beweis Aus der im Beweis von Satz 6.13 angegebenen Darstellung von F ergibt sich nach Def. 6.7

$$\begin{aligned}
dF = {}& \left(-\frac{\partial B^1}{\partial u^1} - \frac{\partial B^2}{\partial u^2} - \frac{\partial B^3}{\partial u^3} \right) du^1 \wedge du^2 \wedge du^3 \\
&+ \left(\frac{\partial E^2}{\partial u^3} - \frac{\partial E^3}{\partial u^2} - \frac{\partial B^1}{\partial u^0} \right) du^0 \wedge du^2 \wedge du^3 \\
&+ \left(\frac{\partial E^1}{\partial u^3} - \frac{\partial E^3}{\partial u^1} + \frac{\partial B^2}{\partial u^0} \right) du^0 \wedge du^1 \wedge du^3 \\
&+ \left(\frac{\partial E^1}{\partial u^2} - \frac{\partial E^2}{\partial u^1} - \frac{\partial B^3}{\partial u^0} \right) du^0 \wedge du^1 \wedge du^2,
\end{aligned}$$

und der erste Teil des Satzes ist abzulesen. Ganz analog ergibt sich der zweite Teil.

Der Tangentenvektor $\frac{\partial}{\partial u^0}$ ist der Beobachter x, die Anwendung von x auf ein skalares Feld B^i ist für den Beobachter die partielle Ableitung von B^i nach der Zeit, also gilt $\frac{\partial B^i}{\partial u^0} = \frac{\partial B^i}{\partial t}$. Die raumartigen Vektoren $\frac{\partial}{\partial u^i}$, $i = 1, 2, 3$ bilden eine positiv orientierte Orthonormalbasis in $x^{\perp}$. Anwenden von $\frac{\partial}{\partial u^i}$ heißt die partiellen Ableitung nach der i-ten Ortskoordinate bilden. Sind alle vier variablen Koeffizienten in der obigen Darstellung Null, so bedeutet dies $dF = 0$, also div $B = 0$ und rot $E = -\frac{\partial B}{\partial t}$. Analog heißt $d * F = 0$ div $E = 0$ und rot$(-B) = -\frac{\partial E}{\partial t}$.

Die Bedingung $dF = 0$ sichert mindestens lokal die Existenz einer Differentialform A erster Stufe mit $dA = F$, genannt **Viererpotential**, die jedoch nur bis auf Addition eines Ausdruckes $d\varphi$ eindeutig bestimmt ist. Die folgende Rechnung zeigt, dass das Viererpotential die nichtrelativistischen Begriffe elektrostatisches Potential und Vektorpotential beinhaltet. Die äußere Ableitung von $A = A_i \, du^i$ ist

$$dA = (\partial_0 A_1 - \partial_1 A_0) \, du^0 \wedge du^1 + (\partial_0 A_2 - \partial_2 A_0) \, du^0 \wedge du^2$$
$$+ (\partial_0 A_3 - \partial_3 A_0) \, du^0 \wedge du^3 + (\partial_1 A_2 - \partial_2 A_1) \, du^1 \wedge du^2$$
$$+ (\partial_1 A_3 - \partial_3 A_1) \, du^1 \wedge du^3 + (\partial_2 A_3 - \partial_3 A_2) \, du^2 \wedge du^3.$$

Durch Vergleich mit der Darstellung von F ergibt sich $E_i = \partial_0 A_i - \partial_i A_0$ für $i = 1, 2, 3$ und

$$B_1 = \partial_3 A_2 - \partial_2 A_3, \qquad B_2 = \partial_1 A_3 - \partial_3 A_1, \qquad B_3 = \partial_2 A_1 - \partial_1 A_2,$$

also

$$E = -\frac{\partial}{\partial t}(-A_1, -A_2, -A_3) - \operatorname{grad} A_0$$

und

$$B = \operatorname{rot}(-A_1, -A_2, -A_3).$$

Die kovariante Ableitung von Vektorfeldern 7

Inhaltsverzeichnis

7.1 Die Richtungsableitung in $\mathbb{R}^n$

Gegenstand dieses Kapitels ist die Beschreibung der Änderung eines Vektorfeldes Y bei einer kleinen Verschiebung des Punktes P. Im Punkt P möchten wir aus einem Vektorfeld und einem Vektor $x \in M_P$ bei der Richtungsableitung wieder einen Vektor aus M_P erhalten. Im Spezialfall $M = \mathbb{R}^3$ gehört im Punkt P zum Vektor x und zum Vektorfeld Y die Richtungsableitung

$$D_x Y = \lim_{h \to 0} \frac{Y(\gamma(h)) - Y(\gamma(0))}{h}$$

mit einer Kurve γ mit $\gamma(0) = P$ und $\gamma'(0) = x$. Als Kurve γ kann man etwa die Gerade $\gamma(t) = P + tx$ verwenden (Abb. 7.1). Wenn dagegen M eine gekrümmte Fläche in $\mathbb{R}^3$ ist, ist als Vektorfeld Y nur ein Tangentialvektorfeld zulässig. Zum Tangentenvektor ist eine Kurve γ in M auszuwählen. Die Vektoren $Y(\gamma(h))$ könnten durch Parallelverschiebung in den Punkt $P = \gamma(0)$ verpflanzt werden, wären dann dort i. a. aber keine Tangentenvektoren zu M. Die Differenzenquotienten wären nur im Sinne von $\mathbb{R}^3$ bildbar, der Differentialquotient wäre dann ein Vektor, der i. a. aber nicht tangential zur Fläche liegt.

Dieses Verfahren ist auf den allgemeinen Fall einer Mannigfaltigkeit nicht übertragbar, da es Begriffe verwendet, die im allgemeinen Fall nicht zur Verfügung stehen. Wir

Abb. 7.1 Richtungsableitung
$D_x Y$ von Y in Richtung x

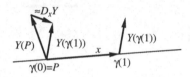

werden stattdessen Eigenschaften der Richtungsableitung in $\mathbb{R}^n$ aufgreifen und diese im nächsten Abschnitt axiomatisch an die Spitze der Definition der kovarianten Ableitung stellen. Später wird sich zeigen, dass im Fall einer gekrümmten Fläche in $\mathbb{R}^3$ die kovariante Ableitung die orthogonale Projektion der Richtungsableitung im Sinne von $\mathbb{R}^3$ auf die Tangentialebene ist.

Für $P \in \mathbb{R}^n$, $x \in \mathbb{R}^n$ und $Y \in \mathcal{X}(\mathbb{R}^n)$ ist $D_x Y$ so definiert, wie im Spezialfall $n = 3$ oben angegeben. Für $X \in \mathcal{X}(\mathbb{R}^n)$ statt $x \in \mathbb{R}^n$ ist auch $D_X Y \in \mathcal{X}(\mathbb{R}^n)$ erklärt durch $D_X Y(P) = D_{X(P)} Y$. Da die Richtungsableitung komponentenweise berechnet wird, gilt

$$D_X Y = X^i \partial_i Y^k \partial_k.$$

Aus dieser Darstellung sind alle im nächsten Satz formulierten Rechenregeln abzulesen.

Satz 7.1
Die Operation $(X, Y) \longrightarrow D_X Y$ *in* $\mathcal{X}(\mathbb{R}^n)$ *hat folgende Eigenschaften:*

(D1) $D_{fX+gY} Z = f D_X Z + g D_Y Z$
(D2) $D_X(\lambda Y + \mu Z) = \lambda D_X Y + \mu D_X Z$
(D3) $D_X(f Y) = (Xf)Y + f D_X Y$
(D4) $Z(X \cdot Y) = D_Z X \cdot Y + X \cdot D_Z Y$
(D5) $D_X Y - D_Y X = [X, Y]$

für $X, Y, Z \in \mathcal{X}(\mathbb{R}^n)$, $f, g \in \mathcal{F}(\mathbb{R}^n)$ *und relle Zahlen* λ *und* μ.

7.2 Der Levi-Civita-Zusammenhang

Wir werden jetzt den Begriff der Richtungsableitung eines Vektorfeldes von $\mathbb{R}^n$ auf eine Mannigfaltigkeit M verallgemeinern.

Definition 7.1
Eine Operation $(X, Y) \longrightarrow \nabla_X Y$ mit den Eigenschaften

(D1) $\nabla_{fX+gY_P} Z = f \nabla_X Z + g \nabla_Y Z$
(D2) $\nabla_X(\lambda Y + \mu Z) = \lambda \nabla_X Y + \mu \nabla_X Z$
(D3) $\nabla_X(f Y) = (Xf)Y + f \nabla_X Y$

für $f, g \in \mathcal{F}(M)$ und Zahlen λ und μ heißt **Zusammenhang**.   ◆

Eine solche Operation ermöglicht in Form von Parallelverschiebung einen Isomorphismus zwischen zwei Tangentialräumen M_P und M_Q. Insofern stehen die einzelnen Tangentialräume nicht mehr isoliert nebeneinander, sondern hängen in diesem Sinne zusammen, daher kommt der Name.

Die in Satz 7.2 formulierten Eigenschaften (D4) und (D5) der Operation $(X, Y) \longrightarrow D_X Y$ beziehen sich auch auf das Skalarprodukt in $\mathbb{R}^n$. Deshalb benötigen wir jetzt auf der Mannigfaltigkeit M als zusätzliche Struktur einen Fundamentaltensor. Der folgende sogenannte **Fundamentalsatz der Riemannschen Geometrie** ist die Grundlage für die Definition der kovarianten Ableitung.

Theorem 7.2
Auf einer semi-Riemannschen Mannigfaltigkeit $[M, g]$ existiert genau ein Zusammenhang ∇ mit den zusätzlichen Eigenschaften

(D4) $Zg(X, Y) = g(\nabla_Z X, Y) + g(X, \nabla_Z Y)$
(D5) $\nabla_X Y - \nabla_Y X = [X, Y]$.

Beweis Für einen Zusammenhang ∇, der die Eigenschaften (D4) und (D5) hat, lässt sich folgendermaßen zu Vektorfeldern X und Y eine explizite Definition des Vektorfeldes $\nabla_X Y$ ableiten: In die Gleichung

$$Xg(Y, Z) = g(\nabla_X Y, Z) + g(Y, \nabla_X Z)$$

wird die Gleichung

$$\nabla_X Z = \nabla_Z X + [X, Z]$$

eingesetzt. Zum Ergebnis

$$Xg(Y, Z) = g(\nabla_X Y, Z) + g(Y, \nabla_Z X) + g(Y, [X, Z])$$

wird der analoge Ausdruck für $Yg(Z, X)$ addiert und davon der Ausdruck für $Zg(X, Y)$ subtrahiert. Dadurch entsteht die sogenannte **Koszul-Formel** (K)

$$2g(\nabla_X Y, Z)$$
$$= Xg(Y, Z) + Yg(X, Z) - Zg(X, Y) - g(X, [Y, Z]) - g(Y, [X, Z]) + g(Z, [X, Y]).$$

Bei gegebenen Vektorfeldern X und Y hängt die rechte Seite linear vom Vektorfeld Z ab und ist bzgl. Z $\mathcal{F}$-homogen (siehe Def. 4.6), weil sich die störenden zusätzlichen Summanden gegenseitig aufheben. Der Funktionswert der rechten Seite im Punkt P ist durch $Z(P)$ eindeutig bestimmt, der Vektor $\nabla_X Y(P)$ ist damit durch (K) festgelegt.

Wir stellen uns jetzt auf den Standpunkt, dass das Vektorfeld $\nabla_X Y$ entsprechend (K) definiert ist, und zeigen für die dadurch festgelegte Operation die Gleichungen (D1) bis (D5). Weil die rechte Seite von (K) bzgl. X additiv ist, gilt

$$\nabla_{X+Z} Y = \nabla_X Y + \nabla_Z Y.$$

Ferner gilt für $Z \in X(M)$ zufolge (K)

$$2g(\nabla_{fX} Y, Z) = 2fg(\nabla_X Y, Z),$$

weil sich die zusätzlichen Summanden paarweise aufheben, und daraus folgt

$$\nabla_{fX} Y = f \nabla_X Y,$$

insgesamt ist damit (D1) bewiesen. (D2) gilt, weil die rechte Seite von (K) linear von Y abhängt. Zum Beweis der Produktregel (D3) verifizieren wir

$$2g(\nabla_X(fY), Z) = 2(Xf)g(Y, Z) + 2fg(\nabla_X Y, Z),$$

das ist aber unter Beachtung von Satz 2.9 von (K) abzulesen. Die sogenannte **Ricci-Identität** (D4) folgt aus (K) in der Form

$$2g(\nabla_Z X, Y) + 2g(\nabla_Z Y, X) = 2Zg(X, Y),$$

weil sich alle anderen Summanden paarweise aufheben. Analog ergibt sich

$$2g(\nabla_X Y, Z) - 2g(\nabla_Y X, Z) = 2g([X, Y], Z)$$

und damit (D5).

Definition 7.2
Die Operation ∇ in $X(M)$ zu einer semi-Riemannschen Mannigfaltigkeit $[M, g]$ mit den Eigenschaften (D1) bis (D5) heißt **Levi-Civita-Zusammenhang**, im Spezialfall einer Riemannschen Mannigfaltigkeit **Riemannscher Zusammenhang**. Zu Vektorfeldern X und Y heißt das Vektorfeld $\nabla_X Y$ **kovariante Ableitung von Y bzgl. X**. Die **kovariante Ableitung von Y** ist das $(1, 1)$-Tensorfeld ∇Y, das dem Punkt $P \in M$ und dem Tangentenvektor $x \in M_P$ den Tangentenvektor $\nabla_X Y(P)$ mit $X(P) = x$ zuordnet.   ◆

Beim kovarianten Ableiten wird aus dem $(1, 0)$-Tensorfed Y das $(1, 1)$-Tensorfeld ∇Y, die Stufe der Kovarianz erhöht sich also um 1, daher kommt der Name. Im Kap. 11 werden wir auch allgemeine Tensorfelder kovariant differenzieren, aus einem (p, q)-Tensorfeld wird dann ein $(p, q + 1)$-Tensorfeld.

7.3 Christoffel-Symbole

Definition 7.3
Die durch die Darstellung

$$\nabla_{\partial_i} \partial_k = \Gamma_{ik}^j \partial_j$$

definierten reellwertigen Funktionen Γ_{ik}^j heißen **Christoffel-Symbole**.   ◆

Satz 7.3

Für die Christoffel-Symbole gilt die Symmetrie $\Gamma^{j}_{ik} = \Gamma^{j}_{ki}$, *und für die Vektorfelder* $X = X^i \partial_i$ *und* $Y = Y^k \partial_k$ *hat das Vektorfeld* $\nabla_X Y$ *die Komponenten*

$$(\nabla_X Y)^j = X^i \partial_i Y^j + X^i Y^k \Gamma^{j}_{ik}.$$

Beweis Die Symmetrie folgt aus

$$(\Gamma^{j}_{ik} - \Gamma^{j}_{ki})\partial_j = \nabla_{\partial_i}\partial_k - \nabla_{\partial_k}\partial_i = [\partial_i, \partial_k] = 0.$$

Aus den Rechenregeln für die kovariante Ableitung folgt weiterhin

$$\nabla_X Y = \nabla_{X^i \partial_i} Y^k \partial_k = X^i(\partial_i Y^k \partial_k + Y^k \nabla_{\partial_i}\partial_k) = X^i(\partial_i Y^j + Y^k \Gamma^{j}_{ik})\partial_j.$$

Satz 7.4

Die Christoffel-Symbole berechnen sich aus den Komponenten des metrischen und des kontravarianten metrischen Tensors durch die Formel

$$\Gamma^{r}_{ij} = \frac{1}{2}g^{kr}(\partial_i g_{jk} + \partial_j g_{ik} - \partial_k g_{ij}).$$

Beweis Nach (K) ist

$$2\Gamma^{l}_{ij}g_{lk} = 2g(\nabla_{\partial_i}\partial_j, \partial_k) = \partial_i g_{jk} + \partial_j g_{ik} - \partial_k g_{ij},$$

und folglich gilt

$$(\partial_i g_{jk} + \partial_j g_{ik} - \partial_k g_{ij})g^{kr} = 2\Gamma^{l}_{ij}g_{lk}g^{kr} = 2\Gamma^{r}_{ij}.$$

Die folgende Transformationsformel zeigt, dass die Christoffel-Symbole nicht als Komponenten eines Tensorfeldes interpretiert werden können.

Satz 7.5

Die Christoffel-Symbole rechnen sich von einer Karte mit den Koordinatenvektorfeldern ∂_j *auf eine andere Karte mit den Koordinatenvektorfeldern* $\bar{\partial}_i = \alpha^j_i \partial_j$ *bzw.* $\partial_j = \beta^i_j \bar{\partial}_i$ *durch die Formel*

$$\bar{\Gamma}^{r}_{ij} = \beta^r_t(\alpha^l_i \alpha^v_j \Gamma^t_{lv} + \bar{\partial}_i \alpha^t_j)$$

um.

Beweis Die Formel ist abzulesen von

$$\nabla_{\bar{\partial}_i}\bar{\partial}_j = \nabla_{\alpha^l_i \partial_l}\alpha^v_j \partial_v = \alpha^l_i(\alpha^v_j \Gamma^t_{lv}\partial_t + \partial_l \alpha^t_j \partial_t)$$
$$= \alpha^l_i(\alpha^v_j \Gamma^t_{lv} + \partial_l \alpha^t_j)\beta^r_t \bar{\partial}_r = \beta^r_t(\alpha^l_i \alpha^v_j \Gamma^t_{lv} + \bar{\partial}_i \alpha^t_j)\bar{\partial}_r.$$

Im Sinne eines Beispiels berechnen wir jetzt die Christoffel-Symbole einer gekrümmten Fläche. Wegen der in Satz 7.3 erwähnten Symmetrie sind das sechs Zahlen. Der Fundamentaltensor ist das übliche Skalarprodukt und hat die Komponenten $g_{ik} = \partial_i \cdot \partial_k$ (siehe auch Abb. 2.1). Nach Satz 7.4 gilt

$$\Gamma_{11}^1 = \frac{g^{11}}{2}\partial_1 g_{11} + \frac{g^{12}}{2}(2\partial_1 g_{12} - \partial_2 g_{11})$$

oder in der klassische Gaußschen Bezeichnung (siehe Beispiel zu Def. 4.7)

$$\Gamma_{11}^1 = \frac{GE_u - 2FF_u + FE_v}{2(EG - F^2)}$$

und analog

$$\Gamma_{12}^1 = \frac{GE_v - FG_u}{2(EG - F^2)}, \quad \Gamma_{22}^1 = \frac{2GF_v - GG_u - FG_v}{2(EG - F^2)},$$

$$\Gamma_{11}^2 = \frac{2EF_u - EE_v - FE_u}{2(EG - F^2)}, \quad \Gamma_{12}^2 = \frac{EG_u - FE_v}{2(EG - F^2)}, \quad \Gamma_{22}^2 = \frac{EG_v - 2FF_v + FG_u}{2(EG - F^2)}.$$

Die beiden Parameter sind hier u und v genannt. Die indizierten Größen sind die entsprechenden partiellen Ableitungen.

Beispiel Auf der Oberfläche einer Kugel in $\mathbb{R}^3$ mit dem Radius r bieten sich als Parameter u und v die Kugelkoordinaten ϑ und φ an. In diesem Fall gilt $E = r^2$, $G = r^2 \sin^2 \vartheta$ und $F = 0$. Die obigen Formeln für die Cristoffel-Symbole liefern

$$\Gamma_{22}^1 = -\sin \vartheta \cos \vartheta \quad \text{und} \quad \Gamma_{12}^2 = \Gamma_{21}^2 = \cot \vartheta$$

und sonst Null. Für die Koordinatenvektorfelder ∂_ϑ und ∂_φ gilt demnach

$$\nabla_{\partial_\vartheta}\partial_\vartheta = 0, \quad \nabla_{\partial_\varphi}\partial_\varphi = -\sin \vartheta \cos \vartheta \, \partial_\vartheta, \quad \nabla_{\partial_\vartheta}\partial_\varphi = \nabla_{\partial_\varphi}\partial_\vartheta = \cot \vartheta \, \partial_\varphi.$$

Diese Formeln lassen sich auch in den entsprechenden Aussagen über die kovariante Ableitung in der Schwarzschild-Raumzeit im übernächsten Abschnitt wiederfinden.

7.4　Kovariante Ableitung auf Hyperflächen

Gegenstand ist hier der Nachweis der schon im Abschn. 7.1 ausgesprochenen Behauptung, dass die kovariante Ableitung eines Vektorfeldes auf einer gekrümmeten Fläche die orthogonale Projektion der Richtungsableitung im Sinne von $\mathbb{R}^3$ auf die Tangentialebene ist (Abb. 7.2). Wir untersuchen die Situation allgemeiner für eine Hyperfläche in $\mathbb{R}^n$, da die Überlegungen dort auch nicht komplizierter sind.

Abb. 7.2 Kovariante Ableitung als Projektion

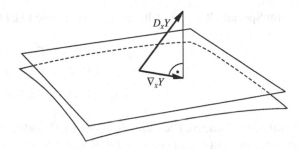

Es sei also M eine $(n-1)$-dimensionale Untermannigfaltigkeit von $\mathbb{R}^n$. Die Auswahl einer Karte führt zu $n-1$ Koordinatenvektorfeldern $\partial_1, \ldots, \partial_{n-1}$. Neben der kovarianten Ableitung $\nabla_X Y$ des Tangentenvektorfeldes X steht die Ableitung $D_X Y$ im Sinne von $\mathbb{R}^n$ zur Verfügung.

Theorem 7.6
Für Tangentenvektorfelder X und Y auf einer $(n-1)$-dimensionalen Untermannigfaltigkeit M von $\mathbb{R}^n$ ist das Tangentenvektorfeld $\nabla_X Y$ die orthogonale Projektion des Vektorfeldes $D_X Y$ auf den jeweiligen Tangentialraum.

Beweis Es genügt offenbar, die Aussage für Koordinatenvektorfelder $X = \partial_i$ und $Y = \partial_j$ nachzuweisen. Auf M lässt sich mindestens lokal ein Normalenvektorfeld mit $\vec{n} \cdot \vec{n} = 1$ einführen. Punktweise ergänzt dieses Normalenvektorfeld die Koordinatenvektorfelder zu einer Basis in $\mathbb{R}^n$. Das Vektorfeld $D_{\partial_i} \partial_j$ lässt sich deshalb in der Form

$$D_{\partial_i} \partial_j = \lambda_{ij}^l \partial_l + \lambda_{ij} \vec{n}$$

darstellen. Auch der Zusammenhang D auf der Riemannschen Mannigfaltigkeit $\mathbb{R}^n$ erfüllt die Axiome (D1) bis (D5) und damit auch die Koszul-Formel (K). Wegen

$$2\lambda_{ij}^l \partial_l \cdot \partial_k = 2 D_{\partial_i} \partial_j \cdot \partial_k$$

erfüllen deshalb auch die dreifach indizierten Koeffizienten λ_{ij}^l die die Christoffel-Symbole charakterisierende Gleichung

$$2\lambda_{ij}^l \partial_l \cdot \partial_k = \partial_i(\partial_j \cdot \partial_k) + \partial_j(\partial_i \cdot \partial_k) - \partial_k(\partial_i \cdot \partial_j)$$

Die obige Darstellung lautet deshalb

$$D_{\partial_i} \partial_j = \Gamma_{ij}^l \partial_l + \lambda_{ij} \vec{n} = \nabla_{\partial_i} \partial_j + \lambda_{ij} \vec{n},$$

die Differenz der in Rede stehenden Ableitungen ist also ein Vielfaches des Normalenvektors, ist also tatsächlich orthogonal zur Tangentialhyperebene.

Im Spezialfall $n = 3$, d. h. für eine gekrümmte Fläche, heißen die drei Gleichungen

$$D_{\partial_1}\partial_1 = \Gamma_{11}^1\partial_1 + \Gamma_{11}^2\partial_2 + L\vec{n}$$

$$D_{\partial_1}\partial_2 = \Gamma_{12}^1\partial_1 + \Gamma_{12}^2\partial_2 + M\vec{n}$$

$$D_{\partial_2}\partial_2 = \Gamma_{22}^1\partial_1 + \Gamma_{22}^2\partial_2 + N\vec{n}$$

Gauß-Gleichungen. Die Bezeichnungen L, M und N für die Koeffizienten vor dem Normalenvektorfeld $\vec{n}$ sind genauso wie $E = \partial_1 \cdot \partial_1$, $F = \partial_1 \cdot \partial_2$ und $G = \partial_2 \cdot \partial_2$ seit Gauß Standard in der klassischen Differentialgeometrie. Wenn x, y, z die kartesischen Koordinaten in $\mathbb{R}^3$ und u und v die Variablen der Parameterdarstellung bezeichnen, gilt

$$\partial_1 = \left(\frac{\partial x}{\partial u}, \frac{\partial y}{\partial u}, \frac{\partial z}{\partial u}\right), \qquad \partial_2 = \left(\frac{\partial x}{\partial v}, \frac{\partial y}{\partial v}, \frac{\partial z}{\partial v}\right)$$

und folglich

$$D_{\partial_1}\partial_1 = \left(\frac{\partial^2 x}{\partial u^2}, \frac{\partial^2 y}{\partial u^2}, \frac{\partial^2 z}{\partial u^2}\right)$$

$$D_{\partial_1}\partial_2 = \left(\frac{\partial^2 x}{\partial u\partial v}, \frac{\partial^2 y}{\partial u\partial v}, \frac{\partial^2 z}{\partial u\partial v}\right)$$

$$D_{\partial_2}\partial_2 = \left(\frac{\partial^2 x}{\partial v^2}, \frac{\partial^2 y}{\partial v^2}, \frac{\partial^2 z}{\partial v^2}\right).$$

Der Normalenvektor $\vec{n}$ ist das Vektorprodukt

$$\vec{n} = \frac{\partial_1 \times \partial_2}{\sqrt{EG - F^2}},$$

und daraus ergeben sich über das Spatprodukt die Formeln

$$L = D_{\partial_1}\partial_1 \cdot \vec{n} = \frac{1}{\sqrt{EG - F^2}} \begin{vmatrix} \dfrac{\partial x}{\partial u} & \dfrac{\partial y}{\partial u} & \dfrac{\partial z}{\partial u} \\[2mm] \dfrac{\partial x}{\partial v} & \dfrac{\partial y}{\partial v} & \dfrac{\partial z}{\partial v} \\[2mm] \dfrac{\partial^2 x}{\partial u^2} & \dfrac{\partial^2 y}{\partial u^2} & \dfrac{\partial^2 z}{\partial u^2} \end{vmatrix}$$

$$M = \frac{1}{\sqrt{EG - F^2}} \begin{vmatrix} \dfrac{\partial x}{\partial u} & \dfrac{\partial y}{\partial u} & \dfrac{\partial z}{\partial u} \\[2mm] \dfrac{\partial x}{\partial v} & \dfrac{\partial y}{\partial v} & \dfrac{\partial z}{\partial v} \\[2mm] \dfrac{\partial^2 x}{\partial u\,\partial v} & \dfrac{\partial^2 y}{\partial u\,\partial v} & \dfrac{\partial^2 z}{\partial u\,\partial v} \end{vmatrix}$$

Abb. 7.3 $D_{\partial_\varphi} \partial_\varphi$ und $\nabla_{\partial_\varphi} \partial_\varphi$
für die Kugel

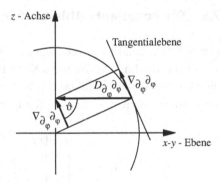

$$N = \frac{1}{\sqrt{EG - F^2}} \begin{vmatrix} \dfrac{\partial x}{\partial u} & \dfrac{\partial y}{\partial u} & \dfrac{\partial z}{\partial u} \\[2mm] \dfrac{\partial x}{\partial v} & \dfrac{\partial y}{\partial v} & \dfrac{\partial z}{\partial v} \\[2mm] \dfrac{\partial^2 x}{\partial v^2} & \dfrac{\partial^2 y}{\partial v^2} & \dfrac{\partial^2 z}{\partial v^2} \end{vmatrix}.$$

Beispiel Auf einer Kugeloberfläche in $\mathbb{R}^3$ mit dem Radius r ergibt sich für die Koordinatenvektorfelder ∂_ϑ und ∂_φ aus den Darstellungen

$$\partial_\vartheta = r \cos \vartheta \cos \varphi \, \partial_x + r \cos \vartheta \sin \varphi \, \partial_y - r \sin \vartheta \, \partial_z$$
$$\partial_\varphi = -r \sin \vartheta \sin \varphi \, \partial_x + r \sin \vartheta \cos \varphi \, \partial_y$$

durch partielle Differentiation

$$D_{\partial_\vartheta} \partial_\vartheta = -r \sin \vartheta \cos \varphi \, \partial_x - r \sin \vartheta \sin \varphi \, \partial_y - r \cos \vartheta \, \partial_z$$
$$D_{\partial_\varphi} \partial_\varphi = -r \sin \vartheta \cos \varphi \, \partial_x - r \sin \vartheta \sin \varphi \, \partial_y$$
$$D_{\partial_\vartheta} \partial_\varphi = -r \cos \vartheta \cos \varphi \, \partial_x + r \cos \vartheta \cos \varphi \, \partial_y = D_{\partial_\varphi} \partial_\vartheta.$$

Der Vektor $D_{\partial_\vartheta} \partial_\vartheta$ hat seine Spitze im Mittelpunkt, steht also senkrecht auf der Tangentialebene. Als orthogonale Projektion auf die Tangentialebene ist die kovariante Ableitung $\nabla_{\partial_\vartheta} \partial_\vartheta$ deshalb Null. Der Vektor $D_{\partial_\vartheta} \partial_\varphi = D_{\partial_\varphi} \partial_\vartheta = \cot \vartheta \, \partial_\varphi$ liegt in der Tangentialebene und wird beim Projizieren nicht verändert, es gilt also $\nabla_{\partial_\vartheta} \partial_\varphi = \nabla_{\partial_\varphi} \partial_\vartheta = \cot \vartheta \, \partial_\varphi$. Der Vektor $D_{\partial_\varphi} \partial_\varphi$ liegt in einer zur x-y-Ebene parallelen Ebene (Abb. 7.3). Sein tangentialer Anteil $\nabla_{\partial_\varphi} \partial_\varphi$ hat die Länge $|r \sin \vartheta \cos \vartheta|$, ist parallel zu ∂_ϑ aber entgegengesetzt orientiert. Daraus folgt $\nabla_{\partial_\varphi} \partial_\varphi = -\sin \vartheta \cos \vartheta \, \partial_\vartheta$. Die gleichen Ergebnisse hatten wir schon im vorigen Abschnitt durch Berechnung der Cristoffel-Symbole erhalten.

7.5 Die kovariante Ableitung in der Schwarzschild-Raumzeit

Der Schwarzschild-Raumzeit liegt die Menge $\mathbb{R} \times (2\mu, \infty) \times S_2$ zugrunde (siehe Beispiel 1 im Abschn. 4.5). Wenn als Koordinaten die ersten beiden Bestandteile t und r und die üblichen Winkelkoordinaten ϑ und φ für die Oberfläche S_2 der Einheitskugel in $\mathbb{R}^3$ verwendet werden, bekommt die Komponentenmatrix der Metrik g die Diagonalgestalt

$$
(g_{ik}) = \begin{pmatrix} h(r) & 0 & 0 & 0 \\ 0 & -1/h(r) & 0 & 0 \\ 0 & 0 & -r^2 & 0 \\ 0 & 0 & 0 & -r^2 \sin^2 \vartheta \end{pmatrix}
$$

mit $h(r) = 1 - 2\mu/r$, und dazu invers ist die Komponentenmatrix

$$
(g^{ik}) = \begin{pmatrix} \dfrac{1}{h(r)} & 0 & 0 & 0 \\ 0 & -h(r) & 0 & 0 \\ 0 & 0 & -\dfrac{1}{r^2} & 0 \\ 0 & 0 & 0 & -\dfrac{1}{r^2 \sin^2 \vartheta} \end{pmatrix}
$$

der kontravarianten Metrik. Die in Satz 7.4 angegebene Summendarstellung für die Christoffel-Symbole vereinfacht sich für orthogonale Koordinaten zu

$$
\Gamma_{ii}^i = \frac{1}{2} g^{ii} \partial_i g_{ii}
$$

$$
\Gamma_{ii}^k = -\frac{1}{2} g^{kk} \partial_k g_{ii} \quad \text{für} \quad i \neq k
$$

$$
\Gamma_{ij}^j = \frac{1}{2} g^{jj} \partial_i g_{jj} \quad \text{für} \quad i \neq j
$$

$$
\Gamma_{ij}^k = 0 \quad \text{für paarweise verschiedene} \quad i, j, k.
$$

Für die kovarianten Ableitungen mit den Koordinatenvektorfeldern gilt also

$$
\nabla_{\partial_i} \partial_i = \frac{1}{2} \left(g^{ii} \partial_i g_{ii} \partial_i - \sum_{k \neq i} g^{kk} \partial_k g_{ii} \partial_k \right)
$$

und für $i \neq j$

$$
\nabla_{\partial_i} \partial_j = \frac{1}{2} (g^{ii} \partial_j g_{ii} \partial_i + g^{jj} \partial_i g_{jj} \partial_j).
$$

Im Fall der Schwarzschild-Raumzeit ergibt sich für die kovarianten Ableitungen mit den Koordinatenvektorfeldern $\partial_t, \partial_r, \partial_\theta, \partial_\varphi$

$$\nabla_{\partial_t} \partial_t = \frac{h(r)\mu}{r^2} \partial_r, \qquad \nabla_{\partial_r} \partial_r = -\frac{\mu}{r^2 h(r)} \partial_r, \qquad \nabla_{\partial_\vartheta} \partial_\vartheta = -r h(r) \partial_r,$$

$$\nabla_{\partial_\varphi} \partial_\varphi = -r h(r) \sin^2 \vartheta \, \partial_r - \sin \vartheta \cos \vartheta \, \partial_\vartheta, \qquad \nabla_{\partial_t} \partial_r = \frac{\mu}{r^2 h(r)} \partial_t,$$

$$\nabla_{\partial_t} \partial_\vartheta = 0 = \nabla_{\partial_t} \partial_\varphi, \qquad \nabla_{\partial_r} \partial_\vartheta = \frac{1}{r} \partial_\vartheta, \qquad \nabla_{\partial_r} \partial_\varphi = \frac{1}{r} \partial_\varphi, \qquad \nabla_{\partial_\vartheta} \partial_\varphi = \cot \vartheta \, \partial_\varphi.$$

Krümmung

8

Inhaltsverzeichnis

8.1 Der Krümmungstensor

Wir wählen hier einen abstrakten Zugang, bei dem zunächst nichts von dem zu erkennen ist, was man sich bei einer Fläche in $\mathbb{R}^3$ unter Krümmung vorstellt. Weil der Begriff der kovarianten Ableitung verwendet wird, ist eine semi-Riemannsche Mannigfaltigkeit $[M, g]$ zugrunde zu legen.

Definition 8.1
Zu $Y, Z \in X(M)$ ordnet der **Krümmungsoperator** $R(Y, Z) \colon X(M) \longrightarrow X(M)$ dem Vektorfeld X das Vektorfeld

$$R(Y, Z)X = \nabla_Y \nabla_Z X - \nabla_Z \nabla_Y X - \nabla_{[Y,Z]} X$$

zu.   ◆

Insgesamt wird aus drei Vektorfeldern in trilinearer Weise ein viertes Vektorfeld. Genauso kann man sagen, aus drei Vektorfeldern X, Y, Z und einem Kovektorfeld A wird ein skalares Feld $\langle R(Y, Z)X, A \rangle$. Diese Zuordnung ist multilinear und offenbar bzgl. A $\mathcal{F}$-homogen. Wir zeigen jetzt, dass sie auch bzgl. jedes der drei Vektorfelder X, Y, Z $\mathcal{F}$-homogen ist. Nach Satz 4.1 handelt es sich dann um ein $(1, 3)$-Tensorfeld.

© Springer-Verlag GmbH Deutschland, ein Teil von Springer Nature 2018
R. Oloff, *Geometrie der Raumzeit*, https://doi.org/10.1007/978-3-662-56737-1_8

Satz 8.1

Die trilineare Abbildung

$$R(Y, Z)X = \nabla_Y \nabla_Z X - \nabla_Z \nabla_Y X - \nabla_{[Y,Z]} X$$

von $X(M) \times X(M) \times X(M)$ nach $X(M)$ ist $\mathcal{F}$-homogen.

Beweis Es gilt für die erste Vektorvariable

$$
\begin{aligned}
\nabla_Y \nabla_Z (fX) &= \nabla_Y (f \nabla_Z X) + \nabla_Y ((Zf)X) \\
&= f \nabla_Y \nabla_Z X + (Yf)\nabla_Z X + (Zf)\nabla_Y X + (Y(Zf))X \\
\nabla_Z \nabla_Y (fX) &= f \nabla_Z \nabla_Y X + (Zf)\nabla_Y X + (Yf)\nabla_Z X + (Z(Yf))X \\
\nabla_{[Y,Z]} (fX) &= f \nabla_{[Y,Z]} X + ([Y,Z]f)X
\end{aligned}
$$

und deshalb insgesamt

$$R(Y, Z)(fX) = fR(Y, Z)X.$$

Für die zweite Variable gilt

$$
\begin{aligned}
R(fY, Z)X &= \nabla_{fY} \nabla_Z X - \nabla_Z \nabla_{fY} X - \nabla_{[fY,Z]} X \\
&= f \nabla_Y \nabla_Z X - f \nabla_Z \nabla_Y X - (Zf)\nabla_Y X - f\nabla_{[Y,Z]} X + \nabla_{(Zf)Y} X \\
&= fR(Y, Z)X
\end{aligned}
$$

und für die dritte analog

$$R(Y, fZ)X = fR(Y, Z)X.$$

Definition 8.2

Der **Riemannsche Krümmungstensor** R ist das $(1, 3)$-Tensorfeld, das dem Punkt $P \in M$ und den Tangentenvektoren $x, y, z \in M_P$ den Tangentenvektor $R(Y, Z)X(P)$ mit $X(P) = x$, $Y(P) = y$, $Z(P) = z$ zuordnet. ♦

Beispiel Es sei $M = \mathbb{R}^n$. Die kovariante Ableitung ist dann die übliche Richtungsableitung, die kartesischen Koordinatenvektorfelder ∂_i sind in diesem Sinne und deshalb auch im Sinne der kovarianten Ableitung konstant. Anwenden von ∇_{∂_i} heißt partielles Ableiten der Komponenten nach der i-ten Variablen. Weil die Reihenfolge des partiellen Ableitens bekanntlich vertauscht werden kann, kommutieren die Symbole ∇_{∂_i} und ∇_{∂_j}. Folglich ist der Krümmungsoperator $R(\partial_i, \partial_j)$ Null, und auch allgemeiner gilt für Vektorfelder Y und Z $R(Y, Z) = 0$. Damit ist auch der Krümmungstensor Null.

Satz 8.2

Der Riemannsche Krümmungstensor R hat die Komponenten

$$R^s_{ijk} = \partial_j \Gamma^s_{ki} - \partial_k \Gamma^s_{ji} + \Gamma^s_{jr}\Gamma^r_{ki} - \Gamma^s_{kr}\Gamma^r_{ji}.$$

Beweis Zu berechnen ist die s-te Komponente des Vektorfeldes

$$R(\partial_j, \partial_k)\partial_i = \nabla_{\partial_j}\nabla_{\partial_k}\partial_i - \nabla_{\partial_k}\nabla_{\partial_j}\partial_i = \nabla_{\partial_j}(\Gamma^s_{ki}\partial_s) - \nabla_{\partial_k}(\Gamma^s_{ji}\partial_s)$$
$$= (\partial_j\Gamma^s_{ki})\partial_s + \Gamma^r_{ki}\nabla_{\partial_j}\partial_r - (\partial_k\Gamma^s_{ji})\partial_s - \Gamma^r_{ji}\nabla_{\partial_k}\partial_r.$$

Die Behauptung ist abzulesen.

Für eine vierdimensionale semi-Riemannsche Mannigfaltigkeit hat der Krümmungs-tensor $4^4 = 256$ Komponenten. Glücklicherweise müssen diese wegen einiger Symmetrien nicht alle direkt berechnet werden.

Satz 8.3
Für Vektorfelder X, Y, Z gilt

(1) $R(Y, Z)X = -R(Z, Y)X$
(2) $R(Y, Z)X + R(Z, X)Y + R(X, Y)Z = 0$ (**erste Bianchi-Identität**).

Für die Komponenten des Riemannschen Krümmungstensors R heißt das

$$R^s_{ijk} = -R^s_{ikj}$$

und

$$R^s_{ijk} + R^s_{jki} + R^s_{kij} = 0.$$

Beweis Aus $[Y, Z] = -[Z, Y]$ folgt (1), und (2) wird mit dem Axiom (D5) für die kova-riante Ableitung folgendermaßen auf die Jacobi-Identität zurückgeführt:

$$R(Y, Z)X + R(Z, X)Y + R(X, Y)Z$$
$$= \nabla_X(\nabla_Y Z - \nabla_Z Y) + \nabla_Y(\nabla_Z X - \nabla_X Z) + \nabla_Z(\nabla_X Y - \nabla_Y X)$$
$$- \nabla_{[Y,Z]}X - \nabla_{[Z,X]}Y - \nabla_{[X,Y]}Z$$
$$= \nabla_X[Y, Z] - \nabla_{[Y,Z]}X + \nabla_Y[Z, X] - \nabla_{[Z,X]}Y + \nabla_Z[X, Y] - \nabla_{[X,Y]}Z$$
$$= \big[X, [Y, Z]\big] + \big[Y, [Z, X]\big] + \big[Z, [X, Y]\big] = 0.$$

Weitere Symmetrien werden sichtbar, wenn der Riemannsche Krümmungstensor durch Indexziehen (siehe Abschn. 3.5) modifiziert wird. Neben Krümmungsoperator und Rie-mannschem Krümmungstensor bezeichnen wir auch den modifizierten Tensor wieder mit R. Welcher Tensor wirklich gemeint ist, geht immer aus dem Kontext hervor.

Definition 8.3
Der **kovariante Krümmungstensor** ist das $(0, 4)$-Tensorfeld R, charakterisiert durch

$$R(V, X, Y, Z) = g(V, R(Y, Z)X)$$

für Vektorfelder V, X, Y, Z. ◆

Satz 8.4

Die Komponenten des kovarianten Krümmungstensors berechnen sich aus denen des Riemannschen Krümmungstensors gemäß

$$R_{rijk} = g_{rs} R^s_{ijk}.$$

Beweis Es gilt

$$R_{rijk} = R(\partial_r, \partial_i, \partial_j, \partial_k) = g(\partial_r, R(\partial_j, \partial_k)\partial_i) = g(\partial_r, R^s_{ijk}\partial_s) = g(\partial_r, \partial_s)R^s_{ijk}.$$

Satz 8.5

Der kovariante Krümmungstensor R hat die Symmetrien

(1) $R(V, X, Y, Z) = -R(V, X, Z, Y)$
(2) $R(V, X, Y, Z) + R(V, Y, Z, X) + R(V, Z, X, Y) = 0$
(3) $R(V, X, Y, Z) = -R(X, V, Y, Z)$
(4) $R(V, X, Y, Z) = R(Y, Z, V, X)$

bzw. für die Komponenten

(1) $R_{rijk} = -R_{rikj}$
(2) $R_{rijk} + R_{rjki} + R_{rkij} = 0$
(3) $R_{rijk} = -R_{irjk}$
(4) $R_{rijk} = R_{jkri}.$

Beweis Die Gleichungen (1) und (2) sind lediglich neue Formulierungen für die Gleichungen (1) und (2) von Satz 8.3. (3) beinhaltet die Schiefsymmetrie bzgl. der ersten beiden Vektorvariablen, und diese lässt sich wegen

$$R(V+X, V+X, Y, Z) = R(V, V, Y, Z) + R(X, X, Y, Z) + R(V, X, Y, Z) + R(X, V, Y, Z)$$

schon aus dem Spezialfall $R(X, X, Y, Z) = 0$ folgern, es genügt also, letzteres zu zeigen. Entsprechend den Definitionen ist

$$R(X, X, Y, Z) = g(X, R(Y, Z)X) = g(X, \nabla_Y \nabla_Z X) - g(X, \nabla_Z \nabla_Y X) - g(X, \nabla_{[Y,Z]} X).$$

Nach Axiom (D4) der kovarianten Ableitung gilt

$$g(X, \nabla_Y \nabla_Z X) = Y g(X, \nabla_Z X) - g(\nabla_Y X, \nabla_Z X)$$

und eine analoge Umrechnung für den nächsten Summanden

$$g(X, \nabla_Z X) = \frac{1}{2} Z g(X, X).$$

Nach weiterer Anwendung von (D4) ergibt sich schließlich

$$R(X, X, Y, Z) = Y\frac{1}{2}Zg(X, X) - Z\frac{1}{2}Yg(X, X) - \frac{1}{2}[Y, Z]g(X, X) = 0.$$

Der Nachweis von (4) ist eine Kombination der Gleichungen (1),(2),(3). Nach (1) und (2) gilt

$$R(V, X, Y, Z) = -R(V, X, Z, Y) = R(V, Z, Y, X) + R(V, Y, X, Z),$$

nach (3) und (2) aber auch

$$R(V, X, Y, Z) = -R(X, V, Y, Z) = R(X, Y, Z, V) + R(X, Z, V, Y).$$

Aufsummiert heißt das

$$2R(V, X, Y, Z) = R(V, Z, Y, X) + R(V, Y, X, Z) + R(X, Y, Z, V) + R(X, Z, V, Y)$$

und bei Vertauschung der Vektorfelder

$$2R(Y, Z, V, X) = R(Y, X, V, Z) + R(Y, V, Z, X) + R(Z, V, X, Y) + R(Z, X, Y, V).$$

Weil gemäß (1) und (3) das gleichzeitige Vertauschen der ersten beiden und der letzten beiden Vektoren den Wert des kovarianten Krümmungstensors nicht verändert, stimmen die vier Summanden der rechten Seite der Gleichung paarweise mit denen der vorletzten Gleichung überein.

8.2 Die Weingarten-Abbildung

In diesem Abschnitt werden wir mit der Weingarten-Abbildung insbesondere die Krümmung einer Fläche beschreiben. Die grundlegenden Überlegungen greifen aber auch im allgemeinen Fall einer Hyperfläche, also einer $(n-1)$-dimensionalen Untermannigfaltigkeit von $\mathbb{R}^n$.

Typisch für eine ebene Fläche ist die Tatsache, dass sich der Normalenvektor nur im Sinne von Parallelverschiebung ändert, wenn der Fußpunkt auf der Fläche variiert. Im Fall einer gekrümmten Fläche ist bei Veränderung des Fußpunktes auch mit einer Veränderung der Richtung des Normalenvektors zu rechnen (Abb. 8.1). Dieser Effekt lässt sich leicht mit der Richtungsableitung quantifizieren.

Satz 8.6

Es sei M eine orientierte $(n-1)$-dimensionale Untermannigfaltigkeit von $\mathbb{R}^n$ mit einem Normalenvektorfeld $\vec{n}$. Dann ist für jeden Tangentenvektor x auch $D_x\vec{n}$ Tangentenvektor.

Abb. 8.1 Weingarten-
Abbildung W

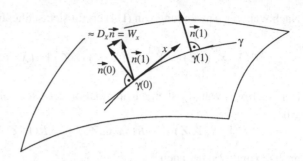

Beweis Entscheidend ist $\vec{n} \cdot \vec{n} = 1$. Differentiation mit dem Tangentenvektor x ergibt

$$D_x\vec{n} \cdot \vec{n} + \vec{n} \cdot D_x\vec{n} = 0,$$

also $D_x\vec{n} \cdot \vec{n} = 0$.

Definition 8.4
Für M wie oben festgelegt und $P \in M$ ordnet die **Weingarten-Abbildung** W in M_P
dem Tangentenvektor x den Tangentenvektor $D_x\vec{n}$ zu, also $Wx = D_x\vec{n}$.   ◆

Die Weingarten-Abbildung ist offensichtlich linear und damit in jedem Punkt ein $(1, 1)$-
Tensor, insgesamt ein $(1, 1)$-Tensorfeld. Durch $WX = D_X\vec{n}$ wird aus dem Vektorfeld X
das Vektorfeld WX.

Die kovariante Ableitung hatte sich als die orthogonale Projektion der euklidische
Richtungsableitung auf die Tangentialhyperebene erwiesen (Theorem 7.6). Mit der
Weingarten-Abbildung lässt sich jetzt die Differenz formulieren.

Satz 8.7
*Für Vektorfelder X und Y auf einer orientierten $(n-1)$-dimensionalen Untermannigfal-
tigkeit von $\mathbb{R}^n$ gilt*
$$\nabla_X Y = D_X Y + (WX \cdot Y)\vec{n}.$$

Beweis Weil das Vektorfeld $\nabla_X Y$ tangential ist, gilt für den Koeffizienten λ in der Zerlegung $D_X Y = \nabla_X Y + \lambda\vec{n}$

$$\lambda = D_X Y \cdot \vec{n} = D_X(Y \cdot \vec{n}) - Y \cdot D_X\vec{n} = -WX \cdot Y.$$

Satz 8.8
Der Krümmungsoperator berechnet sich aus der Weingarten-Abbildung durch

$$R(Y, Z)X = (WZ \cdot X)WY - (WY \cdot X)WZ.$$

Beweis Wir verwenden die Definition

$$R(Y, Z)X = \nabla_Y \nabla_Z X - \nabla_Z \nabla_Y X - \nabla_{[Y,Z]} X$$

und ersetzen die kovarianten Ableitungen gemäß Satz 8.7. Für den ersten Summanden ergibt sich

$$
\begin{aligned}
\nabla_Y \nabla_Z X &= \nabla_Y (D_Z X + (WZ \cdot X)\vec{n}) \\
&= D_Y (D_Z X + (WZ \cdot X)\vec{n}) + (WY \cdot (D_Z X + (WZ \cdot X)\vec{n}))\vec{n} \\
&= D_Y D_Z X + Y(WZ \cdot X)\vec{n} + (WZ \cdot X)WY + (WY \cdot D_Z X)\vec{n},
\end{aligned}
$$

für den zweiten analog

$$\nabla_Z \nabla_Y X = D_Z D_Y X + Z(WY \cdot X)\vec{n} + (WY \cdot X)WZ + (WZ \cdot D_Y X)\vec{n}$$

und für den dritten

$$\nabla_{[Y,Z]} X = D_{[Y,Z]} X + (W[Y, Z] \cdot X)\vec{n}.$$

Wegen

$$D_Y D_Z X - D_Z D_Y X - D_{[Y,Z]} X = 0$$

(siehe Beispiel nach Def. 8.2) bleibt zu zeigen

$$Y(WZ \cdot X) + WY \cdot D_Z X - Z(WY \cdot X) - WZ \cdot D_Y X - W[Y, Z] \cdot X = 0,$$

also

$$D_Y(WZ) - D_Z(WY) = W[Y, Z],$$

was aber

$$D_Y D_Z \vec{n} - D_Z D_Y \vec{n} = D_{[Y,Z]} \vec{n}$$

heißt und richtig ist.

In der klassischen Differntialgeometrie wird die Krümmung einer Fläche auf die Krümmung von Kurven zurückgeführt, die durch Schneiden der Fläche mit zur Tangentialebene orthogonalen Ebenen entstehen. Wir beschreiben jetzt die Krümmung solcher **Normalschnitte** durch die Weingarten-Abbildung. Für eine Kurve γ in **natürlicher Parameterdarstellung** hat der Tangentenvektor $\gamma'(s)$ die Länge 1, der Parameter s ist also die Länge des Bogens von einem festen Punkt der Kurve bis zum Punkt $\gamma(s)$. Der **Tangenteneinheitsvektor** $\gamma'(s)$ spannt zusammen mit der zweiten Ableitung $\gamma''(s)$ die **Schmiegebene** auf. In dieser Ebene liegt der **Schmiegkreis** mit dem **Krümmungsradius** R und dem Tangenteneinheitsvektor als Tangente (Abb. 8.2). Die Zahl $|\gamma''(s)|$ heißt **Krümmung** und ist reziprok zum Krümmungsradius R. Der Vektor $\gamma''(s)$ ist orthogonal zum Tangenteneinheitsvektor $\gamma'(s)$ und zeigt zum Mittelpunkt des Schmiegkreises.

Abb. 8.2 Krümmungsradius
R und Krümmung $|\gamma''|$

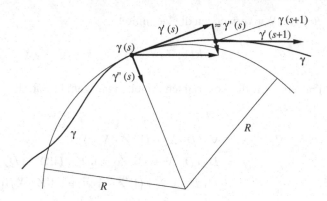

Satz 8.9

Es sei P ein Punkt der orientierten Fläche M mit Normalenvektorfeld $\vec{n}, x \in M_P$ mit $|x| = 1$ und γ eine Normalschnittkurve mit $\gamma(0) = P$ und $\gamma'(0) = x$. Dann gilt in natürlicher Darstellung

$$\vec{n} \cdot \gamma''(0) = -Wx \cdot x.$$

Beweis $\vec{n}(s)$ sei der Normalenvektor im Punkt $\gamma(s)$. Aus $\vec{n}(s) \cdot \gamma'(s) = 0$ folgt durch Differentiation

$$\vec{n}(0)\gamma''(0) = -\vec{n}'(0) \cdot \gamma'(0) = -D_x\vec{n} \cdot x = -Wx \cdot x.$$

Angesichts der Definition der Krümmung einer Kurve ist Satz 8.9 folgendermaßen zu interpretieren:

Theorem 8.10

Die Krümmung der Kurve, die durch das Schneiden einer Fläche mit einer zur Tangentialebene orthogonalen Ebene entsteht, berechnet sich durch $Wx \cdot x$, wobei x einer der beiden Tangentenvektoren der Länge 1 ist, die in der Schnittebene liegen. Im Fall $Wx \cdot x < 0$ ist die Zahl $-1/Wx \cdot x$ der Krümmungsradius, und der Normalenvektor $\vec{n}$ der Fläche zeigt zum Mittelpunkt des Schmiegkreises. Bei $Wx \cdot x > 0$ ist $1/Wx \cdot x$ der Krümmungsradius, und $-\vec{n}$ zeigt zum Mittelpunkt.

Um den Ausdruck $Wx \cdot x$ für den Vektor $x^1\partial_1 + x^2\partial_2$ zu berechnen, setzen wir x zu einem Vektorfeld X mit konstanten Koeffizienten bzgl. der Koordinatenvektorfelder ∂_1 und ∂_2 fort. Mit den Bezeichnungen aus Abschn. 7.4 gilt

$$Wx \cdot x = D_x\vec{n} \cdot x = -\vec{n} \cdot D_xX = -\vec{n} \cdot \left[(x^1)^2 D_{\partial_1}\partial_1 + 2x^1x^2 D_{\partial_1}\partial_2 + (x^2)^2 D_{\partial_2}\partial_2\right]$$
$$= -\left[L(x^1)^2 + 2Mx^1x^2 + N(x^2)^2\right].$$

Wenn man $Wx \cdot x$ durch

$$x \cdot x = E(x^1)^2 + 2Fx^1x^2 + G(x^2)^2$$

dividiert, kann man die Zusatzbedingung $|x| = 1$ auch fallenlassen. Somit hat sich die folgende Aussage ergeben.

Satz 8.11
Der Krümmungsradius des Normalenschnittes, der den Vektor $x = x^1\partial_1 + x^2\partial_2$ enthält, berechnet sich durch

$$\frac{1}{R} = \frac{L(x^1)^2 + 2Mx^1x^2 + N(x^2)^2}{E(x^1)^2 + 2Fx^1x^2 + G(x^2)^2},$$

wobei ein negativer Radius R bedeutet, dass $-\vec{n}$ zum Mittelpunkt des Schmiegkreises zeigt.

Um den Einfluss des Vektors x auf die Krümmung $1/R = -Wx \cdot x/(x \cdot x)$ des entsprechenden Normalenschnittes zu untersuchen, ist es nützlich, das Eigenwertproblem für die Weingarten-Abbildung zu bearbeiten. Dem folgenden Satz zufolge, der auch für die höherdimensionalen Fälle gilt, kann man sich auf Hauptachsentransformation berufen.

Satz 8.12
Die Weingarten-Abbildung W ist symmetrisch in dem Sinne $Wx \cdot y = x \cdot Wy$ für Tangentenvektoren x und y.

Beweis Für tangentiale Vektorfelder X und Y mit $X(P) = x$ und $Y(P) = y$ gilt

$$Wx \cdot y = D_x\vec{n} \cdot y = -\vec{n} \cdot D_xY$$

und

$$x \cdot Wy = x \cdot D_y\vec{n} = -D_yX \cdot \vec{n},$$

und für die Differenz ergibt sich

$$Wx \cdot y - x \cdot Wy = \vec{n} \cdot \left(D_YX - D_XY\right)(P) = -\vec{n} \cdot [X, Y](P) = 0,$$

weil die Lie-Klammer auch wieder tangential ist.

Für einen Punkt P auf einer Fläche M hat die Weingarten-Abbildung reelle Eigenwerte $\lambda_1 \leq \lambda_2$, die auch gleich sein können. Wenn man im Fall $\lambda_1 < \lambda_2$ zueinander orthogonale Eigenvektoren als Basis verwendet, sieht man, dass der Ausdruck $(Wx \cdot x)/(x \cdot x)$ gemäß

$$\lambda_1 \leq \frac{Wx \cdot x}{x \cdot x} \leq \lambda_2$$

beschränkt ist und alle Werte des abgeschlossenen Intervalls annimmt. Für die Krümmung von Normalenschnitten heißt das, dass bei fixiertem Punkt die Krümmungen zwischen zwei Extremalkrümmungen $1/R_1$ und $1/R_2$ (vorzeichenbehaftet), genannt **Hauptkrümmungen**, liegen. Deren arithmetisches Mittel heißt **mittlere Krümmung** $H = \frac{1}{2}(1/R_1 + 1/R_2)$, und das Produkt $K = (1/R_1) \cdot (1/R_2)$ heißt **Gauß-Krümmung**. Diese letzten beiden Zahlen lassen sich leicht aus der Weingarten-Abbildung berechnen.

Satz 8.13

Die Weingarten-Abbildung hat die Matrix

$$W = \frac{-1}{EG - F^2} \begin{pmatrix} G & -F \\ -F & E \end{pmatrix} \begin{pmatrix} L & M \\ M & N \end{pmatrix}.$$

Beweis Im Ansatz

$$W = \begin{pmatrix} w_1^1 & w_2^1 \\ w_1^2 & w_2^2 \end{pmatrix}$$

haben die Elemente der ersten Spalte die Bedeutung

$$W\partial_1 = w_1^1 \partial_1 + w_1^2 \partial_2.$$

Skalare Multiplikation mit ∂_1 liefert

$$w_1^1 E + w_1^2 F = D_{\partial_1}\vec{n} \cdot \partial_1 = -\vec{n} \cdot D_{\partial_1}\partial_1 = -L$$

und mit ∂_2

$$w_1^1 F + w_1^2 G = -M.$$

Analoge Behandlung von

$$W\partial_2 = w_2^1 \partial_1 + w_2^2 \partial_2$$

impliziert zwei weitere Gleichungen, die sich mit der vorherigen in der Matrizengleichung

$$\begin{pmatrix} E & F \\ F & G \end{pmatrix} \begin{pmatrix} w_1^1 & w_2^1 \\ w_1^2 & w_2^2 \end{pmatrix} = \begin{pmatrix} -L & -M \\ -M & -N \end{pmatrix}$$

zusammenfassen lassen. Durch Umstellung ergibt sich die Behauptung.

Satz 8.14

Mittlere Krümmung H und Gauß-Krümmung K berechnen sich durch

$$H = \frac{EN - 2FM + GL}{2(EG - F^2)}$$

und

$$K = \frac{LN - M^2}{EG - F^2}.$$

Beweis Die Zahl $-2H$ ist die Summe der beiden Eigenwerte der in Satz 8.13 angegebenen Matrix, also deren Spur. K ist das Produkt der beiden Eigenwerte von $-W$, also die Determinante

$$\det(-W) = \frac{1}{(EG - F^2)^2} \begin{vmatrix} G & -F \\ -F & E \end{vmatrix} \begin{vmatrix} L & M \\ M & N \end{vmatrix} = \frac{LN - M^2}{EG - F^2}.$$

8.3 Der Ricci-Tensor

Definition 8.5
Der **Ricci-Tensor** Ric ist die Verjüngung des Riemannschen Krümmungstensors bzgl. der mittleren Vektorvariablen, d. h. er hat die Komponenten

$$\text{Ric}_{ik} = R^j_{ijk}. \qquad \blacklozenge$$

Der Vektor $R(Z, Y)X(P)$ hängt trilinear von $X(P)$, $Z(P)$, $Y(P)$ ab, insbesondere linear von $Z(P)$. Entsprechend dem Beispiel nach Def. 3.3 ist dann die Zahl $\text{Ric}(X, Y)(P)$ die Spur dieser linearen Abbildung, und diese Spur hängt linear von $X(P)$ und $Y(P)$ ab.

Satz 8.15
Der Ricci-Tensor ist symmetrisch

Beweis Der Ricci-Tensor wird auf den kovarianten Krümmungstensor zurückgeführt, und es wird dessen Symmetrie (4) aus Satz 8.5 verwendet. Dadurch ergibt sich

$$\text{Ric}_{ik} = R^j_{ijk} = g^{jl} R_{lijk} = g^{jl} R_{jkli} = R^l_{kli} = \text{Ric}_{ki}.$$

Definition 8.6
Der **gemischte Ricci-Tensor**, auch wieder mit Ric bezeichnet, entsteht aus dem Ricci-Tensor durch Indexziehen nach oben, d. h. er hat die Komponenten

$$\text{Ric}^j_i = g^{jk} \text{Ric}_{ik}. \qquad \blacklozenge$$

Der gemischte Ricci-Tensor lässt sich folgendermaßen punktweise als lineare Abbildung interpretieren: *Der gemischte Ricci-Tensor ordnet dem Vektorfeld X dasjenige Vektorfeld Z zu, das im Sinne von* $g(Z, Y) = \text{Ric}(X, Y)$ *das Kovektorfeld* $\text{Ric}(X, \cdot)$ *repräsentiert.* Denn aus

$$g_{ik} Z^i Y^k = \text{Ric}_{jk} X^j Y^k$$

folgt durch Koeffizientenvergleich

$$g_{ik} Z^i = \text{Ric}_{kj} X^j,$$

und die Komponenten von Z lassen sich isolieren durch

$$Z^l = g^{lk} g_{ki} Z^i = g^{lk} \operatorname{Ric}_{kj} X^j = \operatorname{Ric}^l_j X^j.$$

Definition 8.7
Der **Krümmungsskalar** S ist die Verjüngung des gemischten Ricci-Tensors, d. h.

$$S = \operatorname{Ric}^i_i.$$ ◆

Satz 8.16
Der Krümmungsskalar einer Fläche ist das Doppelte ihrer Gauß-Krümmung, also $S = 2K$.

Beweis Wir verwenden eine Karte, für die die beiden Koordinatenvektorfelder ∂_1 und ∂_2 im untersuchten Punkt orthonormal sind. Die Summe

$$S = g^{ik} \operatorname{Ric}_{ik} = g^{ik} R^j_{ijk}$$

reduziert sich dann wegen $g^{12} = g^{21} = 0$ und $g^{11} = g^{22} = 1$ zunächst auf die vier Summanden

$$S = R^1_{111} + R^2_{121} + R^1_{212} + R^2_{222}.$$

Wegen der Schiefsymmetie zwischen der zweiten und der dritten Vektorvariablen (Satz 8.3) gilt $R^1_{111} = R^2_{222} = 0$ und folglich $S = R^2_{121} + R^1_{212}$. Der erste Summand ist die zweite Komponente von

$$R(\partial_2, \partial_1)\partial_1 = (W\partial_1 \cdot \partial_1)W\partial_2 - (W\partial_2 \cdot \partial_1)W\partial_1$$

(Satz 8.8), also

$$R^2_{121} = (W\partial_1 \cdot \partial_1)(W\partial_2 \cdot \partial_2) - (W\partial_2 \cdot \partial_1)(W\partial_1 \cdot \partial_2) = \det W.$$

Genauso gilt

$$R^1_{212} = (W\partial_2 \cdot \partial_2)(W\partial_1 \cdot \partial_1) - (W\partial_1 \cdot \partial_2)(W\partial_2 \cdot \partial_1) = \det W,$$

insgesamt also $S = 2 \det W$. Die Gauß-Krümmung K ist das Produkt der beiden Eigenwerte von $-W$, also gilt

$$K = \det(-W) = \det W.$$

Der letzte Satz hat weitreichende Konsequenzen. Während die Weingarten-Abbildung die Gestalt der Fläche als Teilmenge des Raumes beschreibt, nehmen andere Größen, wie etwa die Zahlen E, F und G und damit die Längenmessung auf der Fläche, keinerlei

Notiz vom umliegenden Raum. Ein Verbiegen der Fläche ändert die Längen von Kurven auf der Fläche nicht. Alle Begriffe, die durch Verbiegen nicht beeinflusst werden, gehören zur **inneren Geometrie** der Fläche. Dazu gehört auch die kovariante Ableitung und damit auch der Krümmungstensor mit Ricci-Tensor und Krümmungsskalar. Im Gegensatz dazu gehören die Weingarten-Abbildung und auch die Hauptkrümmungen zur **äußeren Geometrie** der Fläche. Dass die Gauß-Krümmung K als Produkt der beiden Hauptkrümmungen jedoch wieder biegeinvariant ist, hat Gauß in seinem berühmten **theorema egregium** formuliert und durch Zurückführung von K auf E, F und G und deren partiellen Ableitungen gezeigt. Hier ergibt sich das durch die Beziehung $K = \frac{1}{2}S$ zum biegeinvarianten Krümmungsskalar S.

Theorem 8.17
Die Gauß-Krümmung ist biegeinvariant.

8.4 Die Krümmung der Schwarzschild-Raumzeit

Im Abschn. 7.5 haben wir die kovariante Ableitung für die Koordinatenvektorfelder $\partial_0 = \partial_t$, $\partial_1 = \partial_r$, $\partial_2 = \partial_\vartheta$, $\partial_3 = \partial_\varphi$ bestimmt. Jetzt berechnen wir unter Verwendung dieser Ergebnisse die Matrizen, die die Krümmungsoperatoren beschreiben. Da der Krümmungsoperator bilinear und schiefsymmetrisch von den beiden Vektorfeldern abhängt, brauchen nur die sechs Matrizen (R^k_{i01}), (R^k_{i02}), (R^k_{i03}), (R^k_{i12}), (R^k_{i13}) und (R^k_{i23}) bestimmt zu werden. Für ∂_j und ∂_l ist der Krümmungsoperator $R(\partial_j, \partial_l)$ entsprechend Def. 8.1 charakterisiert durch

$$R(\partial_j, \partial_l)\partial_i = \nabla_{\partial_j}\nabla_{\partial_l}\partial_i - \nabla_{\partial_l}\nabla_{\partial_j}\partial_i.$$

Die vier Komponenten dieses Vektors bilden die i-te Spalte der Matrix $(R^k_{ijl})_{ki}$. Die nullte Spalte von (R^k_{i01}) besteht aus den Komponenten des Vektors

$$\nabla_{\partial_0}\nabla_{\partial_1}\partial_0 - \nabla_{\partial_1}\nabla_{\partial_0}\partial_0 = (\nabla_{\partial_t}\nabla_{\partial_r} - \nabla_{\partial_r}\nabla_{\partial_t})\partial_t = \nabla_{\partial_t}\left(\frac{\mu}{r^2 h(r)}\partial_t\right) - \nabla_{\partial_r}\left(\frac{\mu h(r)}{r^2}\partial_r\right)$$

$$= \frac{\mu}{r^2 h(r)} \cdot \frac{\mu h(r)}{r^2}\partial_r - \left(\frac{6\mu^2}{r^4} - \frac{2\mu}{r^3}\right)\partial_r - \frac{\mu h(r)}{r^2}\left(-\frac{\mu}{r^2 h(r)}\right)\partial_r$$

$$= \frac{2\mu h(r)}{r^3}\partial_r,$$

das sind die Zahlen 0, $2\mu h(r)/r^3$, 0, 0. Aus

$$(\nabla_{\partial_t}\nabla_{\partial_r} - \nabla_{\partial_r}\nabla_{\partial_t})\partial_r = \frac{2\mu}{r^3 h(r)}\partial_t$$

$$(\nabla_{\partial_t}\nabla_{\partial_r} - \nabla_{\partial_r}\nabla_{\partial_t})\partial_\vartheta = 0$$

$$(\nabla_{\partial_t}\nabla_{\partial_r} - \nabla_{\partial_r}\nabla_{\partial_t})\partial_\varphi = 0$$

sind die anderen drei Spalten abzulesen. Die Matrix lautet

$$(R^k_{i01}) = \begin{pmatrix} 0 & \dfrac{2\mu}{r^3 h(r)} & 0 & 0 \\[2mm] \dfrac{2\mu h(r)}{r^3} & 0 & 0 & 0 \\[2mm] 0 & 0 & 0 & 0 \\[2mm] 0 & 0 & 0 & 0 \end{pmatrix} = -(R^k_{i10}).$$

Die fünf anderen Matrizen berechnen sich in analoger Weise zu

$$(R^k_{i02}) = \begin{pmatrix} 0 & 0 & -\dfrac{\mu}{r} & 0 \\[2mm] 0 & 0 & 0 & 0 \\[2mm] -\dfrac{\mu h(r)}{r^3} & 0 & 0 & 0 \\[2mm] 0 & 0 & 0 & 0 \end{pmatrix}$$

$$(R^k_{i03}) = \begin{pmatrix} 0 & 0 & 0 & -\dfrac{\mu \sin^2 \vartheta}{r} \\[2mm] 0 & 0 & 0 & 0 \\[2mm] 0 & 0 & 0 & 0 \\[2mm] -\dfrac{\mu h(r)}{r^3} & 0 & 0 & 0 \end{pmatrix}$$

$$(R^k_{i12}) = \begin{pmatrix} 0 & 0 & 0 & 0 \\[2mm] 0 & 0 & -\dfrac{\mu}{r} & 0 \\[2mm] 0 & \dfrac{\mu}{r^3 h(r)} & 0 & 0 \\[2mm] 0 & 0 & 0 & 0 \end{pmatrix}$$

$$(R^k_{i13}) = \begin{pmatrix} 0 & 0 & 0 & 0 \\[2mm] 0 & 0 & 0 & -\dfrac{\mu \sin^2 \vartheta}{r} \\[2mm] 0 & 0 & 0 & 0 \\[2mm] 0 & \dfrac{\mu}{r^3 h(r)} & 0 & 0 \end{pmatrix}$$

$$(R^k_{i23}) = \begin{pmatrix} 0 & 0 & 0 & 0 \\[2mm] 0 & 0 & 0 & 0 \\[2mm] 0 & 0 & 0 & \dfrac{2\mu \sin^2 \vartheta}{r} \\[2mm] 0 & 0 & -\dfrac{2\mu}{r} & 0 \end{pmatrix}$$

Die Berechnung der Komponenten des Ricci-Tensors gemäß Def. 8.5 ergibt die Null-matrix.

8.5 Zusammenhangsformen und Krümmungsformen

Die Berechnung des Krümmungstensors einer n-dimensionalen semi-Riemannschen Mannigfaltigkeit mit seinen n^4 Komponenten stellt ein erhebliches organisatorisches Problem dar. Eine Möglichkeit zur effektiven und übersichtlichen Berechnung bietet der sogenannte **Cartan-Kalkül** über Formen.

Entsprechend der Definition der Christoffel-Symbole (Def. 7.3) gilt

$$\nabla_{X^i \partial_i} \partial_j = X^i \Gamma^k_{ij} \partial_k.$$

Die Komponenten des Vektorfeldes $\nabla_X \partial_j$ an der Stelle P hängen linear von $X(P)$ ab, sind also 1-Formen.

Definition 8.8
Die n^2 1-Formen

$$\omega^k_j(X) = X^i \Gamma^k_{ij}$$

heißen **Zusammenhangsformen**. ◆

Satz 8.18
Der Krümmungsoperator berechnet sich aus den Zusammenhangsformen durch

$$R(Y, Z)X = X^k(d\omega^j_k(Y, Z) + \omega^j_l \wedge \omega^l_k(Y, Z))\partial_j.$$

Beweis Es gilt

$$
\begin{aligned}
R(Y, Z)X &= \nabla_Y\nabla_Z X - \nabla_Z\nabla_Y X - \nabla_{[Y,Z]} X \\
&= \nabla_Y((ZX^j + X^k\omega^j_k(Z))\partial_j) - \nabla_Z((YX^j + X^k\omega^j_k(Y))\partial_j) \\
&\quad - [Y, Z]X^j\partial_j - X^k\omega^j_k([Y, Z])\partial_j \\
&= Y(ZX^j + X^k\omega^j_k(Z))\partial_j + (ZX^l + X^k\omega^l_k(Z))\omega^j_l(Y)\partial_j \\
&\quad - Z(YX^j + X^k\omega^j_k(Y))\partial_j - (YX^l + X^k\omega^l_k(Y))\omega^j_l(Z)\partial_j \\
&\quad - [Y, Z]X^j\partial_j - X^k\omega^j_k([Y, Z])\partial_j \\
&= \{(YZ - ZY - [Y, Z])X^j + X^k(Y\omega^j_k(Z) - Z\omega^j_k(Y) - \omega^j_k([Y, Z])) \\
&\quad + (YX^k)\omega^j_k(Z) - (YX^l)\omega^j_l(Z) - (ZX^k)\omega^j_k(Y) + (ZX^l)\omega^j_l(Y) \\
&\quad + X^k(\omega^l_k(Z)\omega^j_l(Y) - \omega^l_k(Y)\omega^j_l(Z))\}\partial_j \\
&= \{X^k d\omega^j_k(Y, Z) + X^k(\omega^j_l \wedge \omega^l_k(Y, Z))\}\partial_j.
\end{aligned}
$$

Definition 8.9
Die n^2 2-Formen

$$\Omega_k^j = d\omega_k^j + \omega_l^j \wedge \omega_k^l$$

heißen **Krümmungsformen**.   ◆

Satz 8.19
Der Krümmungstensor R lässt sich mit den Krümmungsformen Ω_j^i als

$$R = \partial_i \otimes \omega^j \otimes \Omega_j^i$$

darstellen, wobei die Formen $\omega^1, \ldots, \omega^n$ dual zu den Koordinatenvektorfeldern $\partial_1, \ldots, \partial_n$ sind.

Beweis Für ein Kovektorfeld A und Vektorfelder X, Y, Z gilt

$$\partial_i \otimes \omega^j \otimes \Omega_j^i(A, X, Y, Z) = A_i X^j \Omega_j^i(Y, Z),$$

und nach Satz 8.18 ergibt sich auch für den Krümmungstensor

$$R(A, X, Y, Z) = \langle R(Y, Z)X, A \rangle = \langle X^j \Omega_j^i(Y, Z)\partial_i, A_l\omega^l \rangle = X^j \Omega_j^i(Y, Z)A_i.$$

Wir demonstrieren jetzt diese Methode mit der Berechnung der in Abschn. 4.5 Beispiel 2 eingeführten Einstein-de Sitter-Raumzeit. Auf der Menge

$$M = (0, \infty) \times \mathbb{R}^3 = \{(u^0, u^1, u^2, u^3) \in \mathbb{R}^4 : u^0 > 0\}$$

ist die Metrik g durch die Komponentenmatrix

$$(g_{ik}) = \begin{pmatrix} 1 & 0 & 0 & 0 \\ 0 & -c(u^0)^{\frac{4}{3}} & 0 & 0 \\ 0 & 0 & -c(u^0)^{\frac{4}{3}} & 0 \\ 0 & 0 & 0 & -c(u^0)^{\frac{4}{3}} \end{pmatrix}$$

bzgl. der Basis $\frac{\partial}{\partial u^0}, \frac{\partial}{\partial u^1}, \frac{\partial}{\partial u^2}, \frac{\partial}{\partial u^3}$ vereinbart. Zur kontravarianten Metrik gehört die Matrix

$$(g^{ik}) = \begin{pmatrix} 1 & 0 & 0 & 0 \\ 0 & -c^{-1}(u^0)^{-\frac{4}{3}} & 0 & 0 \\ 0 & 0 & -c^{-1}(u^0)^{-\frac{4}{3}} & 0 \\ 0 & 0 & 0 & -c^{-1}(u^0)^{-\frac{4}{3}} \end{pmatrix},$$

bezogen auf die duale Basis $\omega^0, \omega^1, \omega^2, \omega^3$. Wegen der Diagonalform der Matrizen vereinfacht sich die Formel zur Berechnung der Christoffel-Symbole, wie schon in Abschn. 7.5 erwähnt und verwendet, zu

$$\Gamma_{ij}^j = \frac{1}{2} g^{jj} \partial_i g_{jj} \quad \text{und} \quad \Gamma_{ii}^k = -\frac{1}{2} g^{kk} \partial_k g_{ii} \quad \text{für} \quad i \neq k.$$

Im Einzelnen ergibt sich hier für $j = 1, 2, 3$

$$\Gamma_{0j}^j = \Gamma_{j0}^j = \frac{2}{3} \cdot \frac{1}{u^0}$$

und ferner

$$\Gamma_{11}^0 = \Gamma_{22}^0 = \Gamma_{33}^0 = \frac{2}{3} c (u^0)^{\frac{1}{3}}.$$

Alle anderen Christoffel-Symbole sind Null. Für die Zusammenhangsformen heißt das gemäß ihrer Definition für $j = 1, 2, 3$

$$\omega_0^j(\partial_j) = \omega_j^j(\partial_0) = \frac{2}{3u^0} \quad \text{und} \quad \omega_j^0(\partial_j) = \frac{2}{3} c (u^0)^{\frac{1}{3}},$$

auf den nicht angegebenen Basiselementen sind die Zusammenhangsformen Null. Es ist abzulesen, dass die sieben Krümmungsformen ω_0^0 und ω_i^k mit $i, k \neq 0$ und $i \neq k$ Null und die übrigen neun Vielfache von Elementen der dualen Basis $\omega^0, \omega^1, \omega^2, \omega^3$ sind. Es gilt

$$\omega_j^j = \frac{2}{3u^0} \omega^0 \quad \text{für} \quad j = 1, 2, 3$$

$$\omega_0^k = \frac{2}{3u^0} \omega^k \quad \text{für} \quad k = 1, 2, 3$$

$$\omega_i^0 = \frac{2}{3} c (u^0)^{\frac{1}{3}} \omega^i \quad \text{für} \quad i = 1, 2, 3.$$

Die äußeren Ableitungen sind

$$d\omega_j^j = 0$$

$$d\omega_0^k = -\frac{2}{3(u^0)^2} \omega^0 \wedge \omega^k$$

$$d\omega_i^0 = \frac{2c}{9(u^0)^{\frac{2}{3}}} \omega^0 \wedge \omega^i.$$

Entsprechend Def. 8.9 lassen sich jetzt die Krümmungsformen Ω_k^j berechnen. Es ergibt sich für $j, k = 1, 2, 3$

$$\Omega_0^0 = \Omega_k^k = 0$$

$$\Omega_0^j = d\omega_0^j + \omega_j^j \wedge \omega_0^j = \left(-\frac{2}{3(u^0)^2} + \left(\frac{2}{3u^0}\right)^2\right)\omega^0 \wedge \omega^j = -\frac{2}{9}\frac{1}{(u^0)^2}\omega^0 \wedge \omega^j$$

$$\Omega_k^0 = d\omega_k^0 + \omega_k^0 \wedge \omega_k^k = \left(\frac{2c}{9(u^0)^{\frac{2}{3}}} - \frac{2}{3}c(u^0)^{\frac{1}{3}} \cdot \frac{2}{3u^0}\right)\omega^0 \wedge \omega^k = -\frac{2}{9}\frac{c}{(u^0)^{\frac{2}{3}}}\omega^0 \wedge \omega^k$$

und für $j \neq k$

$$\Omega_k^j = \omega_0^j \wedge \omega_k^0 = \frac{4}{9}\frac{c}{(u^0)^{\frac{2}{3}}}\omega^j \wedge \omega^k = -\Omega_j^k.$$

Der Krümmungstensor $R = \partial_i \otimes \omega^j \otimes \Omega_j^i$ berechnet sich zu

$$\begin{aligned}
R &= \partial_0 \otimes \omega^1 \otimes \Omega_1^0 + \partial_0 \otimes \omega^2 \otimes \Omega_2^0 + \partial_0 \otimes \omega^3 \otimes \Omega_3^0 \\
&+ \partial_1 \otimes \omega^0 \otimes \Omega_0^1 + \partial_2 \otimes \omega^0 \otimes \Omega_0^2 + \partial_3 \otimes \omega^0 \otimes \Omega_0^3 \\
&+ (\partial_1 \otimes \omega^2 - \partial_2 \otimes \omega^1) \otimes \Omega_2^1 + (\partial_1 \otimes \omega^3 - \partial_3 \otimes \omega^1) \otimes \Omega_3^1 \\
&+ (\partial_2 \otimes \omega^3 - \partial_3 \otimes \omega^2) \otimes \Omega_3^2 \\
&= -\frac{2}{9}\frac{c}{(u^0)^{\frac{2}{3}}}A_1 - \frac{2}{9}\frac{1}{(u^0)^2}A_2 + \frac{4}{9}\frac{c}{(u^0)^{\frac{2}{3}}}A_3
\end{aligned}$$

mit

$$\begin{aligned}
A_1 &= \partial_0 \otimes \omega^1 \otimes (\omega^0 \otimes \omega^1 - \omega^1 \otimes \omega^0) \\
&+ \partial_0 \otimes \omega^2 \otimes (\omega^0 \otimes \omega^2 - \omega^2 \otimes \omega^0) \\
&+ \partial_0 \otimes \omega^3 \otimes (\omega^0 \otimes \omega^3 - \omega^3 \otimes \omega^0) \\
A_2 &= \partial_1 \otimes \omega^0 \otimes (\omega^0 \otimes \omega^1 - \omega^1 \otimes \omega^0) \\
&+ \partial_2 \otimes \omega^0 \otimes (\omega^0 \otimes \omega^2 - \omega^2 \otimes \omega^0) \\
&+ \partial_3 \otimes \omega^0 \otimes (\omega^0 \otimes \omega^3 - \omega^3 \otimes \omega^0) \\
A_3 &= (\partial_1 \otimes \omega^2 - \partial_2 \otimes \omega^1) \otimes (\omega^1 \otimes \omega^2 - \omega^2 \otimes \omega^1) \\
&+ (\partial_1 \otimes \omega^3 - \partial_3 \otimes \omega^1) \otimes (\omega^1 \otimes \omega^3 - \omega^3 \otimes \omega^1) \\
&+ (\partial_2 \otimes \omega^3 - \partial_3 \otimes \omega^2) \otimes (\omega^2 \otimes \omega^3 - \omega^3 \otimes \omega^2).
\end{aligned}$$

Durch Kontraktion entsteht der Ricci-Tensor

$$\text{Ric} = -\frac{2}{9}\frac{c}{(u^0)^{\frac{2}{3}}}K_1 - \frac{2}{9}\frac{1}{(u^0)^2}K_2 + \frac{4}{9}\frac{c}{(u^0)^{\frac{2}{3}}}K_3$$

mit

$$K_1 = \omega^1 \otimes \omega^1 + \omega^2 \otimes \omega^2 + \omega^3 \otimes \omega^3$$
$$K_2 = -3\omega^0 \otimes \omega^0$$
$$K_3 = 2K_1,$$

also

$$\mathrm{Ric} = \frac{2}{3}\frac{1}{(u^0)^2}\omega^0 \otimes \omega^0 + \frac{2}{3}\frac{c}{(u^0)^{\frac{2}{3}}}\left(\omega^1 \otimes \omega^1 + \omega^2 \otimes \omega^2 + \omega^3 \otimes \omega^3\right)$$

mit der Komponentenmatrix

$$\left(\mathrm{Ric}_{ik}\right) = \begin{pmatrix} \dfrac{2}{3}\dfrac{1}{(u^0)^2} & 0 & 0 & 0 \\[2mm] 0 & \dfrac{2}{3}\dfrac{c}{(u^0)^{\frac{2}{3}}} & 0 & 0 \\[2mm] 0 & 0 & \dfrac{2}{3}\dfrac{c}{(u^0)^{\frac{2}{3}}} & 0 \\[2mm] 0 & 0 & 0 & \dfrac{2}{3}\dfrac{c}{(u^0)^{\frac{2}{3}}} \end{pmatrix}.$$

Der gemischte Ricci-Tensor hat die Komponentenmatrix

$$\left(\mathrm{Ric}_k^i\right) = \begin{pmatrix} \dfrac{2}{3}\dfrac{1}{(u^0)^2} & 0 & 0 & 0 \\[2mm] 0 & -\dfrac{2}{3}\dfrac{1}{(u^0)^2} & 0 & 0 \\[2mm] 0 & 0 & -\dfrac{2}{3}\dfrac{1}{(u^0)^2} & 0 \\[2mm] 0 & 0 & 0 & -\dfrac{2}{3}\dfrac{1}{(u^0)^2} \end{pmatrix}$$

mit der Spur

$$S = -\frac{4}{3}\frac{1}{(u^0)^2}.$$

Im nächsten Kapitel wird der Einstein-Tensor $G = \mathrm{Ric} - \frac{1}{2}Sg$ zur Formulierung der Einsteinschen Feldgleichungen eingeführt. In der Einstein-de Sitter-Raumzeit hat seine Komponentenmatrix die Gestalt

$$\left(G_{ik}\right) = \begin{pmatrix} \dfrac{4}{3}\dfrac{1}{(u^0)^2} & 0 & 0 & 0 \\[2mm] 0 & 0 & 0 & 0 \\[2mm] 0 & 0 & 0 & 0 \\[2mm] 0 & 0 & 0 & 0 \end{pmatrix}.$$

Die Zusammenhangsformen ω_j^k in Def. 8.8 beziehen sich auf Koordinatenvektorfelder $\partial_1, \ldots, \partial_n$ und verwenden die mitunter sehr aufwendig zu berechnenden Christoffel-Symbole. Der Begriff kann aber auch allgemeiner gefasst werden und bezieht sich dann auf Vektorfelder $X_1, \ldots, X_n$, die in den Tangentialräumen Basen bilden.

Definition 8.10

Zur Basis $X_1, \ldots, X_n$ sind die **Zusammenhangsformen** ω_j^k definiert durch

$$\nabla_x X_j(P) = \langle x, \omega_j^k(P) \rangle X_k(P) \qquad \text{für} \qquad x \in M_P. \qquad \blacklozenge$$

Für ein Vektorfeld X gilt also

$$\nabla_X x_j = \langle X, \omega_j^k \rangle X_k.$$

Es steht nun die Frage, wie man die Zusammenhangsformen ohne Christoffel-Symbole berechnen soll. Es wird sich zeigen, dass das für semi-orthonormale Basen recht komfortabel möglich ist.

Definition 8.11

Vektorfelder $X_1, \ldots, X_n$ einer n-dimensionalen semi-Riemannschen Mannigfaltigkeit sind eine **semi-orthonormale Basis**, wenn

$$g(X_i, X_j) = \begin{cases} 0 & \text{für} \quad i \neq j \\ \varepsilon_i = \pm 1 & \text{für} \quad i = j \end{cases}$$

gilt. $\blacklozenge$

Die zu $X_1, \ldots, X_n$ duale Basis besteht aus Kovektorfeldern $A_1, \ldots, A_n$ mit

$$\langle X_i, A^k \rangle = \begin{cases} 0 & \text{für} \quad i \neq k \\ 1 & \text{für} \quad i = k \end{cases}$$

und

$$g(A^i, A^j) = \begin{cases} 0 & \text{für} \quad i \neq j \\ \varepsilon_i & \text{für} \quad i = j \end{cases}.$$

Satz 8.20

Für die mit einer semi-orthonormalen Basis $X_1, \ldots, X_n$ mit dualer Basis $A^1, \ldots, A^n$ erzeugten Zusammenhangsformen ω_j^k gilt

(1) $\omega_j^k = -\varepsilon_j \varepsilon_k \omega_k^j$

(2) $dA^i = -\omega_k^i \wedge A^k$

Beweis Für ein Vektorfeld X gilt

$$0 = Xg(X_i, X_j) = g(\nabla_X X_i, X_j) + g(X_i, \nabla_X X_j)$$
$$= \langle X, \omega_i^k \rangle g(X_k, X_j) + \langle X, \omega_j^l \rangle g(X_i, X_l) = \langle X, \omega_i^j \rangle \varepsilon_j + \langle X, \omega_j^i \rangle \varepsilon_i,$$

das ist (1). Wir zeigen (2), indem wir

$$dA^i(X_j, X_l) = -\omega_k^i \wedge A^k(X_j, X_l)$$

bestätigen. Die linke Seite ist

$$dA^i(X_j, X_l) = X_j \langle X_l, A^i \rangle - X_l \langle X_j, A^i \rangle - \langle [X_j, X_l], A^i \rangle = \langle [X_l, X_j], A^i \rangle$$

und die rechte Seite auch

$$-\omega_k^i \wedge A^k(X_j, X_l) = -\langle X_j, \omega_k^i \rangle \langle X_l, A^k \rangle + \langle X_l, \omega_k^i \rangle \langle X_j, A^k \rangle$$
$$= -\langle X_j, \omega_l^i \rangle + \langle X_l, \omega_j^i \rangle = -\langle \nabla_{X_j} X_l, A^i \rangle + \langle \nabla_{X_l} X_j, A^i \rangle$$
$$= \langle [X_l, X_j], A^i \rangle.$$

Satz 8.21
Die Zusammenhangsformen ω_j^i zu einer semi-orthonormalen Basis $X_1, \ldots, X_n$ lassen sich mit der dualen Basis $A^1, \ldots, A^n$ berechnen durch

$$2\langle X_l, \omega_j^i \rangle = dA^i(X_j, X_l) + \varepsilon_i \varepsilon_j dA^j(X_l, X_i) + \varepsilon_i \varepsilon_l dA^l(X_j, X_i)$$
$$= -\langle [X_j, X_l], A^i \rangle - \varepsilon_i \varepsilon_j \langle [X_l, X_i], A^j \rangle - \varepsilon_i \varepsilon_l \langle [X_j, X_i], A^l \rangle.$$

Beweis Nach Satz 8.20(2) gilt

$$dA^i(X_j, X_l) = -\langle X_j, \omega_k^i \rangle \langle X_l, A^k \rangle + \langle X_l, \omega_k^i \rangle \langle X_j, A^k \rangle = -\langle X_j, \omega_l^i \rangle + \langle X_l, \omega_j^i \rangle.$$

Wir vertauschen i, j, l zyklisch und erhalten mit Satz 8.20(1)

$$dA^j(X_l, X_i) = -\langle X_l, \omega_i^j \rangle + \langle X_i, \omega_l^j \rangle = \varepsilon_i \varepsilon_j \langle X_l, \omega_j^i \rangle + \langle X_i, \omega_l^j \rangle$$

und

$$dA^l(X_i, X_j) = -\langle X_i, \omega_j^l \rangle + \langle X_j, \omega_i^l \rangle = \varepsilon_j \varepsilon_l \langle X_i, \omega_l^j \rangle - \varepsilon_i \varepsilon_l \langle X_j, \omega_l^i \rangle.$$

Die Linearkombination dieser drei Gleichungen mit den Koeffizienten 1, $\varepsilon_i \varepsilon_j$, $-\varepsilon_i \varepsilon_l$ ist die zu beweisende Gleichung. Die alternative Formulierung beruht auf Rechenregeln für die äußere Ableitung.

Aus den Zusammenhangsformen ω_j^k ergeben sich gemäß Definition 8.9 die Krümmungsformen

$$\Omega_j^k = d\omega_k^j + \omega_l^j \wedge \omega_k^l.$$

Der Krümmungstensor R lässt sich mit der semi-orthonormalen Basis $X_1, \ldots, X_n$ und der dazu dualen Basis $A^1, \ldots, A^n$ beschreiben als

$$R = X_i \otimes A^j \otimes \Omega_j^i$$

mit den Komponenten

$$R_{ijk}^l = \langle X_u, A^l \rangle \langle X_i, A^v \rangle \Omega_v^u(X_j, X_k) = \Omega_i^l(X_j, X_k).$$

Für die Komponenten des Ricci-Tensors heißt das

$$\mathrm{Ric}_{ik} = \Omega_i^j(X_j, X_k).$$

Für die Berechnung dieser Komponenten müssen nicht alle n^2 Krümmungsformen bestimmt werden, denn aus Satz 8.20(1) folgt auch

$$\Omega_i^j = -\varepsilon_i \varepsilon_j \Omega_j^i.$$

Materie

9

Inhaltsverzeichnis

9.1 Masse

Wir klären jetzt, wie die Masseverteilung in einer Raumzeit zu beschreiben ist. Ob Masse ruht oder strömt, hängt vom Beobachter ab. Dieser registriert eine Strömungsgeschwindigkeit, der entsprechend dem im Abschn. 5.1 formulierten Standpunkt ein zukunftsweisend zeitartiger Tangentenvektor z mit $g(z, z) = 1$ zugrunde liegen muss. In jedem Punkt liegt ein solcher Vektor vor, es handelt sich also um ein Vektorfeld Z mit $g(Z, Z) = 1$ und zukunftsweisenden Vektoren $Z(P)$. Zu berücksichtigen sind ferner eine Intensität im Sinne von **Dichte** und ein isotroper **Druck**, beschrieben durch skalare Felder ϱ und p. Weil insbesondere die Masse vom Beobachter abhängt, ist das auch von der Dichte zu erwarten. Die Zahl $\varrho(P)$ soll die Dichte sein, die der in der Strömung Z treibende Beobachter $z = Z(P)$ registriert. Andere Wechselwirkungen wie Viskosität und Temperaturaustausch sollen dagegen keine Rolle spielen. Insgesamt ist durch diese Überlegungen begründet, warum man unter einer **idealen Strömung** ein solches Tripel $[Z, \varrho, p]$ versteht. Es ist zu erwarten, dass zwischen X, ϱ und p noch irgendwelche Beziehungen bestehen, ähnlich den Grundgleichungen der Hydrodynamik in der Newtonschen Mechanik. Solche Gesetze können wir aber erst im Abschn. 11.5 komfortabel formulieren.

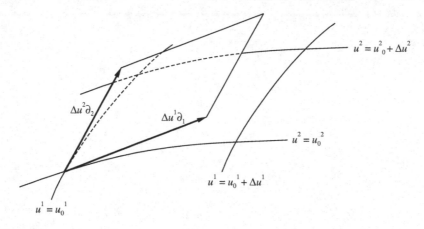

Abb. 9.1 Zur Berechnung des Volumens

Die Dichte als Quotient von Masse durch Volumen hängt, wie schon erwähnt, vom Beobachter ab. Wie Masse umgerechnet wird, wurde bereits in Def. 5.6 festgelegt. Das Volumen wird durch die Längenkontraktion (siehe Einführung) beeinflusst. Die im Folgenden eingeführte Volumenmessung im Tangentialraum trägt dem Rechnung.

Definition 9.1
Für einen Beobachter x hat das von den drei raumartigen Vektoren v_1, v_2, v_3 aufgespannte Parallelepiped das **Volumen** $V(x, v_1, v_2, v_3)$, wobei V die Volumenform (Def. 6.4) ist und die Vektoren v_1, v_2, v_3 als Rechtssystem angeordnet sein müssen.   ◆

Im Fall $v_i \in x^\perp$ ist $V(x, v_1, v_2, v_3)$ das durch die Metrik $-g$ erzeugte euklidische Volumen, denn sowohl $V(x, ., ., .)$ als auch das euklidische Volumen hängen trilinear von den drei Kantenvektoren v_1, v_2, v_3 ab und ergeben für ein Orthonormalsystem den Wert 1.

Zur Berechnung der von einem Beobachter x zu messenden Dichte der Strömung lässt sich ein von drei Paaren von Koordinatenebenen in $x^\perp$ gebildeter Bereich mit dem entsprechenden Parallelepiped im Tangentialraum identifizieren. In Abb. 9.1 ist das um eine Dimension reduzierte Analogon dargestellt.

Der Beobachter x registriert eine Strömungsgeschwindigkeit v, es gilt also

$$\frac{x + v}{\sqrt{1 + g(v, v)}} = z.$$

Die linear unabhängigen raumartigen Vektoren $v_1, v_2, v_3 \in x^\perp$ seien als Rechtssystem angeordnet. Für z hat das von diesen Vektoren aufgespannte Parallelepiped das

Volumen

$$V(z, v_1, v_2, v_3) = V\left(\frac{x+v}{\sqrt{1+g(v,v)}}, v_1, v_2, v_3\right) = \frac{V(x, v_1, v_2, v_3)}{\sqrt{1+g(v,v)}}.$$

Darin befindet sich Substanz, die für z die Masse $\varrho V(z, v_1, v_2, v_3)$ hat. Für den Beobachter x ist das gemäß Def. 5.6 die Masse

$$\frac{\varrho V(z, v_1, v_2, v_3)}{\sqrt{1+g(v,v)}} = \frac{\varrho V(x, v_1, v_2, v_3)}{1+g(v,v)}.$$

Der Beobachter x registriert also eine Dichte

$$\frac{\varrho}{1+g(v,v)} = \varrho(g(x,z))^2.$$

9.2 Energie und Impuls einer Strömung

Eine Strömung wird in der nichtrelativistischen Hydrodynamik durch den orts- und zeit-abhängigen **Strömungsvektor** $v = (v^1, v^2, v^3)$ beschrieben. Wir verwenden hier eine orthonormale Basis e_1, e_2, e_3. Von Bedeutung ist ferner der **Druck** p, auch abhängig von Ort und Zeit. Die **Dichte** ϱ ist im Fall einer inkompressiblen Flüssigkeit konstant. ϱv ist der sogenannte **Stromdichtevektor**. Reibung, Temperaturaustausch und Schwerkraft ignorieren wir hier.

Im allgemeinen Fall variabler Dichte strömt aus dem Gebiet Ω die Masse

$$\iint_{\partial\Omega} \varrho v \, d\vec{o} = \iiint_{\Omega} \mathrm{div}(\varrho v) \, dx$$

und bewirkt dadurch eine Änderung der in Ω enthaltenen Masse gemäß

$$\iiint_{\Omega} \left(-\frac{\partial \varrho}{\partial t}\right) dx = -\frac{d}{dt} \iiint_{\Omega} \varrho \, dx = \iiint_{\Omega} \mathrm{div}(\varrho v) \, dx.$$

Daraus folgt die **Kontinuitätsgleichung**

$$\frac{\partial \varrho}{\partial t} + \mathrm{div}(\varrho v) = 0$$

und speziell für inkompressible Flüssigkeiten $\mathrm{div}\, v = 0$.

Auf die Substanz im Gebiet Ω wirkt infolge des Druckes p die Kraft

$$-\iint_{\partial\Omega} p\, d\vec{o} = -\left(\iint_{\partial\Omega} pe_1\, d\vec{o},\ \iint_{\partial\Omega} pe_2\, d\vec{o},\ \iint_{\partial\Omega} pe_3\, d\vec{o}\right)$$

$$= -\left(\iiint_{\Omega} \frac{\partial p}{\partial x^1}\, dx,\ \iiint_{\Omega} \frac{\partial p}{\partial x^2}\, dx,\ \iiint_{\Omega} \frac{\partial p}{\partial x^3}\, dx\right)$$

$$= -\iiint_{\Omega} \operatorname{grad} p\, dx,$$

die eine Beschleunigung gemäß

$$\iiint_{\Omega} \varrho \frac{dv}{dt}\, dx = -\iiint_{\Omega} \operatorname{grad} p\, dx$$

bewirkt. Dabei ist die Ableitung $\frac{dv}{dt}$ in dem Sinne

$$\frac{d}{dt} v\left(t, x^1(t), x^2(t), x^3(t)\right) = \frac{\partial v}{\partial t} + \operatorname{grad} v \cdot v$$

mit

$$\operatorname{grad} v = \begin{pmatrix} \operatorname{grad} v^1 \\ \operatorname{grad} v^2 \\ \operatorname{grad} v^3 \end{pmatrix} = \begin{pmatrix} \dfrac{\partial v^1}{\partial x^1} & \dfrac{\partial v^1}{\partial x^2} & \dfrac{\partial v^1}{\partial x^3} \\[2mm] \dfrac{\partial v^2}{\partial x^1} & \dfrac{\partial v^2}{\partial x^2} & \dfrac{\partial v^2}{\partial x^3} \\[2mm] \dfrac{\partial v^3}{\partial x^1} & \dfrac{\partial v^3}{\partial x^2} & \dfrac{\partial v^3}{\partial x^3} \end{pmatrix} = \frac{\partial v}{\partial x}$$

zu verstehen. Durch Gleichsetzung der Integranden ergibt sich die bekannte **Eulersche Gleichung**

$$\frac{\partial v}{\partial t} + \frac{\partial v}{\partial x} v + \frac{1}{\varrho} \operatorname{grad} p = 0.$$

Eine Strömung beinhaltet Energie, beschrieben durch eine Energiedichte, die sich aus zwei Summanden zusammensetzt. Der eine Anteil $\varrho|v|^2/2$ ist die kinetische Energie der strömenden Substanz, und der andere Summand $\varepsilon\varrho$ beschreibt die innere Energie, die in den Molekularbewegungen steckt. Dabei ist ε die innere Energie pro Masse.

Der durch den Summanden $\varepsilon\varrho$ der Energiedichte bestimmte Anteil der Energiestromdichte ist offenbar $\varepsilon\varrho v$. Der zu $\varrho|v|^2/2$ gehörige Anteil s der Energiestromdichte ist durch die Bilanzgleichung

$$-\frac{d}{dt} \iiint_{\Omega} \frac{\varrho|v|^2}{2}\, dx = \iint_{\partial\Omega} s\, d\vec{o}$$

bzw.

$$-\frac{\partial}{\partial t}\frac{\varrho|v|^2}{2} = \operatorname{div} s$$

charakterisiert. Um s zu berechnen, setzen wir in

$$-\frac{\partial}{\partial t}\frac{\varrho|v|^2}{2} = -\varrho v \cdot \frac{\partial v}{\partial t}$$

die Eulersche Gleichung ein und erhalten unter Verwendung der Identität

$$\left(\frac{\partial v}{\partial x}\right)^T v = \operatorname{grad}\frac{|v|^2}{2}$$

im Fall einer inkompressiblen Flüssigkeit die Darstellung

$$-\frac{\partial}{\partial t}\frac{\varrho|v|^2}{2} = \varrho v \cdot \left(\frac{\partial v}{\partial x}v + \frac{1}{\varrho}\operatorname{grad} p\right) = \varrho\left(\frac{\partial v}{\partial x}\right)^T v \cdot v + v \cdot \operatorname{grad} p$$

$$= \varrho v \cdot \operatorname{grad}\frac{|v|^2}{2} + \operatorname{div}(pv) = \operatorname{div}\left(\left(\frac{\varrho|v|^2}{2} + p\right)v\right).$$

Damit ist

$$s = \left(\frac{\varrho|v|^2}{2} + p\right)v$$

abzulesen. Insgesamt hat sich zur **Energiedichte** $(|v|^2/2 + \varepsilon)\varrho$ die **Energiestromdichte** $(\varrho|v|^2/2 + p + \varepsilon\varrho)v$ ergeben.

Das ist der Newtonsche Standpunkt Energiedichte und Energiestromdichte betreffend. In der Relativitätstheorie wird die Masse als Energie aufgefasst (siehe Abschn. 5.2). Folglich ist dann bei der Energiedichte noch die Zahl ϱ zu addieren. Entsprechend ist bei der Energiestromdichte der Summand ϱv zu ergänzen. Schließlich muss für große Geschwindigkeiten v auch noch die Veränderung des Volumens, wie im vorhergehenden Abschnitt erklärt, berücksichtigt werden. Wir kommen im folgenden Abschnitt darauf zurück.

Jetzt wenden wir uns den Newtonschen Begriffen Impulsdichte und Impulsstromdichte zu. Entsprechend dem Beitrag jedes einzelnen Teilchens hat die Strömung im Gebiet Ω den Impuls

$$\iiint_\Omega \varrho v\, dx = \left(\iiint_\Omega \varrho v^1\, dx,\ \iiint_\Omega \varrho v^2\, dx,\ \iiint_\Omega \varrho v^3\, dx\right),$$

die **Impulsdichte** ist also ϱv. Seine zeitliche Änderung lässt sich mit Hilfe der Eulerschen Gleichung als

$$\frac{d}{dt}\iiint_\Omega \varrho v\, dx = \iiint_\Omega \varrho\frac{\partial v}{\partial t}\, dx = -\iiint_\Omega \varrho\frac{\partial v}{\partial x}v\, dx - \iiint_\Omega \operatorname{grad} p\, dx$$

formulieren. Für die i-te Komponente heißt das gemäß dem Gaußschen Integralsatz

$$\frac{d}{dt} \iiint\limits_{\Omega} \varrho v^i \, dx = -\varrho \iiint\limits_{\Omega} v \cdot \operatorname{grad} v^i \, dx - \iiint\limits_{\Omega} \frac{\partial p}{\partial x^i} \, dx$$

$$= -\varrho \iiint\limits_{\Omega} \operatorname{div}(v^i v) \, dx - \iiint\limits_{\Omega} \operatorname{div}(p e_i) \, dx = - \iint\limits_{\partial\Omega} (\varrho v^i v + p e_i) \, d\vec{o},$$

insgesamt ergibt sich die Bilanzgleichung

$$-\frac{d}{dt} \iiint\limits_{\Omega} \varrho v \, dx = \left(\iint\limits_{\partial\Omega} P_{1k} n^k \, do, \iint\limits_{\partial\Omega} P_{2k} n^k \, do, \iint\limits_{\partial\Omega} P_{3k} n^k \, do \right)$$

mit dem nach außen gerichteten Normaleneinheitsvektor $n^k e_k$ und der Komponentenmatrix

$$(P_{ik}) = \begin{pmatrix} \varrho v^1 v^1 + p & \varrho v^1 v^2 & \varrho v^1 v^3 \\ \varrho v^2 v^1 & \varrho v^2 v^2 + p & \varrho v^2 v^3 \\ \varrho v^3 v^1 & \varrho v^3 v^2 & \varrho v^3 v^3 + p \end{pmatrix}$$

des sogenannten **Impulsstromdichtetensors**. Wenn man den Impuls als Linearform auffasst, und das sollte man in diesem Zusammenhang auch tun, erhält die Bilanzgleichung die Gestalt

$$-\frac{d}{dt} \iiint\limits_{\Omega} \varrho v \, dx \cdot y = \iint\limits_{\partial\Omega} P(y, \vec{n}) \, do,$$

und der Impulsstromdichtetensor P erweist sich als zweifach kovariant. Aus der Matrix ist abzulesen, dass er symmetrisch ist. Koordinatenfrei lässt er sich als

$$P(x, y) = \varrho(v \cdot x)(v \cdot y) + p(x \cdot y)$$

formulieren. Die Linearform $P(x, .)$ gibt den Impuls an, der pro Zeiteinheit und pro Flächeneinheit durch eine Fläche mit Normaleneinheitsvektor x fließt.

9.3   Der Energie-Impuls-Tensor

Der Newtonsche Begriff des Impulses wurde in Def. 5.5 und 5.6 mit der Energie zur Impulsform ergänzt. Entsprechend fassen wir jetzt Impulsstromdichtetensor, Impulsdichte, Energiestromdichte und Energiedichte zum Energie-Impuls-Tensor T zusammen. Wie der Impulsstromdichtetensor P ist auch T symmetrisch und zweifach kovariant, definiert aber auf dem gesamten Tangentialraum des betreffenden Punktes. Die folgenden Überlegungen sollen die nachfolgende Def. 9.2 motivieren.

So wie auch die die Impulsform beinhaltenden Newtonschen Begriffe Energie und Impuls vom Beobachter abhängen, spezifiziert der Beobachter x am Energie-Impuls-Tensor T die oben genannten nichtrelativistischen Begriffe, wobei wieder der Unterraum $x^\perp$ die Rolle des euklidischen Raumes $\mathbb{R}^3$ spielt. Nach dem Vorbild des Impulsstromdichtetensors ist für $u \in x^\perp$ die Linearform $T(u, .)$ die Impulsform, die pro Zeiteinheit durch eine Fläche mit dem Normalenvektor u fließt. Insbesondere ist die Einschränkung von $-T(u, .)$ auf $x^\perp$ der (Newtonsche) Impuls, der durch diese Fläche fließt, und $T(u, x)$ ist die Energie, die durch die Fläche fließt. Die Einschränkung von $T(., x)$ auf $x^\perp$ ist also die Energiestromdichte, gleichzeitig auch die Impulsdichte, entsprechend ist dann $T(x, x)$ die Energiedichte.

Der Strömungsvektor z kann auch selbst Beobachter sein. Für diesen Beobachter fließt keine Energie, die Energiedichte ist ϱ, und der Imulsstromdichtetensor ist das p-fache des Skalarproduktes der beiden beteiligten Vektoren. Gemäß obiger Interpretationen muss also gelten

$$T(x, z) = 0 \quad \text{für} \quad x \in z^\perp$$
$$T(z, z) = \varrho$$
$$T(x, y) = p(-g(x, y)) \quad \text{für} \quad x, y \in z^\perp.$$

Satz 9.1

T sei ein symmetrischer zweifach kovarianter Tensor auf einem Lorentz-Raum, und für den zeitartigen Vektor z gelte $g(z, z) = 1$. Dann ist T durch

$$T(z, z) = \varrho$$
$$T(x, z) = 0 \quad \textit{für} \quad x \in z^\perp$$
$$T(x, y) = -pg(x, y) \quad \textit{für} \quad x, y \in z^\perp$$

eindeutig bestimmt und hat die Darstellung

$$T(x, y) = (\varrho + p)g(x, z)g(y, z) - pg(x, y).$$

Beweis Jeder Vektor x des Lorentz-Raumes lässt sich zerlegen in ein Vielfaches von z und ein Element des dazu orthogonalen Unterraumes $z^\perp$. Ein Ansatz mit unbekanntem Koeffizienten zu z liefert die Zerlegung

$$x = g(x, z)z + (x - g(x, z)z).$$

Für den Tensor T gilt deshalb

$$\begin{aligned}
T(x, y) &= T(g(x, z)z + (x - g(x, z)z), g(y, z)z + (y - g(y, z)z)) \\
&= g(x, z)g(y, z)T(z, z) + T(x - g(x, z)z, y - g(y, z)z) \\
&= g(x, z)g(y, z)\varrho - pg(x - g(x, z)z, y - g(y, z)z) \\
&= \varrho g(x, z)g(y, z) - pg(x, y) + pg(x, z)g(y, z).
\end{aligned}$$

Definition 9.2

Der **Energie-Impuls-Tensor** T einer idealen Strömung $[Z, \varrho, p]$ ist das Tensorfeld

$$T(P)(x, y) = (\varrho(P) + p(P))g(x, Z(P))g(y, Z(P)) - p(P)g(x, y)$$

für $x, y \in M_P$. Für einen Beobachter x im Punkt P hat die Strömung die **Energiedichte** $T(P)(x, x)$, **Energiestromdichte** und **Impulsdichte** sind die Einschränkung von $-T(P)(x, .)$ auf $x^\perp$, und die Einschränkung der Bilinearform $T(P)$ auf $x^\perp$ ist die **Impulstromdichte**. ◆

Ein Beobachter $x \in M_P$ nimmt, wie schon im Abschn. 9.1 erwähnt, eine Strömungsgeschwindigkeit v, charakterisiert durch

$$\frac{x + v}{\sqrt{1 + g(v, v)}} = Z(p),$$

wahr. Demzufolge beobachtet er eine Energiedichte

$$T(x, x) = (\varrho + p)\left(g\left(x, \frac{x + v}{\sqrt{1 + g(v, v)}}\right)\right)^2 - pg(x, x)$$

$$= \frac{\varrho + p}{1 + g(v, v)} - p = \frac{\varrho}{1 + g(v, v)} - \frac{pg(v, v)}{1 + g(v, v)}.$$

Beim Vergleich mit dem Newtonschen Grenzfall für kleine Geschwindigkeiten ist zunächst der vom Druck p beeinflusste Anteil zu vernachlässigen. Ferner ist zu beachten, dass das hier verwendete ϱ nicht mit dem ϱ aus dem vorigen Abschnitt identisch ist. Wenn man $\varrho = (1 + \varepsilon)\sigma$ substituiert und die Taylor-Entwicklung

$$\frac{1}{\sqrt{1 + g(v, v)}} = 1 - \frac{1}{2}g(v, v) + \cdots$$

verwendet, ergibt sich

$$\frac{\varrho}{1 + g(v, v)} \approx \frac{\varepsilon\sigma}{1 + g(v, v)} + \frac{\sigma(1 - g(v, v)/2)}{\sqrt{1 + g(v, v)}}$$

$$= \frac{\varepsilon\sigma}{1 + g(v, v)} + \frac{\sigma}{\sqrt{1 + g(v, v)}} + \frac{\sigma v^2/2}{\sqrt{1 + g(v, v)}},$$

und damit spielt σ die Rolle der im vorigen Abschnitt mit ϱ bezeichneten Größe, wobei aber das Volumen auf den Beobachter x umgerechnet ist.

Zur Charakterisierung der Einschränkung von $-T(x, .)$ auf $x^\perp$ ist für $y \in x^\perp$ die Zahl $T(x, y)$ darzustellen. Es gilt

$$T(x, y) = (\varrho + p)g\left(x, \frac{x + v}{\sqrt{1 + g(v, v)}}\right)g\left(y, \frac{x + v}{\sqrt{1 + g(v, v)}}\right) - pg(x, y)$$

$$= \frac{\varrho + p}{\sqrt{1 + g(v, v)}} \frac{g(y, v)}{\sqrt{1 + g(v, v)}} = g\left(y, \frac{(\varrho + p)v}{1 + g(v, v)}\right).$$

Zum Vergleich mit der Newtonschen Energiestromdichte substituieren wir wieder $\varrho = (1 + \varepsilon)\sigma$ und lesen ab, dass die Einschränkung der Linearform $-T(x, .)$ auf $x^\perp$ mit dem Skalarprodukt $-g$ durch den Vektor

$$\frac{((1 + \varepsilon)\sigma + p)v}{1 + g(v, v)} = \frac{\sigma v}{1 + g(v, v)} + \frac{\varepsilon \sigma v + pv}{1 + g(v, v)} \approx \left(\frac{\sigma + \sigma v^2/2}{\sqrt{1 + g(v, v)}} + \frac{\varepsilon \sigma + p}{1 + g(v, v)}\right)v$$

repräsentiert wird.

Die Impulsstromdichte ist die auf $x^\perp$ eingeschränkte Bilinearform

$$T(y_1, y_2) = (\varrho + p)g\left(y_1, \frac{x + v}{\sqrt{1 + g(v, v)}}\right)g\left(y_2, \frac{x + v}{\sqrt{1 + g(v, v)}}\right) - pg(y_1, y_2)$$

$$= \frac{\varrho + p}{1 + g(v, v)}g(y_1, v)g(y_2, v) - pg(y_1, y_2)$$

$$= \varrho\frac{g(y_1, v)g(y_2, v)}{1 + g(v, v)} + p\frac{g(y_1, v)g(y_2, v) - g(y_1, y_2) - g(y_1, y_2)g(v, v)}{1 + g(v, v)}$$

$$\approx \frac{\varrho g(y_1, v)g(y_2, v) - pg(y_1, y_2)}{1 + g(v, v)},$$

und die letzte Approximation entspricht im Wesentlichen der im vorigen Abschnitt gegebenen Formel.

Abschließend sei noch die Komponentendarstellung des Energie-Impuls-Tensors erwähnt. Aus Def. 9.2 ist

$$T_{ik} = (\varrho + p)g_{ij}g_{kl}z^j z^l - pg_{ik}$$

abzulesen. Bzgl. einer Lorentz-Basis gilt

$$T_{00} = (\varrho + p)z^0 z^0 - p$$

$$T_{0k} = T_{k0} = -(\varrho + p)z^0 z^k \quad \text{für } k = 1, 2, 3$$

$$T_{kk} = (\varrho + p)z^k z^k + p \quad \text{für } k = 1, 2, 3$$

$$T_{ik} = (\varrho + p)z^i z^k \quad \text{für } i, k = 1, 2, 3, \ i \neq k.$$

Für einen Betrachter x, ergänzt zu einer Lorentz-Basis x, e_1, e_2, e_3, ist

$$z^0 = g(x, z) = g\left(x, \frac{x + v}{\sqrt{1 + g(v, v)}}\right) = \frac{1}{\sqrt{1 - \sum_{i=1}^{3}(v^i)^2}}$$

und

$$z^k = g\left(e_k, \frac{x + v}{\sqrt{1 + g(v, v)}}\right) = \frac{v^k}{\sqrt{1 - \sum_{i=1}^{3}(v^i)^2}} \quad \text{für } k = 1, 2, 3,$$

wobei v^1, v^2, v^3 die Komponenten des vom Beobachter x wahrgenommenen Strömungs-vektors v sind.

9.4   Ladung

Definition 9.3
Elektrischer Strom $[J, \sigma]$ ist ein punktweise zukunftsweisend zeitartiges Vektorfeld J mit $g(J, J) = 1$ und ein skalares Feld σ. Das Kovektorfeld $S = -\sigma g(., J)$ heißt **Ladung-Strom-Form**. Für einen Beobachter x ist $L = -S(x) = \sigma g(x, J)$ die **Ladungs-dichte** und der Vektor $I \in x^\perp$, der die Einschränkung von S auf $x^\perp$ bzgl. g repräsentiert, die **Stromdichte** I.   ◆

Ein mitgeführter Beobachter $x = J$ registriert eine Ladungsdichte $L = -S(J) = \sigma$. Das skalare Feld σ ist also als Ruhladungsdichte zu interpretieren. Ladungsdichte L und Stromdichte I hängen vom Beobachter ab und müssen beim Übergang zu einem anderen Beobachter umgerechnet werden.

Satz 9.2
Ein Beobachter x registriert eine Ladungsdichte L und eine Stromdichte mit den Kompo-nenten I^1, I^2, I^3 bzgl. der orthonormalen Basis $e_1, e_2, e_3 \in x^\perp$. Ein anderer Beobachter x', den der erste Beobachter mit einer Relativgeschwindigkeit βe_1 sieht, misst dann eine Ladungsdichte

$$L' = \frac{L - \beta I^1}{\sqrt{1 - \beta^2}}$$

und eine Stromdichte mit Komponenten

$$(I^1)' = \frac{I^1 - \beta L}{\sqrt{1 - \beta^2}}, \quad (I^2)' = I^2, \quad (I^3)' = I^3$$

bzgl. der Basis $(\beta x + e_1)/\sqrt{1 - \beta^2}, e_2, e_3 \in (x')^\perp$.

Beweis Der Beobachter x sieht den anderen Beobachter

$$x' = \frac{x + \beta e_1}{\sqrt{1 - \beta^2}}.$$

Letzterer misst eine Ladungsdichte

$$L' = -S(x') = \sigma g\left(\frac{x + \beta e_1}{\sqrt{1 - \beta^2}}, J\right) = \frac{\sigma}{\sqrt{1 - \beta^2}}(g(x, J) + \beta g(e_1, J)) = \frac{L - \beta I^1}{\sqrt{1 - \beta^2}}.$$

Die erste Komponente der Stromdichte transformiert sich gemäß

$$(I^1)' = g\left(\frac{\beta x + e_1}{\sqrt{1 - \beta^2}}, I\right) = -\sigma g\left(\frac{\beta x + e_1}{\sqrt{1 - \beta^2}}, J\right)$$

$$= \frac{-\sigma \beta g(x, J) - \sigma g(e_1 J)}{\sqrt{1 - \beta^2}} = \frac{-\beta L + g(e_1, I)}{\sqrt{1 - \beta^2}} = \frac{I^1 - \beta L}{\sqrt{1 - \beta^2}}.$$

Die Rechnung zeigt auch, dass sich die beiden anderen Komponenten nicht verändern.

Im Abschn. 6.5 haben wir die klassischen Maxwell-Gleichungen im Vakuum mit Differentialformen formuliert. Nachdem wir jetzt geklärt haben, wie die Ladung zu beschreiben ist, können wir nun auch den allgemeinen Fall bearbeiten. Die Gleichungen div $B = 0$ und rot $E + \frac{\partial B}{\partial t} = 0$ gelten auch allgemein und werden Satz 6.15 zufolge durch $dF = 0$ zusammengefasst. Die beiden anderen Maxwell-Gleichungen lauten bekanntlich div $E = 4\pi L$ und rot $B - \frac{\partial E}{\partial t} = 4\pi I$ mit der Ladungsdichte L und der Stromdichte I.

Satz 9.3
Die Gleichungen div $E = 4\pi L$ *und* rot $B - \frac{\partial E}{\partial t} = 4\pi I$ *sind äquivalent zu* $d * F = *4\pi S$.

Beweis Wie beim Beweis von Satz 6.13 wählen wir wieder eine Karte, deren Koordinatenvektorfelder $\partial_0, \partial_1, \partial_2, \partial_3$ punktweise eine positiv orientierte Lorentz-Basis bilden. Der Beobachter ∂_0 registriert eine Ladungsdichte $L = -S(\partial_0) = -S_0$ und eine Stromdichte $I \in \partial_0^\perp$, charaterisiert durch $S(y) = g(y, I)$ für $y \in \partial_0^\perp$. Die Komponenten S_1, S_2, S_3 von S berechnen sich also aus den Komponenten von I durch

$$S_i = S(\partial_i) = I^i \quad \text{für } i = 1, 2, 3.$$

Die Ladung-Strom-Form S hat deshalb die Darstellung

$$S = -L \, du^0 + I^1 \, du^1 + I^2 \, du^2 + I^3 \, du^3.$$

Bei der Berechnung des Hodge-Stern-Operators im Sinne von Def. 6.5 ist $J\,\partial_0 = du^0$ und $J\,\partial_i = -du^i$ für $i = 1, 2, 3$ zu beachten. Es gilt

$$*du^0 = (-1)^3(-du^1) \wedge (-du^2) \wedge (-du^3)$$
$$*(-du^1) = -(-1)^2 du^0 \wedge (-du^2) \wedge (-du^3)$$
$$*(-du^2) = (-1)^2 du^0 \wedge (-du^1) \wedge (-du^3)$$
$$*(-du^3) = -(-1)^2 du^0 \wedge (-du^1) \wedge (-du^2)$$

und insgesamt

$$*S = -L\,du^1 \wedge du^2 \wedge du^3 + I^1\,du^0 \wedge du^2 \wedge du^3 - I^2\,du^0 \wedge du^1 \wedge du^3$$
$$+ I^3\,du^0 \wedge du^1 \wedge du^2.$$

Zur Darstellung des Differentials des Maxwell-Tensors ersetzen wir in der im Beweis von Satz 6.15 gegebenen Darstellung von dF die elektrische Felstärke E durch $-B$ und die magnetische Feldstärke B durch E und erhalten

$$d * F = \left(-\frac{\partial E^1}{\partial u^1} - \frac{\partial E^2}{\partial u^2} - \frac{\partial E^3}{\partial u^3} \right) du^1 \wedge du^2 \wedge du^3$$
$$+ \left(\frac{\partial B^3}{\partial u^2} - \frac{\partial B^2}{\partial u^3} - \frac{\partial E^1}{\partial u^0} \right) du^0 \wedge du^2 \wedge du^3$$
$$+ \left(\frac{\partial B^3}{\partial u^1} - \frac{\partial B^1}{\partial u^3} + \frac{\partial E^2}{\partial u^0} \right) du^0 \wedge du^1 \wedge du^3$$
$$+ \left(\frac{\partial B^2}{\partial u^1} - \frac{\partial B^1}{\partial u^2} - \frac{\partial E^3}{\partial u^0} \right) du^0 \wedge du^1 \wedge du^2.$$

Die zu zeigende Äquivalenz ist jetzt abzulesen.

9.5   Energie und Impuls im elektromagnetischen Feld

Neben der Masse liefert auch die Ladung einen Beitrag zum Energie-Impuls-Tensor. Zur Vorbereitung seiner Berechnung formulieren und begründen wir jetzt den **Energiesatz** (Satz 9.4) und den **Impulssatz** (Satz 9.5) aus der klassischen Elektrodynamik.

Satz 9.4

Die zeitabhängigen Vektorfelder E, B, I seien durch rot $E + \frac{\partial B}{\partial t} = 0$ *und* rot $B = \frac{\partial E}{\partial t} + 4\pi I$ *gekoppelt. Dann gilt für jedes Integrationsgebiet Ω*

$$\iiint\limits_{\Omega} I \cdot E\, dx + \frac{d}{dt} \iiint\limits_{\Omega} \frac{E \cdot E + B \cdot B}{8\pi}\, dx + \iint\limits_{\partial\Omega} \frac{E \times B}{4\pi}\, d\vec{o} = 0.$$

Beweis Durch die geforderten Gleichungen und die Identität

$$\operatorname{div}(E \times B) = B \cdot \operatorname{rot} E - E \cdot \operatorname{rot} B$$

ergibt sich mit dem Gaußschen Integralsatz

$$\frac{d}{dt} \iiint\limits_{\Omega} \frac{E \cdot E + B \cdot B}{8\pi} \, dx = \iiint\limits_{\Omega} \frac{E \cdot \frac{\partial E}{\partial t} + B \cdot \frac{\partial B}{\partial t}}{4\pi} \, dx$$

$$= \iiint\limits_{\Omega} \frac{E \cdot \operatorname{rot} B - B \cdot \operatorname{rot} E}{4\pi} \, dx - \iiint\limits_{\Omega} I \cdot E \, dx$$

$$= -\iint\limits_{\partial \Omega} \frac{E \times B}{4\pi} \, d\vec{o} - \iiint\limits_{\Omega} I \cdot E \, dx.$$

Selbstverständlich sind die Vektorfelder E, B und I in Satz 9.4 als elektrische und magnetische Feldstärke und Stromdichte zu interpretieren, die beiden geforderten Gleichungen sind zwei der vier Maxwell-Gleichungen. Das erste Integral der im Energiesatz formulierten Gleichungen ist die Änderung der kinetischen Energie der im Gebiet befindlichen Ladung. Dies lässt sich folgendermaßen begründen: Ein mit Geschwindigkeit v im Feld bewegtes Teilchen mit der Ladung e erfährt durch die **Lorentz-Kraft** eine Änderung seines Impulses p gemäß

$$\frac{dp}{dt} = e(E + v \times B).$$

Dadurch ergibt sich eine Änderung seiner kinetischen Energie von

$$\frac{d}{dt}\left(\frac{mv^2}{2}\right) = mvv' = vp' = evE.$$

Wenn statt des einzelnen Teilchens ein elektrischer Strom mit Dichte I vorliegt, ist ev durch I zu ersetzen und über das Gebiet Ω mit dem Integranden $I \cdot E$ zu integrieren.

Angesichts der im Energiesatz formulierten Gleichung liegt es nahe, das skalare Feld $(E \cdot E + B \cdot B)/8\pi$ als **Energiedichte** und das Vektorfeld $(E \times B)/4\pi$, genannt **Pointing-Vektor**, als **Energiestromdichte** des Feldes aufzufassen. Die vorliegende Gleichung beschreibt dann die Erhaltung der Energie. Eine Erhöhung der kinetischen Energie der im Gebiet Ω befindlichen Teilchen, ein Ausströmen von Energie aus dem Gebiet heraus und eine Erhöhung des von den Feldstärken bestimmten Anteils der Energie im Gebiet sind in der Summe Null.

Der folgende Impulssatz verwendet Volumenintegrale über vektorwertige Funktionen und ein Oberflächenintegral erster Art über eine Vektorfunktion bzw. zweiter Art über einem Integranden, der lineare Abbildungen als Funktionswerte hat.

Satz 9.5

In der Situation von Satz 9.4 *gilt*

$$\iiint\limits_{\Omega} (LE + I \times B)\, dx + \frac{d}{dt} \iiint\limits_{\Omega} \frac{E \times B}{4\pi}\, dx + \iint\limits_{\partial\Omega} M\, d\vec{o} = 0,$$

wobei die lineare Abbildung M bzgl. einer positiv orientierten Orthonormalbasis die Matrixdarstellung

$$M_{ii} = \frac{E \cdot E + B \cdot B}{8\pi} - \frac{E^i E^i + B^i B^i}{4\pi}$$

und

$$M_{ik} = -\frac{E^i E^k + B^i B^k}{4\pi}$$

hat.

Beweis Gemäß den vorausgesetzten Maxwell-Gleichungen gilt

$$\frac{d}{dt}(E \times B) = \frac{dE}{dt} \times B + E \times \frac{dB}{dt} = \mathrm{rot}\, B \times B + \mathrm{rot}\, E \times E - 4\pi I \times B.$$

Allgemein gilt für Vektorfelder U und V bzgl. einer positiv orientierten Orthonormalbasis

$$\mathrm{rot}\, U \times V = \begin{pmatrix} 0 & \partial_2 U^1 - \partial_1 U^2 & \partial_3 U^1 - \partial_1 U^3 \\ \partial_1 U^2 - \partial_2 U^1 & 0 & \partial_3 U^2 - \partial_2 U^3 \\ \partial_1 U^3 - \partial_3 U^1 & \partial_2 U^3 - \partial_3 U^2 & 0 \end{pmatrix} \begin{pmatrix} v^1 \\ v^2 \\ v^3 \end{pmatrix}$$

$$= \begin{pmatrix} \partial_1 U^1 & \partial_2 U^1 & \partial_3 U^1 \\ \partial_1 U^2 & \partial_2 U^2 & \partial_3 U^2 \\ \partial_1 U^3 & \partial_2 U^3 & \partial_3 U^3 \end{pmatrix} \begin{pmatrix} v^1 \\ v^2 \\ v^3 \end{pmatrix} - \begin{pmatrix} \partial_1 U^1 & \partial_1 U^2 & \partial_1 U^3 \\ \partial_2 U^1 & \partial_2 U^2 & \partial_2 U^3 \\ \partial_3 U^1 & \partial_3 U^2 & \partial_3 U^3 \end{pmatrix} \begin{pmatrix} v^1 \\ v^2 \\ v^3 \end{pmatrix},$$

also

$$(\mathrm{rot}\, U \times V)^i = V\, \mathrm{grad}\, U^i - V\partial_i U.$$

Insbesondere gilt wegen den Maxwell-Gleichungen

$$(\mathrm{rot}\, B \times B)^i = B \cdot \mathrm{grad}\, B^i - B \cdot \partial_i B = \mathrm{div}(B^i B) - \frac{1}{2}\partial_i(B \cdot B)$$

und analog

$$(\mathrm{rot}\, E \times E)^i = \mathrm{div}(E^i E) - 4\pi L E^i - \frac{1}{2}\partial_i(E \cdot E).$$

Insgesamt ergibt sich durch Integration

$$\frac{d}{dt} \iiint_{\Omega} (E \times B)^i \, dx = \iiint_{\Omega} \operatorname{div}(E^i E + B^i B) \, dx$$

$$- 4\pi \iiint_{\Omega} (LE + I \times B)^i \, dx - \frac{1}{2} \iiint_{\Omega} \partial_i (E \cdot E + B \cdot B) \, dx$$

$$= \iint_{\partial\Omega} \left(E^i E + B^i B - \frac{e_i}{2}(E \cdot E + B \cdot B) \right) d\vec{o}$$

$$- 4\pi \iiint_{\Omega} (LE + I \times B)^i \, dx.$$

Das ist die zu beweisende Gleichung bzgl. der i-ten Komponente. Die Matrix M ist abzulesen.

Der Impulssatz wird ähnlich interpretiert wie der Energiesatz. Der Impuls p eines Teilchens mit der elektrischen Ladung e ändert sich durch den Einfluss eines elektromagnetischen Feldes entsprechend der Lorentz-Kraft

$$\frac{dp}{dt} = e(E + v \times B).$$

Die im Gebiet Ω enthaltene Ladung mit Ladungsdichte L und Stromdichte I verändert deshalb ihren Impuls pro Zeiteinheit um

$$\iiint_{\Omega} (LE + I \times B) \, dx.$$

Das ist das erste Integral in der Gleichung des Impulssatzes. Das zweite Integral beschreibt die Änderung des dem elektromagnetischen Feld innewohnenden Impulses und das dritte den durch die Oberfläche $\partial\Omega$ ausströmenden Impuls. Also ist der Poynting-Vektor $(E \times B)/4\pi$ außer als Energiestromdichte auch als Impulsdichte aufzufassen. Die Matrix M beschreibt dann die Impulsstromdichte. Wenn der Impuls als Linearform aufgefasst wird, ist das eine symmetrische Bilinearform. Durch eine kleine ebene Fläche mit dem Normalenvektor $d\vec{o}$, so lang wie die Fläche groß, fließt pro Zeiteinheit der Impuls $M(d\vec{o}, .)$.

Energiedichte, Energiestromdichte und Impulsstromdichte des elektromagnetischen Feldes werden jetzt nach dem in Def. 9.2 beschriebenen Muster zum elektromagnetischen Energie-Impuls-Tensor zusammengefasst.

Satz 9.6

Die Komponenten des Energie-Impuls-Tensors T des elektromagnetischen Feldes berechnen sich aus den Komponenten des Faraday-Tensors nach der Formel

$$T_{ik} = \frac{1}{4\pi}\left(F_{ij}F_k^{\ j} + \frac{1}{4}g_{ik}F_{lm}F^{lm}\right).$$

Beweis Bzgl. einer Lorentz-Basis soll die Komponentenmatrix des Energie-Impuls-Tensors also die Gestalt

$$(T_{ik}) = \frac{1}{4\pi}\begin{pmatrix} 0 & E^1 & E^2 & E^3 \\ -E^1 & 0 & -B^3 & B^2 \\ -E^2 & B^3 & 0 & -B^1 \\ -E^3 & -B^2 & B^1 & 0 \end{pmatrix}\begin{pmatrix} 0 & E^1 & E^2 & E^3 \\ E^1 & 0 & B^3 & -B^2 \\ E^2 & -B^3 & 0 & B^1 \\ E^3 & B^2 & -B^1 & 0 \end{pmatrix}$$

$$+ \frac{B\cdot B - E\cdot E}{8\pi}\begin{pmatrix} 1 & 0 & 0 & 0 \\ 0 & -1 & 0 & 0 \\ 0 & 0 & -1 & 0 \\ 0 & 0 & 0 & -1 \end{pmatrix}$$

haben. In der Ecke links oben steht

$$\frac{E\cdot E}{4\pi} + \frac{B\cdot B - E\cdot E}{8\pi} = \frac{E\cdot E + B\cdot B}{8\pi},$$

also die Energiedichte. In der verbleibenden oberen Zeile und linken Spalte steht, wie gefordert, der Poynting-Vektor $(E\times B)/4\pi$. In der Diagonalen steht in der Position (i, i), $i = 1, 2, 3$, die Zahl

$$\frac{-E^i E^i + (B\cdot B - B^i B^i)}{4\pi} - \frac{B\cdot B - E\cdot E}{8\pi} = \frac{E\cdot E + B\cdot B}{8\pi} - \frac{E^i E^i + B^i B^i}{4\pi},$$

und außerhalb der Diagonalen bei (i, k), $i, k = 1, 2, 3$, $i \neq k$, steht

$$\frac{-E^i E^k - B^k B^i}{4\pi}.$$

Die Untermatrix zur Position $(0, 0)$ ist also die in Satz 9.5 formulierte Matrix M, die die Impulsstromdichte beschreibt.

Nachdem die Matrixdarstellung für den Energie-Impuls-Tensor nun für eine Basis bestätigt ist, bleibt nur noch zu zeigen, dass sich der vorgeschlagene Ausdruck beim Übergang zu einer anderen Basis wie ein zweifach kovarianter Tensor transformiert. Es seien (α_k^i) und (β_k^i) die beiden zueinander inversen Matrizen, die die Kopplung zwischen den beiden Basen beschreiben (siehe Theorem 3.5). Dann gilt für den ersten Ausdruck

$$\bar{F}_{ij}\bar{F}_k^{\ j} = \alpha_i^l\alpha_j^r F_{lr}\alpha_k^s F_s^{\ t}\beta_t^j = \alpha_i^l F_{lr}\alpha_k^s F_s^{\ r}$$

und für den zweiten

$$\bar{g}_{ik}\,\bar{F}_{lm}\,\bar{F}^{lm} = \alpha_i^n \alpha_k^p g_{np} \alpha_l^q \alpha_m^r F_{qr} F^{st} \beta_s^l \beta_t^m = \alpha_i^n \alpha_k^p g_{np} F_{qr} F^{qr}.$$

Das ist das geforderte Transformationsverhalten, und die Matrixdarstellung ist für alle Basen bestätigt.

9.6 Die Einsteinsche Feldgleichung

Gravitation bedeutet in der Newtonschen Mechanik die Tatsache, dass ein Massepunkt m von einem anderen in einer Entfernung r befindlichen anderen Massepunkt M mit einer Kraft der Größe mM/r^2 agezogen wird. Dass in dieser Formel normalerweise noch ein Faktor (Gravitationskonstante) steht, liegt an den üblicherweise verwendeten Maßeinheiten. Allgemeiner lässt sich im Rahmen der Newtonschen Physik sagen, dass eine Masseverteilung, beschrieben durch eine Massedichte, ein Gravitationsfeld bestimmt.

In der Allgemeinen Relativitätstheorie wird dieses Gravitationsgesetz durch den folgenden Standpunkt ersetzt: *Die Materie, beschrieben mit dem Energie-Impuls-Tensor T,* *erzeugt über die* **Einsteinsche Feldgleichung**

$$\mathrm{Ric} - \frac{1}{2} S g = 8\pi T$$

eine Krümmung der Raumzeit, und Teilchen bewegen sich dann entlang Geodäten. Was Geodäten sind und wie die Bewegung entlang Geodäten im nichtrelativistischen Grenzfall das Newtonsche Gravitationsgesetz impliziert, wird im nächsten Kapitel ausführlich erklärt. Obwohl die Einsteinsche Feldgleichung in der Allgemeinen Relativitätstheorie als Axiom postuliert wird und deshalb keines Beweises bedarf, so sind doch die Überlegungen von Interesse, die zu ihrer Entdeckung führten.

Ausgangspunkt war die Idee Einsteins, dass die Materie den Raum krümmt. Die Gleichung, die Materie und Krümmung in Beziehung setzt, muss natürlich tensorieller Natur sein. Zur Beschreibung der Materie steht der Energie-Impuls-Tensor zur Verfügung. Da dieser zweifach kovariant ist, muss zur Beschreibung der Krümmung auch ein $(0,2)$-Tensor verwendet werden. Zunächst bietet sich dafür der Ricci-Tensor an. Im Gegensatz zum Energie-Impuls-Tensor ist dieser jedoch nicht divergenzfrei (siehe Abschn. 11.5). Dieser Mangel lässt sich beheben, indem ein geeignetes Vielfaches von $S g$ subtrahiert wird. Der bereits am Ende von Kap. 8 eingeführte Einstein-Tensor $G = \mathrm{Ric} - \frac{1}{2} S g$ erweist sich als divergenzfrei und ist mit dem Energie-Impuls-Tensor in Beziehung zu setzen. Damit ist als Feldgleichung $G = \mu T$ motiviert. Schließlich ergibt sich durch Vergleich mit der Newtonschen Mechanik $\mu = 8\pi$ (Beispiel 2 in Abschn. 10.4).

Divergenzfrei wäre auch der Tensor $\mathrm{Ric} - \frac{1}{2} S g - \Lambda g$. Tatsächlich favorisierte EINSTEIN lange Zeit die Feldgleichung

$$\mathrm{Ric} - \frac{1}{2} S g - \Lambda g = 8\pi T$$

mit einer sehr kleinen positiven Zahl Λ, der sogenannten **kosmologischen Konstanten**, weil die Version der Feldgleichung mit $\Lambda = 0$ keine statischen Weltmodelle zulässt (siehe Abschn. 15.3), und ein veränderliches Universum hielt man damals für abwegig. Nachdem HUBBLE 1929 entdeckt hatte, dass sich die Galaxien mit einer Fluchtgeschwindigkeit proportional zu ihrem Abstand von uns entfernen, ließ EINSTEIN diese allgemeinere Feldgleichung wieder fallen. Heute neigt man wieder mehr zu der Ansicht, dass die Feldgleichung mit einer Konstanten Λ gilt. Dabei ist Λ aber so klein, dass davon nur die Berechnungen in kosmologischen Größenordnungen beeinflusst werden, für die Überlegungen im Sonnensystem kann Λ vernachlässigt werden.

Ein Energie-Impuls-Tensor wird durch eine ideale Strömung (Def. 9.2) oder auch durch ein elektromagnetisches Feld (Satz 9.6) oder durch beides erzeugt. Im letzten Fall sind beide Anteile zu addieren. Wenn in einer Situation der (gesamte) Energie-Impuls-Tensor bekannt ist, lässt sich der Ricci-Tensor berechnen. Dazu ist die folgende Version der Einsteinschen Feldgleichung besser geeignet als die originale.

Satz 9.7
Die Einsteinsche Feldgleichung $\mathrm{Ric} - \frac{1}{2}Sg = 8\pi T$ *ist äquivalent zu der Gleichung*

$$\mathrm{Ric} = 8\pi \left(T - \frac{1}{2}CTg \right)$$

mit $CT = g^{ik}T_{ik}$.

Beweis Aus der Komponentendarstellung der originalen Feldgleichung

$$\mathrm{Ric}_{ik} - \frac{1}{2}Sg_{ik} = 8\pi T_{ik}$$

folgt durch Indexziehen und Kontraktion

$$S - \frac{1}{2}S \cdot 4 = 8\pi CT$$

und damit $S = -8\pi CT$. Eingesetzt in die originale Feldgleichung ergibt sich die neue Formulierung. Analog lässt sich aus der neuen Formulierung die alte schlussfolgern.

9.7 Kugelsymmetrische Lösungen

Die Raumzeit, die durch einen einzelnen kugelsymmetrischen Himmelskörper erzeugt wird, ist offenbar auch wieder kugelsymmetrisch. Kugelsymmetrie des Himmelskörpers bedeutet insbesondere, dass der Körper nicht rotiert. Wenn Konsequenzen aus dem kugelsymmetrischen Modell auf die Sonne oder die Erde angewendet werden, wird dabei also deren Rotation vernachlässigt.

Aufgrund der Kugelsymmetrie bietet sich als Grundmenge M für die Raumzeit eine zweiparametrige Familie von Kugelschalen an. Jede der Kugelschalen kann mit der Oberfläche S_2 der Einheitskugel identifiziert und durch Verwendung der üblichen Kugelkoordinaten ϑ und φ mit einem Atlas ausgestattet werden. Die Metrik g soll zum Schluss dann so auf den vierdimensionalen Tangentialräumen vereinbart sein, dass die Einschränkung von $-g$ auf die von ∂_ϑ und ∂_φ aufgespannten zweidimensionalen Unterräume die auf den Tangentialräumen von Kugelschalen übliche ist. Es muss also gelten

$$g(\partial_\vartheta, \partial_\vartheta) = -r^2, \quad g(\partial_\varphi, \partial_\varphi) = -r^2 \sin^2 \vartheta, \quad g(\partial_\vartheta, \partial_\varphi) = 0.$$

Damit ist bereits der eine der beiden anderen Parameter genannt: Der positive Parameter r heißt **Schwarzschild-Radius**. Bis auf das Vorzeichen ist auf der betreffenden Kugelschale die gleiche Metrik vereinbart wie auf einer Kugelschale in $\mathbb{R}^3$, deren Radius der Schwarzschild-Radius ist. Damit die Tangentialräume der zu konstruierenden Mannigfaltigkeit vierdimensional sind, muss noch ein weiterer Parameter vereinbart werden, der beliebige reelle Werte t annehmen kann und **Schwarzschild-Zeit** heißt. Es wird sich zeigen, dass die Schwarzschild-Zeit die bis auf eine additive Konstante erklärte Eigenzeit eines unendlich weit entfernten ruhenden Beobachters ist.

Insgesamt hat sich als Grundmenge die Produktmenge $M = \mathbb{R} \times (0, \infty) \times S_2$ empfohlen. Dass eine Karte $Q \to (\vartheta, \varphi)$ zu S_2 Anlass zu einer Karte $\varphi(t, r, Q) = (t, r, \vartheta, \varphi)$ zu $\mathbb{R} \times (0, \infty) \times S_2$ gibt, wurde bereits in Abschn. 1.1 (Beispiel 4) erwähnt. Zu dieser Karte gehören die Koordinatenvektorfelder $\partial_t, \partial_r, \partial_\vartheta, \partial_\varphi$. Auf den durch ∂_ϑ und ∂_φ aufgespannten zweidimensionalen Unterräumen ist die Metrik g bereits vereinbart. Aus Symmetriegründen darf eine Umorientierung der Winkel ϑ und φ die Komponentenmatrix von g nicht verändern. Also gilt $g(\partial_t, -\partial_\vartheta) = g(\partial_t, \partial_\vartheta)$ und damit $g(\partial_t, \partial_\vartheta) = 0$ und analog $g(\partial_t, \partial_\varphi) = g(\partial_r, \partial_\vartheta) = g(\partial_r, \partial_\varphi) = 0$. Außerdem müssen die verbleibenden Matrixelemente unabhängig von ϑ, φ und t sein. Die Komponentenmatrix hat also die Gestalt

$$(g_{ik}) = \begin{pmatrix} a(r) & c(r) & 0 & 0 \\ c(r) & b(r) & 0 & 0 \\ 0 & 0 & -r^2 & 0 \\ 0 & 0 & 0 & -r^2 \sin^2 \vartheta \end{pmatrix},$$

wobei sie und damit auch die aus den Funktionen a, b, c gebildete $(2, 2)$-Untermatrix indefinit sein muss. Durch eine Koordinatentransformation der Gestalt $\bar{t} := t + \alpha(r)$ mit einer geeigneten Funktion α lässt sich die Matrix diagonalisieren. Die neue Karte ist dann

$$\bar\varphi(t, r, Q) := (t + \alpha(r), r, \vartheta, \varphi),$$

ihre Koordinatenvektorfelder seien mit $\bar{\partial}_{\bar{t}}, \bar{\partial}_r, \bar{\partial}_\vartheta, \bar{\partial}_\varphi$ bezeichnet. Für eine C^∞-Funktion f auf M gilt

$$\bar{\partial}_r f = \frac{\partial}{\partial_r}(f \circ \bar{\varphi}^{-1})(\bar{t}, r, \vartheta, \varphi) = \frac{\partial}{\partial_r}(f \circ \varphi^{-1})(\bar{t} - \alpha(r), r, \vartheta, \varphi) = \partial_r f - \alpha' \partial_t f,$$

also $\bar{\partial}_r = \partial_r - \alpha' \partial_t$. Die anderen Koordinatenvektorfelder werden durch die Transformation nicht beeinflusst, d. h. es gilt $\bar{\partial}_{\bar{t}} = \partial_t$, $\bar{\partial}_\vartheta = \partial_\vartheta$ und $\bar{\partial}_\varphi = \partial_\varphi$. Durch die Auswahl der Funktion α wird

$$0 = g(\bar{\partial}_{\bar{t}}, \bar{\partial}_r) = g(\partial_t, \partial_r - \alpha' \partial_t) = c - \alpha' a$$

erzwungen, α muss also eine Stammfunktion von c/a sein. Das Diagonalelement $g(\partial_r, \partial_r)$ ist umzurechnen zu

$$g(\bar{\partial}_r, \bar{\partial}_r) = g(\partial_r, \partial_r) - 2\alpha' g(\partial_t, \partial_r) + (\alpha')^2 g(\partial_t, \partial_t) = b - 2c^2/a + c^2/a = b - c^2/a.$$

Weil die originale Komponentenmatrix indefinit war, gilt auch

$$g(\bar{\partial}_{\bar{t}}, \bar{\partial}_{\bar{t}}) g(\bar{\partial}_r, \bar{\partial}_r) = ab - c^2 < 0.$$

Entsprechend der Interpretation von t bzw. $\bar{t}$ als Zeit muss der Vektor $\bar{\partial}_{\bar{t}}$ zeitartig sein. Deshalb müssen $A := a$ und dann auch $B := c^2/a - b$ positive Funktionen sein. Schließlich lassen wir die Querstriche wieder weg und erhalten folgendes Ergebnis: Jedem Punkt aus M entspricht zunächst eine reelle Zahl t, eine positive Zahl r und ein Punkt Q aus S_2. Bei Einschränkung auf eine geeignete Teilmenge von M und geeigneter Festlegung von Kugelkoordinaten auf S_2 werden anschließend dem Punkt Q noch die Winkelkoordinaten ϑ und φ zugeordnet. Bzgl. dieser Karte mit den vier Koordinatenvektorfeldern $\partial_t, \partial_r, \partial_\vartheta, \partial_\varphi$ hat die Komponentenmatrix der Metrik die Gestalt

$$(g_{ik}) = \text{diag}(A(r), -B(r), -r^2, -r^2 \sin^2 \vartheta)$$

mit positiven Funktionen A und B. Das ist die sogenannte **Standardmetrik** auf dieser Mannigfaltigkeit M.

Im Spezialfall $A(r) = 1 - 2\mu/r$ und $B(r) = 1/A(r)$ haben wir die kovarianten Ableitungen der Koordinatenvektorfelder bereits im Abschn. 7.5 berechnet. Im allgemeinen Fall ergeben die gleichen Überlegungen

$$\nabla_{\partial_t} \partial_t = \frac{A'}{2B} \partial_r, \qquad \nabla_{\partial_r} \partial_r = \frac{B'}{2B} \partial_r, \qquad \nabla_{\partial_\vartheta} \partial_\vartheta = -\frac{r}{B} \partial_r,$$

$$\nabla_{\partial_\varphi} \partial_\varphi = -\frac{r \sin^2 \vartheta}{B} \partial_r - \sin \vartheta \cos \vartheta \, \partial_\vartheta, \qquad \nabla_{\partial_t} \partial_r = \frac{A'}{2A} \partial_t,$$

$$\nabla_{\partial_t} \partial_\vartheta = 0 = \nabla_{\partial_t} \partial_\varphi, \qquad \nabla_{\partial_r} \partial_\vartheta = \frac{1}{r} \partial_\vartheta, \qquad \nabla_{\partial_r} \partial_\varphi = \frac{1}{r} \partial_\varphi, \qquad \nabla_{\partial_\vartheta} \partial_\varphi = \cot \vartheta \, \partial_\varphi.$$

Entsprechend werden die Ergebnisse vom Abschn. 8.5 verallgemeinert zu

$$R^0_{101} = \frac{1}{2A}\left(\frac{A'B'}{2B} - A'' + \frac{A'A'}{2A}\right) = -R^0_{110}$$

$$R^1_{001} = \frac{1}{2B}\left(\frac{A'A'}{2A} - A'' + \frac{A'B'}{2B}\right) = -R^1_{010}$$

$$R^0_{202} = -\frac{A'r}{2AB} = -R^0_{220}$$

$$R^2_{002} = -\frac{A'}{2Br} = -R^2_{020}$$

$$R^0_{303} = -\frac{A'r\sin^2\vartheta}{2AB} = -R^0_{330}$$

$$R^3_{003} = -\frac{A'}{2Br} = -R^3_{030}$$

$$R^1_{212} = -\frac{B'r}{2B^2} = -R^1_{221}$$

$$R^2_{112} = -\frac{B'}{2Br} = -R^2_{121}$$

$$R^1_{313} = \frac{B'r\sin^2\vartheta}{2B^2} = -R^1_{331}$$

$$R^3_{113} = -\frac{B'}{2Br} = -R^3_{131}$$

$$R^2_{323} = \left(1 - \frac{1}{B}\right)\sin^2\vartheta = -R^2_{332}$$

$$R^3_{223} = \frac{1}{B} - 1 = -R^3_{232}.$$

Alle anderen Komponenten des Krümmungstensors sind auch wieder Null. Für den Ricci-Tensor ergibt sich für die Diagonalelemente der Komponentenmatrix

$$\text{Ric}_{00} = \frac{A''}{2B} - \frac{A'A'}{4AB} - \frac{A'B'}{4B^2} + \frac{A'}{Br}$$

$$\text{Ric}_{11} = \frac{A'B'}{4AB} - \frac{A''}{2A} + \frac{A'A'}{4A^2} + \frac{B'}{Br}$$

$$\text{Ric}_{22} = -\frac{A'r}{2AB} + \frac{B'r}{2B^2} + 1 - \frac{1}{B}$$

$$\text{Ric}_{33} = \sin^2\vartheta\,\text{Ric}_{22}$$

und sonst Null.

9.8 Äußere und innere Schwarzschild-Metrik

Wir bestimmen jetzt die Raumzeit, die durch einen einzelnen kugelsymmetrischen Fixstern erzeugt wird. Es geht darum, die in der Standardmetrik verwendeten Funktionen A und B in der vorliegenden Situation zu bestimmen. Außerhalb des Fixsterns befindet sich keine Materie, der Energie-Impuls-Tensor ist dort Null, die Einsteinsche Feldgleichung in der in Satz 9.7 beschriebenen Version verlangt dann auch Ric $= 0$. Aus Ric$_{00} =$ Ric$_{11} = 0$ folgt

$$0 = \frac{\text{Ric}_{00}}{A} + \frac{\text{Ric}_{11}}{B} = \frac{A'}{ABr} + \frac{B'}{B^2 r} = \frac{1}{rB}\left(\frac{A'}{A} + \frac{B'}{B}\right),$$

also

$$0 = \frac{A'}{A} + \frac{B'}{B} = \frac{A'B + AB'}{AB} = (\log(AB))'.$$

Die Produktfunktion AB muss demnach konstant sein. Es ist physikalisch plausibel, dass in großer Entfernung vom Fixstern die Metrik ähnlich der Minkowski-Metrik sein muss. Genauer heißt das insbesondere

$$\lim_{r \to \infty} A(r) = \lim_{r \to \infty} B(r) = 1$$

und damit $AB = 1$ bzw. $B = 1/A$. Mit dieser Erkenntnis ergibt sich aus der Bedingung (Ric)$_{22} = 0$ die Gleichung

$$-\frac{A'r}{2} - \frac{A'r}{2} + 1 - A = 0,$$

die sich auch in der Form $(rA(r))' = 1$ schreiben lässt. Integration liefert bei entsprechender Bezeichnung der Integrationskonstanten $rA(r) = r - 2\mu$, also $A(r) = 1 - 2\mu/r$. Insgesamt hat sich für die gesuchte Metrik

$$(g_{ik}) = \text{diag}\left(1 - \frac{2\mu}{r}, \left(1 - \frac{2\mu}{r}\right)^{-1}, -r^2, -r^2 \sin^2 \vartheta\right)$$

ergeben. Das ist die schon im Abschn. 4.5 eingeführte Schwarzschild-Metrik, genauer **äußere Schwarzschild-Metrik**. In den meisten Lehrbüchern wird sie als Schwarzschildsches Linienelement

$$ds^2 = (1 - 2\mu/r)\, dt^2 - (1 - 2\mu/r)^{-1}\, dr^2 - r^2(d\vartheta^2 + \sin^2 \varphi\, d\varphi^2)$$

angegeben. Im nächsten Kapitel wird im Anschluss an Satz 10.6 erklärt, warum die positive Zahl μ als Masse (in geometrischen Einheiten) des Fixsterns zu interpretieren ist. Die äußere Schwarzschild-Metrik ist nur für $r > 2\mu$ verwendbar. Sie wird sowieso nur außerhalb des Fixsterns benötigt, und normalerweise ist dessen Radius wesentlich größer als 2μ. Beispielsweise gilt für unsere Sonne $2\mu = 2{,}954$ km und für die Erde $8{,}899$ mm. Nur bei Sternen mit unvorstellbar großer Dichte kann der Radius kleiner als 2μ sein. Dann handelt es sich um ein sogenanntes **Schwarzes Loch**.

Im Gegensatz zum Äußeren eines Fixsterns sind im Inneren relativistische Effekte der experimentellen Beobachtung nicht zugänglich. Wenn wir jetzt trotzdem die Metrik auch im Inneren bestimmen, so wollen wir dabei in erster Linie die Verwendung des Energie-Impuls-Tensors und der Einsteinschen Feldgleichung demonstrieren. Ausgangspunkt ist wieder die Standardmetrik, und zu bestimmen sind die Funktionen $A(r)$ und $B(r)$. Dem Energie-Impuls-Tensor mit den Komponenten

$$T_{ik} = (\rho + p)g_{ij}Z^j g_{kl}Z^l - pg_{ik}$$

liegt eine Strömung Z mit $Z^1 = Z^2 = Z^3 = 0$ zugrunde. Wegen

$$1 = g(Z, Z) = AZ^0 Z^0$$

gilt $Z^0 = 1/\sqrt{A}$. Eingesetzt ergibt sich in der Diagonalen der Komponentenmatrix

$$T_{00} = (\rho+p)A\cdot\frac{1}{\sqrt{A}}\cdot A\cdot\frac{1}{\sqrt{A}}-pA = \rho A, \quad T_{11} = pB, \quad T_{22} = pr^2, \quad T_{33} = pr^2\sin^2\vartheta.$$

Mit der Kontraktion $CT = \rho - 3p$ entsteht auf der rechten Seite der Feldgleichung die Matrix

$$8\pi \operatorname{diag}\left((\rho + 3p)A/2, (\rho - p)B/2, (\rho - p)r^2/2, (\rho - p)r^2(\sin\vartheta)^2/2\right).$$

Verglichen mit den am Ende des vorigen Abschnittes angegebenen Diagonalelementen des Ricci-Tensors ergeben sich die drei Gleichungen

$$\frac{A''}{2B} - \frac{A'A'}{4AB} - \frac{A'B'}{4B^2} + \frac{A'}{Br} = 4\pi(\rho + 3p)A$$

$$\frac{A'B'}{4AB} - \frac{A''}{2A} + \frac{A'A'}{4A^2} + \frac{B'}{Br} = 4\pi(\rho - p)B$$

$$-\frac{A'r}{2AB} + \frac{B'r}{2B^2} + 1 - \frac{1}{B} = 4\pi(\rho - p)r^2.$$

Deren Linearkombination mit den Koeffizienten $r^2/(2A)$, $r^2/(2B)$ bzw. 1 ist

$$\frac{B'r}{B^2} + 1 - \frac{1}{B} = 8\pi\rho r^2,$$

was sich auch als

$$1 - 8\pi\rho r^2 = \frac{B - B'r}{B^2} = (r/B)'$$

schreiben lässt. Durch Integration ergibt sich

$$\frac{r}{B(r)} = \int\limits_0^r (1 - 8\pi\rho(s)s^2)\,ds = r - 2\mu(r)$$

mit

$$\mu(r) = 4\pi \int\limits_0^r \rho(s)s^2\,ds.$$

Die Gleichung lässt sich nach B auflösen zu

$$B(r) = \left(1 - \frac{2\mu(r)}{r}\right)^{-1}.$$

Die Dichtefunktion ρ lässt sich entsprechend dem physikalischen Sachverhalt über den Radius R des Fixsterns hinaus fortsetzen zu $\rho(r) = 0$ für $r > R$. Dadurch ergibt sich für $r > R$ $\mu(r) = \mu(R)$, das ist die Gesamtmasse μ, und damit ist $B(r)$ für $r > R$ auch der entsprechende Koeffizient in der äußeren Schwarzschild-Metrik, insbesondere liegt bei $r = R$ ein stetiger Übergang vor.

Um auch $A(r)$ zu bestimmen, setzen wir $B(r)$ und

$$B'(r) = B^2(r)\left(8\pi\rho(r)r - \frac{2\mu(r)}{r^2}\right)$$

in die dritte der drei aus der Feldgleichung gewonnenen Gleichungen ein und erhalten

$$-\frac{A'(r)r}{2A(r)}\left(1 - \frac{2\mu(r)}{r}\right) + 4\pi\rho(r)r^2 + \frac{\mu(r)}{r} = 4\pi(\rho(r) - p(r))r^2$$

und damit

$$\frac{A'(r)}{A(r)} = \left(8\pi p(r)r + \frac{2\mu(r)}{r^2}\right)\left(1 - \frac{2\mu(r)}{r}\right)^{-1}.$$

Demzufolge ist die Funktion $\ln A$ eine Stammfunktion der rechten Seite

$$f(r) = \left(8\pi p(r)r + \frac{2\mu(r)}{r^2}\right)\left(1 - \frac{2\mu(r)}{r}\right)^{-1}.$$

Dadurch ist $\ln A$ bis auf eine additive Konstante bestimmt, und diese wird jetzt folgendermaßen festgelegt: f wird wegen $p(r) = 0$ und $\mu(r) = \mu$ für $r > R$ fortgesetzt zu

$$f(r) = \frac{2\mu}{r^2}\left(1 - \frac{2\mu}{r}\right)$$

für $r > R$. Dort ist $F(r) = \ln(1 - 2\mu/r)$ eine Stammfunktion, und mit dieser ergibt sich dort

$$\ln A(r) = \ln\left(1 - \frac{2\mu}{r}\right).$$

$A(r)$ stimmt also für $r > R$ mit dem entsprechenden Koeffizienten der äußeren Schwarzschild-Metrik überein. Die genannte Stammfunktion lässt sich als uneigentliches Integral

$$\ln\left(1 - \frac{2\mu}{r}\right) = -\int_r^\infty \frac{2\mu}{s^2}\left(1 - \frac{2\mu}{s}\right)^{-1} ds$$

schreiben. Diese Formulierung lässt sich auch für $r < R$ verwenden, und dadurch ergibt sich

$$A(r) = \exp\left[-\int_r^\infty \left(8\pi p(s)s + \frac{2\mu(s)}{s}\right)\left(1 - \frac{2\mu(s)}{s}\right)^{-1} ds\right].$$

Zusammen mit $B(r) = (1 - 2\mu(r)/r)^{-1}$ wird damit für $r < R$ die **innere Schwarzschild-Metrik** beschrieben, und für $r > R$ sind das die schon davor bestimmten Koeffizienten der äußeren Schwarzschild-Metrik.

Wir kommen jetzt noch einmal auf die äußere Schwarzschild-Metrik zurück. Wir hatten diese unter der Annahme von Zeitunabhängigkeit und Isotropie hergeleitet. Ergänzend werden wir jetzt zeigen, dass die Isotropie die Zeitunabhängigkeit impliziert, so dass letztere also nicht gefordert werden muss. Ausgangspunkt ist wieder die Metrik

$$(g_{ik}) = \text{diag}(A, -B, -r^2, -r^2\sin^2\vartheta),$$

wobei die Koeffizienten A und B jetzt aber neben r auch noch von t abhängen können. Von den 10 Formeln zur Charakterisierung der kovarianten Differentiation sind drei zu verallgemeinern zu

$$\nabla_{\partial_t}\partial_t = \frac{1}{2A}\frac{\partial A}{\partial t}\partial_t + \frac{1}{2B}\frac{\partial A}{\partial r}\partial_r$$

$$\nabla_{\partial_r}\partial_r = \frac{1}{2A}\frac{\partial B}{\partial t}\partial_t + \frac{1}{2B}\frac{\partial B}{\partial r}\partial_r$$

$$\nabla_{\partial_t}\partial_r = \frac{1}{2A}\frac{\partial A}{\partial r}\partial_t + \frac{1}{2B}\frac{\partial B}{\partial t}\partial_r,$$

die anderen bleiben unverändert. Die üblichen Rechenschritte führen zu

$$\text{Ric}_{00} = \frac{A''}{2B} - \frac{A'}{4B}\left(\frac{A'}{A} + \frac{B'}{B}\right) + \frac{A'}{Br} - \frac{\ddot{B}}{2B} + \frac{\dot{B}}{4B}\left(\frac{\dot{A}}{A} + \frac{\dot{B}}{B}\right)$$

$$\text{Ric}_{11} = \frac{\ddot{B} - A''}{2A} + \frac{(A')^2 - \dot{A}\dot{B}}{4A^2} + \frac{A'B' - (\dot{B})^2}{4AB} + \frac{B'}{Br}$$

$$\text{Ric}_{22} = \frac{r}{2B}\left(\frac{B'}{B} - \frac{A'}{A}\right) + 1 - \frac{1}{B}$$

$$\text{Ric}_{01} = \frac{\dot{B}}{Br},$$

wobei der Punkt partielle Ableitung nach t und der Strich partielle Ableitung nach r bedeuten soll. Aus $\text{Ric}_{01} = 0$ folgt die Zeitunabhängigkeit von B, und die Formeln für Ric_{ii} reduzieren sich auf die ursprüngliche Form. Somit gilt die vorige Rechnung, insbesondere die Zeitunabhängigkeit von $A = 1/B$. Damit hat sich wieder die zeitunabhängige Schwarzschild-Metrik ergeben.

Geodäten

10

Inhaltsverzeichnis

10.1 Zeit

Es ist eine Grundaussage der Relativitätstheorie, dass die Zeitrechnung vom jeweiligen Beobachter abhängt. Nach Def. 5.1 ist ein Beobachter in der Raumzeit M eine M-wertige Funktion γ der reellen Variablen t mit $g(\gamma'(t), \gamma'(t)) = 1$ und $\gamma'(t)$ zukunftsweisend. Die Variable t ist die **Zeit**, die eine vom Beobachter γ mitgeführte Uhr angibt, natürlich nur bis auf eine additive Konstante. Der Beobachter γ empfindet das Verrinnen der Zeit als Veränderung des von ihm beobachteten Geschehens. Skalare Felder, Vektorfelder und, allgemeiner, Tensorfelder verändern ihren Funktionswert. Was der Beobachter zum Zeitpunkt t_0 als Veränderung $\frac{\partial}{\partial t} f$ eines skalaren Feldes f oder Veränderung $\frac{\partial}{\partial t} X$ eines Vektorfeldes X registriert, ist die Zahl $\gamma'(t_0) f$ bzw. der Tangentenvektor $\nabla_{\gamma'(t_0)} X$, also die Anwendung des Tangentenvektors $\gamma'(t_0)$ auf f bzw. die kovariante Ableitung mit $\gamma'(t_0)$ von X.

Die Bildpunkte $\gamma(t)$ eines Beobachters γ bilden seine **Weltlinie**. Zur Konstruktion eines Beobachters ist es mitunter sinnvoll, die Forderung $g(\gamma', \gamma') = 1$ zunächst zu ignorieren. Für eine M-wertige Funktion β einer reellen Variablen s mit zukunftsweisender Ableitung $\beta'(s)$ lässt sich durch eine Variablentransformation ein Beobachter γ finden, dessen Weltlinie die Bildpunkte von β sind. Dazu fixieren wir zwei Zahlen s_0 und t_0 und

© Springer-Verlag GmbH Deutschland, ein Teil von Springer Nature 2018
R. Oloff, *Geometrie der Raumzeit*, https://doi.org/10.1007/978-3-662-56737-1_10

bestimmen die der Zahl s entsprechende Zahl $t = \tau(s)$ durch die Gleichung

$$t - t_0 = \int\limits_{s_0}^{s} \sqrt{g\left(\beta'(\sigma), \beta'(\sigma)\right)}\, d\sigma.$$

Daraus ergibt sich

$$\tau'(s) = \sqrt{g\left(\beta'(s), \beta'(s)\right)}.$$

Der gesuchte Beobachter ist $\gamma = \beta \circ \tau^{-1}$, denn es gilt nun für γ im Gegensatz zu β zusätzlich

$$g(\gamma'(t), \gamma'(t)) = g\left(\frac{\beta'(\tau^{-1}(t))}{\tau'(\tau^{-1}(t))}, \frac{\beta'(\tau^{-1}(t))}{\tau'(\tau^{-1}(t))}\right)$$

$$= g\left(\frac{\beta'(s)}{\sqrt{g(\beta'(s), \beta'(s))}}, \frac{\beta'(s)}{\sqrt{g(\beta'(s), \beta'(s))}}\right) = 1.$$

Die gewonnene Formel zur Berechnung der Zeit halten wir fest.

Satz 10.1
Ein Beobachter, der sich entlang der durch $\beta\colon [s_1, s_2] \longrightarrow M$ beschriebenen Weltlinie bewegt, benötigt dafür die Zeit

$$\int\limits_{s_1}^{s_2} \sqrt{g(\beta'(\sigma), \beta'(\sigma))}\, d\sigma.$$

Die Konsequenz daraus ist eine spektakuläre Grundaussage der Relativitätstheorie, bekannt als **Zwillingsparadoxon**: *Ein Zwilling verlässt den anderen mit konstanter Geschwindigkeit, kehrt nach einer gewissen Zeit um und bewegt sich genauso zurück. Wenn er dann dem anderen Zwilling wieder begegnet, stellt sich heraus, dass sie nicht mehr gleichaltrig sind. Für den gereisten Zwilling ist weniger Zeit vergangen, als für den zu Hause gebliebenen.*

Um diesen Effekt zu bestätigen und zu quantifizieren, verwenden wir als Raumzeit den **Minkowski-Raum** $\mathbb{R}^4$, ausgestattet mit der Lorentz-Metrik

$$g\left((\xi^0, \xi^1, \xi^2, \xi^3), (\eta^0, \eta^1, \eta^2, \eta^3)\right) = \xi^0 \eta^0 - \xi^1 \eta^1 - \xi^2 \eta^2 - \xi^3 \eta^3.$$

Das ist zulässig, denn ein Tangentialraum einer Raumzeit ist immer isometrisch isomorph zu diesem vierdimensiomalen Raum, und bei der vorliegenden Problemstellung können wir uns auf kleine Zeitspannen beschränken, so dass wir die Abhängigkeit der Tangentialräume $T(P)$ vom Punkt P vernachlässigen können. Zu vergleichen sind die in Abb. 10.1

Abb. 10.1 Zwillingsparadoxon

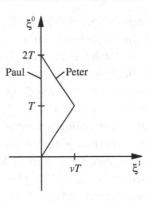

dargestellten Weltlinien

$$\alpha(s) = (s, 0, 0, 0). \qquad 0 \leq s \leq 2T$$

und

$$\beta(s) = \begin{cases} (s, vs, 0, 0) & \text{für} \quad 0 \leq s \leq T \\ (s, 2vT - vs, 0, 0) & \text{für} \quad T \leq s \leq 2T \end{cases}.$$

Während für den ruhenden Zwilling bis zum Wiedersehen die Zeit

$$\int_0^{2T} \sqrt{1} \, ds = 2T$$

verstreicht, findet für den gereisten Zwilling das Wiedersehen schon nach

$$\int_0^T \sqrt{1 - v^2} \, ds + \int_T^{2T} \sqrt{1 - (-v)^2} \, ds = 2T \sqrt{1 - v^2}$$

Zeiteinheiten statt. Dabei ist v der Betrag der vom ruhenden Zwilling registrierten Geschwindigkeit des reisenden Zwillings. Das Verhältnis $1/\sqrt{1 - v^2}$ der Zeitspannen bringt die **Zeitdilatation** zum Ausdruck (vgl. dazu auch die Interpretation von Satz 5.4).

Wir sind hier in Einzelfall auf eine Erscheinung gestoßen, die in der Relativitätstheorie ganz allgemein postuliert wird: *Die Weltlinie γ einer kräftefreien Bewegung von P nach Q zeichnet sich dadurch aus, dass im Vergleich mit allen anderen in der Nähe von γ liegenden Weltlinien von P nach Q das Zeitintegral*

$$\int_{s_1}^{s_2} \sqrt{g(\beta'(s), \beta'(s))} \, ds$$

maximal ist. Solche Weltlinien heißen **Geodäten**. Der Name stammt vom klassische Extremalproblem auf der Oberfläche der Erdkugel: Zwischen zwei nicht allzuweit voneinander entfernten Punkten ist die kürzeste Verbindung zu finden. Das ist natürlich ein sogenannter Großkreis, die Schnittkurve zwischen Kugeloberfläche und einer durch den Kugelmittelpunkt verlaufenden Ebene. Bei natürlicher Parameterdarstellung, d. h. $|\gamma'(s)| = 1$, lässt sich ein Großkreis dadurch charakterisieren, dass der „Beschleunigungsvektor"$\gamma''(s)$ senkrecht auf der jeweiligen Tangentialebene steht. Dieses Kriterium gilt auch im allgemeinen Fall einer gekrümmten Fläche in $\mathbb{R}^3$. Die dazu äquivalente Formulierung $\nabla_{\gamma'(s)}\gamma'(s) = 0$ hat den Vorteil, dass sie nur von der inneren Geometrie der Fläche Gebrauch macht und somit auch sinnvoll und gültig ist für eine Riemannsche Mannigfaltigkeit. Wir werden im Folgenden zeigen, dass auch für eine Geodäte γ in der Raumzeit mit $|\gamma'(s)| = 1$ die Bedingung $\nabla_{\gamma'(s)}\gamma'(s) = 0$ gilt. Dass dem Minimum im Fall der Riemannschen Mannigfaltigkeit für die Raumzeit ein Maximum entspricht, liegt an der Signatur der Metrik. Im Übrigen unterscheidet die im Folgenden entwickelte Methode sowieso nicht zwischen Minimum und Maximum.

10.2 Die Euler-Lagrange-Gleichungen

Im Rahmen der Variationsrechnung wird u. a. die folgende Aufgabe bearbeitet: Zu gegebener zweimal stetig differenzierbarer reellwertiger Funktion $L(t, x_1, \ldots, x_n, y_1, \ldots, y_n)$ von $2n + 1$ Variablen, Zahlen $a < b$ und n-Tupeln $(\alpha_1, \ldots, \alpha_n), (\beta_1, \ldots, \beta_n) \in \mathbb{R}^n$ sind zweimal stetig differenzierbare reellwertige Funktionen $x_1, \ldots, x_n \in C^2[a, b]$ mit $(x_i(a) = \alpha_i$ und $x_i(b) = \beta_i$ gesucht, so dass das Integral

$$\int_a^b L\Big(t, x_1(t), \ldots, x_n(t), x_1'(t), \ldots, x_n'(t)\Big)\, dt$$

minimal wird. Man stellt sich dabei auf den Standpunkt, dass der Minimalwert des Integrals im bzgl. der sogenannten **radialen Topologie** Inneren eines gewissen Definitionsbereichs angenommen wird, es sich also um ein in diesem Sinne relatives Minimum handelt. Es sei $C = C^1([a, b], \mathbb{R}^n)$ der lineare Raum aller stetig differenzierbaren $\mathbb{R}^n$-wertigen Funktionen x auf $[a, b]$ und C_0 der Unterraum aller Funktionen $x \in C$ mit $x(a) = x(b) = 0$. Wenn das Funktional

$$\varphi(x) = \int_a^b L(t, x(t), x'(t))\, dt$$

an der Stelle $x^0 = (x_1^0, \ldots, x_n^0)$ ein relatives Minimum hat, muss für jede Funktion $z \in C_0$ die reellwertige Funktion $g(\eta) = \varphi(x^0 + \eta z)$ bei $\eta = 0$ ein relatives Minimum haben.

Das impliziert

$$0 = g'(0) = \frac{d}{d\eta}\varphi(x^0 + \eta z)\Big|_{\eta=0}$$

$$= \int_a^b \frac{d}{d\eta}L\Big(t, x^0(t) + \eta z(t), x^{0'}(t) + \eta z'(t)\Big)\Big|_{\eta=0} dt$$

$$= \int_a^b \left[\sum_{i=1}^n \frac{\partial L}{\partial x_i}(t, x^0(t), x^{0'}(t))z_i(t) + \sum_{i=1}^n \frac{\partial L}{\partial y_i}(t, x^0(t), x^{0'}(t))z_i'(t)\right] dt.$$

Durch partielle Integration wird der zweite Teil des letzten Integrals umgeformt zu

$$\int_a^b \sum_{i=1}^n \frac{\partial L}{\partial y_i}(t, x^0(t), x^{0'}(t))z_i'(t)\, dt$$

$$= \sum_{i=1}^n \frac{\partial L}{\partial y_i}(t, x^0(t), x^{0'}(t))z_i(t)\Big|_a^b - \int_a^b \sum_{i-1}^n \frac{d}{dt}\frac{\partial L}{\partial y_i}(t, x^0(t), x^{0'}(t))z_i(t)\, dt.$$

Wegen $z(a) = z(b) = 0$ lässt sich nun das folgende Zwischenergebnis zusammenfassen: Es gilt

$$\sum_{i=1}^n \int_a^b \left[\frac{\partial L}{\partial x_i}(t, x^0(t), x^{0'}(t)) - \frac{d}{dt}\frac{\partial L}{\partial y_i}(t, x^0(t), x^{0'}(t))\right] z_i(t)\, dt = 0$$

für beliebige stetig differenzierbare reelle Funktionen $z_1, \ldots, z_n$ mit $z_i(a) = z_i(b) = 0$. Dass man daraus

$$\frac{\partial L}{\partial x_i}(t, x^0(t), x^{0'}(t)) - \frac{d}{dt}\frac{\partial L}{\partial y_i}(t, x^0(t), x^{0'}(t)) = 0$$

für $a \le t \le b$ und $i = 1, \ldots, n$ schlussfolgern kann, beinhaltet das sogenannte **Fundamentallemma der Variationsrechnung**. Durch indirekten Beweis mit Konstruktion geeigneter Funktionen z_i ist das leicht zu verifizieren. Damit haben wir folgendes Ergebnis erhalten:

Theorem 10.2
Die reellwertige Funktion $L(t, x_1, \ldots, x_n, y_1, \ldots, y_n)$ sei zweimal stetig differenzierbar. Wenn die stetig differenzierbare $\mathbb{R}^n$-wertige Funktion $x(t)$ das Extremalproblem

$$\min\left\{\int_a^b L(t, x(t), x'(t))\, dt : x(a) = \alpha,\ x(b) = \beta\right\}$$

im lokalen Sinne löst, erfüllt sie die **Euler-Lagrange-Gleichungen**

$$\frac{\partial L}{\partial x_i}(t, x(t), x'(t)) = \frac{d}{dt}\frac{\partial L}{\partial y_i}(t, x(t), x'(t)), \quad i = 1, \dots, n.$$

10.3 Die Geodätengleichung

Wir kehren zu dem im Abschn. 10.1 formulierten Extremalproblem der kräftefreien Bewegung zurück. γ sei ein Teilchen, auf das keine Kräfte wirken, und β sei eine andere Parametrisierung dieser Weltlinie mit zukunftsweisender Ableitung $\beta'(s)$. Für Punkte P und Q auf dieser Weltlinie ist das Integral

$$\int_a^b \sqrt{g(\beta'(s), \beta'(s))}\, ds$$

lokal maximal im Vergleich zu anderen Kurven, die bei a und b die Punkte P und Q annehmen. Insbesondere gilt das auch für Punkte P und Q, die so dicht beieinander liegen, dass sie in einer gemeinsamen Karte φ liegen. Es geht dann also um

$$\max\left\{\int_a^b \sqrt{g_{ik}(\xi(s))(\xi^i)'(s)(\xi^k)'(s)}\, ds : \xi(a) = \alpha,\ \xi(b) = \beta\right\}.$$

Satz 10.3
Für ein Teilchen γ sei $\xi = \varphi \circ \gamma$ die auf die Karte φ umgerechnete Kurve in $\mathbb{R}^n$. Für ξ sind die Euler-Lagrange-Gleichungen des Geodätenproblems äquivalent zu den **Geodätengleichungen**

$$(\xi^j)'' + \Gamma_{ik}^j(\varphi^{-1}(\xi))(\xi^i)'(\xi^k)' = 0, \quad j = 1, \dots, n.$$

Beweis Mit

$$L(t, x^1, \dots, x^n, y^1, \dots, y^n) = \sqrt{g_{lk}(x^1, \dots, x^n)y^l y^k}$$

lauten die Euler-Lagrange-Gleichungen

$$\frac{\partial L}{\partial x^i}(t, \xi(t), \xi'(t))$$
$$= \frac{\partial^2 L}{\partial t\,\partial y^i}(t, \xi(t), \xi'(t)) + \frac{\partial^2 L}{\partial x^j\,\partial y^i}(t, \xi(t), \xi'(t))(\xi^j)'(t) + \frac{\partial^2 L}{\partial y^j\,\partial y^i}(t, \xi(t), \xi'(t))(\xi^j)''(t).$$

Zunächst sind für Variable $t, x^1, \ldots, x^n, y^1, \ldots, y^n$ mit

$$g_{lk}(x^1, \ldots, x^n) y^l y^k = 1$$

die benötigten partiellen Ableitungen zu berechnen. Es gilt

$$\frac{\partial L}{\partial x^i} = \frac{1}{2} \left(\frac{\partial}{\partial x^i} g_{lk} \right) y^l y^k$$

$$\frac{\partial^2 L}{\partial t \partial y^i} = \frac{\partial}{\partial y^i} \frac{\partial L}{\partial t} = 0$$

$$\frac{\partial L}{\partial y^i} = g_{ik} y^k$$

$$\frac{\partial^2 L}{\partial x^j \partial y^i} = \left(\frac{\partial}{\partial x^j} g_{ik} \right) y^k$$

$$\frac{\partial^2 L}{\partial y^j \partial y^i} = g_{ij}.$$

Somit lauten die Euler-Lagrange-Gleichungen im vorliegenden Fall

$$\frac{1}{2} \left(\frac{\partial}{\partial x^i} g_{jk} \right) (\xi^j)' (\xi^k)' = \left(\frac{\partial}{\partial x^j} g_{ik} \right) (\xi^j)' (\xi^k)' + g_{ij} (\xi^j)''.$$

Durch Symmetrisieren der Koeffizienten der ersten Summe auf der rechten Seite und Sortieren ergibt sich

$$g_{ij} (\xi^j)'' = \frac{1}{2} \left(\frac{\partial}{\partial x^i} g_{jk} - \frac{\partial}{\partial x^j} g_{ik} - \frac{\partial}{\partial x^k} g_{ij} \right) (\xi^j)' (\xi^k)'.$$

Durch Anwenden der kontravarianten Metrik lassen sich diese Gleichungen nach den zweiten Ableitungen auflösen. Es gilt einerseits

$$g^{il} g_{ij} (\xi^j)'' = (\xi^l)''$$

und andererseits

$$\frac{1}{2} g^{il} \left(\frac{\partial}{\partial x^i} g_{jk} - \frac{\partial}{\partial x^j} g_{ik} - \frac{\partial}{\partial x^k} g_{ij} \right) (\xi^j)' (\xi^k)' = -\Gamma^l_{jk} (\xi^j)' (\xi^k)',$$

insgesamt also

$$(\xi^l)'' = -\Gamma^l_{jk} (\xi^j)' (\xi^k)'.$$

Von einer Geodäten auf einer gekrümmten Fläche hat man die Vorstellung, dass sie möglichst geradlinig verläuft. Bei natürlicher Parameterdarstellung γ, also $|\gamma'| = 1$, könnte das heißen, dass die tangentiale Komponente der im umliegenden Raum R^3 gebildeten Beschleunigung γ'' verschwindet. Das ließe sich durch $\nabla_{\gamma'}\gamma' = 0$ ausdrücken. Tatsächlich ist diese Bedingung in diesem wie im allgemeinen Fall, so wie er in diesem Abschnitt in $\mathbb{R}^n$ behandelt wird, äquivalent zu den in Satz 10.3 formulierten Geodätengleichungen.

Theorem 10.4

Für jedes Teilchen (Beobachter) gilt

$$\nabla_{\gamma'}\gamma' = 0.$$

Beweis Nach Umrechnung $\xi = \varphi \circ \gamma$ auf eine Karte φ hat der Tangentenvektor γ' die Darstellung

$$\gamma' = (\xi^i)' \partial_i$$

und ist auf die reellwertigen Funktionen $(\xi^k)'$ einer Variablen anwendbar im Sinne von

$$\gamma'(\xi^k)' = (\xi^k)''.$$

Für die zu berechnende kovariante Ableitung gilt

$$\nabla_{\gamma'}\gamma' = \nabla_{(\xi^i)'\partial_i}(\xi^k)'\partial_k = (\xi^k)''\partial_k + (\xi^i)'(\xi^k)'\Gamma_{ik}^j\partial_j.$$

Die Geodätengleichungen besagen also, dass alle Komponenten von $\nabla_{\gamma'}\gamma'$ Null sind.

In der Newtonschen Mechanik ist die Bewegung eines Teilchens in einem Gravitationsfeld durch Anfangsposition und Anfangsgeschwindigkeit eindeutig bestimmt. Es ist zu erwarten, dass das auch in einer Raumzeit gilt. Tatsächlich läuft das Geodätenproblem bei Umrechnung auf eine Karte nach Satz 10.3 auf ein Differentialgleichungssystem für die Funktionen $\xi^1, \ldots, \xi^n, (\xi^1)', \ldots, (\xi^n)'$ hinaus, und aus der Struktur des Systems ist auf (lokal) eindeutige Lösbarkeit des entsprechenden Anfangswertproblems zu schließen. *Zu $P \in M$ und zukunftsweisendem Tangentenvektor $x \in M_P$ mit $g(x, x) = 1$ gibt es ein Intervall I mit $0 \in I$ und eine Geodäte $\gamma: I \to M$ mit $\gamma(0) = P$ und $\gamma'(0) = x$.*

Wir schreiben jetzt die Geodätengleichungen für den wichtigen Fall der Schwarzschild-Raumzeit auf. Die Christoffel-Symbole sind von den am Ende von Abschn. 7.5 angegebenen Gleichungen als Koeffizienten abzulesen. Zu beachten ist außerdem die Nebenbedingung $g(\gamma', \gamma') = 1$.

Satz 10.5

In der (äußeren) Schwarzschild-Raumzeit gelten für ein Teilchen unter der Nebenbedingung

$$h(r)(t')^2 - \frac{1}{h(r)}(r')^2 - r^2(\vartheta')^2 - r^2\sin^2\vartheta\,(\varphi')^2 = 1$$

die Geodätengleichungen

$$t'' = -\frac{2\mu}{r^2 h(r)} t' r'$$

$$r'' = -\frac{h(r)\mu}{r^2}(t')^2 + \frac{\mu}{r^2 h(r)}(r')^2 + r h(r)(\vartheta')^2 + r h(r)\sin^2\vartheta\,(\varphi')^2$$

$$\vartheta'' = \sin\vartheta\cos\vartheta\,(\varphi')^2 - \frac{2}{r} r'\vartheta'$$

$$\varphi'' = -\frac{2}{r} r'\varphi' - 2\cot\vartheta\,\vartheta'\varphi'$$

mit $h(r) = 1 - \frac{2\mu}{r}$.

Von besonderem Interesse ist die Beschreibung von Teilchen, die sich radial bewegen. Dazu sind die in Satz 10.5 genannten Gleichungen auf den Fall konstanter Winkelkoordinaten ϑ und φ zu spezialisieren.

Satz 10.6
Für Teilchen $\gamma(\tau) = (t(\tau), r(\tau), Q)$ *in der Schwarzschild-Raumzeit gilt*

$$r'' = -\frac{\mu}{r^2}.$$

Beweis In die Gleichung

$$r'' = -\frac{\mu}{r^2}\left(h(r)(t')^2 - \frac{1}{h(r)}(r')^2 \right)$$

ist lediglich die Nebenbedingung

$$h(r)(t')^2 - \frac{1}{h(r)}(r')^2 = 1$$

einzusetzen.

In der Newtonschen Physik erfährt ein sich auf einem Strahl von einem Himmelskörper der Masse μ bewegter Massepunkt durch Gravitation eine Radialbeschleunigung $r'' = -G\mu/r^2$. Dass in Satz 10.6 die Gravitationskonstante G nicht als Faktor auftritt bzw. Eins ist, liegt daran, dass wir die Lichtgeschwindigkeit Eins gesetzt haben (geometrische Einheiten). Durch Vergleich ist die Konstante μ aus der Schwarzschild-Metrik, die bei deren Motivierung im Abschn. 9.7 aus rein mathematischen Gründen aufgetreten ist, als Masse des die Raumzeit erzeugenden Himmelskörpers identifiziert. Bei der Interpretation der Formel in Satz 10.6 ist aber zu beachten, dass r'' nur approximativ für geringe Geschwindigkeit r' und großen Abstand r die Radialbeschleunigung beschreibt. Für den ruhenden Beobachter $\partial_t / \sqrt{1 - 2\mu/r}$ hat der Tangentenvektor $\gamma' = t'\partial_t + r'\partial_r$ die Relativgeschwindigkeit

$$v = \frac{t'\partial_t + r'\partial_r}{g\left(\partial_t / \sqrt{1 - \frac{2\mu}{r}}, t'\partial_t + r'\partial_r\right)} - \frac{\partial_t}{\sqrt{1 - \frac{2\mu}{r}}} = \frac{r'}{t'\sqrt{1 - \frac{2\mu}{r}}}\,\partial_r$$

mit dem Absolutbetrag (speed)

$$\sqrt{-g(v,v)} = \frac{r'}{t'\left(1 - \frac{2\mu}{r}\right)}.$$

Die Ableitung dieses Ausdrucks wäre mit der beobachteten Beschleunigung zu assoziieren. Für $r \gg 2\mu$, $r' \ll 1$ und deshalb $t' \approx 1$ hieße das

$$\left(\frac{r'}{t'(1 - \frac{2\mu}{r})}\right)' \approx r''.$$

10.4   Die geodätische Abweichung

Wenn sich in $\mathbb{R}^n$ zwei Geodäten γ_1 und γ_2 im Punkt $P = \gamma_1(0) = \gamma_2(0)$ schneiden, dann wächst der Abstand der Punkte $\gamma_1(t)$ und $\gamma_2(t)$ proportional zum Parameter t. Wenn das für Geodäten auf einer semi-Riemannschen Mannigfaltigkeit nicht so ist, dann ist das ein Symptom der Krümmung. Zur Erklärung dieses Sachverhalts für eine Raumzeit betrachten wir eine Karte φ mit der folgenden Eigenschaft: Die Koordinatenvektorfelder $\partial_1, \partial_2, \partial_3$ sind raumartig, und für jede Fixierung der Koordinaten u^1, u^2, u^3 ist die Kurve $\gamma(t) = \varphi^{-1}(t, u^1, u^2, u^3)$ eine Geodäte mit zukunftsweisenden Vektoren $\partial_0 = \gamma'$ mit $g(\partial_0, \partial_0) = 1$. Solche Koordinaten heißen **geodätische Koordinaten**. Dass es solche Karten geben muss, ist zumindest im Falle der unten diskutierten beiden Beispiele vom physikalischen Standpunkt aus plausibel.

Der Abstand der Punkte $\varphi^{-1}(t, u^1, u^2, u^3)$ und $\varphi^{-1}(t, u^1 + \Delta u, u^2, u^3)$ wird approximativ durch die Länge $\sqrt{-g(\Delta u\,\partial_1, \Delta u\,\partial_1)}$ des Vektors $\Delta u\,\partial_1$ beschrieben. Der Vektor ∂_1 an der Stelle $\varphi^{-1}(t, u^1, u^2, u^3)$ steht, grob gesprochen, für die Verschiebung von $\varphi^{-1}(t, u^1, u^2, u^3)$ nach $\varphi^{-1}(t, u^1 + 1, u^2, u^3)$. Die kovariante Ableitung $\nabla_{\partial_0}\partial_1$ beschreibt die Veränderung dieses Verschiebungsvektors mit wachsendem Parameter t und wäre im flachen Raum konstant. Die doppelte kovariante Ableitung $\nabla_{\partial_0}\nabla_{\partial_0}\partial_1$, die im flachen Raum Null wäre, heißt **geodätische Abweichung** bzgl. der Koordinate u^1. Analog sind die geodätischen Abweichungen bzgl. u^2 und u^3 definiert.

Satz 10.7

Die geodätische Abweichung bzgl. u^i wird mit dem Krümmungsoperator durch die Formel

$$\nabla_{\partial_0}\nabla_{\partial_0}\partial_i = R(\partial_0, \partial_i)\partial_0$$

beschrieben.

Abb. 10.2 Radial fallende
Teilchen, gestartet bei P_0, P_1,
und P_2

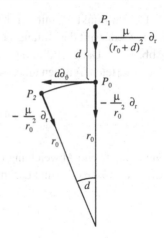

Beweis Nach Def. 8.1, Theorem 7.2 (D5) und Theorem 10.4 gilt

$$R(\partial_0, \partial_i)\partial_0 = \nabla_{\partial_0}\nabla_{\partial_i}\partial_0 - \nabla_{\partial_i}\nabla_{\partial_0}\partial_0 = \nabla_{\partial_0}\nabla_{\partial_0}\partial_i.$$

Beispiel 1 Wir bestimmen näherungsweise Komponenten des Krümmungstensors der
Schwarzschild-Raumzeit, indem wir die geodätischen Abweichungen bzgl. der Koordinaten r, ϑ, φ bei Vernachlässigung relativistischer Effekte berechnen. Ein Teilchen, das
mit der Anfangsgeschwindigkeit Null startet, fällt in Richtung Mittelpunkt, wobei für die
Bewegungungsgleichung $r(t)$ infolge Gravitation $r''(t) = -\mu/(r(t))^2$ gilt. Es sei d eine
positive Zahl, die dann als relativ klein aufgefasst werden soll. Während ein im Punkt
P_0 mit den Koordinaten $r_0, \vartheta_0, \varphi_0$ startendes Teichen die Anfangsbeschleunigung $-\mu/r_0^2$
hat, beginnt ein im Punkt P_1 mit den Koordinaten $r_0 + d, \vartheta_0, \varphi_0$ startendes Teilchen (siehe
Abb. 10.2) mit der Anfangsbeschleunigung

$$-\frac{\mu}{(r_0 + d)^2} = -\mu\left(\frac{1}{r_0^2} + \frac{-2}{r_0^3}d + \dots\right).$$

Folglich hat der Verschiebungsvektor vom in P_0 gestarteten Teilchen zum in P_1 gestarteten Teilchen im Anfangspunkt eine zweite Ableitung nach der Zeit von ungefähr
$d(2\mu/r_0^3)\partial_r$. Es ist abzulesen, dass die geodätische Abweichung bzgl. der Koordinate r
im Punkt P_0 näherungsweise $(2\mu/r_0^3)\partial_r$ ist. Gemäß Satz 10.7 ist also $(2\mu/r_0^3)\partial_r$ eine
Approximation des Tangentenvektors

$$R(\partial_t, \partial_r)\partial_t = R_{001}^0 \partial_t + R_{001}^1 \partial_r + R_{001}^2 \partial_\vartheta + R_{001}^3 \partial_\varphi,$$

und durch Koeffizientenvergleich ergibt sich insbesondere

$$R_{001}^1 \approx 2\mu/r_0^3, \quad R_{001}^2 \approx 0, \quad R_{001}^3 \approx 0.$$

Ein im Punkt P_2 mit den Koordinaten $r_0, \vartheta_0 + d, \varphi_0$ startendes Teilchen bewegt sich auch wieder mit der Anfangsbeschleunigung $-\mu/r_0^2$ auf den Mittelpunkt zu (siehe wieder Abb. 10.2). Dabei erfährt der Verschiebungsvektor vom in P_0 gestarteten Teilchen zum in P_2 gestarteten Teilchen eine zweite Ableitung von etwa

$$(\tan d) \left(-\frac{\mu}{r_0^2} \right) \frac{\partial_\vartheta}{r_0} \approx d \left(-\frac{\mu}{r_0^3} \right) \partial_\vartheta.$$

Die geodätische Abweichung bzgl. ϑ ist also ungefähr $-(\mu/r_0^3)\partial_\vartheta$, dieser Vektor approximiert $R(\partial_t, \partial_\vartheta)\partial_t$, und das impliziert

$$R_{002}^1 \approx 0, \quad R_{002}^2 \approx -\mu/r_0^3, \quad R_{002}^3 \approx 0.$$

Analog ergibt ein Vergleich eines im Punkt P_3 mit den Koordinaten $r_0, \vartheta_0, \varphi_0 + d$ startenden Teilchens mit dem in P_0 gestarteten Teilchen eine geodätische Abweichung bzgl. φ von ungefähr $-(\mu/r_0^3)\partial_\varphi$, und für die entsprechenden Komponenten des Krümmungstensors ergibt sich

$$R_{003}^1 \approx 0, \quad R_{003}^2 \approx 0, \quad R_{003}^3 \approx -\mu/r_0^3.$$

Zusammenfassend lässt sich sagen, dass im Punkt mit den Koordinaten t, r, ϑ, φ

$$\begin{pmatrix} R_{001}^1 & R_{001}^2 & R_{001}^3 \\ R_{002}^1 & R_{002}^2 & R_{002}^3 \\ R_{003}^1 & R_{003}^2 & R_{003}^3 \end{pmatrix} \approx \begin{pmatrix} \dfrac{2\mu}{r^3} & 0 & 0 \\ 0 & -\dfrac{\mu}{r^3} & 0 \\ 0 & 0 & -\dfrac{\mu}{r^3} \end{pmatrix}$$

gilt. Im Vergleich dazu ist aus den im Abschn. 8.5 angegebenen Matrizen für die Krümmungsoperatoren das präzise Ergebnis

$$\begin{pmatrix} R_{001}^1 & R_{001}^2 & R_{001}^3 \\ R_{002}^1 & R_{002}^2 & R_{002}^3 \\ R_{003}^1 & R_{003}^2 & R_{003}^3 \end{pmatrix} = \begin{pmatrix} \dfrac{2\mu}{r^3}\left(1 - \dfrac{2\mu}{r}\right) & 0 & 0 \\ 0 & -\dfrac{\mu}{r^3}\left(1 - \dfrac{2\mu}{r}\right) & 0 \\ 0 & 0 & -\dfrac{\mu}{r^3}\left(1 - \dfrac{2\mu}{r}\right) \end{pmatrix}$$

abzulesen.

Beispiel 2 Wir berechnen jetzt Krümmungskomponenten im Inneren eines kugelsymmetrischen homogenen Himmelskörpers der konstanten Dichte ρ. Wir stellen uns vor, dass durch den Himmelskörper ein geradliniger Schacht gebohrt ist, der durch den Mittelpunkt

Abb. 10.3 Freier Fall in radialen Röhren

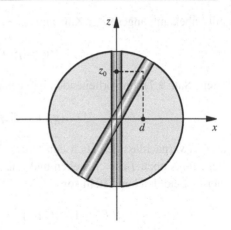

verläuft (Abb. 10.3). Auf einen im Schacht in einer Entfernung r vom Mittelpunkt befindlichen Massepunkt m wirkt eine Schwerkraft der Größe $m(4/3)\pi\rho r^3/r^2$, die dem Teilchen eine Beschleunigung $r'' = -(4/3)\pi\rho r$ verleiht. Ergebnis ist eine periodische Bewegung, die bei einer Anfangsgeschwindigkeit Null durch die Bewegungsgleichung $r(t) = r_0\cos(2\sqrt{\pi\rho/3}t)$ (r wird hier als vorzeichenbehaftet aufgefasst) beschrieben wird. Wir verwenden jetzt kartesische Koordinaten mit dem Koordinatenursprung im Mittelpunkt und der z-Achse in dem gebohrten Schacht. Das zum Zeitpunkt $t = 0$ an der Stelle z_0 fallengelassene Teilchen bewegt sich gemäß $z(t) = z_0\cos(2\sqrt{\pi\rho/3}t)$. Der Verschiebungsvektor von diesem Teilchen zu einem gleichzeitig bei $z_0 + d$ gestarteten Teilchen hat zur Startzeit eine zweite Ableitung von $-(4/3)\pi\rho d\,\partial_z$. Die geodätische Abweichung bzgl. der Koordinate z ist also

$$R(\partial_t, \partial_z)\partial_t = -(4/3)\pi\rho\partial_z,$$

und abzulesen ist $R^1_{030} = R^2_{030} = 0$ und $R^3_{030} = (4/3)\pi\rho$. Ein Teilchen kann auch von der Position mit den kartesischen Koordinaten $(d, 0, z_0)$ fallengelassen werden, wenn ein weiterer Schacht gebohrt ist (Abb. 10.3). Für die geodätische Abweichung bzgl. x ergibt sich dann offenbar

$$R(\partial_t, \partial_x) = -(4/3)\pi\rho\partial_x.$$

Analog lässt sich die geodätische Abweichung bzgl. y berechnen. Insgesamt gilt

$$\begin{pmatrix} R^1_{010} & R^2_{010} & R^3_{010} \\ R^1_{020} & R^2_{020} & R^3_{020} \\ R^1_{030} & R^2_{030} & R^3_{030} \end{pmatrix} = \frac{4\pi\rho}{3}\begin{pmatrix} 1 & 0 & 0 \\ 0 & 1 & 0 \\ 0 & 0 & 1 \end{pmatrix}.$$

Dieses zweite Beispiel ist von grundsätzlicher Bedeutung, denn es ermöglicht die Motivierung einer der Konstanten in der Einsteinschen Feldgleichung. Eine Gleichung

$$\mathrm{Ric} - (1/2)Sg = \mu T$$

mit unbekannt angesetzter Konstante μ wäre äquivalent zu

$$\text{Ric} = \mu(T - (1/2)CTg)$$

(siehe Satz 9.7). Im vorliegenden Fall nehmen wir näherungsweise

$$(g_{ik}) = \text{diag}(1, -1, -1, -1)$$

an und vernachlässigen auch den Druck. Der Energie-Impuls-Tensor T hat dann in der Ecke links oben $T_{00} = \rho$ stehen und sonst nur Nullen. Auf der rechten Seite der modifizierten Feldgleichung steht somit

$$\mu(T - (1/2)CTg) = \mu \, \text{diag}(\rho/2, \rho/2, \rho/2, \rho/2).$$

Andererseits hat die Berechnung der geodätischen Abweichungen die Krümmungskomponenten $R^i_{0i0} = (4/3)\pi\rho$ für $i = 1, 2, 3$ ergeben. Zusammen mit $R^0_{000} = 0$ ergibt sich in der Matrix Ric in der Ecke links oben die Zahl $4\pi\rho$. Schließlich identifiziert die Gleichung $4\pi\rho = \mu\rho/2$ die unbekannte Konstante μ zu $\mu = 8\pi$.

Auf die einzelnen Massepunkte eines ausgedehnten festen Körpers, der sich in einem nicht homogenen Gravitationsfeld befindet, wirken der klassischen Newtonschen Mechanik zufolge unterschiedliche Kräfte, die zu Spannungen in diesem Körper führen. In der Relativitätstheorie wird diese Erscheinung dadurch erklärt, dass die Massepunkte unterschiedlichen Geodäten folgen, und mit dem Begriff der geodätischen Abweichung lässt sich dieser Effekt quantifizieren. In der zu Beginn dieses Abschnittes beschriebenen Situation steht die geodätische Abweichung $\nabla_{\partial_0}\nabla_{\partial_0}\partial_1$ für die Beschleunigung, die ein im Punkt mit den Koordinaten $t, u^1 + 1, u^2, u^3$ befindlicher Massepunkt relativ zum Beobachter im Punkt mit den Koordinaten t, u^1, u^2, u^3 erfährt. Für den Beobachter stellt sich das Geschehen so dar, als ob im Nachbarpunkt eine Kraft wirkt, die sogenannte **Gezeitenkraft**. In den Punkten entlang der u^i-Koordinatenlinie ist diese Gezeitenkraft pro Abstand $\nabla_{\partial_0}\nabla_{\partial_0}\partial_i$. Nach Satz 10.7 ist das der Tangentenvektor $R(\partial_0, \partial_i)\partial_0$.

Definition 10.1
Für einen Beobachter $z \in M_P$ ist der **Gezeitenkraftoperator** F_z in $z^\perp$ durch

$$F_z x = R(z, x)z$$

definiert.   ◆

Die Linearität von F_z steht außer Frage. Dass $F_z x \in z^\perp$ ist, folgt mit

$$g(z, F_z x) = g(z, R(z, x)z) = R(z, z, z, x) = 0$$

aus der Schiefsymmetrie des kovarianten Krümmungstensors bzgl. der ersten beiden Vektorvariablen (siehe Satz 8.5).

Satz 10.8

Der Gezeitenkraftoperator F_z im euklidischen Raum $z^\perp$ mit dem Skalarprodukt $-g$ ist selbstadjungiert und hat die Spur

$$\operatorname{tr} F_z = \operatorname{Ric}(z, z).$$

Beweis Nach Satz 8.5 gilt

$$g(F_z x, y) = g(R(z, x)z, y) = R(y, z, z, x) = R(z, x, y, z) = R(x, z, z, y) = g(x, F_z y).$$

Mit einer orthonormalen Basis e_1, e_2, e_3 in $z^\perp$ und den entsprechenden Linearformen $a^i = -g(e_i, .)$ ergibt sich

$$\langle F_z e_i, a^i \rangle = \langle R(z, e_i)z, a^i \rangle = -R(a^i, z, z, e_i) = R(a^i, z, e_i, z) = \operatorname{Ric}(z, z).$$

Beispiel Wir berechnen die Matrix des Gezeitenkraftoperators in der Schwarzschild-Raumzeit für den Beobachter $z = (1/\sqrt{h(r)})\,\partial_t$ bzgl. der orthonormalen Basis $e_1 = \sqrt{h(r)}\,\partial_r$, $e_2 = (1/r)\,\partial_\vartheta$ und $e_3 = (1/(r\sin\vartheta))\,\partial_\varphi$. Von den in Abschn. 8.4 angegebenen Matrizen lässt sich ablesen

$$F_z e_1 = R\left(\frac{1}{\sqrt{h(r)}}\,\partial_t, \sqrt{h(r)}\partial_r\right)\frac{1}{\sqrt{h(r)}}\,\partial_t = \frac{1}{\sqrt{h(r)}}\frac{2\mu h(r)}{r^3}\,\partial_r = \frac{2\mu}{r^3}e_1$$

und analog

$$F_z e_2 = -\frac{\mu}{r^3}e_2 \quad \text{und} \quad _z e_3 = -\frac{\mu}{r^3}e_3.$$

Die Matrix von F_z bzgl. dieser Basis ist also

$$((F_z)_i^k) = \operatorname{diag}\left(\frac{2\mu}{r^3}, -\frac{\mu}{r^3}, -\frac{\mu}{r^3}\right)$$

mit der Spur Null.

10.5 Periheldrehung

Die Keplerschen Gesetze besagen unter anderem, dass sich die Planeten auf Ellipsenbahnen bewegen, wobei sich die Sonne in einem der beiden Brennpunkte befindet. Da sich die Planeten auch untereinander durch Gravitation beeinflussen, kann sich der sonnennächste Punkt der Ellipse (**Perihel**) mit der Zeit verschieben. Jahrzehntelange systematische Beobachtungen des Merkur haben jedoch ergeben, dass sich sein Perihel auch abzüglich der Einflüsse der anderen Planeten noch zusätzlich um die Sonne dreht mit einer Winkelgeschwindigkeit von $43{,}1 \pm 0{,}5$ Bogensekunden pro Jahrhundert. Erst mit der Allgemeinen Relativitätstheorie konnte dieser Effekt erklärt werden.

Um das relativistische Ergebnis mit dem klassischen vergleichen zu können, rekapitulieren wir zunächst die Überlegungen, die zur Formulierung des entsprechenden Keplerschen Gesetzes geführt haben. Die Situation spielt sich offenbar in einer entsprechend gewählten Ebene ab, ausgestattet mit Polarkoordinaten r und φ, wobei sich die Sonne im Nullpunkt befinden soll. Die Bewegung des Planeten sei in der Form

$$x(t) = r(t)\cos\varphi(t)$$
$$y(t) = r(t)\sin\varphi(t)$$

beschrieben. Seine Beschleunigung

$$\ddot{x} = (\ddot{r} - r\dot{\varphi}^2)\cos\varphi - (2\dot{r}\dot{\varphi} + r\ddot{\varphi})\sin\varphi$$
$$\ddot{y} = (\ddot{r} - r\dot{\varphi}^2)\sin\varphi + (2\dot{r}\dot{\varphi} + r\ddot{\varphi})\cos\varphi$$

hat eine radiale Komponente $\ddot{r} - r\dot{\varphi}^2$ und eine tangentiale Komponente $2\dot{r}\dot{\varphi} + r\ddot{\varphi}$. Da die Anziehungskraft der Sonne nur radial wirkt, gilt

$$2\dot{r}\dot{\varphi} + r\ddot{\varphi} = 0.$$

Wegen

$$(r^2\dot{\varphi})\dot{} = 2r\dot{r}\dot{\varphi} + r^2\ddot{\varphi} = 0$$

ist der Ausdruck $r^2\dot{\varphi}$ konstant (Drehimpulserhaltung), wir bezeichnen diese Konstante jetzt mit L. Gemäß dem Newtonschen Gravitationsgesetz gilt für die Radialbeschleunigung

$$\ddot{r} - r\dot{\varphi}^2 = -\frac{\mu}{r^2}.$$

Wir wollen r als Funktion von φ darstellen. Es erweist sich aber als einfacher, den reziproken Wert $u = \frac{1}{r}$ mit φ zu formulieren. Es gilt

$$\dot{r} = \frac{d}{dt}\frac{1}{u} = -\frac{1}{u^2}\frac{du}{d\varphi}\dot{\varphi} = -(r^2\dot{\varphi})\frac{du}{d\varphi} = -L\frac{du}{d\varphi}$$

und

$$\ddot{r} = -L\frac{d^2u}{d\varphi^2}\dot{\varphi} = -Lu^2(r^2\dot{\varphi})\frac{d^2u}{d\varphi^2} = -L^2u^2\frac{d^2u}{d\varphi^2}.$$

Eingesetzt in die obige Bilanz für die Radialbeschleunigung ergibt sich

$$-\frac{\mu}{r^2} = \ddot{r} - r\dot{\varphi}^2 = -L^2u^2\frac{d^2u}{d\varphi^2} - L^2u^3.$$

Das ist die **Binetsche Differentialgleichung**

$$\frac{d^2u}{d\varphi^2} + u = \frac{\mu}{L^2}.$$

Abb. 10.4 Polardarstellung der Ellipse

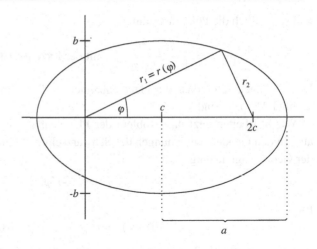

mit der allgemeinen Lösung

$$u(\varphi) = \lambda \cos(\varphi - \varphi_0) + \mu/L^2.$$

Da das Koordinatensystem geeignet gedreht werden kann, darf $\varphi_0 = \pi$ angenommen werden. Damit hat sich für $r(\varphi)$ die Darstellung

$$r(\varphi) = \frac{1}{\mu/L^2 - \lambda \cos \varphi} = \frac{L^2/\mu}{1 - (\lambda L^2/\mu) \cos \varphi}$$

ergeben. Dass das für $|\lambda L^2/\mu| < 1$ eine Ellipse ist, sieht man folgendermaßen: Wir betrachten eine Ellipse mit den Brennpunkten in $(0,0)$ und $(2c,0)$. Es sei a die große und b die kleine Halbachse. Für einen Ellipsenpunkt (x, y) sei r_1 der Abstand zu $(0, 0)$ und r_2 der Abstand zu $(2c, 0)$ (Abb. 10.4). Dann gilt

$$r_1 + r_2 = 2a$$

und

$$(r_1 + r_2)(r_1 - r_2) = r_1^2 - r_2^2 = x^2 + y^2 - [(x - 2c)^2 + y^2] = 4cx - 4c^2,$$

also

$$r_1 - r_2 = 2\frac{c}{a}x - 2\frac{c^2}{a}.$$

Durch Addition ergibt sich

$$r = r_1 = \frac{c}{a}x - \frac{c^2}{a} + a = \frac{c}{a}r\cos\varphi + \frac{b^2}{a}$$

und schließlich die Polardarstellung

$$r = \frac{b^2/a}{1 - \varepsilon \cos \varphi} \qquad \text{mit der } \textbf{Exzentrizität } \varepsilon = c/a.$$

Der Vergleich zeigt, dass die Planetenbahnen im Rahmen der Newtonschen Physik tatsächlich Ellipsen sind.

Wir bearbeiten jetzt das Problem der Planetenbahn vom relativistischen Standpunkt aus. In den Geodätengleichungen der Schwarzschild-Raumzeit ist $\vartheta = \frac{\pi}{2}$ zu setzen. Aus der Geodätengleichung

$$\varphi'' = -\frac{2}{r} r' \varphi'$$

folgt

$$(r^2 \varphi')' = r^2 \varphi'' + 2r r' \varphi' = 0$$

und damit wieder die Konstanz des Ausdrucks $r^2 \varphi' = L$. Aus der Geodätengleichung

$$r'' = -\frac{\mu}{r^2} \left(h(r)(t')^2 - \frac{1}{h(r)}(r')^2 \right) + r h(r)(\varphi')^2$$

und der Nebenbedingung

$$h(r)(t')^2 - \frac{1}{h(r)}(r')^2 - r^2(\varphi')^2 = 1$$

folgt

$$r'' = -\frac{\mu}{r^2}(1 + r^2(\varphi')^2) + r h(r)(\varphi')^2 = -\frac{\mu}{r^2} + (r - 3\mu)(\varphi')^2.$$

Für $u = 1/r$ gilt $u' = -r'/r^2$ und

$$u'' = -\frac{r'' r^2 - 2r(r')^2}{r^4} = 2\frac{(r')^2}{r^3} - \frac{r''}{r^2}.$$

Wenn u als Funktion von φ aufgefasst wird, ergibt sich $\frac{du}{d\varphi} = u'/\varphi'$ und

$$\frac{d^2 u}{d\varphi^2} = \left(\frac{u'}{\varphi'} \right)' \frac{1}{\varphi'} = \frac{u'' \varphi' - u' \varphi''}{(\varphi')^3} = 2\frac{(r')^2}{r^3(\varphi')^2} - \frac{r''}{r^2(\varphi')^2} + \frac{r' \varphi''}{r^2(\varphi')^3}$$

$$= 2\frac{(r')^2}{r^3(\varphi')^2} + \frac{\mu}{r^4(\varphi')^2} - \frac{r - 3\mu}{r^2} - \frac{2(r')^2}{r^3(\varphi')^2} = \frac{\mu}{L^2} - u + 3\mu u^2.$$

Satz 10.9

Ein Teilchen bewege sich in der Schwarzschild-Raumzeit mit $\vartheta = \frac{\pi}{2}$. Dann erfüllt die Funktion $\varphi \to u = 1/r$ die Differentialgleichung

$$\frac{d^2 u}{d\varphi^2} + u = \frac{\mu}{L^2} + 3\mu u^2$$

mit $L = r^2 \varphi'$.

Wegen des zusätzlichen Summanden $3\mu u^2$ im Vergleich zur Binetschen Differential-gleichung ist die Differentialgleichung in Satz 10.9 nicht mehr elementar zu lösen. Da aber r sehr groß im Vergleich zu μ, μu^2 also sehr klein ist, hat der zusätzliche Summand nur geringen Einfluss, die klassische Keplersche Lösung

$$u = \frac{\mu}{L^2}(1 + \varepsilon \cos \varphi)$$

(bei $\varphi = 0$ Perihel) der Binetschen Gleichung kann als eine erste Näherung angesehen werden. Das alleine gibt zwar noch keinen Fortschritt gegenüber dem klassischen Ergebnis, berechtigt aber immerhin dazu, statt der in Satz 10.9 genannten Differentialgleichung die Differentialgleichung

$$\frac{d^2u}{d\varphi^2} + u = \frac{\mu}{L^2} + 3\mu \left(\frac{\mu}{L^2}\right)^2 (1 + \varepsilon \cos \varphi)^2 = \frac{\mu}{L^2} + \frac{3\mu^3}{L^4}\left(1 + \frac{\varepsilon^2}{2} + 2\varepsilon \cos \varphi + \frac{\varepsilon^2}{2}\cos 2\varphi\right)$$

zu lösen, um eine noch bessere Näherung zu bekommen. Das ist wieder eine lineare Differentialgleichung zweiter Ordnung. Mit einem geeigneten Ansatz mit unbekannten Koeffizienten lässt sich die spezielle Lösung

$$\frac{\mu}{L^2} + \frac{3\mu^3}{L^4} + \frac{3\mu^3\varepsilon^2}{2L^4} + \frac{3\mu^3\varepsilon}{L^4}\varphi \sin \varphi - \frac{\mu^3\varepsilon^2}{2L^4}\cos 2\varphi$$

ermitteln. Ebenfalls eine Lösung ist die Funktion

$$u(\varphi) = \frac{\mu}{L^2}(1 + \varepsilon \cos \varphi) + \frac{3\mu^3}{L^4}\left(1 + \frac{\varepsilon^2}{2} - \frac{\varepsilon^2}{6}\cos 2\varphi + \varepsilon\varphi \sin \varphi\right).$$

Für sie gilt $u'(0) = 0$ und $u(0) \approx (\mu/L^2)(1 + \varepsilon)$. Diese Funktion wird als eine bessere Approximation der Lösung der Differentialgleichung aus Satz 10.9 angesehen, und mit dieser Funktion wird jetzt weiter argumentiert. Ein Perihel ist ein lokales Maximum der Funktion $u(\varphi)$. Der Ableitung

$$u'(\varphi) = -\frac{\mu\varepsilon}{L^2}\sin \varphi + \frac{3\mu^3\varepsilon}{L^4}\left(\frac{\varepsilon}{3}\sin 2\varphi + \sin \varphi + \varphi \cos \varphi\right)$$

ist anzusehen, dass dem Perihel bei $\varphi = 0$ das nächste Perihel erst bei $2\pi + \delta$ mit einer kleinen positiven Zahl δ folgt, für die ungefähr gilt

$$0 \approx -\frac{\mu\varepsilon}{L^2}\sin \delta + \frac{3\mu^3\varepsilon}{L^4}(2\pi + \delta)\cos \delta,$$

also

$$\delta \approx \tan \delta \approx \frac{3\mu^2}{L^2}(2\pi + \delta) \approx \frac{6\pi\mu^2}{L^2}.$$

Für den Planeten Merkur ist das ein Wert, der im Verlaufe eines Jahrhunderts zu einer Drehung des Perihel um etwa 43 Bogensekunden (Abb. 10.5) führt.

Abb. 10.5 Periheldrehung
einer Planetenbahn

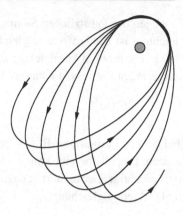

10.6   Lichtablenkung

In der Newtonschen Physik ist die Erfahrungstatsache festgeschrieben, dass sich das Licht geradlinig ausbreitet. Es liegt nun nahe, in der Relativitätstheorie die Geraden durch Geodäten zu ersetzen. *Lichtstrahlen sind Geodäten, deren Tangentenvektoren lichtartig sind*, d. h. für solche Geodäten γ gilt $g(\gamma', \gamma') = 0$, und ihre Bogenlänge ist damit auch Null. Der Geodätenbegriff ist hier natürlich nicht im Sinne extremaler Bogenlänge gemeint, sondern bedeutet $\nabla_{\gamma'}\gamma' = 0$. Man sagt auch, dass die Kurve γ ein Photon beschreibt.

Der relativistische Standpunkt hat die Konsequenz, dass ein Lichtstrahl, der dicht an einem Fixstern vorbeigeht, geringfügig abgelenkt wird (Abb. 10.6). Um diesen Effekt nachzuweisen und zu quantifizieren, können wir wieder die Geodätengleichungen der Schwarzschild-Raumzeit aus Satz 10.5 verwenden, die Nebenbedingung lautet jetzt aber

$$h(r)(t')^2 - \frac{1}{h(r)}(r')^2 - r^2(\vartheta')^2 - r^2\sin^2\vartheta\,(\varphi')^2 = 0.$$

Wenn wir die Rechnung, die Satz 10.9 begründet hat, entsprechend modifizieren, erhalten wir das folgende Ergebnis.

Satz 10.10
Für einen Lichtstrahl $\gamma(\tau) = (t(\tau), r(\tau), Q(\tau))$, wobei $Q(\tau)$ die Winkelkoordinaten $\pi/2$ und $\varphi(\tau)$ hat, gilt für die Funktion $\varphi \to u = 1/r$ die Differentialgleichung

$$\frac{d^2u}{d\varphi^2} + u = 3\mu u^2.$$

Diese nichtlineare Differentialgleichung lässt sich wieder nur näherungsweise lösen. Die erste grobe Näherung ist die Lösung $\tilde{u}(\varphi) = (1/r_0)\cos\varphi$ der Differentialgleichung $\tilde{u}'' + \tilde{u} = 0$ mit dem Anfangsverhalten $\tilde{u}(0) = 1/r_0$ und $\tilde{u}'(0) = 0$. Eine wesentlich bessere Näherung ist dann die Lösung der inhomogenen linearen Differentialgleichung

$$u'' + u = 3\mu \left(\frac{1}{r_0} \cos\varphi \right)^2 = \frac{3\mu}{2r_0^2}(1 + \cos 2\varphi)$$

mit ebenfalls $u(0) = 1/r_0$ und $u'(0) = 0$. Ein geeigneter Ansatz mit unbekannten Koeffizienten führt auf die spezielle Lösung

$$\varphi \to \frac{3\mu}{2r_0^2} - \frac{\mu}{2r_0^2} \cos 2\varphi.$$

Das geforderte Anfangsverhalten hat dann die Funktion

$$u(\varphi) = \frac{\mu}{2r_0^2}(3 - \cos 2\varphi) + \frac{r_0 - \mu}{r_0^2} \cos\varphi,$$

und das ist eine brauchbare Näherung für die Lösung der in Satz 10.10 genannten Differentialgleichung mit dem vorliegenden Anfangsverhalten. Der in Abb. 10.6 markierte Winkel φ_∞ ist eine Nullstelle dieser Lösungsfunktion. Aus

$$0 = u(\varphi_\infty) = \frac{\mu}{r_0^2}(2 - \cos^2\varphi_\infty) + \frac{r_0 - \mu}{r_0^2} \cos\varphi_\infty$$

ergibt sich die quadratische Gleichung

$$(\cos\varphi_\infty)^2 + \left(1 - \frac{r_0}{\mu} \right) \cos\varphi_\infty - 2 = 0$$

mit der Lösung

$$\cos\varphi_\infty = \frac{r_0}{2\mu} - \frac{1}{2} - \sqrt{\left(\frac{r_0}{2\mu} - \frac{1}{2} \right)^2 + 2}.$$

Der Standpunkt $r_0 \gg 2\mu$ führt zu dem Näherungswert

$$\cos\varphi_\infty \approx \frac{r_0}{2\mu} - \frac{1}{2} - \left(\sqrt{\left(\frac{r_0}{2\mu} - \frac{1}{2} \right)^2 + 2\frac{1/2}{\sqrt{\left(\frac{r_0}{2\mu} - \frac{1}{2} \right)^2}}} \right)$$

$$= \frac{-1}{\frac{r_0}{2\mu} - \frac{1}{2}} = -\frac{2\mu}{r_0 - \mu} \approx -2\mu/r_0.$$

Daraus ergibt sich für den Ablenkungswinkel

$$\delta = 2\left(\varphi_\infty - \frac{\pi}{2} \right) \approx 2 \sin\left(\varphi_\infty - \frac{\pi}{2} \right) = -2 \cos\varphi_\infty \approx 4\mu/r_0.$$

Abb. 10.6 Ablenkung eines
Lichtstrahls

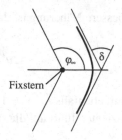

Für unsere Sonne ist das bei $\mu \approx 1,477\,\mathrm{km}$ und dem Sonnenradius $r_0 = 6,96 \cdot 10^5\,\mathrm{km}$ ein Ablenkungswinkel $\delta = 8,489 \cdot 10^{-6}$, das sind $1,751$ Bogensekunden. Im Prinzip kann dieser Effekt bei einer Sonnenfinsternis beobachtet werden. Die Messfehler sind aber auch beim heutigen Stand der Technik noch erheblich, und so ist das Beobachtungsergebnis ein Intervall von etwa 1,5 bis 2 Bogensekunden.

10.7 Rotverschiebung

Die Rotverschiebung gehört neben Periheldrehung und Lichtablenkung zu den klassischen Tests der Allgemeinen Relativitätstheorie. Gemeint ist hier die **gravitative Rotverschiebung**, von der **kosmologischen Rotverschiebung** wird erst im letzten Kapitel die Rede sein.

Mit der gravitativen Rotverschiebung meint man den Effekt, dass das Licht, das von der Oberfläche eines Sterns emittiert wird, von einem entfernten Beobachter mit einer reduzierten Frequenz empfangen wird. Die Spektrallinien verschieben sich in Richtung zum roten Ende des Spektrums. Erklärt ist diese Erscheinung durch die folgenden beiden Tatbestände: Erstens gilt für die Funktion $t(r)$, die die Bahnkurve eines radial nach außen emittierten Photons in der $r - t$-Halbebene (r sei der Schwarzschild-Radius und t die Schwarzschild-Zeit) beschreibt, wegen

$$h(r)(t')^2 - \frac{1}{h(r)}(r')^2 = 0$$

die Differentialgleichung

$$\frac{dt}{dr} = \frac{t'}{r'} = \frac{1}{h(r)}.$$

Deren rechte Seite hängt nur von r ab, zwei nacheinander im Schwarzschild-Zeit-Abstand Δt emittierte Photonen behalten auch diesen Abstand im Sinne der Schwarzschild-Zeit. Zweitens ist die Schwarzschild-Zeit nicht die Eigenzeit eines in einem Punkt mit Schwarzschild-Radius r ruhenden Beobachters, der Maßstab dieser Eigenzeit hängt von r ab.

Satz 10.11

Radiale Lichtsignale, die beim Schwarzschild-Radius r_1 mit der Frequenz ν_1 nach außen abgegeben werden, haben bei $r = r_2$ nur noch die Frequenz

$$\nu_2 = \sqrt{\left(1 - \frac{2\mu}{r_1}\right) \Big/ \left(1 - \frac{2\mu}{r_2}\right)}\,\nu_1.$$

Beweis Im Punkt mit $r = r_1$ werden in einem Zeitraum Δt bzgl. der Schwarzschild-Zeit in regelmäßigen Abständen N Signale (oder N Wellenberge) radial nach außen gesendet. Dieser Vorgang dauert dort die Eigenzeit

$$\int_t^{t+\Delta t} \sqrt{g(\partial_t, \partial_t)}\, d\tau = \sqrt{h(r_1)}\Delta t.$$

Demzufolge ist das für den Sender eine Frequenz $\nu_1 = N/(\sqrt{h(r_1)}\Delta t)$. Für den Empfänger verstreicht ebenfalls die Schwarzschild-Zeit Δt, das ist aber dort die Eigenzeit $\sqrt{h(r_2)}\Delta t$ und damit die Frequenz

$$\nu_2 = \frac{N}{\sqrt{h(r_2)}\Delta t} = \sqrt{\frac{1 - 2\mu/r_1}{1 - 2\mu/r_2}}\,\nu_1.$$

Kovariante Differentiation von Tensorfeldern 11

Inhaltsverzeichnis

11.1 Paralleltransport von Vektoren

Für eine semi-Riemannsche Mannigfaltigkeit ermöglicht der Begriff der kovarianten Ableitung von Vektorfeldern über Paralleltransport die Konstruktion von Isomorphismen zwischen den Tangentialräumen. Dadurch ergibt sich dann eine Charakterisierung der kovarianten Ableitungen von Vektorfeldern, die sich zu einer Definition der kovarianten Ableitung von Tensorfeldern verallgemeinern lässt.

Definition 11.1
Ein Vektorfeld X auf einer semi-Riemannschen Mannigfaltigkeit M heißt **parallel längs der Kurve** γ, wenn für alle t gilt $\nabla_{\gamma'(t)}X = 0$. ◆

In Abb. 11.1 und Abb. 11.2 sind Beispiele dargestellt. Wenn M eine Ebene ist, ist das Vektorfeld X genau dann längs einer beliebig gewählten Kurve parallel, wenn die

Abb. 11.1 Parallelverschiebung in der Ebene

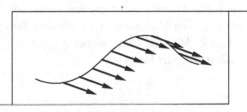

Abb. 11.2 Parallelverschiebung längs dem Äquator

Bildvektoren $X(\gamma(t))$ bis auf die im linearen Raum übliche Parallelverschiebung identisch sind. Auf gekrümmten Flächen sind die Verhältnisse komplizierter. Wenn die Kurve
Geodäte ist, ist die Konstanz des Winkels zwischen den Vektoren $X(\gamma(t))$ und $\gamma'(t)$
entscheidend.

Die in Def. 11.1 genannte kovariante Ableitung ist mit einer Karte φ durch die Formel

$$\nabla_{\gamma'(t)}X = (\varphi^i \circ \gamma)'(t)\left(\frac{\partial(X^k \circ \varphi^{-1})}{\partial x^i}(\varphi(\gamma(t)))\,\partial_k + X^k(\gamma(t))\,\Gamma_{ik}^j(\gamma(t))\,\partial_j\right)$$

$$= \left((X^j \circ \gamma)'(t) + \Gamma_{ik}^j(\gamma(t))(\varphi^i \circ \gamma)'(t)(X^k \circ \gamma)(t)\right)\partial_j$$

zu berechnen. Die kovariante Ableitung ist also genau dann der Nullvektor, wenn für
$j = 1,\dots,n$

$$(X^j \circ \gamma)'(t) = -\Gamma_{ik}^j(\gamma(t))(\varphi^i \circ \gamma)'(t)(X^k \circ \gamma)(t)$$

gilt. Das ist ein homogenes lineares Differentialgleichungssystem für die reellen Funktionen $X^j \circ \gamma$. Bekanntlich ist die Anfangswertaufgabe für ein solches System eindeutig
lösbar. Damit ist der folgende Eindeutigkeitssatz gezeigt.

Satz 11.1
*Wenn die Vektorfelder X und Y parallel längs der Kurve γ sind und im Punkt $\gamma(t_0)$ über-
einstimmen, gilt für alle Zahlen t die Gleichung $X(\gamma(t)) = Y(\gamma(t))$.*

Dieser Satz gibt Anlass zu Isomorphismen zwischen den Tangentialräumen $M_{\gamma(t)}$.

Definition 11.2
Für zwei reelle Zahlen s und t aus dem Definitionsintervall der Kurve γ heißt die lineare
Abbildung $\tau_{s,t}$ von $M_{\gamma(t)}$ nach $M_{\gamma(s)}$, die dem Tangentenvektor $x \in M_{\gamma(t)}$ den Tangentenvektor $X(t) \in M_{\gamma(s)}$ zuordnet, wobei X ein längs γ paralleles Vektorfeld mit $X(s) = x$
ist, **Paralleltransport längs** γ. ◆

Abb. 11.3 Paralleltransport
entlang verschiedener Kurven

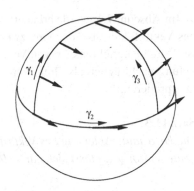

Offenbar sind die Abbildungen $\tau_{s,t}$ linear und injektiv, wegen der Gleichheit der Dimensionen der Tangentialräume deshalb auch surjektiv, insgesamt also bijektiv. Ausdrücklich hinzuweisen ist auf den Einfluss der Kurve γ auf den Paralleltransport. Paralleltransport längs verschiedener Kurven führt i. a. zu verschiedenen Ergebnissen. In Abb. 11.3 ist ein entsprechendes Gegenbeispiel dargestellt. Ein Vektor wird vom auf dem Äquator liegenden Punkt P längs des halben Längenkreises γ_1 parallel zum Nordpol N transportiert und im Vergleich dazu erst entlang eines Viertels γ_2 des Äquators nach Q und dann längs des halben Längenkreises γ_3 nach N transportiert. Die Ergebnisvektoren unterscheiden sich um einen rechten Winkel. Dieses Gegenbeispiel lässt sich auch so formulieren: Durch Paralleltransport längs der geschlossenen Kurve $(-\gamma_1) \cup \gamma_2 \cup \gamma_3$ wird der Vektor um den Winkel $\pi/2$ gedreht. Damit illustriert dieses Beispiel den folgenden mit dem **Integralsatz von Gauß-Bonnet** eng verwandten Satz der klassischen Differentialgeometrie: *Der Winkel, mit dem ein Tangentialvektor bei Parallelverschiebung längs einer einfach geschlossenen Kurve gedreht wird, ist gleich dem über die eingeschlossene Fläche gebildeten Integral über die Gauß-Krümmung.*

Bei Paralleltransport auf einer gekrümmten Fläche bleiben die Länge der Vektoren und die Winkel, die sie untereinander bilden, offenbar unverändert. Das gilt auch ganz allgemein.

Satz 11.2
Für $x, y \in M_{\gamma(t)}$ und für alle Parameterwerte s gilt $g(\tau_{s,t}x, \tau_{s,t}y) = g(x, y)$.

Beweis Wir wählen zwei längs γ parallele Vektorfelder X und Y mit $X(\gamma(t)) = x$ und $Y(\gamma(t)) = y$ und erhalten

$$\frac{d}{ds} g(\tau_{s,t}x, \tau_{s,t}y) = \frac{d}{ds} g\big(X(\gamma(s)), Y(\gamma(s))\big) = \gamma'(s)g(X, Y)$$
$$= g(\nabla_{\gamma'(s)}X, Y) + g(X, \nabla_{\gamma'(s)}Y) = g(0, Y) + g(X, 0) = 0.$$

Im Abschn. 7.1. wurde erläutert, warum die Einführung der kovarianten Ableitung eines Vektorfeldes über den Grenzwert von Differenzenquotienten zunächst nicht möglich ist. Durch Paralleltransport von Vektoren besteht jetzt die Möglichkeit, die kovariante Ableitung nachträglich als Grenzwert von geeignet formulierten Differenzenquotienten zu interpretieren.

Satz 11.3

Die kovariante Ableitung des Vektorfeldes Y mit dem durch eine Kurve γ erzeugten Tangentenvektor $\gamma'(t)$ lässt sich darstellen durch

$$\nabla_{\gamma'(t)} Y = \lim_{h \to 0} \frac{1}{h} \Big(\tau_{t,t+h} Y(t+h) - Y(t) \Big) = v'(t)$$

mit

$$v(s) = \tau_{t,s} Y\big(\gamma(s)\big).$$

Beweis   Bei Verwendung einer Karte φ ergibt die kovariante Ableitung

$$\nabla_{\gamma'(t)} Y(\gamma(t)) = \nabla_{(\varphi^i \circ \gamma)'(t)\, \partial_i(\gamma(t))} Y^k(\gamma(t))\, \partial_k(\gamma(t))$$

$$= (\varphi^i \circ \gamma)'(t) \frac{\partial(Y^k \circ \varphi^{-1})}{\partial u^i} (\varphi(\gamma(t)))\, \partial_k(\gamma(t))$$

$$+ (\varphi^i \circ \gamma)'(t) Y^k(\gamma(t)) \Gamma_{ik}^j(\gamma(t))\, \partial_j(\gamma(t)).$$

Dabei lässt sich der Koeffizient bei ∂_k noch vereinfachen, denn nach der klassischen Kettenregel gilt

$$(Y^k \circ \gamma)'(t) = ((Y^k \circ \varphi^{-1}) \circ (\varphi \circ \gamma))'(t) = \frac{\partial(Y^k \circ \varphi^{-1})}{\partial u^i} (\varphi(\gamma(t)))(\varphi^i \circ \gamma)'(t).$$

Insgesamt ergibt die kovariante Ableitung also

$$\nabla_{\gamma'(t)} Y(\gamma(t)) = \left[(Y^j \circ \gamma)'(t) + (\varphi^i \circ \gamma)'(t) Y^k(\gamma(t)) \Gamma_{ik}^j(\gamma(t)) \right] \partial_j(\gamma(t)).$$

Wir berechnen jetzt $v'(t)$. Die Gleichung

$$Y(\gamma(s)) = \tau_{s,t} v(s)$$

heißt in Komponentenschreibweise

$$Y^k(\gamma(s)) = (\tau_{s,t})_i^k v^i(s).$$

Durch Differentiation nach dem Parameter s erhalten wir

$$(Y^k \circ \gamma)'(s) = \frac{\partial}{\partial s} (\tau_{s,t})_i^k v^i(s) + (\tau_{s,t})_i^k (v^i)'(s).$$

Weil für beliebigen Tangentenvektor $w = w^i \partial_i \in M_{\gamma(t)}$ die Vektorfunktion

$$\tau_{s,t} w = (\tau_{s,t})_i^k w^i \partial_k$$

parallel längs γ ist, gilt für ihre k-te Komponente die Gleichung

$$\frac{\partial}{\partial s}(\tau_{s,t})_i^k w^i = -\Gamma_{lr}^k(\gamma(s))(\varphi^l \circ \gamma)'(s)(\tau_{s,t})_i^r w^i,$$

insbesondere auch für $w = v(s)$. Damit haben wir

$$(Y^k \circ \gamma)'(s) = -\Gamma_{lr}^k(\gamma(s))\,(\varphi^l \circ \gamma)'(s)(\tau_{s,t})_i^r v^i(s) + (\tau_{s,t})_i^k (v^i)'(s)$$

erhalten. Für $s = t$ ergibt sich daraus

$$(v^k)'(t) = (Y^k \circ \gamma)'(t) + \Gamma_{lr}^k(\gamma(t))(\varphi^l \circ \gamma)'(t)Y^r(\gamma(t)).$$

Das ist die k-te Komponente von $\nabla_{\gamma'(t)}Y(\gamma(t))$.

Um die soeben für die kovariante Ableitung von Vektorfeldern bewiesene Beziehung als Zugang zur kovarianten Ableitung von Tensorfeldern verwenden zu können, muss zunächst der Begriff des Paralleltransports auf Tensoren verallgemeinert werden.

11.2   Paralleltransport von Tensoren

Bisher haben wir Paralleltransport $\tau_{s,t}$ längs der Kurve γ als Abbildung von $M_{\gamma(t)}$ nach $M_{\gamma(s)}$ erklärt. Die dazugehörige duale Abbildung $\tau_{s,t}^*$ bildet von $M_{\gamma(t)}^*$ nach $M_{\gamma(s)}^*$ ab. Um eine Abbildung von $M_{\gamma(t)}^*$ nach $M_{\gamma(s)}^*$ zu erhalten, dann auch wieder mit $\tau_{s,t}$ bezeichnet, könnte man $(\tau_{s,t}^{-1})^* = \tau_{t,s}^*$ verwenden.

Definition 11.3
Für $a \in M_{\gamma(t)}^*$ ist $\tau_{s,t}a \in M_{\gamma(s)}^*$ erklärt durch

$$\langle y, \tau_{s,t}a \rangle = \langle \tau_{t,s}y, a \rangle \quad \text{für} \quad y \in M_{\gamma(s)}^*.$$

Die dadurch definierte lineare Abbildung $\tau_{s,t}$ von $M_{\gamma(t)}^*$ nach $M_{\gamma(s)}^*$ heißt auch wieder **Paralleltransport längs γ**.   ◆

Der Paralleltransport $\tau_{s,t}$ von Kovektoren ist also die duale Abbildung $\tau_{t,s}^*$ vom Paralleltransport $\tau_{t,s}$ von Vektoren. Deshalb ist auch jeder Paralleltransport von Kovektoren ein Isomorphismus. Die Bezeichnungen sind die gleichen, ob Paralleltransport von Vektoren oder von Kovektoren gemeint ist, geht aus dem Kontext hervor. Dies gilt auch für Paralleltransport von allgemeinen Tensoren.

Definition 11.4

Für $T \in (M_{\gamma(t)})_q^p$ ist $\tau_{s,t} T \in (M_{\gamma(s)})_q^p$ erklärt durch

$$\tau_{s,t} T(b^1, \ldots, b^p, y_1, \ldots, y_q) = T(\tau_{t,s} b^1, \ldots, \tau_{t,s} b^p, \tau_{t,s} y_1, \ldots, \tau_{t,s} y_q)$$

für $b^1, \ldots, b^p \in M_{\gamma(s)}^*$ und $y_1, \ldots, y_q \in M_{\gamma(s)}$. ◆

Def. 11.4 verallgemeinert Def. 11.2 und Def. 11.3, denn Def. 11.4 besagt im Fall $p = 0$ und $q = 1$ dasselbe wie Def. 11.3. Paralleltransport eines Vektors x ist dasselbe wie Paralleltransport des einfach kontravarianten Tensors x, denn nach Def. 11.4 und Def. 11.3 gilt

$$\tau_{s,t} x(b) = x(\tau_{t,s} b) = \langle x, \tau_{t,s} b \rangle = \langle \tau_{s,t} x, b \rangle,$$

der parallel transportierte $(1, 0)$-Tensor $\tau_{s,t} x$ wird also durch den parallel transportierten Vektor $\tau_{s,t} x$ repräsentiert.

Mitunter ist die Charakterisierung des Paralleltransports in der Form

$$\tau_{s,t} T(\tau_{s,t} a^1, \ldots, \tau_{s,t} a^p, \tau_{s,t} x_1, \ldots, \tau_{s,t} x_q) = T(a^1, \ldots, a^p, x_1, \ldots, x_q)$$

nützlich. Insbesondere gilt

$$\langle \tau_{s,t} x, \tau_{s,t} a \rangle = \langle x, a \rangle.$$

Ferner gilt offenbar

$$\tau_{s,t}(S \otimes T) = (\tau_{s,t} S) \otimes (\tau_{s,t} T).$$

Dass der Paralleltransport mit jeder Kontraktion kommutiert, erfordert jedoch eine rechnerische Bestätigung.

Satz 11.4

Für $u \in \{1, \ldots, p\}$, $v \in \{1, \ldots, q\}$ und $T \in (M_{\gamma(t)})_p^q$ gilt

$$C_v^u \tau_{s,t} T = \tau_{s,t} C_v^u T.$$

Beweis Es sei $x_1, \ldots, x_n$ eine Basis in $M_{\gamma(t)}$ und $a^1, \ldots, a^n$ die dazu duale Basis. Weil der Paralleltransport von Vektoren eine Isomorphie ist, bilden die Vektoren $\tau_{s,t} x_i$ wieder eine Basis in $M_{\gamma(s)}$, und wegen

$$\langle \tau_{s,t} x_i, \tau_{s,t} a^k \rangle = \langle x_i, a^k \rangle$$

sind die Kovektoren $\tau_{s,t} a^k$ dazu auch wieder dual. Für $y_1, \ldots, y_{v-1}, y_{v+1}, \ldots, y_q \in M_{\gamma(s)}$ und $b^1, \ldots, b^{u-1}, b^{u+1}, \ldots, b^p \in M_{\gamma(s)}^*$ ergibt sich sowohl

$$C_v^u \tau_{s,t} T\left(\ldots, b^{u-1}, b^{u+1}, \ldots, y_{v-1}, y_{v+1}, \ldots\right)$$

$$= \tau_{s,t} T\left(\ldots, b^{u-1}, \tau_{s,t} a^i, b^{u+1}, \ldots, y_{v-1}, \tau_{s,t} x_i, y_{v+1}, \ldots\right)$$

$$= T\left(\ldots, \tau_{t,s} b^{u-1}, a^i, \tau_{t,s} b^{u+1}, \ldots, \tau_{t,s} y_{v-1}, x_i, \tau_{t,s} y_{v+1}, \ldots\right)$$

als auch

$$\tau_{s,t} C_v^u T \left(\dots, b^{u-1}, b^{u+1}, \dots, y_{v-1}, y_{v+1}, \dots \right)$$

$$= C_v^u T \left(\dots, \tau_{t,s} b^{u-1}, \tau_{t,s} b^{u+1}, \dots, \tau_{t,s} y_{v-1}, \tau_{t,s} y_{v+1}, \dots \right)$$

$$= T \left(\dots, \tau_{t,s} b^{u-1}, a^i, \tau_{t,s} b^{u+1}, \dots, \tau_{t,s} y_{v-1}, x_i, \tau_{t,s} y_{v+1}, \dots \right).$$

Wie bereits angekündigt wird jetzt analog Satz 11.3. die kovariante Ableitung von Tensorfeldern eingeführt.

Definition 11.5
Die **kovariante Ableitung des Tensorfeldes** S **mit dem** durch eine Kurve γ erzeugten **Tangentenvektor** $\gamma'(t)$ ist

$$\nabla_{\gamma'(t)} S = \lim_{h \to 0} \frac{1}{h} \left(\tau_{t,t+h} S(t+h) - S(t) \right) = v'(t)$$

mit

$$v(s) = \tau_{t,s} S(\gamma(s)). \qquad \blacklozenge$$

Die kovariante Ableitung mit einem Vektor $x \in M_P$ macht aus einem Tensorfeld $S \in \mathcal{T}_q^p(P)$ einen Tensor $\nabla_x S \in (M_P)_q^p$. Natürlich kann zum Ableiten statt eines einzelnen Vektors auch ein Vektorfeld verwendet werden. Dann wird aus einem Vektorfeld $X \in \mathcal{X}(P)$ und einem Tensorfeld $S \in \mathcal{T}_q^p(P)$ das Tensorfeld $\nabla_X S \in \mathcal{T}_q^p(P)$, definiert durch

$$\nabla_X S(P) = \nabla_{X(P)} S = \nabla_{\gamma'(0)} S$$

mit $\gamma(0) = P$ und $\gamma'(0) = X(P)$.

11.3 Rechenregeln und Komponentendarstellung

Satz 11.5
Für ein Vektorfeld X und Tensorfelder S und T gilt

$$\nabla_X (S \otimes T) = \nabla_X S \otimes T + S \otimes \nabla_X T.$$

Beweis Wie auch beim Beweis der klassischen Produktregel für das Ableiten eines Produktes aus zwei Funktionen einer reellen Variablen zerlegen wir die Differenzenquotienten in zwei Summanden und erhalten

$$\nabla_{\gamma'(0)}(S \otimes T)$$

$$= \lim_{h \to 0} \frac{\tau_{0,h}\big(S(\gamma(h)) \otimes T(\gamma(h))\big) - S(\gamma(0)) \otimes T(\gamma(0))}{h}$$

$$= \lim_{h \to 0} \frac{\tau_{0,h}S(\gamma(h)) \otimes \tau_{0,h}T(\gamma(h)) - S(\gamma(0)) \otimes T(\gamma(0))}{h}$$

$$= \lim_{h \to 0} \frac{\tau_{0,h}S(\gamma(h)) - S(\gamma(0))}{h} \otimes \tau_{0,h}T(\gamma(h))$$

$$+ \lim_{h \to 0} S(\gamma(0)) \otimes \frac{\tau_{0,h}T(\gamma(h)) - T(\gamma(0))}{h}$$

$$= \nabla_{\gamma'(0)}S \otimes T(\gamma(0)) + S(\gamma(0)) \otimes \nabla_{\gamma'(0)}T.$$

Satz 11.6
Für ein Vektorfeld X, ein Tensorfeld S und eine Kontraktion C gilt

$$\nabla_X CS = C\nabla_X S.$$

Beweis Nach Satz 11.4 gilt

$$\nabla_{\gamma'(0)}CS$$

$$= \lim_{h \to 0} \frac{\tau_{0,h}CS(\gamma(h)) - CS(\gamma(0))}{h}$$

$$= \lim_{h \to 0} C\frac{\tau_{0,h}S(\gamma(h)) - S(\gamma(0))}{h} = C\nabla_{\gamma'(0)}S.$$

Ein Kovektorfeld ist in erster Linie dazu da, auf ein Vektorfeld angewendet zu werden. Insofern stellt sich die Frage, welche Wirkung das Kovektorfeld $\nabla_X A$ auf ein Vektorfeld Y hat. Der nachfolgende Satz 11.7 gibt im Spezialfall $p = 0$ und $q = 1$ eine Charakterisierung des skalaren Feldes $\langle Y, \nabla_X A \rangle$. Etwas suggestiver angeordnet lautet die Gleichung

$$X\langle Y, A \rangle = \langle \nabla_X Y, A \rangle + \langle Y, \nabla_X A \rangle,$$

und sie folgt auch direkt aus der durch Satz 11.5 gesicherten Gleichung

$$\nabla_X(Y \otimes A) = \nabla_X Y \otimes A + Y \otimes \nabla_X A$$

durch Kontraktion.

Satz 11.7

Für ein (p,q)-Tensorfeld S, Vektorfelder $X, Y_1, \ldots, Y_q$ und Kovektorfelder $A^1, \ldots, A^p$ gilt

$$(\nabla_X S)(A^1, \ldots, Y_q)$$
$$= X(S(A^1, \ldots, Y_q)) - S(\nabla_X A^1, A^2, \ldots, Y_q) - \cdots - S(A^1, \ldots, Y_{q-1}, \nabla_X Y_q).$$

Beweis Wir bestimmen zunächst die „vollständige" Überschiebung eines (p,q)-Tensors s mit einem (q,p)-Tensor der Gestalt $x_1 \otimes \cdots \otimes x_q \otimes a^1 \otimes \cdots \otimes a^p$, wobei die sich entsprechenden Eingänge paarweise miteinander verrechnet werden sollen. Mit einer Basis $y_1, \ldots, y_n$ des zugrunde liegenden linearen Raumes und der dazugehörigen Dualbasis $b^1, \ldots, b^n$ gilt

$$(s \otimes x_1 \otimes \ldots \otimes x_q \otimes a^1 \otimes \ldots \otimes a^p)(b^{i_1}, \ldots, b^{i_p}, b^{i_{p+1}}, \ldots, b^{i_{p+q}}, y_{i_{p+1}}, \ldots, y_{i_{p+q}},$$
$$y_{i_1}, \ldots, y_{i_p})$$
$$= s(b^{i_1}, \ldots, b^{i_p}, y_{i_{p+1}}, \ldots, y_{i_{p+q}})\langle x_1 b^{i_{p+1}}\rangle \cdots \langle x_q, b^{i_{p+q}}\rangle \langle y_{i_1}, a^1\rangle \cdots \langle y_{i_p}, a^p\rangle$$
$$= s(\ldots, \langle y_{i_p}, a^p\rangle b^{i_p}, \langle x_1, b^{i_{p+1}}\rangle y_{i_{p+1}}, \ldots) = s(a^1, \ldots, a^p, x_1, \ldots, x_q).$$

Das Überschieben des Tensors s mit dem genannten einfachen Tensor ist also das Einsetzen seiner Bestandteile in s. Dieses Ergebnis gilt natürlich genauso für (p,q)-Tensorfelder, Vektorfelder und Kovektorfelder. Nach Satz 11.5 gilt

$$\nabla_X(S \otimes Y_1 \otimes \cdots \otimes Y_q \otimes A^1 \otimes \cdots \otimes A^p)$$
$$= (\nabla_X S) \otimes Y_1 \otimes \cdots \otimes A^p + S \otimes (\nabla_X Y_1) \otimes \cdots \otimes A^p + \ldots + S \otimes Y_1 \otimes \cdots \otimes (\nabla_X A^p).$$

Vollständige Kontraktion liefert nach der soeben bewiesenen Rechenregel

$$X(S(A^1, \ldots, A^p, Y_1, \ldots, Y_q))$$
$$= (\nabla_X S)(A^1, \ldots, Y_q) + S(\nabla_X A^1, \ldots, Y_q) + \cdots + S(A^1, \ldots, \nabla_X Y_q).$$

Gemäß Def. 11.5 verwendet die kovariante Ableitung $\nabla_X S(P)$ des Tensorfeldes S mit dem Vektorfeld X an der Stelle P vom Vektorfeld nur den Funktionswert $X(P)$, und dieser Vektor beeinflusst den Tensor $\nabla_X S(P)$ in linearer Weise.

Definition 11.6

Die kovariante Ableitung des (p,q)-Tensorfeldes S ist das $(p, q+1)$-Tensorfeld ∇S, das im Punkt P dem Tangentenvektor $x \in M_P$ linear den (p,q)-Tensor $\nabla_x S$ zuordnet. ◆

Anders ausgedrückt, im Punkt P wird den Kovektoren $a^1, \ldots, a^p \in M_P^*$ und den Vektoren $x_0, x_1, \ldots, x_q \in M_P$ multilinear die Zahl

$$(\nabla S)(P)(a^1, \ldots, a^p, x_0, x_1, \ldots, x_q) = \nabla_{x_0} S(a^1, \ldots, a^p, x_1, \ldots, x_q)$$

zugeordnet.

Beispiel Die kovariante Ableitung der Metrik g ist Null, denn wegen der Eigenschaft (D4) in Theorem 7.2 gilt

$$(\nabla_X g)(Y, Z) = Xg(Y, Z) - g(\nabla_X Y, Z) - g(Y, \nabla_X Z) = 0.$$

Wir untersuchen jetzt, wie sich bei Verwendung einer Karte die Komponenten der kovarianten Ableitung ∇S eines (p, q)-Tensorfeldes S aus dessen Komponenten berechnen. Im Spezialfall $p = 1$ und $q = 0$ besagt Satz 7.3

$$(\nabla Y)^i_j = \partial_j Y^i + \Gamma^i_{jk} Y^k.$$

Als Verallgemeinerung erhalten wir das folgende Ergebnis.

Satz 11.8
Die Komponenten der kovarianten Ableitung ∇S des (p, q)-Tensorfeldes S berechnen sich aus dessen Komponenten gemäß

$$\begin{aligned}
(\nabla S)^{i_1 \cdots i_p}_{j_0 j_1 \cdots j_q} = {} & \partial_{j_0} S^{i_1 \cdots i_p}_{j_1 \cdots j_q} + \\
& + \Gamma^{i_1}_{j_0 k_1} S^{k_1 i_2 \cdots i_p}_{j_1 \cdots j_q} + \cdots + \Gamma^{i_p}_{j_0 k_p} S^{i_1 \cdots i_{p-1} k_p}_{j_1 \cdots j_q} \\
& - \Gamma^{l_1}_{j_0 j_1} S^{i_1 \cdots i_p}_{l_1 j_2 \cdots j_q} - \cdots - \Gamma^{l_q}_{j_0 j_q} S^{i_1 \cdots i_p}_{j_1 \cdots j_{q-1} l_q}.
\end{aligned}$$

Beweis In den in Satz 11.7 angegebenen Ausdruck für $\nabla_{\partial_{j_0}} S$ sind die Koordinatenvektorfelder $\partial_1, \ldots, \partial_n$ und die dazu dualen Kovektorfelder $du^1, \ldots, du^n$ einzusetzen. Dadurch ergeben sich Bestandteile der Gestalt

$$\partial_{j_0}\Big(S(du^{i_1}, \ldots, du^{i_p}, \partial_{j_1}, \ldots, \partial_{j_q})\Big) = \partial_{j_0} S^{i_1 \cdots i_p}_{j_1 \cdots j_q}$$

und .

$$-S(du^{i_1}, \ldots, du^{i_p}, \partial_{j_1}, \ldots, \nabla_{\partial_{j_0}} \partial_{j_r}, \ldots, \partial_{j_q}) = -\Gamma^{l_r}_{j_0 j_r} S^{i_1 \cdots i_p}_{j_1 \cdots l_r \cdots j_q}.$$

Zur Berechnung der Ableitungen der Kovektorfelder ist die Rechenregel

$$\langle Z, \nabla_X A \rangle = X \langle Z, A \rangle - \langle \nabla_X Z, A \rangle$$

heranzuziehen. Es gilt speziell

$$\langle \partial_{k_s}, \nabla_{\partial_{j_0}} du^{i_s} \rangle = -\langle \nabla_{\partial_{j_0}} \partial_{k_s}, du^{i_s} \rangle = -\Gamma^{i_s}_{j_0 k_s},$$

also

$$\nabla_{\partial_{j_0}} du^{i_s} = -\Gamma^{i_s}_{j_0 k_s} du^{k_s}.$$

Das führt zu den restlichen Bestandteilen

$$-S(du^{i_1}, \ldots, \nabla_{\partial_{j_0}} du^{i_s}, \ldots, du^{i_p}, \partial_{j_1}, \ldots, \partial_{j_q}) = \Gamma^{i_s}_{j_0 k_s} S^{i_1 \cdots k_s \cdots i_p}_{j_1 \cdots j_q}.$$

Abschließend seien noch die in der Physik weit verbreiteten Bezeichnungen

$$S^{i_1 \cdots i_p}_{j_1 \cdots j_q, j} = \partial_j S^{i_1 \cdots i_p}_{j_1 \cdots j_q}$$

und

$$S^{i_1 \cdots i_p}_{j_1 \cdots j_q; j} = (\nabla_{\partial_j} S)^{i_1 \cdots i_p}_{j_1 \cdots j_q}$$

erwähnt.

11.4 Die zweite Bianchi-Identität

Während die erste Bianchi-Identität (Satz 8.3(2)) eine zyklische Eigenschaft des Krümmungstensors beschreibt, handelt die zweite Bianchi-Identität (Satz 11.9) von einer solchen Eigenschaft der kovarianten Ableitung des Krümmungstensors. Der Krümmungstensor ist ursprünglich als trilineare Abbildung eingeführt (Def. 8.2). Der entspricht im Sinne einer basisunabhängigen Isomorphie eine Abbildung, die einer Linearform und drei Vektoren quattrolinear eine Zahl zuordnet. Der Krümmungstensor als Tensorfeld ordnet also einem Kovektorfeld und drei Vektorfeldern quattrolinear und $\mathcal{F}$-homogen ein skalares Feld zu. Seine kovariante Ableitung im Sinne von Def. 11.6 und Satz 11.7 ist eine multilineare Abbildung von $\mathcal{K}(M) \times X(M) \times X(M) \times X(M) \times X(M)$ nach $\mathcal{F}(M)$, die sich schließlich auch als quattrolineare Abbildung ∇R auffassen lässt, die vier Vektorfeldern X, Y, Z, V ein Vektorfeld $(\nabla_V R)(Y, Z)X$ zuordnet, für das für jedes Kovektorfeld A gilt

$$\langle (\nabla_V R)(Y, Z)X, A \rangle = (\nabla_V R)(A, X, Y, Z)$$
$$= VR(A, X, Y, Z) - R(\nabla A, X, Y, Z) - R(A, \nabla_V X, Y, Z)$$
$$\quad - R(A, X, \nabla_V, Y, Z) - R(A, X, Y, \nabla_V Z)$$
$$= V \langle R(Y, Z)X, A \rangle - \langle R(Y, Z)X, \nabla_V A \rangle$$
$$\quad - \langle R(Y, Z)\nabla_V X + R(\nabla_V Y, Z)X + R(Y, \nabla_V Z)X, A \rangle$$
$$= \langle \nabla_V(R(Y, Z)X) - R(Y, Z)\nabla_V X - R(\nabla_V Y, Z)X - R(Y, \nabla_V Z)X, A \rangle.$$

Die kovariante Ableitung ∇R des Krümmungstensors R ist also charakterisiert durch

$$(\nabla_V R)(Y, Z)X = \nabla_V(R(Y, Z)X) - R(Y, Z)\nabla_V X - R(\nabla_V Y, Z)X - R(Y, \nabla_V Z)X.$$

Satz 11.9

Die kovariante Ableitung ∇R des Krümmungstensors R auf einer semi-Riemannschen Mannigfaltigkeit erfüllt die **zweite Bianchi-Identität**

$$(\nabla_Z R)(X, Y) + (\nabla_X R)(Y, Z) + (\nabla_Y R)(Z, X) = 0$$

für Vektorfelder X, Y, Z. Für die Komponenten des Krümmungstensors gilt

$$R^s_{ijk;l} + R^s_{ikl;j} + R^s_{ilj;k} = 0.$$

Beweis Zu zeigen ist die Gleichung

$$(\nabla_Z R)(X, Y)V + (\nabla_X R)(Y, Z)V + (\nabla_Y R)(Z, X)V = 0$$

für ein zusätzliches Vektorfeld V. Dazu verwenden wir die unmittelbar vor Satz 11.9 entwickelte Darstellungsformel für ∇R, die Schiefsymmetrie Satz 8.3(1), die Multilinearität von R, das Axiom (D5) für den Levi-Civita-Zusammenhang und schließlich Def. 8.1. Es entsteht eine Summe, bei der sich die Summanden paarweise aufheben bis auf

$$-\nabla_{[[X,Z],Y]}V - \nabla_{[[Y,X],Z]}V - \nabla_{[[Z,Y]X]}V = \nabla_{[[Z,X],Y]+[[X,Y]Z+[[Y,Z]X]}V = \nabla_0 V = 0$$

(Jacobi-Identität Satz 2.11). Die Formel für die Komponenten des Krümmungstensors beschreibt die s-te Komponente von

$$(\nabla_{\partial_l} R)(\partial_j, \partial_k)\partial_i + (\nabla_{\partial_j} R)(\partial_k, \partial_l)\partial_i + (\nabla_{\partial_k} R)(\partial_l, \partial_j)\partial_i = 0.$$

11.5 Divergenz

Definition 11.7

Die **Divergenz** eines symmetrischen $(0, q)$-Tensorfeldes T ist das $(0, q - 1)$-Tensorfeld div T, das folgendermaßen berechnet wird: Auf die kovariante Ableitung ∇T wird Indexziehen bzgl. der neuen Vektorvariablen angewendet, und das dadurch entstandene $(1, q)$-Tensorfeld wird kontrahiert.   ◆

In Komponentendarstellung lässt sich das kürzer aufschreiben: Die Komponenten von div T berechnen sich aus den Komponenten von T durch

$$(\text{div } T)_{i_1 \cdots i_{q-1}} = g^{j i_q} T_{i_1 \cdots i_q;j}.$$

Im Fall $q = 1$ und $M = \mathbb{R}^n$ entspricht die obige Definition dem klassischen Begriff der Divergenz. Hier interessiert uns aber besonders der Fall $q = 2$.

Beispiel Die Divergenz der Metrik ist Null. Das kommt davon, dass schon die kovariante Ableitung der Metrik Null ist (siehe Beispiel nach Def. 11.6). Ein weiteres Beispiel beinhaltet der folgende Satz.

Satz 11.10

Auf einer Semi-Riemannschen Mannigfaltigkeit gilt $\operatorname{div} \operatorname{Ric} = \frac{1}{2} dS$.

Beweis Mit Hilfe der zweiten Bianchi-Identität und von Schiefsymmetrieeigenschaften des Krümmungstensors drückt man die Komponenten der äußeren Ableitung des Krümmungsskalars S durch die Komponenten der Divergenz des Ricci-Tensors aus. Es gilt

$$S_{;i} = (g^{jk}(\operatorname{Ric})_{jk})_{;i} = g^{jk}(\operatorname{Ric})_{jk;i} = g^{jk} R^r_{jrk;i} = g^{jk}\left(R^r_{jri;k} - R^r_{jki;r}\right)$$

$$= g^{jk}(\operatorname{Ric})_{ji;k} - g^{jk}g^{sr}R_{sjki;r} = (\operatorname{div}\operatorname{Ric})_i + g^{sr}R^k_{ski;r} = 2(\operatorname{div}\operatorname{Ric})_i.$$

Die Abbildung div von dem entsprechenden Unterraum von $\mathcal{T}^0_q(M)$ nach $\mathcal{T}^0_{q-1}(M)$ ist offenbar linear, d. h. für entsprechende kovariante Tensorfelder S und T und Zahlen λ und μ gilt

$$\operatorname{div}(\lambda S + \mu T) = \lambda \operatorname{div} S + \mu \operatorname{div} T.$$

Wenn anstelle der Zahlen skalare Felder stehen, ist die Sache etwas komplizierter. Uns interessiert hier nur die durch Komponentenvergleich leicht nachprüfbare Gleichung $\operatorname{div}(Sg) = dS$ für die Metrik g und den Krümmungsskalar S. Zusammen mit Satz 11.10 ergibt das für den Einstein-Tensor $G = \operatorname{Ric} - \frac{1}{2}Sg$ die Aussage $\operatorname{div} G = 0$. Damit ist der Koeffizient $\frac{1}{2}$ in der Einsteinschen Feldgleichung motiviert, denn der Energie-Impuls-Tensor muss aus physikalischen Gründen als divergenzfrei angesehen werden. Um das zu erklären, sind die beiden folgenden Begriffe mindestens als abkürzende Bezeichnungen nützlich.

Definition 11.8

Die **Divergenz** eines Vektorfeldes ist die Kontraktion seiner kovarianten Ableitung, d. h. $\operatorname{div} X = X^i_{;i}$. ♦

Definition 11.9

Der **Gradient** eines skalaren Feldes f ist das Vektorfeld $\operatorname{grad} f$, charakterisiert durch

$$g(\operatorname{grad} f, X) = df(X) = Xf$$

für jedes Vektorfeld X, d. h. $(\operatorname{grad} f)^i = g^{ij} \partial_j f$. ♦

Satz 11.11

Für den Energie-Impuls-Tensor einer idealen Strömung $[Z, \rho, p]$ ist die Aussage $\operatorname{div} T = 0$ *äquivalent zu der* **Energiegleichung**

(E) $Z\rho = -(\rho + p)\,\mathrm{div}\,Z$

und der **Kräftegleichung**

(K) $(\rho + p)\nabla_Z Z = \mathrm{grad}_\perp p,$

wobei $\mathrm{grad}_\perp p$ *der zu* Z *orthogonale Anteil von* $\mathrm{grad}\,p$ *ist.*

Beweis Für die Komponenten von T ist die Aussage $g^{jk}T_{ik;j} = 0$ wegen der Regularität der Matrix (g^{il}) äquivalent zu

$$0 = g^{il}g^{jk}T_{ik;j} = (g^{il}g^{jk}T_{ik})_{;j} = ((\rho + p)Z^l Z^j - pg^{lj})_{;j}$$
$$= (\partial_j\rho + \partial_j p)Z^l Z^j + (\rho + p)(Z^l_{;j}Z^j + Z^l Z^j_{;j}) = \partial_j p\,g^{lj}$$

bzw.

$$0 = Z(\rho + p)Z + (\rho + p)\nabla_Z Z + (\rho + p)(\mathrm{div}\,Z)Z - \mathrm{grad}\,p.$$

Wegen $g(Z, Z) = 1$ ist $\nabla_Z Z$ orthogonal zu Z. Der zu Z orthogonale Anteil der rechten Seite der letzten Vektorgleichung ist deshalb $(\rho + p)\nabla_Z Z - \mathrm{grad}_\perp p$. Damit ist (K) gezeigt. (E) ergibt sich durch Einsetzen der rechten Seite in $g(Z, \cdot)$. Umgekehrt folgt aus (E) und (K) offenbar auch $g^{il}g^{jk}T_{ik;j} = 0$ und damit $\mathrm{div}\,T = 0$.

Die Gleichungen (E) und (K) sind vom physikalischen Standpunkt aus vernünftig, und deshalb sollte für eine ideale Strömung auch $\mathrm{div}\,T = 0$ gelten. Das ist die Forderung, die schon in Abschn. 9.1 angekündigt wurde.

Die Lie-Ableitung

12

Inhaltsverzeichnis

12.1   Der Fluss und seine Tangenten

Wie schon im Abschn. 2.3 erwähnt, ist ein Vektorfeld als Strömung zu deuten. Es liegt nun nahe zu untersuchen, wohin diese Strömung ein Teilchen im Verlaufe einer bestimmten Zeitspanne transportiert (Abb. 12.1). Ein der Strömung unterworfenes Teilchen treibt entlang einer Integralkurve γ, die durch $\gamma'(t) = X(\gamma(t))$, d. h.

$$(f \circ \gamma)'(t) = X(\gamma(t))f \qquad \text{für } f \in \mathcal{F}(M)$$

charakterisiert ist. Umgerechnet auf eine Karte φ ergibt sich mit der Bezeichnung

$$\varphi(\gamma(t)) = (\gamma^1(t), \dots, \gamma^n(t))$$

Abb. 12.1 Der Fluss eines Vektorfeldes

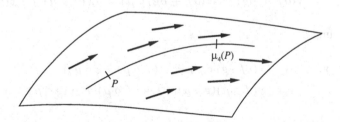

für die linke Seite

$$(f \circ \gamma)'(t) = (f \circ \varphi^{-1} \circ \varphi \circ \gamma)(t) = \frac{\partial(f \circ \varphi^{-1})}{\partial u^k}(\varphi(\gamma(t)))\frac{d\gamma^k}{dt}(t)$$

und für die rechte

$$X(\gamma(t))f = X^k(\gamma(t))\,\partial_k f = (X^k \circ \varphi^{-1})(\varphi(\gamma(t))\frac{\partial(f \circ \varphi^{-1})}{\partial u^k}(\varphi(\gamma(t))).$$

Koeffizientenvergleich liefert das Differentialgleichungssystem

$$\frac{d}{dt}\gamma^k(t) = (X^k \circ \varphi^{-1})(\gamma^1(t), \dots, \gamma^n(t))$$

für die die Kurve γ charakterisierenden Funktionen $\gamma^1, \dots, \gamma^n$. Die rechten Seiten des Systems sind nach Lage der Dinge beliebig oft differenzierbar, die Anfangswertaufgabe ist deshalb eindeutig lösbar, die Kurve γ ist also durch die Anfangsposition $\gamma(0)$ lokal eindeutig bestimmt.

Definition 12.1
Für ein Vektorfeld X und eine reelle Zahl t sei $\mu_t(P) = \gamma(t)$ mit $\gamma' = X \circ \gamma$ und $\gamma(0) = P$. Die Familie von Abbildungen μ_t heißt **Fluss von** X.   ◆

Weil die Lösung eines Differntialgleichungssystems mit beliebig oft differenzierbarer rechter Seite beliebig oft differenzierbar vom Anfangswert abhängt, sind die Abbildungen μ_t in jeder Karte C^∞. Offenbar gilt $\mu_s \circ \mu_t = \mu_{s+t}$, insbesondere $\mu_{-t} = \mu_t^{-1}$. Die Abbildungen sind also auch bijektiv, damit insgesamt C^∞-diffeomorph.

Jeder C^∞-Diffeomorphismus μ auf M macht aus einem Tangentenvektor $x \in M_P$ einen Tangentenvektor $y \in M_{\mu(P)}$ durch den Ansatz

$$yg = x(g \circ \mu) \qquad \text{für } g \in \mathcal{F}(\mu(P)).$$

Die Abbildung $y: g \longrightarrow x(g \circ \mu)$ hat tatsächlich die Eigenschaften eines Tangentenvektors. Es gilt für Zahlen α und β und $f, g \in \mathcal{F}(\mu(P))$

$$y(\alpha f + \beta g) = x((\alpha f + \beta g) \circ \mu) = \alpha x(f \circ \mu) + \beta x(g \circ \mu) = \alpha yf + \beta yg$$

und

$$y(f \cdot g) = x((f \cdot g) \circ \mu) = x((f \circ \mu) \cdot (g \circ \mu))$$
$$= x(f \circ \mu)(g \circ \mu)(P) + (f \circ \mu)(P)x(g \circ \mu) = yfg(\mu(P)) + f(\mu(P))yg.$$

Definition 12.2

Die Abbildung T_μ, die dem Tangentenvektor $x \in M_P$ den Tangentenvektor $T_\mu x \in M_{\mu(P)}$ mit

$$T_\mu x g = x(g \circ \mu) \qquad \text{für } g \in \mathcal{F}(\mu(P))$$

zuordnet, heißt **Tangente von** μ.   ◆

Beispiel Für einen durch eine Kurve γ erzeugten Tangentenvektor $\gamma'(t_0)$ ist $T_\mu \gamma'(t_0)$ der durch die Bildkurve $\mu \circ \gamma$ erzeugte Vektor $(\mu \circ \gamma)'(t_0)$, denn für $f \in \mathcal{F}$ gilt

$$(\mu \circ \gamma)'(t_0)f = (f \circ \mu \circ \gamma)'(t_0) = \gamma'(t_0)(f \circ \mu) = T_\mu \gamma'(t_0)f.$$

Satz 12.1

Die Tangente T_μ des Diffeomorphismus μ bildet jeden Tangentialraum M_P bijektiv auf $M_{\mu(P)}$ ab. Für Diffeomorphismen μ und ν gilt $T_{\mu \circ \nu} = T_\mu \circ T_\nu$.

Beweis Für eine Linearkombination $\alpha x + \beta y \in M_P$ gilt

$$T_\mu(\alpha x + \beta y)g = (\alpha x + \beta y)(g \circ \mu) = \alpha x(g \circ \mu) + \beta y(g \circ \mu)$$
$$= \alpha T_\mu x g + \beta T_\mu y g = (\alpha T_\mu x + \beta T_\mu y)g,$$

die Einschränkung von T_μ auf M_P ist also linear. Die Tangente von $\mu \circ \nu$ ergibt sich aus

$$T_{\mu \circ \nu} x h = x(h \circ (\mu \circ \nu)) = x((h \circ \mu) \circ \nu) = (T_\nu x)(h \circ \mu) = (T_\mu(T_\nu x))h$$

zu $T_{\mu \circ \nu} = T_\mu \circ T_\nu$. Insbesondere gilt $T_\mu \circ T_{\mu^{-1}} = I$, also ist $T_{\mu^{-1}}$ zu T_μ invers, $T_\mu \colon M_P \longrightarrow M_{\mu(P)}$ ist somit bijektiv.

12.2 Pull-back und Push-forward

Eine bijektive lineare Abbildung zwischen endlichdimensionalen linearen Räumen erzeugt lineare Abbildungen zwischen den entsprechenden Tensorräumen. Dadurch wird außer der linearen Abbildung selbst der Begriff der dualen Abbildung verallgemeinert.

Definition 12.3

T sei eine invertierbare lineare Abbildung des endlichdimensionalen linearen Raumes E auf den linearen Raum F. Zu $g \in F_q^p$ ist $T^*g \in E_q^p$ mit der dualen Abbildung T^* definiert durch

$$T^*g(a^1, \ldots, a^p, x_1, \ldots, x_q) = g((T^*)^{-1}a^1, \ldots, (T^*)^{-1}a^p, T x_1, \ldots, T x_q)$$

für $x_1, \ldots, x_q \in E$ und $a^1, \ldots, a^p \in E^*$. Zu $f \in E_q^p$ ist $T_* f \in F_q^p$ definiert durch

$$T_* f(b^1, \ldots, b^p, y_1, \ldots, y_q) = f(T^* b^1, \ldots, T^* b^p, T^{-1} y_1, \ldots, T^{-1} y_q)$$

für $y_1, \ldots, y_q \in F$ und $b^1, \ldots, b^p \in F^*$. $\qquad\qquad\qquad\qquad\qquad\qquad$ ◆

Die Abbildungen T^* von F_q^p nach E_q^p und T_* von E_q^p nach F_q^p sind offenbar linear. Für einen kovarianten Tensor g braucht für die Definition von $T^* g$ die Invertierbarkeit von T natürlich nicht gefordert zu werden, gleiches gilt für einen kontravarianten Tensor f bzgl. $T_* f$.

Beispiel 1 Für eine Linearform $b \in F^*$ besagt Def. 12.3

$$T^* b(x) = b(Tx) = \langle Tx, b \rangle = \langle x, T^* b \rangle = T^* b(x),$$

wobei am Ende mit T^* die duale Abbildung von T gemeint ist. Für Linearformen ist also die Bezeichnung für den neuen Begriff mit der originalen Bedeutung von T^* verträglich.

Beispiel 2 Ein Vektor $x \in E$ ist ein einfach kontravarianter Tensor. Gemäß Def. 12.3 gilt

$$T_* x(b) = x(T^* b) = \langle x, T^* b \rangle = \langle Tx, b \rangle = Tx(b),$$

also $T_* x = Tx$.

Beispiel 3 Für $y \in F$ gilt

$$T^* y(a) = y((T^*)^{-1} a) = y((T^{-1})^* a) = \langle y, (T^{-1})^* a \rangle = \langle T^{-1} y, a \rangle = T^{-1} y(a),$$

also $T^* y = T^{-1} y$.

Satz 12.2

(1) *Für T von E nach F sind die Abbildungen T^* von F_q^p nach E_q^p und T_* von E_q^p nach F_q^p zueinander invers.*

(2) *Für T von E nach F und Tensoren $f \in F_q^p$ und $g \in F_s^r$ gilt*

$$T^*(f \otimes g) = T^* f \otimes T^* g,$$

und für $f \in E_q^p$ und $g \in E_s^r$ gilt

$$T_*(f \otimes g) = T_* f \otimes T_* g.$$

(3) *Für T von E nach F und S von F nach G gilt*

$$(S \circ T)^* = T^* \circ S^*$$

und

$$(S \circ T)_* = S_* \circ T_*.$$

Beweis (1) und (2) sind aus Def. 12.3 unmittelbar abzulesen. (3) beruht auf den entsprechenden Regeln für die duale und für die inverse Abbildung. Es gilt

$$(S \circ T)^* g(a^1, \ldots, x_q) = g(((S \circ T)^*)^{-1} a^1, \ldots, (S \circ T) x_q)$$
$$= g((S^*)^{-1}((T^*)^{-1} a^1), \ldots, S(T x_q)) = S^* g((T^*)^{-1} a^1, \ldots, T x_q)$$
$$= T^*(S^* g)(a^1, \ldots, x_q)$$

und

$$(S \circ T)_* f(b^1, \ldots y_q) = f((S \circ T)^* b^1, \ldots, (S \circ T)^{-1} y_q)$$
$$= f(T^*(S^* b^1), \ldots, T^{-1}(S^{-1} y_q)) = T_* f(S^* b^1, \ldots, S^{-1} y_q)$$
$$= S_*(T_* f)(b^1, \ldots, y_q).$$

Eine reellwertige Funktion f einer reellen Variablen lässt sich problemlos verschieben
zu $g(x) = f(x + a)$. Allgemeiner entsteht aus einer reellwertigen Funktion f auf einer
Menge M durch eine Abbildung μ in M eine neue Funktion $g(x) = f(\mu(x))$. Für ein
Tensorfeld S auf einer Mannigfaltigkeit geht das nicht so einfach, denn $S(P)$ muss ein
Tensor auf dem Tangentialraum M_P sein und lässt sich deshalb nicht als Funktionswert an
einer anderen Stelle Q verwenden. Für die erforderliche Umrechnung der Funktionswerte
bieten sich die in Def. 12.3 formulierten Abbildungen an.

Definition 12.4
Zu einem C^∞-Diffeomorphismus μ auf der Mannigfaltigkeit M heißt die Abbildung μ^*
in $\mathcal{T}_q^p(M)$, definiert durch

$$\mu^* S = (T_\mu)^* \circ S \circ \mu \qquad \text{für } S \in \mathcal{T}_q^p(M),$$

Pull-back, und die Abbildung μ_*, definiert durch

$$\mu_* S = (T_\mu)_* \circ S \circ \mu^{-1},$$

heißt **Push-forward**.   ◆

Für $x_1, \ldots, x_q \in M_P$ und $a^1, \ldots, a^p \in M_P^*$ gilt also

$$\mu^* S(P)(a^1, \ldots, x_q) = S(\mu(P))(((T_\mu)^*)^{-1} a^1, \ldots, T_\mu x_q)$$

und

$$\mu_* S(P)(a^1, \ldots, x_q) = S(\mu^{-1}(P))((T_\mu)^* a^1, \ldots, (T_\mu)^{-1} x_q).$$

Gemäß Beispiel 3 zu Def. 12.3 ist $(T_\mu)^*$ für einen Vektor die inverse Abbildung $T_\mu^{-1} = T_{\mu^{-1}}$, Pull-back für ein Vektorfeld ist also

$$\mu^* X = T_{\mu^{-1}} \circ X \circ \mu,$$

und nach Beispiel 2 ist $(T_\mu)_*$ für einen Vektor die Abbildung T_μ selbst, also ist Push-forward für ein Vektorfeld

$$\mu_* X = T_\mu \circ X \circ \mu^{-1}.$$

Bei einem skalaren Feld f gibt es keine Veranlassung, die Funktionswerte umzurechnen, Pull-back ist

$$\mu^* f = f \circ \mu$$

und Push-forward

$$\mu^* f = f \circ \mu^{-1}.$$

Das ordnet sich ein in Def. 12.4, wenn man unter $(T\mu)^*$ und $(T_\mu)_*$ für eine Zahl die identische Abbildung versteht.

Für fixierte Zahlen p und q sind die Abbildungen μ^* und μ_* in $\mathcal{T}_q^p(M)$ offenbar linear. Weitere Eigenschaften sind im folgenden Satz zusammengefasst.

Satz 12.3

(1) *Für einen C^∞-Diffeomorphismus μ in M sind die Abbildungen μ^* und μ_* in $\mathcal{T}_q^p(M)$ zueinander invers.*

(2) *Es gilt*

$$\mu^*(S \otimes T) = \mu^* S \otimes \mu^* T$$

und

$$\mu_*(S \otimes T) = \mu_* S \otimes \mu_* T.$$

(3) *Für C^∞-Diffeomorphismen μ und ν in M gilt*

$$(\mu \circ \nu)^* = \nu^* \circ \mu^*$$

und

$$(\mu \circ \nu)_* = \mu_* \circ \nu_*.$$

Beweis Es gilt

$$\mu^*(\mu_* S) = (T_\mu)^* \circ ((T_\mu)_* \circ S \circ \mu^{-1}) \circ \mu = S$$

und analog $\mu_*(\mu^* S) = S$, also (1). (2) ist offensichtlich. (3) beruht im Wesentlichen auf $T_{\mu \circ \nu} = T_\mu \circ T_\nu$ (Satz 12.1). Im Einzelnen gilt

$$(\mu \circ \nu)^* S = (T_{\mu \circ \nu})^* \circ S \circ (\mu \circ \nu) = (T_\nu)^* \circ (T_\mu)^* \circ S \circ \mu \circ \nu = \nu^*(\mu^* S)$$

und

$$(\mu \circ \nu)_* S = (T_{\mu \circ \nu})_* \circ S \circ (\mu \circ \nu)^{-1} = (T_\mu)_* \circ (T_\nu)_* \circ S \circ \nu^{-1} \circ \mu^{-1} = \mu_*(\nu_* S).$$

Abschließend bestimmen wir noch das skalare Feld, das durch Einsetzen von Vektorfeldern und Kovektorfeldern in ein Pull-back oder Push-forward unterworfenes Tensorfeld
entsteht. Es gilt

$$(\mu^* S)(B^1, \ldots, Y_q) = \mu^*(S(\mu_* B^1, \ldots, \mu_* Y_q))$$

und

$$(\mu_* S)(B^1, \ldots, Y_q) = \mu_*(S(\mu^* B^1, \ldots, \mu^* Y_q)),$$

insbesondere

$$\langle Y, \mu^* A \rangle = \mu^* \langle \mu_* Y, A \rangle$$

und

$$\langle Y, \mu_* A \rangle = \mu_* \langle \mu^* Y, A \rangle.$$

Optisch einprägsamer sind die Versionen

$$\mu^* \langle X, A \rangle = \langle \mu^* X, \mu^* A \rangle$$

und

$$\mu_* \langle X, A \rangle = \langle \mu_* X, \mu_* A \rangle.$$

Wir beweisen auch den allgemeinen Fall in modifizierter Form.

Satz 12.4
*Für einen Diffeomorphismus μ in M, ein Tensorfeld S auf M, Vektorfelder $X_1, \ldots, X_q \in$
$\mathcal{X}(M)$ und Kovektorfelder $A^1, \ldots, A^p \in \mathcal{K}(M)$ gilt*

$$\mu^*(S(A^1, \ldots, X_q)) = (\mu^* S)(\mu^* A^1, \ldots, \mu^* X_q)$$

und

$$\mu_*(S(A^1, \ldots, X_q)) = (\mu_* S)(\mu_* A^1, \ldots, \mu_* X_q).$$

Beweis Nach Definitionen 12.4 und 12.3 gilt

$$(\mu^* S)(\mu^* A^1, \ldots, \mu^* X_q)$$
$$= ((T_\mu)^* \circ S \circ \mu)((T_\mu)^* \circ A^1 \circ \mu, \ldots, (T_\mu^{-1} \circ X_q \circ \mu)$$
$$= (S \circ \mu)(A^1 \circ \mu, \ldots, X_q \circ \mu) = \mu^*(S(A^1, \ldots, X_q))$$

und

$$(\mu_* S)(\mu_* A^1, \ldots, \mu_* X_q)$$
$$= ((T_\mu)^* \circ S \circ \mu^{-1})((T_\mu)_* \circ A^1 \circ \mu^{-1}, \ldots, T_\mu \circ X_q \circ \mu^{-1})$$
$$= (S \circ \mu^{-1})(A^1 \circ \mu^{-1}, \ldots, X_q \circ \mu^{-1}) = \mu_*(S(A^1, \ldots, X_q)).$$

Satz 12.5

Für einen Diffeomorphismus μ, ein Vektorfeld X und ein skalares Feld f gilt

$$\mu^*(Xf) = (\mu^*X)(\mu^*f).$$

Beweis Wir berechnen die skalaren Felder auf beiden Seiten. Links steht

$$\mu^*(Xf)(P) = (Xf)(\mu(P)) = X(\mu(P))f$$

und auch rechts

$$(\mu^*X)(\mu^*f)(P) = (T_{\mu^{-1}} \circ X \circ \mu)(f \circ \mu)(P) = T_{\mu^{-1}}(X(\mu(P)))(f \circ \mu) = X(\mu(P))f.$$

12.3 Axiomatischer Zugang

Die Lie-Ableitung eines Feldes mit einem Vektorfeld X an der Stelle P soll quantifizieren, wie sich für einen im Moment in P befindlichen und mit der Strömung X treibenden Beobachter der Funktionswert des abzuleitenden Feldes ändert. Für ein skalares Feld f ist das die Ableitung der Funktion $g(t) = (f \circ \mu_t)(P)$ für $t = 0$, wobei $(\mu_t)_{t \in \mathbb{R}}$ der Fluss von X ist. Nach Def. 12.1 ist das $g'(0) = X(P)f$. Damit ist die folgende Definition motiviert.

Definition 12.5

Die **Lie-Ableitung des skalaren Feldes** f mit dem Vektorfeld X ist das skalare Feld

$$L_X f = Xf. \qquad\qquad\qquad \blacklozenge$$

Die Lie-Ableitung für Vektorfelder, Kovektorfelder und allgemeine Tensorfelder ergibt sich dann dadurch, dass ähnliche Rechenregeln wie bei der kovarianten Ableitung postuliert werden. Die Rechenregel

$$L_X(Yf) = (L_X Y)f + Y L_X f$$

ist äquivalent zu

$$(L_X Y)f = XYf - YXf.$$

Entsprechend wird die Lie-Ableitung eines Vektorfeldes vereinbart.

Definition 12.6

Die **Lie-Ableitung eines Vektorfeldes** Y mit dem Vektorfeld X ist die Lie-Klammer von X und Y

$$L_X Y = [X, Y]. \qquad\qquad\qquad \blacklozenge$$

Mit den beiden folgenden Definitionen werden die Rechenregeln

$$L_X\langle Y, A\rangle = \langle L_X Y, A\rangle + \langle Y, L_X A\rangle$$

und

$$L_X(S(A^1, \ldots, X_q)) = (L_X S)(A^1, \ldots, X_q)$$

$$+ \sum_{i=1}^{p} S(A^1, \ldots, L_X A^i, \ldots, A^p, X_1, \ldots, X_q)$$

$$+ \sum_{i=1}^{q} S(A^1, \ldots, A^p, X_1, \ldots, L_X X_j, \ldots, X_q)$$

erzwungen.

Definition 12.7

Die **Lie-Ableitung des Kovektorfeldes** A mit dem Vektorfeld X ist das Kovektorfeld $L_X A$, charakterisiert durch

$$\langle Y, L_X A\rangle = X\langle Y, A\rangle - \langle [X, Y], A\rangle. \qquad \blacklozenge$$

Definition 12.8

Die **Lie-Ableitung des Tensorfeldes** S mit dem Vektorfeld X ist

$$(L_X S)(A^1, \ldots, X_q) = X(S(A^1, \ldots, X_q))$$

$$- \sum_{i=1}^{p} S(A^1, \ldots, L_X A^i, \ldots, A^p, X_1, \ldots, X_q)$$

$$- \sum_{j=1}^{q} S(A^1, \ldots, A^p, X_1, \ldots, [X, X_j], \ldots, X_q). \qquad \blacklozenge$$

Es ist noch zu verifizieren, dass die Ausdrücke $L_X A$ und $L_X S$ tatsächlich ein Kovektorfeld bzw. ein Tensorfeld sind, d. h. dass die Zahl

$$\langle Y, L_X A\rangle(P) = X(P)\langle Y, A\rangle - \langle [X, Y](P), A(P)\rangle$$

vom Vektorfeld Y nur den Vektor $Y(P)$ verwendet und die für $(L_X S)(A^1, \ldots, X_q)(P)$ angegebene Zahl außer X und S nur von den Linearformen $A^1(P), \ldots, A^p(P)$ und den Vektoren $X_1(P), \ldots, X_q(P)$ abhängt. Gemäß Satz 4.1 ist dazu die $\mathcal{F}$-Homogenität der entsprechenden Ausdrücke zu zeigen. Es ergibt sich

$$X\langle fY, A\rangle - \langle [X, fY], A\rangle$$
$$= Xf\langle Y, A\rangle + fX\langle Y, A\rangle - f\langle [X, Y], A\rangle - \langle (Xf)Y, A\rangle = f(X\langle Y, A\rangle - \langle [X, Y], A\rangle)$$

und nach entsprechender Rechnung auch

$$(L_X S)(f^1 A^1, \ldots, g_q X_q) = f^1 \cdots f^p g_1 \cdots g_q (L_X S)(A^1, \ldots, X_q),$$

wobei neben

$$[X, g_j X_j] = g_j [X, X_j] + (X g_j) X_j$$

auch die aus Def. 12.7 einfach abzuleitende Rechenregel

$$L_X(f A) = f L_X A + (X f) A$$

zu verwenden ist.

12.4   Die Ableitungsformel

Zu Beginn des vorigen Abschnittes wurde eine Interpretation der Lie-Ableitung postuliert, die diese im Falle eines skalaren Feldes als

$$L_X f = \frac{d}{dt}\bigg|_{t=0} (f \circ \mu_t) = \frac{d}{dt}\bigg|_{t=0} (\mu_t^* f)$$

mit dem Fluss μ_t von X erklärt. Gegenstand dieses Abschnittes ist das folgende Theorem, das für $t = 0$ die Lie-Ableitung eines Tensorfeldes als

$$L_X S = \frac{d}{dt}\bigg|_{t=0} (\mu_t^* S)$$

interpretiert.

Theorem 12.6
Für ein Tensorfeld S und ein Vektorfeld X mit seinem Fluss μ_t gilt die **Ableitungsformel**

$$\frac{d}{dt}\mu_t^* S = \mu_t^* L_X S.$$

Beweis Wegen

$$\mu_{s+t}^* = (\mu_t \circ \mu_s)^* = \mu_s^* \circ \mu_t^*$$

impliziert die zu beweisende Ableitungsformel offenbar die Vertauschungsregel

$$\mu_t^* L_X S = L_X(\mu_t^* S).$$

Wir verifizieren die Ableitungsformel nacheinander für skalare Felder, Vektorfelder, Kovektorfelder und allgemeine Tensorfelder. Beim Beweis für das nächste Objekt können wir für die bis dahin bearbeiteten Objekte Ableitungsformel und Vertauschungsregel verwenden.

Für ein skalares Feld f gilt gemäß den Definitionen von Pull-back und Fluss

$$\frac{d}{dt}(\mu_t^* f) = \frac{d}{dt}(f \circ \mu_t) = (Xf) \circ \mu_t = \mu_t^*(Xf) = \mu_t^* L_X f.$$

Für den Nachweis der Formel für ein Vektorfeld Y differenzieren wir die aus Satz 12.5 folgende Gleichung

$$(\mu_t^* Y)f = \mu_t^*(Y(\mu_{-t}^* f)).$$

Für die linke Seite der Ableitungsformel, angewendet auf f, erhalten wir dann mit einer naheliegenden Produktregel für das Differenzieren

$$\begin{aligned}
\frac{d}{dt}(\mu_t^* Y)f &= \frac{d}{dt}(\mu_t^*(Y(\mu_{-t}^* f))) = \mu_t^* L_X(Y(\mu_{-t}^* f)) - \mu_t^*(Y(\mu_{-t}^* L_X f)) \\
&= \mu_t^*(X(Y(\mu_{-t}^* f))) - \mu_t^*(Y(X(\mu_{-t}^* f))) = \mu_t^*([X,Y](\mu_{-t}^* f)) \\
&= (\mu_t^*[X,Y])f.
\end{aligned}$$

Auch die rechte Seite, angewendet auf f, ergibt

$$(\mu_t^* L_X Y)f = (\mu_t^*[X,Y])f.$$

Um die Ableitungsformel für ein Kovektorfeld A nachzuweisen, ist für ein Vektorfeld Y die Gleichung

$$\frac{d}{dt}\langle Y, \mu_t^* A\rangle = \langle Y, \mu_t^* L_X A\rangle$$

zu zeigen. Die linke Seite ist wegen der Ableitungsformel für skalare und Vektorfelder

$$\frac{d}{dt}\langle Y, \mu_t^* A\rangle = \frac{d}{dt}(\mu_t^*\langle \mu_{-t}^* Y, A\rangle) = \mu_t^* L_X\langle \mu_{-t}^* Y, A\rangle - \mu_t^*\langle \mu_{-t}^* L_X Y, A\rangle,$$

und die rechte Seite ist nach Rechenregeln für die Lie-Ableitung

$$\langle Y, \mu_t^* L_X A\rangle = \mu_t^*\langle \mu_{-t}^* Y, L_X A\rangle = \mu_t^*(L_X\langle \mu_{-t}^* Y, A\rangle) - \mu_t^*\langle L_X(\mu_{-t}^* Y), A\rangle,$$

was nach der Vertauschungsregel für Vektorfelder das gleiche ist.

Schließlich beweisen wir die Ableitungsformel für ein (p,q)-Tensorfeld T, indem wir für Kovektorfelder $A^1, \ldots, A^p$ und Vektorfelder $X_1, \ldots, X_q$ die Gleichung

$$\frac{d}{dt}(\mu_t^* T)(A^1, \ldots, X_q) = (\mu_t^* L_X T)(A^1, \ldots, X_q)$$

bestätigen. Die linke Seite ist wegen der Ableitungsformel für skalare Felder

$$\frac{d}{dt}\left[\mu_t^*\{T(\mu_{-t}^* A^1, \ldots, \mu_{-t}^* X_q)\}\right]$$

$$= \mu_t^* L_X\{T(\mu_{-t}^* A^1, \ldots, \mu_{-t}^* X_q)\}$$

$$+ \sum_{i=1}^{p} \mu_t^* \left\{T(\mu_{-t}^* A^1, \ldots, \frac{d}{dt}\mu_{-t}^* A^i, \ldots, \mu_{-t}^* X_q)\right\}$$

$$+ \sum_{j=1}^{q} \mu_t^* \left\{T(\mu_{-t}^* A^1, \ldots, \frac{d}{dt}\mu_{-t}^* X_j, \ldots, X_q)\right\}.$$

Wegen Ableitungsformel und Vertauschungsregel für Kovektor- und Vektorfelder gilt

$$\frac{d}{dt}\mu_{-t}^* A^i = -\mu_{-t}^* L_X A^i = -L_X(\mu_{-t}^* A^i)$$

und

$$\frac{d}{dt}\mu_{-t}^* X_j = -\mu_{-t}^* L_X X_j = -L_X(\mu_{-t}^* X_j).$$

Durch Einsetzen ergibt sich für die linke Seite der zu beweisenden Formel

$$\frac{d}{dt}(\mu_t^* T)(A^1, \ldots, X_q)$$

$$= \mu_t^* L_X\{T(\mu_{-t}^* A^1, \ldots, \mu_{-t}^* X_q)\}$$

$$- \sum_{i=1}^{p} \mu_t^*\{T(\mu_{-t}^* A^1, \ldots, L_X(\mu_{-t}^* A^i), \ldots, \mu_{-t}^* X_q)\}$$

$$- \sum_{j=1}^{q} \mu_t^*\{T(\mu_{-t}^* A^1, \ldots, L_X(\mu_{-t}^* X_j), \ldots, \mu_{-t}^* X_q)\}.$$

Nach Def. 12.8 ist das auch das Ergebnis der rechten Seite

$$(\mu_t^* L_X T)(A^1, \ldots, X_q) = \mu_t^*[(L_X T)(\mu_{-t}^* A^1, \ldots, \mu_{-t}^* X_q)].$$

12.5 Komponentendarstellung

Die Lie-Ableitung des skalaren Feldes f mit dem Vektorfeld $X = X^i \partial_i$ ist das skalare Feld $Xf = X^i \partial_i f$. Die Lie-Ableitung $L_X Y$ des Vektorfeldes $Y = Y^k \partial_k$ ist das Vektorfeld $[X, Y]$ mit den Komponenten $X^i \partial_i Y^k - Y^i \partial_i X^k$. Die Komponenten der Lie-Ableitung $L_X A$ des Kovektorfeldes $A = A_j du^j$ sind nach Def. 12.7 die Zahlen

$$\langle \partial_k, L_{X^i \partial_i}(A_j du^j)\rangle = X^i \partial_i \langle \partial_k, A_j du^j\rangle - \langle[X^i \partial_i, \partial_k], A_j du^j\rangle$$

$$= X^i \partial_i A_k + \langle \partial_k X^i \partial_i, A_j du^j\rangle = X^i \partial_i A_k + \partial_k X^i A_i.$$

Satz 12.7

Die Komponenten der Lie-Ableitung $L_X S$ berechnen sich aus den Komponenten des Tensorfeldes S durch

$$(L_X S)_{k_1 \cdots k_q}^{i_1 \cdots i_p} = X^l \partial_l S_{k_1 \cdots k_q}^{i_1 \cdots i_p}$$

$$- \partial_{l_1} X^{i_1} S_{k_1 \cdots k_q}^{l_1 i_2 \cdots i_p} - \cdots - \partial_{l_p} X^{i_p} S_{k_1 \cdots k_q}^{i_1 \cdots i_{p-1} l_p}$$

$$+ \partial_{k_1} X^{r_1} S_{r_1 k_2 \cdots k_q}^{i_1 \cdots i_p} + \cdots + \partial_{k_q} X^{r_q} S_{k_1 \cdots k_{q-1} r_q}^{i_1 \cdots i_p}.$$

Beweis Für Vektorfelder und Kovektorfelder ist diese Komponentendarstellung bereits geklärt und kann verwendet werden. Für das (p, q)-Tensorfeld S gilt

$$(L_X S)_{k_1 \cdots k_q}^{i_1 \cdots i_p} = L_{X^i \partial_i} S(du^{i_1}, \ldots, du^{i_p}, \partial_{k_1}, \ldots, \partial_{k_q})$$

$$= X^i \partial_i S(du^{i_1}, \ldots, du^{i_p}, \partial_{k_1}, \ldots, \partial_{k_q})$$

$$- S(L_{X^i \partial_i} du^{i_1}, \ldots, \partial_{k_q}) - \cdots - S(\ldots, L_{X^i \partial_i} du^{i_p}, \ldots, \partial_{k_q})$$

$$- S(du^{i_1}, \ldots, L_{X^i \partial_i} \partial_{k_1}, \ldots, \partial_{k_q}) - \cdots - S(du^{i_1}, \ldots, L_{X^i \partial_i} \partial_{k_q}).$$

Mit

$$L_{X^i \partial_i} du^{i_p} = \partial_j X^{i_p} du^j$$

und

$$L_{X^i \partial_i} \partial_{k_p} = [X^i \partial_i, \partial_{k_q}] = -\partial_{k_q} X^i \partial_i$$

ergibt sich daraus die genannte Darstellung.

12.6 Killing-Vektoren

Von einer isometrischen Abbildung μ (oder einfach Isometrie) erwartet man, dass die Bogenlänge einer Bildkurve $\mu \circ \gamma$ mit der Bogenlänge des Originals γ übereinstimmt. Die Gleichheit der Integrale

$$\int_{t_1}^{t_2} \sqrt{g(\mu(\gamma(t)))(T_\mu \gamma'(t), T_\mu \gamma'(t))} \, dt$$

und

$$\int_{t_1}^{t_2} \sqrt{g(\gamma(t))(\gamma(t), \gamma(t))} \, dt$$

lässt sich durch die Übereinstimmung der Integranden erzwingen.

Definition 12.9

Ein C^∞-Diffeomorphismus μ auf einer semi-Riemannschen Mannigfaltigkeit $[M, g]$ ist eine **Isometrie**, wenn für ihre Tangente T_μ gilt

$$g(\mu(P))(T_\mu x, T_\mu y) = g(P)(x, y)$$

für $P \in M$ und $x, y \in M_P$, also $\mu^* g = g$.   ◆

Definition 12.10

Ein Vektorfeld X auf einer semi-Riemannschen Mannigfaltigkeit $[M, g]$ mit der Eigenschaft $L_X g = 0$ heißt **Killing-Vektorfeld**.   ◆

Satz 12.8

Ein Vektorfeld ist genau dann ein Killing-Vektorfeld, wenn sein Fluss aus Isometrien besteht.

Beweis Wenn alle Diffeomorphismen μ_t des Flusses von X Isometrien sind, dann folgt aus $\mu_t^* g - g = 0$ nach der Ableitungsformel Theorem 12.6 $L_X g = 0$. Umgekehrt sei $L_X g = 0$. Dann hat für $x, y \in M_P$ die reellwertige Funktion $f(t) = \mu_t^* g(x, y)$ wiederum der Ableitungsformel zufolge für alle t die Ableitung Null, ist also konstant, womit $\mu_t^* g = g$ gezeigt ist.

Wenn ein Koordinatenvektorfeld ein Killing-Vektorfeld ist, bringt das eine Symmetrie der Metrik zum Ausdruck, das Addieren einer Konstanten zu dieser Koordinate ist eine Isometrie. In der Schwarzschild-Raumzeit sind offenbar ∂_t und ∂_φ Killing-Vektorfelder, ∂_r und ∂_ϑ aber nicht. Um das systematisch zu verifizieren, verwendet man die von Satz 12.7 abzulesende Komponentendarstellung

$$(L_X g)_{ik} = X^j \partial_j g_{ik} + \partial_i X^j g_{jk} + \partial_k X^j g_{ij}.$$

Für ein Koordinatenvektorfeld $X = \partial_l$ reduziert sich die Bedingung $L_X g = 0$ auf $\partial_l g_{ik} = 0$. Während manche Metrikkomponenten g_{ik} von r bzw. ϑ abhängen, sind alle unabhängig von t und φ.

Wir werden jetzt zeigen, dass jedes Killing-Vektorfeld einen Erhaltungssatz erzeugt. Dazu ist die folgende Charakterisierung nützlich.

Satz 12.9

Ein Vektorfeld X ist genau dann Killing, wenn für jedes Paar von Vektorfeldern Y und Z gilt $g(\nabla_Y X, Z) = -g(\nabla_Z X, Y)$.

Beweis Nach Def. 12.8 gilt

$$L_X g(Y, Z) = X g(Y, Z) - g([X, Y], Z) - g(Y, [X, Z])$$

und gemäß den Rechenregeln für die kovariante Ableitung

$$Xg(Y,Z) = g(\nabla_Y X + [X,Y], Z) + g(Y, \nabla_Z X + [X,Z]),$$

insgesamt also

$$L_X g(Y,Z) = g(\nabla_Y X, Z) + g(\nabla_Z X, Y).$$

Satz 12.10
Für ein Killing-Vektorfeld X ist entlang einer Geodäten γ der Ausdruck $g(X, \gamma')$ konstant.

Beweis Die Ableitung nach dem Kurvenparameter s ist

$$\frac{d}{ds} g(X(\gamma(s)), \gamma'(\gamma(s))) = \gamma' g(X, \gamma') = g(\nabla_{\gamma'} X, \gamma') + g(X, \nabla_{\gamma'} \gamma').$$

Der letzte Summand ist Null, weil γ eine Geodäte ist, und der vorletzte ist Null nach Satz 12.9.

In der Schwarzschild-Raumzeit führen die Killing-Vektorfelder ∂_t und ∂_φ zu den Erhaltungsgrößen

$$g(\partial_t, \gamma') = g(\partial_t, t'\partial_t) = t'h(r) = E$$

(siehe auch Satz 14.2) und

$$g(\partial_\varphi, \gamma') = g(\partial_\varphi, \varphi'\partial_\varphi) = \varphi' r^2 = -L$$

(siehe Abschn. 10.5).

12.7 Die Lie-Ableitung von Differentialformen

Eine Differentialform ist ein Tensorfeld, insofern lässt sich mit einem Vektorfeld ihre Lie-Ableitung bilden. Andererseits gibt es für Differentialformen die äußere Ableitung. Es zeigt sich, dass sich die Lie-Ableitung einer Differentialform auf die äußere Ableitung zurückführen lässt. Nebenbei ergibt sich daraus, dass die Lie-Ableitung einer Differentialform wieder eine Differentialform ist.

Definition 12.11
Für ein Vektorfeld X und eine Differentialform $(p+1)$-ter Stufe F heißt die Differentialform p-ter Stufe

$$i_X F(X_1, \ldots, X_p) = F(X, X_1, \ldots, X_p)$$

inneres Produkt von X und F. ◆

Satz 12.11

Für ein Vektorfeld X und eine Differentialform F gilt

$$L_X F = i_X \, dF + d \, i_X F$$

Beweis F habe die Stufe p. Für Vektorfelder $X_1, \ldots, X_p$ gilt mit $X_0 = X$

$$(i_X dF)(X_1, \ldots, X_p) = dF(X_0, X_1, \ldots, X_p)$$

$$= \sum_{i=0}^{p} (-1)^i \, X_i \, F(X_0, \ldots, X_{i-1}, X_{i+1}, \ldots, X_p)$$

$$+ \sum_{0 \le i < j \le p} (-1)^{i+j} F([X_i, X_j], X_0, \ldots, X_{i-1}, X_{i+1}, \ldots, X_{j-1}, X_{j+1}, \ldots, X_p)$$

und

$$d(i_X F)(X_1, \ldots, X_p)$$

$$= \sum_{i=1}^{p} (-1)^{i-1} X_i ((i_X F)(X_1, \ldots, X_{i-1}, X_{i+1}, \ldots, X_p))$$

$$+ \sum_{1 \le i < j \le p} (-1)^{i+j} (i_X F)([X_i, X_j], X_1, \ldots, X_{i-1}, X_{i+1}, \ldots, X_{j-1}, X_{j+1}, \ldots, X_p)$$

$$= \sum_{i=1}^{p} (-1)^{i-1} X_i \, F(X_0, X_1, \ldots, X_{i-1}, X_{i+1}, \ldots, X_p)$$

$$+ \sum_{1 \le i < j \le p} (-1)^{i+j} F(X_0, [X_i, X_j], X_1, \ldots, X_{i-1}, X_{i+1}, \ldots, X_{j-1}, X_{j+1}, \ldots, X_p).$$

Die Summe ist

$$(i_X dF)(X_1, \ldots, X_p) + d(i_X F)(X_1, \ldots, X_p)$$

$$= X_0 F(X_1, \ldots, X_p) + \sum_{j=1}^{p} (-1)^j F([X_0, X_j], X_1, \ldots, X_{j-1}, X_{j+1}, \ldots, X_p)$$

$$= L_X(F(X_1, \ldots, X_p)) - \sum_{j=1}^{p} F(X_1, \ldots, X_{j-1}, L_X X_j, X_{j+1}, \ldots, X_p)$$

$$= (L_X F)(X_1, \ldots, X_p).$$

Integration auf Mannigfaltigkeiten 13

Inhaltsverzeichnis

13.1 Einführung

Der Begriff der Mannigfaltigkeit umfasst gekrümmte Kurven und Flächen im dreidimensionalen euklidischen Raum. Ein Integralbegriff auf Mannigfaltigkeiten sollte deshalb Kurvenintegrale und Oberflächenintegrale verallgemeinern.

Ein Kurvenintegral erster Art über den reellwertigen Integranden f längs der Kurve $\mathcal{K}$ berechnet man bekanntlich mit einer Parameterdarstellung $\gamma \colon [a,b] \to \mathcal{K}$ nach der Formel

$$\int_{\mathcal{K}} f\, ds = \int_a^b f(\gamma(t)) \sqrt{\gamma'(t) \cdot \gamma'(t)}\, dt.$$

Für ein Oberflächenintegral erster Art gilt mit einer Parameterdarstellung $(u,v) \to (x,y,z)$ von der Parametermenge Γ nach der Fläche $\mathcal{F}$

$$\iint_{\mathcal{F}} f\, do = \iint_{\Gamma} f(x(u,v), y(u,v), z(u,v)) \sqrt{(\partial_u \cdot \partial_u)(\partial_v \cdot \partial_v) - (\partial_u \cdot \partial_v)^2}\, du dv,$$

wobei die Vektoren ∂_u und ∂_v bzgl. der kartesischen Koordinaten x, y, z die Komponenten $\frac{\partial x}{\partial u}, \frac{\partial y}{\partial u}, \frac{\partial z}{\partial u}$ bzw. $\frac{\partial x}{\partial v}, \frac{\partial y}{\partial v}, \frac{\partial z}{\partial v}$ haben. Diese Vorschriften zur Berechnung von Kurven- und

© Springer-Verlag GmbH Deutschland, ein Teil von Springer Nature 2018
R. Oloff, *Geometrie der Raumzeit*, https://doi.org/10.1007/978-3-662-56737-1_13

Oberflächenintegralen erster Art lassen sich folgendermaßen vereinheitlichen: Man wähle
eine Karte φ und berechne das n-fache Integral

$$\int \ldots \int\limits_{\varphi(M)} f(\varphi^{-1}(u^1, \ldots, u^n)) \sqrt{|g|} \, du^1 \ldots du^n$$

mit

$$g = \det(\partial_i \cdot \partial_k) = \det(g(\partial_i, \partial_k)).$$

Für $n = 1$ ist das ein Kurvenintegral und für $n = 2$ ein Oberflächenintegral. Diese allgemeine Formel erfordert ein Skalarprodukt in den Tangentialräumen und hat deshalb nur
einen Sinn für eine semi-Riemannsche Mannigfaltigkeit, vorausgesetzt sie, oder mindestens der Träger von f, lässt sich mit einer einzigen Karte beschreiben.

Kurven- und Oberflächenintegrale zweiter Art verwenden auch das Skalarprodukt. Das
lässt sich aber bei geeigneter Interpretation der Integranden vermeiden. Ein Kurvenintegral zweiter Art über ein Vektorfeld F wird mit einer Parameterdarstellung γ durch

$$\int\limits_{\mathcal{K}} F \, dr = \int\limits_a^b F(\gamma(t)) \cdot \gamma'(t) \, dt$$

berechnet. Wenn man statt der Vektorfunktion F die (ortsabhängige) Linearform $\alpha \colon v \to$
$F \cdot v$ als Integrand auffasst, ergibt sich die Berechnungsformel

$$\int\limits_{\mathcal{K}} \alpha = \int\limits_a^b \alpha(\gamma'(t)) \, dt.$$

Ähnlich ist die Situation bei den Oberflächenintegralen zweiter Art. In der Berechnungsformel

$$\iint\limits_{\mathcal{F}} F \, d\vec{o} = \iint\limits_{\Gamma} F(x(u,v), y(u,v), z(u,v)) \cdot (\partial_u \times \partial_v) \, du \, dv$$

wird der Vektor F als ein Faktor im Spatprodukt $F \cdot (\partial_u \times \partial_v)$ verwendet. Bei eingesetz-
tem ersten Faktor bleibt das Spatprodukt ein schiefsymmetrischer zweifach kovarianter
Tensor. Die Vektorfunktion F erzeugt also eine 2-Form ω, deren Integral $\int \omega$ das Integral
$\int \int F \, d\vec{o}$ sein soll. Es gilt also

$$\int\limits_{\mathcal{F}} \omega = \iint\limits_{\Gamma} \omega(x(u,v), y(u,v), z(u,v))(\partial_u, \partial_v) \, du \, dv.$$

Zusammenfassend lässt sich sagen, dass die Kurven- und Oberflächenintegrale zweiter
Art in dem folgenden Integrationsbegriff enthalten sind: *Zur Berechnung des Integrals*

$\int \omega$ *einer* n-*Form* ω *auf einer orientierten* n-*dimensionalen Mannigfaltigkeit* M *wähle man eine positiv orientierte den Träger von* ω *umfassende Karte* φ *(falls möglich, wenn nicht, verwende man zunächst eine Zerlegung der Eins in der im folgenden Abschnitt beschriebenen Weise) und berechne das* n-*fache Integral*

$$\int\limits_{M} \omega = \int\limits_{\varphi(M)} \omega(\varphi^{-1}(u^1, \ldots, u^n))(\partial_1, \cdots, \partial_n)\, du^1 \cdots du^n.$$

Die klassischen Integralsätze werden sich als Spezialfälle der Gleichung $\int_{\partial M} \omega = \int_M d\omega$ (Theorem 13.4) erweisen. Dabei ist ω eine $(n-1)$-Form auf einer n-dimensionalen berandeten orientierten Mannigfaltigkeit mit dem Rand ∂M (Abschn. 13.4).

13.2 Zerlegung der Eins

Im vorigen Abschnitt wurde erklärt, wie Integrale auf einer Mannigfaltigkeit mit einer einzigen Karte zu berechnen sind. Normalerweise lässt sich jedoch keine Karte (U, φ) finden, so dass der Träger

$$\operatorname{supp}\omega := \overline{\{P \in M : \omega(P) \neq 0\}}$$

vollständig in U enthalten ist. Dann muss der Integrand ω in mehrere Bestandteile zerlegt werden, von denen jeder in einer Karte enthalten ist. Das geschieht mit Hilfe einer sogenannten Zerlegung der Eins.

Definition 13.1
$\mathcal{U} = (U_\alpha)_{\alpha \in \mathcal{A}}$ sei eine offene Überdeckung der Mannigfaltigkeit M, d. h. die Mengen U_α seien offen und $M = \bigcup_{\alpha \in \mathcal{A}} U_\alpha$. Eine **Zerlegung der Eins** bzgl. $\mathcal{U}$ ist eine Familie $(\tau_\beta)_{\beta \in \mathcal{B}}$ von nichtnegativen C^∞-Funktionen τ_β mit den folgenden Eigenschaften:

(Z1) Zu jedem Punkt $P \in M$ existiert eine offene Menge V mit $P \in V$ und $\operatorname{supp} \tau_\beta \cap V = \emptyset$ für alle bis auf endlich viele $\beta \in \mathcal{B}$.
(Z2) Für jeden Punkt $P \in M$ gilt

$$\sum_{\beta \in \mathcal{B}} \tau_\beta(P) = 1.$$

(Z3) Zu jedem $\beta \in \mathcal{B}$ existiert ein $\alpha \in \mathcal{A}$ mit $\operatorname{supp} \tau_\beta \subseteq U_\alpha$. ◆

Bekanntlich ist eine Teilmenge K eines topologischen Raumes **kompakt**, wenn in jeder offenen Überdeckung von K eine endliche Überdeckung ausgewählt werden kann, d. h. zu $(V_\gamma)_{\gamma \in C}$ mit $K \subseteq \bigcup V_\gamma$ existieren $\gamma_1, \ldots, \gamma_m$ mit $K \subseteq V_{\gamma_1} \cup \ldots \cup V_{\gamma_m}$. Der bekannte Überdeckungssatz von Heine-Borel besagt, dass die kompakten Teilmengen von $\mathbb{R}^n$ diejenigen sind, die sowohl beschränkt als auch abgeschlossen sind.

Zur Konstruktion einer Zerlegung der Eins benötigt man das schon im Abschn. 1.2 formulierte und von einer Mannigfaltigkeit geforderte zweite Abzählbarkeitsaxiom. Eine Folge offener Teilmengen $G_1, G_2, \ldots$ mit der Eigenschaft, dass jede offene Teilmenge von M eine Vereinigung von Mengen G_i ist, nennt man **Basis der Topologie**. Das zweite Abzählbarkeitsaxiom besagt also, dass die Topologie eine abzählbare Basis hat. Der euklidische Raum $\mathbb{R}^n$ erfüllt dieses Axiom, die offenen Kugeln mit rationalem Radius und rationalen Koordinaten ihres Mittelpunktes bilden offenbar eine Basis. Falls die Topologie auf der Mannigfaltigkeit mit abzählbar vielen Karten erzeugt werden kann, überträgt sich das zweite Abzählbarkeitsaxiom auch auf die Mannigfaltigkeit, denn den die Topologie von $\mathbb{R}^n$ erzeugenden offenen Teilmengen von $\mathbb{R}^n$ werden durch Def. 1.6 offene Teilmengen von M zugeordnet, die dann auch wieder die Topologie von M erzeugen. Die abgeschlossenen Hüllen der genannten Basismengen in $\mathbb{R}^n$ sind kompakt, und das gilt dann auch für die entsprechenden Basismengen der Mannigfaltigkeit.

Theorem 13.1
Zu jeder offenen Überdeckung $\mathcal{U}$ einer Mannigfaltigkeit M gibt es eine Zerlegung der Eins.

Beweis Es sei $G_1, G_2, \ldots$ eine Basis der Topologie von M, wobei die abgeschlossenen Hüllen dieser offenen Mengen kompakt sein sollen. Wir konstruieren zunächst sukzessive kompakte Teilmengen $K_1, K_2, \ldots$ von M mit

$$\bigcup_{i=1}^{\infty} K_i = M$$

und der Eigenschaft, dass K_i in der Menge $\overset{\circ}{K}_{i+1}$ aller inneren Punkte von K_{i+1} enthalten ist. Es sei $K_1 := \overline{G}_1$. Weil die kompakte Menge K_1 von den offenen Mengen G_i überdeckt wird, können wir eine natürliche Zahl n_1 finden mit

$$K_1 \subseteq G_1 \cup \ldots \cup G_{n_1}.$$

Auch die kompakte Menge

$$K_2 := \overline{G}_1 \cup \ldots \cup \overline{G}_{n_1}$$

wird von den offenen Mengen G_i überdeckt, und es gibt deshalb eine natürliche Zahl n_2 mit

$$K_2 \subseteq G_1 \cup \ldots \cup G_{n_1} \cup \ldots \cup G_{n_2}.$$

Die Menge

$$K_3 := \overline{G}_1 \cup \ldots \cup \overline{G}_{n_2}$$

ist kompakt und wird überdeckt durch

$$K_3 \subseteq G_1 \cup \ldots \cup G_{n_2} \cup \ldots \cup G_{n_3},$$

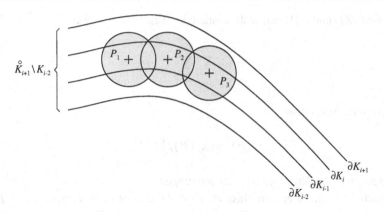

Abb. 13.1 Zur Konstruktion einer Zerlegung der Eins

usw. Aus

$$K_m := \overline{G}_1 \cup \ldots \cup \overline{G}_{n_{m-1}}$$

mit der Überdeckung

$$K_m \subseteq G_1 \cup \ldots \cup G_{n_m}$$

wird

$$K_{m+1} := \overline{G}_1 \cup \ldots \cup \overline{G}_{n_m}$$

konstruiert. Nach diesem Prinzip ist die Folge kompakter Mengen K_i ausgewählt. Offenbar gilt

$$\overset{\circ}{K}_{i+1} = G_1 \cup \ldots \cup G_{n_i},$$

und deshalb hat diese Folge die gewünschten Eigenschaften.

Zu fixiertem Index i wählen wir jetzt für jeden Punkt $P \in K_i \setminus \overset{\circ}{K}_{i-1}$ eine offene Menge U_P aus der gegebenen Überdeckung $\mathcal{U}$ mit $P \in U_P$ und konstruieren eine nichtnegative C^∞-Funktion λ_P mit $\lambda_P(P) > 0$, deren Träger supp λ_P in der offenen Menge $\left(\overset{\circ}{K}_{i+1} \setminus K_{i-2} \right) \cap U_P$ enthalten ist. Dass es eine solche Funktion immer gibt, werden wir anschließend nachweisen. Die kompakte Menge $K_i \setminus \overset{\circ}{K}_{i-1}$ wird durch die offenen Mengen $\lambda_P^{-1}((0, \infty))$ überdeckt, und dazu genügen auch schon endlich viele Mengen $\lambda_{P_k}^{-1}((0, \infty))$, $k = 1, \ldots, r_i$. Die Situation ist in Abb. 13.1 veranschaulicht. Mit der Bezeichnung $\lambda_k^i := \lambda_{P_k}$, $k = 1, \ldots, r_i$ gilt

$$\sum_{k=1}^{r_i} \lambda_k^i(Q) > 0$$

für alle $Q \in K_i \setminus \overset{\circ}{K}_{i-1}$. Diese Konstruktion wird für alle Indizes i durchgeführt. Dadurch entsteht ein abzählbares System von nichtnegativen C^∞-Funktionen λ_k^i, das bereits die

Eigenschaften (Z1) und (Z3) hat. Insbesondere lässt sich die Summe

$$\lambda(P) := \sum_{i=1}^{\infty} \sum_{k=1}^{r_i} \lambda_k^i(P)$$

bilden. Durch die Normierung

$$\tau_k^i(P) := \lambda_k^i(P)/\lambda(P)$$

wird nun auch noch die Eigenschaft (Z2) erzwungen.

Schließlich ist noch zu zeigen, dass zu $P \in M$ und offener Menge U mit $P \in U$ tatsächlich eine nichtnegative C^∞-Funktion λ auf M mit $\lambda(P) > 0$ und supp $\lambda \subset U$ existiert. Mit einer Karte lässt sich das Problem von M auf $\mathbb{R}^n$ umrechnen und dort mit der Funktion

$$\lambda(u^1, \ldots, u^n) := \begin{cases} \exp\left(-\dfrac{1}{1 - cr^2}\right) & \text{für} \quad r < 1/\sqrt{c} \\ 0 & \text{sonst} \end{cases}$$

mit

$$r = \sqrt{\sum(u^k - u_0^k)^2}$$

und hinreichend großer positiver Konstante c lösen.

Mit der angegebenen Funktion λ lässt sich eine bereits in Abschn. 2.1 ausgesprochene Behauptung beweisen: *Zu einer auf der den Punkt P umfassenden offenen Menge U gegebenen C^∞-Funktion f gibt es eine Funktion $g \in \mathcal{F}(\mathcal{M})$, die auf einer geeignet gewählten P enthaltenden offenen Menge V mit f übereinstimmt.* Es ist gerechtfertigt, dieses Problem nur auf $M = \mathbb{R}^n$ und für $P = 0$ zu bearbeiten. Wir wählen eine positive Zahl ε mit

$$U_\varepsilon := \{u = (u^1, \ldots, u^n) \colon |u| < \varepsilon\} \subset \overline{U}_\varepsilon \subset U$$

und konstruieren auf $\mathbb{R}^n$ eine C^∞-Funktion h mit

$$h(u) = \begin{cases} 1 & \text{für} \quad |u| \leq \dfrac{\varepsilon}{2} \\ 0 & \text{für} \quad |u| \geq \varepsilon \end{cases}.$$

Dazu erzwingen wir für die Funktion

$$\lambda_a(v^1, \ldots, v^n) := \begin{cases} a \exp\left(\dfrac{-1}{1 - \frac{16}{\varepsilon^2}|v|^2}\right) & \text{für} \quad |v| < \dfrac{\varepsilon}{4} \\ 0 & \text{sonst} \end{cases}$$

durch geeignete Wahl der positiven Konstanten a die Gleichung

$$\int \ldots \int_{|v| \leq \frac{\varepsilon}{4}} \lambda_a(v^1, \ldots, v^n) \, dv^1 \ldots dv^n = 1$$

und setzen

$$h(u^1, \ldots, u^n) := \int \ldots \int_{|v-u| \leq \frac{3}{4}\varepsilon} \lambda_a(v^1, \ldots, v^n) \, dv^1 \ldots dv^n.$$

Für $|u| \leq \varepsilon/2$ liegt der Träger von λ_a vollständig im Integrationsgebiet, und folglich gilt $h(u) = 1$. Für $|u| \geq \varepsilon$ sind Träger und Integrationsgebiet disjunkt, und es gilt $h(u) = 0$. Die Funktion $g = f h$ ist beliebig oft differenzierbar und stimmt auf $U_{\varepsilon/2}$ mit f überein.

13.3 Integrale

Im Abschn. 13.1 wurde bereits angedeutet, dass bei einem Integral über eine orientierte n-dimensionale Mannigfaltigkeit der Integrand eine n-Form sein könnte. Der für die präzise Formulierung des Integralbegriffs notwendige Aufwand hängt von den Glattheitseigenschaften der zugelassenen Integranden ab. Wir fordern hier, dass der Integrand beliebig oft differenzierbar, insbesondere also stetig ist, dann kommen wir bei Umrechnung auf eine Karte mit dem Riemannschen Integralbegriff in $\mathbb{R}^n$ aus. Um unendliche Integrale zu vermeiden, setzen wir außerdem den Träger des Integranden als kompakt voraus. Dieser lässt sich dann durch endlich viele positiv orientierte Karten überdecken.

Definition 13.2
Es sei ω eine beliebig oft differenzierbare n-Form mit kompaktem Träger auf der orientierten n-dimensionalen Mannigfaltigkeit M. Die positiv orientierten Karten (U_k, φ_k), $k = 1, \ldots, m$ sollen den Träger überdecken, und $\tau_1, \ldots, \tau_m$ sei eine Zerlegung der Eins bzgl. dieser Überdeckung. Dann ist das Integral $\int_M \omega$ definiert durch

$$\int_M \omega = \sum_{k=1}^m \int \ldots \int_{u \in \varphi_k(U_k)} \tau_k \omega \, du^1 \ldots du^n$$

mit

$$\tau_k \omega(u) = \tau_k(\varphi_k^{-1}(u)) \omega(\varphi_k^{-1}u) \left(\frac{\partial}{\partial u^1}, \ldots, \frac{\partial}{\partial u^n} \right). \qquad \blacklozenge$$

Es muss jetzt natürlich gezeigt werden, dass der in der Definition formulierte Ausdruck unabhängig ist von der Überdeckung und der Zerlegung der Eins. Es sei (V_l, ψ_l), $l =$

$1, \ldots, r$ eine andere Überdeckung mit positiv orientierter Karten, und dazu sei $\sigma_1, \ldots, \sigma_r$ eine Zerlegung der Eins. Dann gilt

$$
\sum_{k=1}^{m} \int \ldots \int_{\varphi_k(U_k)} \tau_k \omega \, du^1 \ldots du^n
$$

$$
= \sum_{k=1}^{m} \int \ldots \int_{\varphi_k(U_k)} (\tau_k \circ \varphi_k^{-1}) \left(\sum_{l=1}^{r} \sigma_l \circ \varphi_k^{-1} \right) (\omega \circ \varphi_k^{-1}) \left(\frac{\partial}{\partial u^1}, \ldots, \frac{\partial}{\partial u^n} \right) du^1 \ldots du^n
$$

$$
= \sum_{k,l} \int \ldots \int_{\varphi_k(U_k \cap V_l)} ((\sigma_l \tau_k) \circ \varphi_k^{-1}) (\omega \circ \varphi_k^{-1}) \left(\frac{\partial}{\partial u^1}, \ldots, \frac{\partial}{\partial u^n} \right) du^1 \ldots du^n
$$

und analog

$$
\sum_{l=1}^{r} \int \ldots \int_{\psi_l(V_l)} \sigma_l \omega \, dv^1 \ldots dv^n
$$

$$
= \sum_{k,l} \int \ldots \int_{\psi_l(U_k \cap V_l)} ((\sigma_l \tau_k) \circ \psi_l^{-1})(\omega \circ \psi_l^{-1}) \left(\frac{\partial}{\partial v^1}, \ldots, \frac{\partial}{\partial v^n} \right) dv^1 \ldots dv^n.
$$

Damit reduziert sich das Problem auf eine Gleichung der Art

$$
\int \ldots \int_{\varphi(W)} \omega(\varphi^{-1}(u)) \left(\frac{\partial}{\partial u^1}, \ldots, \frac{\partial}{\partial u^n} \right) du^1 \ldots du^n
$$

$$
= \int \ldots \int_{\psi(W)} \omega(\psi^{-1}(v)) \left(\frac{\partial}{\partial v^1}, \ldots, \frac{\partial}{\partial v^n} \right) dv^1 \ldots dv^n.
$$

Der Integrand rechnet sich auf die neuen Koordinatenvektorfelder um gemäß

$$
\omega(\varphi^{-1}(u)) \left(\frac{\partial}{\partial u^1}, \ldots, \frac{\partial}{\partial u^n} \right)
$$

$$
= \omega(\varphi^{-1}(u)) \left(\frac{\partial v^{k_1}}{\partial u^1} \frac{\partial}{\partial v^{k_1}}, \ldots, \frac{\partial v^{k_n}}{\partial u^n} \frac{\partial}{\partial v^{k_n}} \right)
$$

$$
= \frac{\partial v^{k_1}}{\partial u^1} \ldots \frac{\partial v^{k_n}}{\partial u^n} \omega(\varphi^{-1}(u)) \left(\frac{\partial}{\partial v^{k_1}}, \ldots, \frac{\partial}{\partial v^{k_n}} \right)
$$

$$
= \sum_{\mathcal{P}} \frac{\partial v^{\mathcal{P}(1)}}{\partial u^1} \ldots \frac{\partial v^{\mathcal{P}(n)}}{\partial u^n} \omega(\varphi^{-1}(u)) \left(\frac{\partial}{\partial v^1}, \ldots, \frac{\partial}{\partial v^n} \right) \chi(\mathcal{P})
$$

$$
= \omega(\varphi^{-1}(u)) \left(\frac{\partial}{\partial v^1}, \ldots, \frac{\partial}{\partial v^n} \right) \det \left(\frac{\partial v^k}{\partial u^i} \right).
$$

Da die Determinante positiv ist, folgt daraus mit der üblichen Transformationsformel für Riemann-Integrale in $\mathbb{R}^n$ die zu beweisende Gleichung.

Die folgenden Eigenschaften des Integrals ergeben sich unmittelbar aus seiner Definition.

Satz 13.2

(1) *Für n-Formen* ω *und* v *auf* M *und Zahlen* a *und* b *gilt*

$$\int_M (a\omega + bv) = a \int_M \omega + b \int_M v.$$

(2) *Die orientierte Mannigfaltigkeit, die aus der orientierten Mannigfaltigkeit* M *durch Änderung ihrer Orientierung entsteht, sei mit* $-M$ *bezeichnet. Dann gilt*

$$\int_{-M} \omega = - \int_M \omega.$$

(3) *Es sei* μ *ein die Orientierung erhaltender Diffeomorphismus von* M_1 *nach* M_2. *Dann gilt*

$$\int_{M_2} \mu^*\omega = \int_{M_1} \omega.$$

Der in Def. 13.2 eingeführte Integralbegriff verallgemeinert, wie schon in Abschn. 13.1 erläutert, Kurven- und Oberflächenintegrale zweiter Art. Die Verallgemeinerung der Kurven- und Oberflächenintegrale erster Art erfordert ein Metrik. Mit dem Fundamentaltensor g steht dann auch die Volumenform V (Def. 6.4) zur Verfügung. Für eine glatte reellwertige Funktion f mit kompaktem Träger ist das Produkt fV als Integrand geeignet.

Satz 13.3

Es sei f *eine beliebig oft differenzierbare reellwertige Funktion mit kompaktem Träger auf der orientierten n-dimensionalen semi-Riemannschen Mannigfaltigkeit* $[M, g]$ *mit der Volumenform* V. *Die positiv orientierten Karten* (U_k, φ_k), $k = 1 \ldots, m$ *sollen den Träger überdecken, und* $\tau_1, \ldots, \tau_m$ *sei eine Zerlegung der Eins bzgl. dieser Überdeckung. Dann gilt*

$$\int_M fV = \sum_{k=1}^m \int \ldots \int_{u \in \varphi_k(U_k)} \tau_k f w \, du^1 \ldots du^n$$

mit

$$\tau_k f w(u) = \tau_k(\varphi_k^{-1}(u)) f(\varphi_k^{-1}(u)) \sqrt{\left| \det \left(g \left(\frac{\partial}{\partial u^i}, \frac{\partial}{\partial u^j} \right) \right) \right|}.$$

Beweis Zu zeigen ist

$$V(\partial_1, \ldots, \partial_n) = \sqrt{\left| \det \left(g \left(\partial_i, \partial_j \right) \right) \right|}.$$

Es sei $e_1, \ldots, e_n$ eine positiv orientierte orthogonale Basis in M_P mit $g(e_i, e_i) = \varepsilon_i = \pm 1$. Für die linke Seite gilt

$$
\begin{aligned}
V(\partial_1, \ldots, \partial_n) &= V \left(\sum_{k_1} g(\partial_1, \varepsilon_{k_1} e_{k_1}) e_{k_1}, \ldots, \sum_{k_n} g(\partial_n, \varepsilon_{k_n} e_{k_n}) e_{k_n} \right) \\
&= \sum_{k_1, \ldots, k_n} g(\partial_1, \varepsilon_{k_1} e_{k_1}) \cdots g(\partial_n, \varepsilon_{k_n} e_{k_n}) V(e_{k_1}, \ldots, e_{k_n}) \\
&= \sum_{\mathcal{Q}} \chi(\mathcal{Q}) g(\partial_1, \varepsilon_{\mathcal{Q}(1)} e_{\mathcal{Q}(1)}) \cdots g(\partial_n, \varepsilon_{\mathcal{Q}(n)} e_{\mathcal{Q}(n)}) = \det G
\end{aligned}
$$

mit der Matrix $G = (g(\partial_i, \varepsilon_j e_j))$. Von

$$g(\partial_i, \partial_j) = g \left(\sum_l g(\partial_i, \varepsilon_l e_l) e_l, \sum_k g(\partial_j, \varepsilon_k e_k) e_k \right) = \sum_{l,k} g(\partial_i, \varepsilon_l e_l) g(e_l, e_k) g(\varepsilon_k e_k, \partial_j)$$

ist abzulesen, dass die Matrix $(g(\partial_i, \partial_j))$ das Produkt der Matrizen G, $\mathrm{diag}(\varepsilon_1, \ldots, \varepsilon_n)$ und G^T ist. Folglich gilt

$$|\det(g(\partial_i, \partial_j))| = (\det G)^2.$$

Weil die Basen $e_1, \ldots, e_n$ und $\partial_1, \ldots, \partial_n$ gleichorientiert sind, ist $\det G$ positiv. Damit ergibt sich auch für die rechte Seite

$$\sqrt{|\det(g(\partial_i, \partial_j))|} = \det G.$$

13.4 Berandete Mannigfaltigkeiten

Das Standardbeispiel für eine Mannigfaltigkeit ist für uns bisher eine gekrümmte Fläche gewesen. Das konnte eine geschlossene Fläche wie die Kugeloberfläche, eine unbeschränkte Fläche wie ein Zylinder oder auch eine Teilmenge einer solchen Fläche sein. In letzterem Fall durfte das, was man umgangssprachlich als Rand bezeichnet, aber nicht dazugehören. In diesem Abschnitt modifizieren wir diesen Standpunkt und beziehen den Rand mit in die Überlegungen ein. Es wird sich zeigen, dass dieser Rand selbst wieder eine Mannigfaltigkeit mit einer um Eins reduzierten Dimension ist. Insbesondere können Integrale über den Rand gebildet werden, und im nächsten Abschnitt ergibt sich dann eine abstrakte Version der bekannten klassischen Integralsätze der Differential- und Integralrechnung.

Abb. 13.2 Der Rand ∂G einer in $\mathbb{R}^n_-$ offenen Menge G

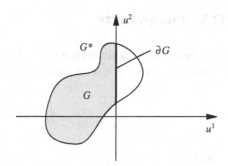

Wenn man eine Überdeckung einer Fläche einschließlich ihrer (glatten) Berandung mit Karten (U, φ) haben will, muss man als Bildmengen $\varphi(U)$ neben den offenen Mengen in $\mathbb{R}^2$ auch solche Mengen G zulassen, die der Durchschnitt einer offenen Menge G^* mit einer abgeschlossenen Halbebene sind (Abb. 13.2). Zur präzisen Erklärung auch für höhere Dimensionen sei

$$\mathbb{R}^n_- = \{(u^1, \ldots, u^n) \in \mathbb{R}^n : u^1 \leq 0\},$$

und eine Menge G der Gestalt $G = G^* \cap \mathbb{R}^n_-$ mit einer offenen Teilmenge G^* von $\mathbb{R}^n$ sei **offen in** $\mathbb{R}^n_-$ genannt. Obwohl das in der Topologie so nicht üblich ist, nennt man im Kontext der berandeten Mannigfaltigkeiten zu einer in $\mathbb{R}^n$ offenen Menge G die Menge

$$\partial G := \{(u^1, \ldots, u^n) \in G : u^1 = 0\}$$

den **Rand** von G. In solchen Randpunkten wird ein Differenzierbarkeitsbegriff eingeführt durch die Vereinbarung, dass eine auf einer in $\mathbb{R}^n_-$ offenen Menge G gegebenen Funktion differenzierbar ist, falls sie zu einer auf einer G umfassenenden offenen Menge differenzierbaren Funktion fortgesetzt werden kann.

Vom Atlas einer n-dimensionalen **berandeten Mannigfaltigkeit** M fordert man, dass die bei Kartenwechsel entstehenden Funktionen $\varphi \circ \psi^{-1}$ C^∞-Diffeomorphismen zwischen in $\mathbb{R}^n_-$ offenen Mengen sind. Die Punkte $P \in M$, für die für eine Karte (U, φ) mit $P \in U$ $\varphi(P) \in \partial(\varphi(U))$ gilt, bilden den **Rand** ∂M der berandeten Mannigfaltigkeit. Eine solche Eigenschaft eines Punktes ist offenbar unabhängig von der Auswahl der Karte.

Jede Karte (U, φ) von M mit $U \cap \partial M \neq \emptyset$ erzeugt durch Einschränkung von φ auf $U \cap \partial M$ eine Karte von ∂M. Insgesamt entsteht aus einem Atlas der berandeten Mannigfaltigkeit M ein Atlas ihres Randes ∂M, und dieser Rand erweist sich als $(n-1)$-dimensionale Mannigfaltigkeit.

Eine Orientierung der berandeten Mannigfaltigkeit M überträgt sich auch auf ihren Rand ∂M durch die folgende Vereinbarung: (U, φ) sei eine bzgl. der Orientierung von M zulässige Karte, und es sei $P \in U \cap \partial M$. Dann ist auch die Basis $\partial_2, \ldots, \partial_n$ in der Orientierung von $(\partial M)_P$. Anschaulich heißt das, Tangentenvektoren $x_1, \ldots, x_{n-1} \in (\partial M)_P$ bilden dort genau dann eine positiv orientierte Basis, wenn für jeden nach außen gerichteten Tangentenvektor $y \in M_P$ die Basis $y, x_1, \ldots, x_{n-1}$ bzgl. M positiv orientiert ist.

13.5 Integralsätze

Der klassische Integralsatz von Stokes besagt, dass für ein Vektorfeld $X = X^i \partial_i$ auf einer berandeten Fläche $\mathcal{F}$ mit der Randkurve $\mathcal{K}$

$$\int_{\mathcal{K}} X \, dr = \int\int_{\mathcal{F}} \operatorname{rot} X \, d\vec{o}$$

gilt mit

$$\operatorname{rot} X = (\partial_2 X^3 - \partial_3 X^2)\partial_1 + (\partial_3 X^1 - \partial_1 X^3)\partial_2 + (\partial_1 X^2 - \partial_2 X^1)\partial_3,$$

wobei sich die Koordinatenvektorfelder ∂_i auf die kartesischen Koordinaten in $\mathbb{R}^3$ beziehen. Das Kurvenintegral lässt sich mit der dem Vektorfeld X entsprechenden 1-Form ω mit den Komponenten $\omega_i = X^i$ in der Terminologie der Differentialformen als Integral $\int \omega$ über die Randkurve schreiben. Die äußere Ableitung von ω ist gemäß Satz 6.9 die 2-Form $d\omega$ mit den Komponenten

$$(d\omega)_{23} = \partial_2 X^3 - \partial_3 X^2$$
$$(d\omega)_{13} = \partial_1 X^3 - \partial_3 X^1$$
$$(d\omega)_{12} = \partial_1 X^2 - \partial_2 X^1.$$

Sie macht aus zwei Vektorfeldern Y und Z durch Einsetzen das skalare Feld

$$\begin{aligned} d\omega(Y, Z) &= d\omega(Y^i \partial_i, Z^k \partial_k) \\ &= (\partial_2 X^3 - \partial_3 X^2)Y^2 Z^3 + (\partial_1 X^3 - \partial_3 X^1)Y^1 Z^3 + (\partial_1 X^2 - \partial_2 X^1)Y^1 Z^2 \\ &= \operatorname{rot} X \cdot (Y \times Z). \end{aligned}$$

Folglich lässt sich das Flussintegral $\int\int \operatorname{rot} X \, d\vec{o}$ als Integral $\int d\omega$ über die Fläche auffassen. Somit lautet der klassische Integralsatz von Stokes in der Sprache der Differentialformen

$$\int_{\partial \mathcal{F}} \omega = \int_{\mathcal{F}} d\omega.$$

Diese Gleichung gilt auch ganz allgemein für berandete Mannigfaltigkeiten. Das besagt das folgende Theorem, ebenfalls **Integralsatz von Stokes** genannt.

Theorem 13.4

Für eine Differentialform ω der Stufe $n - 1$ auf einer n-dimensionalen orientierten berandeten Mannigfaltigkeit M gilt

$$\int_{\partial M} \omega = \int_M d\omega.$$

Beweis Ohne Beschränkung der Allgemeinheit können wir annehmen, dass der Träger des Integranden ω durch eine einzige Karte beschrieben werden kann, denn anderenfalls ließe sich zu einer Überdeckung des kompakten Trägers mit endlich vielen Karten mit einer dazu passenden Zerlegung der Eins $\tau_1 + \ldots + \tau_m = 1$ die Differentialform ω in eine Summe $\omega = \tau_1 \omega + \ldots + \tau_m \omega$ zerlegen, und die nachfolgenden Überlegungen wären auf $\tau_k \omega$ anzuwenden. Es sei nun (U, φ) eine Karte mit $\operatorname{supp} \omega \subseteq U$, und $\varphi(U)$ sei offen in $\mathbb{R}^n_-$. Nach Definition des Integrals und Satz 6.10 gilt

$$
\int_M d\omega = \int \cdots \int_{(-\infty, 0] \times \mathbb{R}^{n-1}} (d\omega \circ \varphi^{-1})(\partial_1, \ldots, \partial_n)\, du^1 \ldots du^n
$$

$$
= \sum_{l=1}^{n} (-1)^{l-1} \int \cdots \int_{(-\infty, 0] \times \mathbb{R}^{n-1}} \frac{\partial}{\partial u^l} (\omega \circ \varphi^{-1})(\ldots, \partial_{l-1}, \partial_{l+1}, \ldots)\, du^1 \ldots du^n.
$$

Weil $\operatorname{supp}(\omega \circ \varphi^{-1})$ in einer in $\mathbb{R}^n_-$ offenen Menge enthalten ist, gilt

$$
\int_{-\infty}^{0} \frac{\partial}{\partial u^1} (\omega \circ \varphi^{-1})(\partial_2, \ldots, \partial_n)\, du^1 = (\omega \circ \varphi^{-1})(\partial_2, \ldots, \partial_n) \Big|_{u_1 = 0}
$$

und

$$
\int_{-\infty}^{+\infty} \frac{\partial}{\partial u^l} (\omega \circ \varphi^{-1})(\ldots, \partial_{l-1}, \partial_{l+1}, \ldots)\, du^l = 0
$$

für $l \neq 1$ und deshalb insgesamt

$$
\int_M d\omega = \int \cdots \int_{\mathbb{R}^{n-1}} (\omega \circ \varphi^{-1})(\partial_2, \ldots, \partial_n) \Big|_{u^1 = 0} du^2 \ldots du^n = \int_{\partial M} \omega.
$$

Theorem 13.4 enthält auch den klassischen Gaußschen Integralsatz. Gegeben sei ein beschränktes Gebiet G mit glatter Oberfläche ∂G und darauf ein Vektorfeld

$$
f = f^1 \partial_1 + f^2 \partial_2 + f^3 \partial_3.
$$

Dann gilt

$$
\iint_{\partial G} f\, d\vec{o} = \int_{\partial G} *Jf = \int_G d * Jf = \iiint_G (*d * Jf)\, dx^1 dx^2 dx^3
$$

mit

$$
\begin{aligned}
*d * Jf &= *d * (f^1 dx^1 + f^2 dx^2 + f^3 dx^3) \\
&= *d(f^1 dx^2 \wedge dx^3 + f^2 dx^3 \wedge dx^1 + f^3 dx^1 \wedge dx^2) \\
&= *((\partial_1 f^1 + \partial_2 f^2 + \partial_3 f^3) dx^1 \wedge dx^2 \wedge dx^3) = \partial_1 f^1 + \partial_2 f^2 + \partial_3 f^3 \\
&= \operatorname{div} f.
\end{aligned}
$$

13.6 Extremalprinzipien

Bekanntlich lassen sich wichtige Gleichungen der Physik aus Extremalprinzipien ableiten. Das gilt auch für die Relativitätstheorie. Wir werden im Folgenden zeigen, dass die Euler-Lagrange-Gleichungen für das Integral über den Krümmungsskalar die Einsteinsche Feldgleichung des leeren Raumes enthalten.

Der Krümmungsskalar S ist entsprechend den Definitionen in Abschn. 8.3 und den Sätzen 8.2 und 7.4 eine Funktion der Metrikkoeffizienten und deren ersten und zweiten partiellen Ableitungen. Wenn man aber die klassische Variationsrechnung auf diese Variablen anwenden will, muss man die partiellen Ableitungen von S nach g_{ab}, $g_{ab,c}$ und $g_{ab,cd}$ formulieren, was rechnerisch außerordentlich langwierig ist. Wesentlich einfacher sind die partiellen Ableitungen nach g^{ab}, Γ^c_{ab} und $\Gamma^c_{ab,d}$ zu bestimmen. Deshalb fassen wir S als Funktion

$$
S = g^{ik} \operatorname{Ric}_{ik} = g^{ik} (\Gamma^l_{ki,l} - \Gamma^l_{li,k} + \Gamma^r_{ki} \Gamma^l_{lr} - \Gamma^r_{li} \Gamma^l_{kr})
$$

dieser Variablen auf und stellen uns auf den Standpunkt, dass das Integral

$$
\int SV = \int_G S(g^{ab}(u), \Gamma^c_{ab}(u), \Gamma^c_{ab,d}(u)) \sqrt{-g}\, du
$$

mit $g = \det(g_{ik})$ stationär ist. Es handelt sich um ein Integral der Form

$$
\int_G L\left(f_i(u), \frac{\partial f_i}{\partial u^k}(u)\right) du, \qquad i = 1, \dots, m, \quad k = 1, \dots, n,
$$

wobei G ein Integrationsgebiet in $\mathbb{R}^n$ (in unserem Fall $\mathbb{R}^4$) ist und L eine Formel mit $m + nm$ Eingängen.

Wir fassen jetzt die Überlegungen zusammen, die im Rahmen der klassischen Variationsrechnung zu den Euler-Lagrange-Gleichungen führen. Wenn das Integral für die Funktionen $f_1, \dots, f_m$ extremal ist, muss für jedes System von Funktionen $\hat{f}_1, \dots, \hat{f}_m$, die auf dem Rand ∂G Null sind, die Funktion

$$
F(\varepsilon) = \int_G L\left((f_i + \varepsilon \hat{f}_i)(u), \frac{\partial}{\partial u^k}(f_i + \varepsilon \hat{f}_i)(u)\right) du
$$

bei $\varepsilon = 0$ extremal sein. Es gilt also

$$0 = F'(0) = \int_G \left(\sum_{i=1}^m \frac{\partial L}{\partial f_i} \cdot \hat{f}_i + \sum_{k=1}^n \sum_{i=1}^m \frac{\partial L}{\partial f_{i,k}} \cdot \hat{f}_{i,k} \right) du$$

und wegen

$$\frac{\partial L}{\partial f_{i,k}} \cdot \frac{\partial \hat{f}_i}{\partial u^k} = \frac{\partial}{\partial u^k} \left(\frac{\partial L}{\partial f_{i,k}} \cdot \hat{f}_i \right) - \left(\frac{\partial}{\partial u^k} \frac{\partial L}{\partial f_{i,k}} \right) \cdot \hat{f}_i$$

schließlich

$$0 = \sum_{i=1}^m \int_G \left(\frac{\partial L}{\partial f_i} - \sum_{k=1}^n \frac{\partial}{\partial u^k} \left(\frac{\partial L}{\partial f_{i,k}} \right) \right) \cdot \hat{f}_i \, du + \sum_{i=1}^m \int_G \sum_{k=1}^n \frac{\partial}{\partial u^k} \left(\frac{\partial L}{\partial f_{i,k}} \cdot \hat{f}_i \right) du.$$

Nach dem klassischen Integralsatz von Gauß sind die Integrale in der zweiten Summe Oberflächenintegrale über Vektorintegranden, die auf dem Rand ∂G Null sind. Deshalb bleibt nur die erste Summe übrig, und weil die Funktionen $\hat{f}_i$ beliebig gewählt waren, müssen die **Euler-Lagrange-Gleichungen**

$$\frac{\partial L}{\partial f_i} = \sum_{k=1}^n \frac{\partial}{\partial u^k} \frac{\partial L}{\partial f_{i,k}}$$

gelten. In unserem Fall lauten sie

(EL1)

$$\frac{\partial}{\partial g^{ab}} (\sqrt{-g}\, g^{ik} \, \mathrm{Ric}_{ik}) = 0$$

und

(EL2)

$$\sqrt{-g}\, g^{ik} \frac{\partial \mathrm{Ric}_{ik}}{\partial \Gamma_{ab}^c} = \sum_{j=0}^3 \partial_j \left(\sqrt{-g}\, g^{ik} \frac{\partial \mathrm{Ric}_{ik}}{\partial \Gamma_{ab,j}^c} \right)$$

Zur Auswertung der Gleichungen (EL1) müssen wir die partiellen Ableitungen von $g = \det(g_{ik})$ nach g^{ab} bestimmen. Aus der Spaltenentwicklung

$$\frac{1}{g} = \det(g^{ik}) = \sum_{i=0}^3 g^{ik} G^{ik}$$

mit den algebraischen Komplementen G^{ik} folgt

$$\frac{\partial(1/g)}{\partial g^{ab}} = G^{ab},$$

und weil (g_{ik}) zu (g^{ik}) invers ist, gilt

$$g_{ba} = \frac{1}{1/g} G^{ab},$$

insgesamt also

$$\frac{\partial}{\partial g^{ab}} \left(\frac{1}{g} \right) = \frac{1}{g} g_{ab}.$$

Wegen

$$0 = \frac{\partial}{\partial g^{ab}} \left(g \cdot \frac{1}{g} \right) = \frac{1}{g} \frac{\partial g}{\partial g^{ab}} + g \frac{\partial (1/g)}{\partial g^{ab}}$$

folgt daraus

$$\frac{\partial g}{\partial g^{ab}} = -g g_{ba}$$

und

$$\frac{\partial \sqrt{-g}}{\partial g^{ab}} = \frac{-1}{2\sqrt{-g}} \frac{\partial g}{\partial g^{ab}} = -\frac{1}{2} \sqrt{-g} g_{ba}.$$

Die Euler-Lagrange-Gleichungen (EL1) lauten also

$$0 = \frac{\partial}{\partial g^{ab}} (\sqrt{-g} g^{ik} \, \mathrm{Ric}_{ik}) = -\frac{1}{2} \sqrt{-g} g_{ba} g^{ik} \, \mathrm{Ric}_{ik} + \sqrt{-g} \, \mathrm{Ric}_{ba}$$

$$= \sqrt{-g} \left(\mathrm{Ric}_{ba} - \frac{1}{2} S g_{ba} \right)$$

und damit

$$\mathrm{Ric}_{ba} - \frac{1}{2} S g_{ba} = 0.$$

Das sind die Komponentengleichungen zur Einsteinschen Feldgleichung.

   Es ist noch zu zeigen, dass die Variablen Γ^r_{ij} im Fall, dass die Euler-Lagrange-Gleichungen erfüllt sind, die Werte der Christoffel-Symbole

$$\Gamma^r_{ij} = \frac{1}{2} g^{kr} (\partial_i g_{jk} + \partial_j g_{ik} - \partial_k g_{ij})$$

annehmen. Zu fixiertem Punkt P wählen wir eine Karte um P, für die im Punkt P alle Christoffel-Symbole Null sind und die Matrix der Metrikkomponenten diagonal ist, d. h.

$$(g_{ik}) = \mathrm{diag}(g_0, g_1, g_2, g_3)$$

und

$$(g^{ik}) = \mathrm{diag}(g^0, g^1, g^2, g^3) \qquad \text{mit} \qquad g^i = 1/g_i.$$

Dass ein solches Koordinatensystem existiert, werden wir erst am Schluss dieses Abschnitts zeigen. Hier müssen wir jetzt im Punkt P die Gleichungen

$$\frac{1}{2} g^{kr} (\partial_i g_{jk} + \partial_j g^{ik} - \partial_k g_{ij}) = 0$$

verifizieren. Dazu werden wir $\partial_i g_{jk} = 0$ zeigen.

Die Euler-Lagrange-Gleichungen (EL2) reduzieren sich jetzt im Punkt P offenbar zu

$$\sum_{j=1}^{3} \partial_j \left(\sqrt{-g}\, g^{ik} \frac{\partial \operatorname{Ric}_{ik}}{\partial \Gamma^c_{ab,j}} \right) = 0.$$

Von der Formel für Ric_{ik} ist abzulesen

$$0 = \sum_{j=0}^{3} \partial_j \left(\sqrt{-g}\, g^{ik} \frac{\partial \operatorname{Ric}_{ik}}{\partial \Gamma^a_{ab,j}} \right) = \partial_a(\sqrt{-g}\, g^{ba}_{\cdot \cdot}) - \sum_{j=0}^{3} \partial_j (\sqrt{-g}\, g^{bj}) = -\sum_{j \neq a} \partial_j (\sqrt{-g}\, g^{bj})$$

und für $a \neq c$

$$0 = \sum_{j=0}^{3} \partial_j \left(\sqrt{-g}\, g^{ik} \frac{\partial \operatorname{Ric}_{ik}}{\partial \Gamma^c_{ab,j}} \right) = \partial_c(\sqrt{-g}\, g^{bu}).$$

Für die weitere Berechnung ist die Formel

$$\frac{\partial g^{ij}}{\partial g_{rs}} = -g^{ir} g^{sj}$$

nützlich, die sich folgendermaßen begründen lässt: Aus der Konstanz der Ausdrücke $g^{ik} g_{kl}$ folgt

$$\frac{\partial}{\partial g_{rs}} (g^{ik} g_{kl}) = 0$$

und damit

$$\frac{\partial g^{ik}}{\partial g_{rs}} g_{kl} = \begin{cases} -g^{ir} & \text{für} \quad l = s \\ 0 & \text{sonst} \end{cases}.$$

Das lässt sich auflösen zu

$$\frac{\partial g^{ij}}{\partial g_{rs}} = \frac{\partial g^{ik}}{\partial g_{rs}} g_{kl} g^{lj} = -g^{ir} g^{sj}.$$

Mit der bereits bei der Auswertung von (EL1) verwendeten Formel

$$\frac{\partial \sqrt{-g}}{\partial g^{ab}} = -\frac{1}{2} g_{ba}$$

bearbeiten wir die Euler-Lagrange-Gleichungen (EL2) weiter. Für $a \neq c$ erhalten wir

$$0 = \partial_c(\sqrt{-g}\,g^{ba}) = g^{ba}\frac{\partial\sqrt{-g}}{\partial g^{ij}}\frac{\partial g^{ij}}{\partial g_{rs}}\partial_c g_{rs} + \sqrt{-g}\frac{\partial g^{ba}}{\partial g_{rs}}\partial_c g_{rs}$$

$$= \sqrt{-g}\left(\frac{1}{2}g^{ba}g_{ji}g^{ir}g^{sj} - g^{br}g^{sa}\right)\partial_c g_{rs} = \sqrt{-g}\left(\frac{1}{2}g^{ba}\sum_k g^k\partial_c g_{kk} - g^b g^a\,\partial_c g_{ba}\right).$$

Für $a \neq b$ ist das

$$0 = -\sqrt{-g}\,g^b g^a\,\partial_c g_{aa}.$$

Damit ist für $j \neq k$ und beliebiges i $\quad \partial_i g_{jk} = 0$ gezeigt. Für $a = b$ ergibt sich

$$\frac{1}{2}\sum_k g^k\,\partial_c g_{kk} = g^a\,\partial_c g_{aa}.$$

Für $c = 0$ sind das drei Gleichungen, die sich in der Form

$$\begin{pmatrix} -1 & 1 & 1 \\ 1 & -1 & 1 \\ 1 & 1 & -1 \end{pmatrix} = \begin{pmatrix} g^1\,\partial_0 g_{11} \\ g^2\,\partial_0 g_{22} \\ g^3\,\partial_0 g_{33} \end{pmatrix} = \begin{pmatrix} 0 \\ 0 \\ 0 \end{pmatrix}$$

schreiben lassen. Daraus folgt $g^a\,\partial_0 g_{aa} = 0$ für $a = 1, 2, 3$. Analoge Überlegungen gelten aber auch für $c = 1, 2, 3$. Insgesamt hat sich dadurch $\partial_i g_{jj} = 0$ für $i \neq j$ ergeben.

Wir haben nun noch die Gleichungen (EL2) mit $a = c$ zur Verfügung. Sie liefern für $a \neq b$

$$0 = -\sum_{j\neq a}\partial_j(\sqrt{-g}\,g^{bj}) = -\sqrt{-g}\sum_{j\neq a}\left(\frac{1}{2}g^{bj}g_{vu}g^{ur}g^{sv} - g^{br}g^{sj}\right)\partial_j g_{rs}$$

$$- \sqrt{-g}\left(\frac{1}{2}g^b\sum_r g^r\,\partial_b g_{rr} - g^b g^b\partial_b g_{bb}\right) = \frac{1}{2}\sqrt{-g}\,g^b g^b\partial_b g_{bb}$$

und damit auch noch $\partial_i g_{ii} = 0$.

Zum Schluss müssen wir noch, wie bereits angekündigt und auch schon verwendet, zu gegebenem Punkt P eine Karte konstruieren, bei der in diesem Punkt die Christoffel-Symbole Null sind und die Komponenetenmatrix (g_{ik}) der Metrik diagonal ist. Wir tun dies im Kontext einer n-dimensionalen semi-Riemannschen Mannigfaltigkeit. Gegeben sei eine Karte mit den Koordinaten $u^1, \ldots, u^n$. Der Punkt P habe die Koordinaten $u_o^1, \ldots, u_o^n$. Wir versuchen, neue Koordinaten $\bar{u}^1, \ldots, \bar{u}^n$ durch die Forderung

$$u^k = u_o^k + \bar{u}^k - \frac{1}{2}\Gamma_{ij}^k(P)\bar{u}^i\bar{u}^j$$

einzuführen. Die C^∞-Abbildung, die den gestrichenen Zahlen $\bar{u}^k$ die ungestrichenen u^k zuordnet, bildet den Nullvektor auf $(u_0^1, \ldots, u_0^n)$ ab. An dieser Stelle ist ihre Funktional-matrix $(\partial u^k / \partial \bar{u}^l)$ die Einheitsmatrix, und deshalb ist diese Abbildung lokal umkehrbar, die gestrichenen Koordinaten sind damit (lokal) korrekt definiert. Im Definitionsbereich der neuen Karte gilt mit den Elementen δ_l^k der Einheitsmatrix

$$\frac{\partial u^k}{\partial \bar{u}^l} = \delta_l^k - \Gamma_{lj}^k(P)\bar{u}^j$$

und

$$\frac{\partial^2 u^k}{\partial \bar{u}^r \partial \bar{u}^l} = -\Gamma_{lr}^k(P).$$

Die Koordinatenvektorfelder $\bar{\partial}_l$ der neuen Koordinaten stellen sich mit denen der alten als $\bar{\partial}_l = (\partial u^k / \partial \bar{u}^l)\partial_k$ dar. Nach Kettenregel gilt

$$\bar{\partial}_l \frac{\partial u^t}{\partial \bar{u}^s} = \frac{\partial u^k}{\partial \bar{u}^l}\partial_k \frac{\partial u^t}{\partial \bar{u}^s} = \frac{\partial u^k}{\partial \bar{u}^l}\frac{\partial^2 u^t}{\partial \bar{u}^r \partial \bar{u}^s}\frac{\partial \bar{u}^r}{\partial u^k} = -\frac{\partial u^k}{\partial \bar{u}^l}\frac{\partial \bar{u}^r}{\partial u^k}\Gamma_{sr}^t(P).$$

Im Punkt P heißt das

$$\bar{\partial}_l(P)\frac{\partial u^t}{\partial \bar{u}^s} = -\frac{\partial u^k}{\partial \bar{u}^l}(0, \ldots, 0)\frac{\partial \bar{u}^r}{\partial u^k}(u_0^1, \ldots, u_0^n)\Gamma_{sr}^t(P) = -\Gamma_{sl}^t(P) = -\Gamma_{ls}^t(P)$$

$$= -\frac{\partial u^i}{\partial \bar{u}^l}(0, \ldots, 0)\frac{\partial u^k}{\partial \bar{u}^s}(0, \ldots, 0)\Gamma_{ik}^t(P),$$

und von der in Satz 7.5 angegebenen Transformationsformel ist abzulesen, dass die Christoffel-Symbole zu den Koordinaten $\bar{u}^1, \ldots, \bar{u}^n$ in P Null sind.

Um die Matrix $(g_{ik}(P))$ zu diagonalisieren, ist nun noch eine zweite Transformation von den Koordinaten $\bar{u}^k$ zu endgültigen Koordinaten $\hat{u}^l = \beta_k^l \bar{u}^k$ nötig. Mit den konstanten Koeffizienten β_k^l gilt $\hat{\partial}_k = \beta_k^l \bar{\partial}_l$ bzw. $\bar{\partial}_l = \alpha_l^k \hat{\partial}_k$, wobei die Matrix (α_l^k) invers zu (β_k^l) ist. Diese Koeffizienten sind so zu wählen, dass die Matrix

$$(g(P)(\hat{\partial}_i, \hat{\partial}_k)) = (g(P)(\alpha_i^r \bar{\partial}_r, \alpha_k^s \bar{\partial}_s)) = (\alpha_i^r g(P)(\bar{\partial}_r, \bar{\partial}_s)\alpha_k^s)$$

diagonal ist. Das ist offenbar möglich. Da die Koeffizienten α_l^k konstant sind, ist von der Formel in Satz 7.5 abzulesen, dass die Christoffel-Symbole bzgl. der Koordinaten $\hat{u}^k$ im Punkt P auch wieder Null sind. Diese Karte hat also alle geforderten Eigenschaften.

Nichtrotierende Schwarze Löcher

14

Inhaltsverzeichnis

14.1   Die Schwarzschild-Halbebene

Schon in Kap. 10 haben wir Geodäten in der Schwarzschild-Raumzeit untersucht. In diesem Kapitel stellen wir uns auf den Standpunkt, dass die gesamte Masse des diese Raumzeit erzeugenden nichtrotierenden Fixsterns bei $r = 0$ konzentriert ist. Damit rückt der Bereich mit dem Schwarzschild-Radius r nahe dem kritischen Wert 2μ und darunter in das Zentrum des Interesses. Diese Zahl 2μ wird oft Schwarzschild-Radius (des Fixsterns) genannt. Da wir hier diesen Namen aber schon für die radiale Koordinate reserviert haben, nennen wir diese Zahl **Schwarzschild-Horizont**.

Für $r > 2\mu$ steht auf der Mannigfaltigkeit $\mathbb{R} \times (2\mu, \infty) \times S_2$ die Schwarzschild-Metrik zur Verfügung. Ihre Gültigkeit ist entsprechend den Plausibilitätsbetrachtungen in Abschn. 9.7 im Rahmen der Einsteinschen Feldgleichung begründet und für große Werte von r auch experimentell bestätigt. Auch auf der Mannigfaltigkeit $\mathbb{R} \times (0, 2\mu) \times S_2$ sind die Formeln für die Schwarzschild-Metrik formal sinnvoll. Wir stellen uns auf den Standpunkt, dass sie dort auch gelten. Das erscheint zunächst spekulativ, zumal die Räume $\mathbb{R} \times (2\mu, \infty) \times S_2$ und $\mathbb{R} \times (0, 2\mu) \times S_2$ nicht zusammenhängen. Schon gegen Ende dieses Abschnittes wird sich aber zeigen, dass die Schwierigkeiten an der Stelle $r = 2\mu$ zu einem wesentlichen Teil an dem verwendeten Koordinatensystem liegen.

Zur Beschreibung eines sich radial bewegenden Teilchens oder Photons benötigt man neben der Angabe eines Punktes aus S_2 nur noch die Funktionen $t(\tau)$ und $r(\tau)$. Da bei einer grundsätzlichen Untersuchung solcher Bewegungen die Kenntnis des Punktes aus S_2 aus Symmetriegründen unnötig ist, steckt die wesentliche Information über die Weltlinie

© Springer-Verlag GmbH Deutschland, ein Teil von Springer Nature 2018
R. Oloff, *Geometrie der Raumzeit*, https://doi.org/10.1007/978-3-662-56737-1_14

Abb. 14.1 Zukunftskegel in
der Schwarzschild-Halbebene

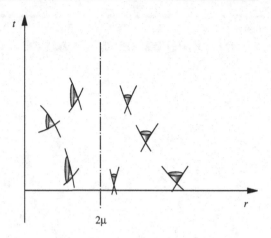

eines radialen Teilchens in einer Kurve in der $r - t$-Ebene. Somit ist die Schwarzschild-Raumzeit $\mathbb{R} \times ((0, 2\mu) \cup (2\mu, \infty)) \times S_2$ in diesem Fall reduziert auf die sogenannte **Schwarzschild-Halbebene** $\mathbb{R} \times ((0, 2\mu) \cup (2\mu, \infty))$, ausgestattet mit der indefiniten Metrik g, die durch

$$g(\partial_t, \partial_t) = 1 - 2\mu/r$$
$$g(\partial_r, \partial_r) = -(1 - 2\mu/r)^{-1}$$
$$g(\partial_t, \partial_r) = 0$$

festgelegt ist. Tangentenvektoren $a\partial_t + b\partial_r$ sind genau dann zeitartig, wenn

$$(1 - 2\mu/r)a^2 > (1 - 2\mu/r)^{-1}b^2$$

gilt. Für $r > 2\mu$ heißt das

$$|b/a| < 1 - 2\mu/r$$

und für $0 < r < 2\mu$

$$|b/a| > 2\mu/r - 1.$$

Die Zeitorientierung der äußeren Schwarzschild-Raumzeit impliziert, dass für $r > 2\mu$ die zeitartigen Vektoren $a\partial_t + b\partial_r$ mit $a > 0$ zukunftsweisend sind. Für $0 < r < 2\mu$ legen wir fest, dass die zeitartigen Vektoren mit $b < 0$ zukunftsweisend sind. Diese Entscheidung erzeugt den Effekt, dass Teilchen und Photonen den Bereich mit $0 < r < 2\mu$ nicht mehr verlassen können. In Abb. 14.1 sind die Zukunftskegel markiert.

Die Geodätengleichungen der Schwarzschild-Halbebene sind aus Satz 10.5 mit der Spezialisierung $\vartheta' = \varphi' = 0$ abzulesen. Es gilt hier

$$t'' = \frac{2\mu}{r(2\mu - r)} t'r'$$

Abb. 14.2 Lichtstrahlen in der Schwarzschild-Halbebene

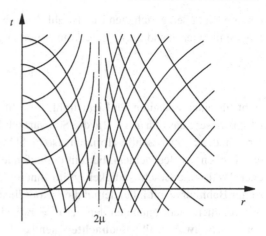

und

$$r'' = \frac{(2\mu - r)\mu}{r^3}(t')^2 + \frac{\mu}{r(r - 2\mu)}(r')^2$$

unter der Nebenbedingung

$$(r - 2\mu)(t')^2 + \frac{r^2}{2\mu - r}(r')^2 = r$$

für Teilchen und

$$(r - 2\mu)^2(t')^2 = r^2(r')^2$$

für Lichtstrahlen.

Satz 14.1
Die Lichtstrahlen in der Schwarzschild-Halbebene sind die Graphen der Funktionen

$$t(r) = \pm(r + 2\mu \log |r - 2\mu| + c).$$

Beweis Für die Ableitung dt/dr muss gelten

$$\frac{dt}{dr} = \frac{t'}{r'} = \pm\frac{r}{r - 2\mu} = \pm\left(1 + \frac{2\mu}{r - 2\mu}\right),$$

und die Funktionen $t(r)$ ergeben sich daraus durch Integration.

In Abb. 14.2 sind diese Funktionen skizziert. Für $r > 2\mu$ beschreibt die Funktion

$$t = r + 2\mu \log(r - 2\mu) + c$$

einen nach außen gerichteten Lichtstrahl. Nahe bei 2μ ist der Differentialquotient dr/dt nur wenig über 0, und für $r \to \infty$ konvergiert er gegen 1. Die andere Vorzeichenvariante

$$t = -r - 2\mu \log(r - 2\mu) + c$$

steht für einen einlaufenden Lichtstrahl. Sowohl von der Formel als auch von Abb. 14.2 ist abzulesen, dass für $r \to 2\mu$ die Schwarzschild-Zeit t gegen ∞ geht, der Lichtstrahl erreicht den Schwarzschild-Horizont also nicht in endlicher Zeit, jedenfalls nicht im Sinne eines ruhenden Beobachters. Für ein einlaufendes Teilchen ist dieser Effekt noch deutlicher. Weil seine Geschwindigkeit γ' im Inneren des Lichtkegels liegen muss, wächst bei seiner Bahnkurve mit fallendem r die t-Koordinate noch stärker. Wir stellen uns vor, dass das Teilchen Lichtsignale an den bei $r = r_0$ befindlichen Beobachter $1/\sqrt{1 - 2\mu/r_0}\partial_t$, genannt **Schwarzschild-Beobachter**, sendet. Die t-Koordinate des Schnittpunktes des auslaufenden Lichtstrahls mit den Senkrechten $r = r_0$ ist größer als die t-Koordinate der Position des Teilchens und konvergiert noch schneller gegen ∞ (Abb. 14.2). Das ist bis auf den Faktor $\sqrt{1 - 2\mu/r_0}$ die Eigenzeit des Beobachters. Dieser hat also den Eindruck, dass das Teilchen den Schwarzschild-Horizont nicht erreicht, sondern immer langsamer wird, je näher es diesem Horizont kommt. Wegen der gravitativen Rotverschiebung werden die Signale dabei immer schwächer, das Bild wird immer dunkler.

Ein das Teilchen begleitender Beobachter erlebt ein völlig anderes Szenario. Wir werden zeigen, dass das Teilchen in endlicher Eigenzeit nicht nur den Horizont $r = 2\mu$ sondern sogar die zentrale Singularität $r = 0$ erreicht.

Satz 14.2

(1) *Für Teilchen und Photonen ist der Ausdruck $h(r)t' = (1 - 2\mu/r)t'$ konstant.*
(2) *Mit der Konstanten $E = h(r)t'$ gilt für radiale Teilchen*

$$E^2 - 1 = (r')^2 - 2\mu/r$$

und für radiale Photonen
$$E^2 = (r')^2.$$

Beweis Die Ableitung

$$(h(r)t')' = \frac{2\mu}{r^2}r't' + \left(1 - \frac{2\mu}{r}\right)t''$$

ist der Geodätengleichung $t'' = -2\mu/(r^2 h(r))t'r'$ zufolge Null. Aus der Nebenbedingung

$$1 = g(\gamma', \gamma') = h(r)(t')^2 - \frac{1}{h(r)}(r')^2$$

für Teilchen folgt

$$(h(r)t')^2 - (r')^2 = h(r),$$

also

$$E^2 - (r')^2 = 1 - 2\mu/r.$$

Für Photonen ergibt sich auf diese Weise $E^2 - (r')^2 = 0$.

Die zu jedem Teilchen γ gehörende Zahl $E = h(r)t'$ ist positiv, weil im Bereich $r > 2\mu$ sowohl $h(r)$ als auch t' positiv ist. Für $0 < r < 2\mu$ ist $h(r)$ negativ. Weil E positiv ist, muss dort auch t' negativ sein. In Abb. 14.2 stellen also die Kurven zu den Gleichungen

$$t(r) = -r - 2\mu \log(2\mu - r) + c$$

einlaufende Photon im Schwarzen Loch dar. Für ein ins Schwarze Loch eingedrungenes Teilchen läuft die Schwarzschild-Zeit rückwärts. Offenbar ist dieser Zeitbegriff zur Beschreibung der Vorgänge im Schwarzen Loch wenig geeignet.

Die Zahl E lässt sich als Energie pro Ruhmasse deuten, von einem Schwarzschild-Beobachter mit sehr großer radialer Koordinate r gemessen, denn für $(1/\sqrt{1 - 2\mu/r})\,\partial_t$ hat das Teilchen $\gamma' = t'\partial_t + r'\partial_r$ mit der Ruhmasse m die Energie

$$m g \left(\gamma', \frac{1}{\sqrt{1 - 2\mu/r}}\,\partial_t \right) = m t' \sqrt{1 - 2\mu/r} = \frac{mE}{\sqrt{1 - 2\mu/r}},$$

und dieser Ausdruck konvergiert für $r \to \infty$ gegen mE.

Eine andere Interpretation der Zahl E eines Teilchens ergibt sich aus Satz 14.2(2). Im Fall $E \geq 1$ kann das Teilchen jeden Schwarzschild-Radius r annehmen. Im Grenzfall $E = 1$ muss r' für $r \to \infty$ Null werden, man könnte etwa sagen, dass das einfallende Teilchen bei ∞ mit $r' = 0$ gestartet ist. Für $E < 1$ ist die Ungleichung $E^2 - 1 \geq -2\mu/r$ genau für r mit $r \leq 2\mu/(1 - E^2)$ erfüllt, der Schwarzschild-Radius r ist also nach oben beschränkt. Dieser Fall liegt vor, wenn das Teilchen bei $r = 2\mu/(1 - E^2)$ mit $r' = 0$ gestartet ist. Da die Relativgeschwindigkeit des radialen Teilchens $t'\partial_t + r'\partial_r$ für den Schwarzschild-Beobachter $(1/\sqrt{1 - 2\mu/r})\,\partial_t$ nach Satz 5.1 $v = (r'/(t'\sqrt{1 - 2\mu/r}))\,\partial_r$ ist, heißt das, dass das Teilchen bei dem angegebenen Wert von r mit der Relativgeschwindigkeit Null gestartet ist.

Wir zeigen jetzt, dass ein radial einfallendes Teilchen von jedem beliebigen Punkt aus die Singularität $r = 0$ in endlicher Eigenzeit erreicht. Für ein Teilchen mit $E = 1$ lässt sich sehr einfach die Eigenzeit τ in Abhängigkeit des Schwarzschild-Radius r darstellen. Aus Satz 14.2(2) folgt $(d\tau/dr)^2 = r/(2\mu)$. Weil für das einfallende Teilchen τ mit fallendem r wächst, ist aus $r/(2\mu)$ die negative Wurzel zu ziehen. Die Stammfunktionen sind

$$\tau(r) = -\frac{2/3}{\sqrt{2\mu}} r^{3/2} + c.$$

Abb. 14.3 Schwarzschild-
Radius r und Eigenzeit τ für
ein radial fallendes Teilchen

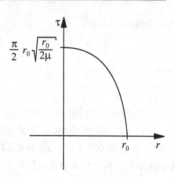

Demnach benötigt das Teilchen, das bei $r = \infty$ mit der Relativgeschwindigkeit Null
gestartet war, für den Weg von der Position $r = r_0$ bis zur Singularität $r = 0$ die Eigenzeit

$$\tau(0) - \tau(r_0) = \frac{1}{3}\sqrt{2/\mu}\, r_0^{3/2}.$$

Für ein radiales Teilchen, das bei r_0 mit der Relativgeschwindigkeit Null startet, lässt sich
die Eigenzeit nicht so elementar durch den Schwarzschild-Radius ausdrücken. Jedoch
kann der Graph der Funktion $\tau(r)$ überraschend einfach geometrisch gedeutet werden.
Dem folgenden Satz zufolge ist dieser Graph bis auf einen Verzerrungsfaktor eine Zykloide (Abb. 14.3).

Satz 14.3
Für $0 < r < r_0$ *bezeichne* $\tau(r)$ *die Eigenzeit, die ein bei* r_0 *mit der Relativgeschwindigkeit
Null startendes Teilchen für den Weg bis zum Schwarzschild-Radius* r *benötigt. Dann ist
durch*

$$r(\eta) = \frac{1}{2}r_0(1 + \cos\eta)$$

und

$$\tau(\eta) = \frac{1}{2}r_0\sqrt{r_0/(2\mu)}(\eta + \sin\eta)$$

für $0 < \eta < \pi$ *eine Parameterdarstellung des Graphen der Funktion* $\tau(r)$ *gegeben.*

Beweis Wir zeigen, dass der durch die genannte Parameterdarstellung bestimmte Ausdruck für $dr/d\tau$ tatsächlich der Differentialgleichung in Satz 14.2(2) genügt. Deren linke
Seite ist

$$E^2 - 1 = -2\mu/r_0.$$

Mit

$$\frac{dr}{d\tau} = \frac{dr/d\eta}{d\tau/d\eta} = \frac{-\sin\eta}{\sqrt{r_0/(2\mu)}\,(1 + \cos\eta)}$$

ergibt sich die rechte Seite auch zu

$$\left(\frac{dr}{d\tau}\right)^2 - \frac{2\mu}{r} = \frac{2\mu}{r_0}\frac{\sin^2\eta}{(1+\cos\eta)^2} - \frac{4\mu}{r_0(1+\cos\eta)} = \frac{2\mu}{r_0}\cdot\frac{\sin^2\eta - 2(1+\cos\eta)}{1+2\cos\eta+\cos^2\eta} = -\frac{2\mu}{r_0}.$$

14.2 Optik Schwarzer Löcher

Ein Schwarzes Loch erscheint einem sich außerhalb befindenden Beobachter optisch als schwarze Scheibe. Deren Winkelradius soll jetzt in Abhängigkeit der Masse μ und des Abstands des Beobachters dargestellt werden. Gleichzeitig bestimmen wir auch den Winkelradius eines Fixsterns, wobei sich natürlich nur ein sehr geringer Unterschied zum euklidischen Standpunkt ergeben wird.

Ausgangspunkt sind die Geodätengleichungen der Schwarzschild-Raumzeit mit $\vartheta = \pi/2$. Die Gleichung

$$t'' = -\frac{2\mu}{r^2 h(r)}t'r'$$

ist nach Satz 14.2 äquivalent zu $h(r)t' = E$, und $\varphi'' = -(2/r)r'\varphi'$ ist äquivalent zu $r^2\varphi' = L$ (siehe Beweis von Satz 10.9). Die Nebenbedingung

$$h^2(r)(t')^2 = (r')^2 + h(r)r^2(\varphi')^2$$

für Lichtstrahlen schreibt sich mit den Konstanten E und L als

$$(r')^2 = E^2 - L^2 h(r)/r^2.$$

Im Gegensatz zu einem Teilchen haben die Zahlen E und L für ein Photon keine physikalische Bedeutung, denn sie sind durch den Lichtstrahl nicht eindeutig bestimmt, mit γ erfüllt auch $\bar{\gamma}(\sigma) = \gamma(c\sigma)$ die Geodätengleichungen einschließlich der Nebenbedingung

$$g(\bar{\gamma}', \bar{\gamma}') = g(c\gamma', c\gamma') = c^2 g(\gamma', \gamma') = 0.$$

Eindeutig bestimmt ist aber der Quotient L/E, und dieser spielt auch in den nächsten Sätzen eine Rolle.

Satz 14.4
Die gegebenenfalls lokal bestimmte Funktion $r(\varphi)$, die die Bahn eines Photons in der Ebene $\vartheta = \pi/2$ beschreibt, genügt der Differentialgleichung

$$\left(\frac{dr}{d\varphi}\right)^2 = \frac{E^2}{L^2}r^4 - h(r)r^2.$$

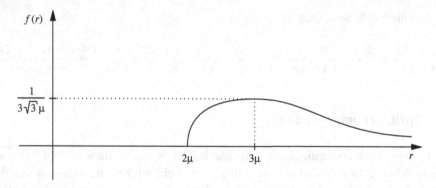

Abb. 14.4 Die Funktion $f(r) = \sqrt{1 - 2\mu/r}/r$

Abb. 14.5 Der Winkel α zwischen $r'\partial_r + \varphi'\partial_\varphi$ und ∂_r

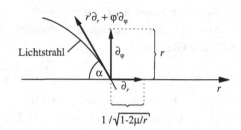

Beweis In $(dr/d\varphi)^2 = (r')^2/(\varphi')^2$ sind die obige Darstellung von $(r')^2$ und $\varphi' = L/r^2$ einzusetzen.

Da die rechte Seite der Differentialgleichung nicht negativ werden darf, ist dem Photon nur der Bereich mit $\sqrt{h(r)}/r \leq E/|L|$ zugänglich. Die Funktion $\sqrt{h(r)}/r$, die in Abb. 14.4 skizziert ist, spielt auch im nächsten Satz eine Rolle. Darin wird der Sinus des in Abb. 14.5 markierten Winkels α durch L/E und r ausgedrückt.

Satz 14.5

Es sei $\gamma' = t'\partial_t + r'\partial_r + \varphi'\partial_\varphi$ *ein Photon in der Äquatorialebene* $\vartheta = \pi/2$. *Dann gilt in der Region* $r > 2\mu$ *für den Winkel* α *zwischen* $r'\partial_r + \varphi'\partial_\varphi$ *und* $-\partial_r$ *im Sinne des euklidischen Raumes* $\partial_t^\perp$

$$\sin\alpha = \frac{|L|}{E} \cdot \frac{\sqrt{h(r)}}{r}.$$

Beweis Es gilt

$$\sin\alpha = \frac{|\varphi'\partial_\varphi|}{|r'\partial_r + \varphi'\partial_\varphi|} = \frac{|\varphi'|r}{\sqrt{(r')^2/h(r) + (\varphi')^2 r^2}} = \frac{|\varphi'|r}{\sqrt{h(r)}t'} = \frac{|L|/r}{E/\sqrt{h(r)}} = \frac{|L|}{E}\frac{\sqrt{h(r)}}{r}.$$

Im Sinne der euklidischen Geometrie hat ein Fixstern mit dem Radius R für einen Beobachter im Abstand r_0 vom Mittelpunkt des Fixsterns einen Winkelradius β mit $\sin\beta =$

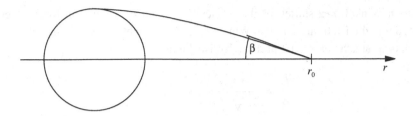

Abb. 14.6 Der Winkelradius β eines Fixsterns oder eines Schwarzen Lochs

R/r_0. In der Relativitätstheorie ergibt sich im Normalfall $R \gg 2\mu$ ein nur geringfügig größerer Wert (Abb. 14.6).

Satz 14.6
Es sei $r_0 > R > 3\mu$. Der Fixstern mit der Masse μ und dem Radius R hat für einen Beobachter bei $r = r_0$ einen Winkelradius β mit

$$\sin \beta = \frac{R}{r_0} \cdot \sqrt{\frac{h(r_0)}{h(R)}}.$$

Beweis Wir bestimmen den Quotienten $|L|/E$ für ein zum Fixstern tangentiales Photon und berechnen dann $\sin \beta$ nach Satz 14.5. Es liegt nahe, in der Gleichung in Satz 14.4 die Ableitung $dr/d\varphi$ Null zu setzen und die verbleibende Gleichung für $r = R$ nach $|L|/E$ aufzulösen, was auf $|L|/E = R/\sqrt{h(R)}$ hindeutet. Tatsächlich erreicht ein Photon mit $|L|/E > R/\sqrt{h(R)}$ den Bereich mit $r \le R$ nicht, verfehlt also den Fixstern. Im anderen Fall $|L|/E < R/\sqrt{h(R)}$ lässt sich eine positive Zahl ε mit $E^2/L^2 > h(R)/R^2 + \varepsilon^2$ finden. Nach Satz 14.4 gilt dann für $r \ge R$

$$\left(\frac{dr}{d\varphi}\right)^2 = r^4 \left(\frac{E^2}{L^2} - \frac{h(r)}{r^2}\right) > R^4 \left(\frac{h(R)}{R^2} + \varepsilon^2 - \frac{h(r)}{r^2}\right) \ge R^4 \varepsilon^2.$$

Also ist $|dr/d\varphi|$ nach unten auf eine positive Konstante abschätzbar. Deshalb muss das Photon von $r = r_0$ aus den Bereich mit $r \le R$ erreichen. Damit ist für den Grenzfall eines tangentialen Photons $|L|/E = R/\sqrt{h(R)}$ bewiesen, und die Formel für $\sin \beta$ folgt in der bereits angekündigten Art und Weise. $\square$

Wir befassen uns nun schließlich mit dem Aussehen eines Schwarzen Lochs. Es wird sich zeigen, dass es für einen Beobachter bei $r_0 > 3\mu$ aussieht wie eine schwarze Kugel mit dem Radius 3μ. Um diese Kugel herum ist der dahinterliegende Sternenhimmel natürlich durch die Ablenkung der Lichtstrahlen mehr oder weniger verändert.

Wir untersuchen zunächst, ob es kreisförmige Lichtstrahlen gibt. Der Ansatz $r = r_0$, $\vartheta = \pi/2$, $\varphi = \tau$ führt über die Nebenbedingung zu $t' = r_0/\sqrt{h(r_0)}$. Die r'' betreffende Geodätengleichung liefert dann $\mu = r_0 h(r_0)$, also $r_0 = 3\mu$. Ein Photon, das bei $r_0 =$

3μ mit dem Winkel $\pi/2$ startet, bleibt auf der Kreisbahn $r = 3\mu$. Ein Beobachter bei $r_0 = 3\mu$, der in die Richtung mit dem Winkel $\pi/2$ blickt, sieht seinen eigenen Hinterkopf (natürlich dramatisch verzerrt). Für diese Kreisbahn gilt

$$\frac{L}{E} = \frac{(3\mu)^2}{3\mu\,\sqrt{h(3\mu)}} = 3\sqrt{3}\mu.$$

Für ein Photon, das bei $r_0 = 3\mu$ mit einem etwas kleineren Winkel als $\pi/2$ startet, ist nach Satz 14.5 auch L/E etwas kleiner als $3\sqrt{3}\mu$. Wiederum aus Satz 14.5 und dem in Abb. 14.4 skizzierten Graphen ist nun abzulesen, dass der Winkel α entlang der Bahnkurve des Photons weiter fällt, jedenfalls nicht wieder wachsen kann. Das Photon fällt also ins Schwarze Loch. Ein Beobachter, der bei $r_0 = 3\mu$ in eine Richtung mit einem Winkel kleiner als $\pi/2$ blickt, sieht ins Schwarze (Genauer müsste man eigentlich sagen, dass den Beobachter aus diesen Richtungen kein Photon erreicht.). Ein Anfangswinkel größer als $\pi/2$ bei 3μ wird sich aus analogen Gründen entlang der Bahn weiter vergrößern, das Photon fliegt am Schwarzen Loch vorbei, ein Beobachter, der in diese Richtung blickt, sieht den Sternenhimmel. Insgesamt sieht der Beobachter bei 3μ das Schwarze Loch so, als ob er unmittelbar vor einer riesigen schwarzen Wand steht.

Jedes Photon mit $(L/E)/(3\sqrt{3}\mu) < 1$, das bei $r_0 > 3\mu$ mit einem Winkel kleiner als $\pi/2$ startet, fällt ins Schwarze Loch, denn nach Satz 14.5 ist der Winkel entlang seiner Bahnkurve nach oben beschränkt durch einen Winkel kleiner als $\pi/2$. Im Fall $(L/E)/(3\sqrt{3}\mu) > 1$ ist zu beachten, dass die radiale Koordinate r nur Werte mit $(L/E)\sqrt{h(r)}/r \leq 1$ annehmen kann. Dadurch ist r nach unten beschränkt durch eine Zahl größer als 3μ, und das Photon fliegt am Schwarzen Loch vorbei. Den Grenzfall $L/E = 3\sqrt{3}\mu$ in die Gleichung in Satz 14.5 eingesetzt ergibt für den Winkelradius β des Schwarzen Lochs

$$\sin\beta = 3\sqrt{3}\mu\,\sqrt{h(r_0)}/r_0.$$

Ganz analog lässt sich diese Formel auch für r_0 zwischen 2μ und 3μ zeigen. Insgesamt ist damit der folgende Satz bewiesen.

Satz 14.7
Für den Winkelradius β, mit dem ein Beobachter bei $r > 2\mu$ das Schwarze Loch mit der Masse μ sieht, gilt

$$\sin\beta = 3\mu\,\sqrt{3h(r)}/r,$$

wobei für $r > 3\mu$ β kleiner als $\pi/2$ und für $r < 3\mu$ β größer als $\pi/2$ ist.

In der Nähe der Singularität $r = 0$ treten gewaltige Gezeitenkräfte auf, die jeden ausgedehnten Körper einschließlich seiner Atome schließlich zerreißen. Im Beispiel nach Satz 10.8 hatten wir für die Schwarzschild-Metrik den Gezeitenkraftoperator berechnet. Als seine Matrix bzgl. der Basis e_1, e_2, e_3, die durch Normierung aus $\partial_r, \partial_\vartheta, \partial_\varphi$ entsteht, hatte sich

$$(F_i^k) = \text{diag}\left(\frac{2\mu}{r^3}, -\frac{\mu}{r^3}, -\frac{\mu}{r^3}\right)$$

ergeben. Die Vorzeichen der Diagonalelemente sind so zu deuten, dass in Richtung der Singularität eine Dehnungsspannung und quer dazu eine Kompressionsspannung auftritt. Für $r \to 0$ konvergieren die Gezeitenkräfte gegen ∞. Sie hängen stetig von r ab, und für fallendes r wachsen sie monoton. Bei $\mu = r$ passiert nichts Ungewöhnliches, insofern hat die Gezeitenkraft eigentlich nichts mit dem Phänomen des Schwarzen Lochs zu tun. Je größer die Masse μ ist, desto geringer sind die Gezeitenkräfte beim Eintritt ins Schwarze Loch.

14.3 Die Kruskal-Ebene

Die Komponenten des Fundamentaltensors der Schwarzschild-Halbebene sind bei $r = 2\mu$ singulär. In Abschn. 14.1 haben wir festgestellt, dass ein Teilchen diese Singularität nicht in endlicher Schwarzschild-Zeit erreicht. Wir haben dort aber auch gezeigt, dass das Teilchen in endlicher Eigenzeit diese Marke passiert und sogar die zentrale Singularität $r = 0$ erreicht. Diese Diskrepanz legt nun nahe, dass in der Schwarzschild-Halbebene bei $r = 2\mu$ nur deshalb eine Singularität auftritt, weil das Schwarzschildsche Koordinatensystem dort nicht geeignet ist.

Wir werden jetzt schrittweise eine andere Karte konstruieren, die sowohl den Außenbereich $r > 2\mu$ als auch den Innenbereich $0 < r < 2\mu$ erfasst. Das Ergebnis der Umrechnung und die Zwischenergebnisse der einzelnen Schritte sind in Abb. 14.7 dargestellt. Wir kommentieren zuerst die Transformation des Außenbereichs. Im ersten Schritt übernehmen wir die Schwarzschild-Zeit t, ersetzen aber den Schwarzschild-Radius r durch die neue Koordinate

$$r^* := r + 2\mu \log(r - 2\mu).$$

Dabei wird aus der Halbebene $r > 2\mu$ die gesamte $r^* - t$-Ebene. Die auslaufenden Nullgeodäten sind in der $r^* - t$-Ebene die Geraden $t = r^* + c$, und die dazu senkrechten Geraden $t + r^* = c$ stellen die einlaufenden Nullgeodäten dar. Im zweiten Schritt führen wir die neuen Koordinaten $U = t - r^*$ und $V = t + r^*$ ein. Bis auf den Faktor $\sqrt{2}$ ist das eine Drehspiegelung. Die auslaufenden Nullgeodäten sind dann $U = c$ und die einlaufenden $V = c$. Im dritten Schritt werden die Koordinaten U und V einzeln umgerechnet zu $\tilde{u} = -e^{-U/4\mu}$ und $\tilde{v} = e^{V/4\mu}$. Das ist eine bijektive Abbildung der gesamten $U - V$-Ebene auf den zweiten Quadranten der $\tilde{u} - \tilde{v}$-Ebene. Die auslaufenden und die einlaufenden Nullgeodäten sind dann immer noch parallel zur zweiten bzw. zur ersten Koodinatenachse, sind aber nur noch Halbgeraden. Die vierte und letzte Transformation liefert die Koordinaten $u = \frac{1}{2}(\tilde{v} - \tilde{u})$, $v = \frac{1}{2}(\tilde{v} + \tilde{u})$. Das ist wieder im wesentlichen eine

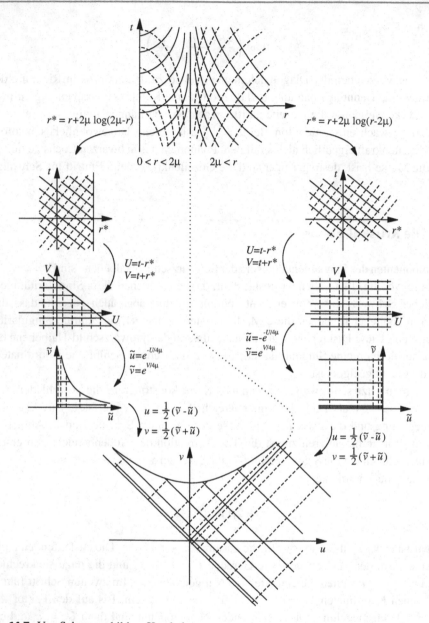

Abb. 14.7 Von Schwarzschild zu Kruskal

Drehspiegelung. Aus dem zweiten Quadranten der $\tilde{u} - \tilde{v}$-Ebene wird in der $u - v$-Ebene der Winkelraum $|\tilde{u}| > |\tilde{v}|$, $\tilde{u} > 0$. Ineinander eingesetzt ergibt sich

$$u = \frac{1}{2}\left(e^{\frac{t+r^*}{4\mu}} + e^{\frac{-t+r^*}{4\mu}}\right) = \cosh\frac{t}{4\mu}\,e^{\frac{r}{4\mu}}\,e^{\frac{1}{2}\log(r-2\mu)} = \sqrt{r - 2\mu}\,e^{\frac{r}{4\mu}}\cosh\frac{t}{4\mu}$$

und analog

$$v = \sqrt{r - 2\mu}\, e^{\frac{r}{4\mu}} \sinh \frac{t}{4\mu}.$$

Die auslaufenden Lichtstrahlen sind Halbgeraden $v = u - c$, und die einfallenden $u + v = c$, jeweils mit positiver Konstante c. Aus der Geraden $r = c$ mit $c > 2\mu$ ist der rechte Zweig der Hyperbel

$$u^2 - v^2 = (c - 2\mu)e^{c/2\mu}$$

geworden. Der Halbgeraden $t = c$ entspricht in der $u - v$-Ebene ein vom Nullpunkt ausgehender Strahl mit dem Anstieg $\tanh(c/4\mu)$

Aus den partiellen Ableitungen

$$\frac{\partial u}{\partial t} = \frac{v}{4\mu}, \quad \frac{\partial v}{\partial t} = \frac{u}{4\mu}, \quad \frac{\partial u}{\partial r} = \frac{u}{4\mu} + \frac{u}{2r - 4\mu} = \frac{u}{4\mu h(r)}, \quad \frac{\partial v}{\partial r} = \frac{v}{4\mu h(r)}$$

folgt nach der Kettenregel für Funktionen von zwei Variablen

$$\partial_t = \frac{v}{4\mu}\partial_u + \frac{u}{4\mu}\partial_v \quad \text{und} \quad \partial_r = \frac{u}{4\mu h(r)}\partial_u + \frac{v}{4\mu h(r)}\partial_v.$$

Für ∂_u und ∂_v ergibt sich daraus

$$\partial_u = \frac{4\mu}{r e^{r/2\mu}}\left(u\partial_r - \frac{v}{h(r)}\partial_t\right)$$

und

$$\partial_v = \frac{4\mu}{r e^{r/2\mu}}\left(\frac{u}{h(r)}\partial_t - v\partial_r\right).$$

Die Komponenten der Metrik bzgl. dieser Karte ergeben sich zu

$$g(\partial_u, \partial_u) = \frac{16\mu^2}{r^2 e^{r/\mu}}\, g\left(u\partial_r - \frac{v}{h(r)}\partial_t, u\partial_r - \frac{v}{h(r)}\partial_t\right) = \frac{16\mu^2}{r^2 e^{r/\mu}} \cdot \frac{v^2 - u^2}{h(r)} = -\frac{16\mu^2}{r e^{r/2\mu}},$$

analog

$$g(\partial_v, \partial_v) = \frac{16\mu^2}{r e^{r/2\mu}}$$

und außerdem $g(\partial_u, \partial_v) = 0$. Tangentenvektoren $a\partial_u + b\partial_v$ sind zeitartig, wenn $|b| > |a|$. Wenn man die Transformation des Zukunftskegels von der Schwarzschild-Raumzeit über alle Teilschritte bis zur Kruskal-Ebene verfolgt, stellt man fest, dass der zeitartige Vektor ∂_v zukunftsweisend ist und damit auch alle zeitartigen Vektoren $a\partial_u + b\partial_v$ mit $b > 0$.

Die Transformation des Innenbereiches der Schwarzschild-Raumzeit geschieht auch wieder in vier Schritten. Zunächst wird r durch $r^* := r + 2\mu \log(2\mu - r)$ ersetzt, dann werden die Koordinaten $U = t - r^*$ und $V = t + r^*$ eingeführt. Im dritten Schritt gibt es einen Unterschied gegenüber der Transformation des Außenbereiches, für die neuen

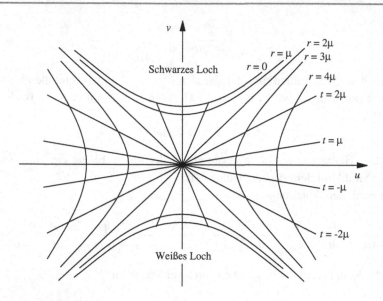

Abb. 14.8 Schwarzes und Weißes Loch in der Kruskal-Ebene

Variablen $\tilde{u}$ und $\tilde{v}$ gilt jetzt $\tilde{u} = e^{-U/4\mu}$ und $\tilde{v} = e^{V/4\mu}$. Schließlich werden noch die endgültigen Variablen u und v eingeführt durch $u = \frac{1}{2}(\tilde{v} - \tilde{u})$ und $v = \frac{1}{2}(\tilde{v} + \tilde{u})$. Die gesamte Transformation vollzieht sich nach den Formeln

$$u = \sqrt{2\mu - r}\, e^{\frac{r}{4\mu}} \sinh \frac{t}{4\mu}$$

und

$$v = \sqrt{2\mu - r}\, e^{\frac{r}{4\mu}} \cosh \frac{t}{4\mu}$$

Dem Bereich $0 < r < 2\mu$ entspricht jetzt in der $u - v$-Ebene der Bereich mit $|u| < v < \sqrt{u^2 + 2\mu}$. Für die Metrikkomponenten ergeben sich die gleichen Formeln wie im vorhergehenden Fall. In Abschn. 14.1 hatten wir im Innenbereich $0 < r < 2\mu$ die Gleichungen $t = -r^* + c$ als einlaufende Photonen gedeutet. In der $u - v$-Ebene sind das die Geraden $u + v = c$ mit positiver Konstante c. Das passt zum Standpunkt im vorhergehenden Fall. Insgesamt kann man sagen, dass sich ein einfallendes radiales Photon in der $u - v$-Ebene entlang der Geraden $u + v = c > 0$ in der Richtung mit wachsender Koordinate v bewegt. Dabei kreuzt das Photon problemlos die Gerade $u = v$, die für die Marke $r = 2\mu$ steht, und erreicht schließlich die Singularität $r = 0$. Im Innenbereich $0 < r < 2\mu$ gibt es noch die anderen Nullgeodäten $t = r^* + c$, was in der $u - v$-Ebene $v = u + c$ mit $c > 0$ heißt. Dafür bietet sich zunächst keine Interpretation an.

  Der hier beschriebene Tatbestand verleitet zu einer radikalen, aber spekulativen Verallgemeinerung. In der $u - v$-Ebene sei der Bereich $v^2 < u^2 + 2\mu$ (siehe Abb. 14.8) mit der

Metrik

$$g(\partial_v, \partial_v) = \frac{16\mu^2}{r\,e^{r/2\mu}} = -g(\partial_u, \partial_u)$$

und $g(\partial_u, \partial_v) = 0$ ausgestattet, wobei die positive Zahl r charakterisiert ist durch

$$(r - 2\mu)e^{r/2\mu} = u^2 - v^2 \quad \text{für} \quad |u| \geq |v|$$

und

$$(2\mu - r)e^{r/2\mu} = v^2 - u^2 \quad \text{für} \quad |u| \leq |v|.$$

Nullgeodäten sind die Parallelenscharen $v = u + c$ und $u + v = c$. Die Zukunftskegel bestehen aus den Tangentenvektoren $a\partial_u + b\partial_v$ mit $b > |a|$. Teilchen und Photonen müssen den Bereich $v < -|u|$ verlassen, kein Teilchen oder Photon kann jemals in diesen Bereich eindringen. Somit repräsentiert dieser Bereich ein sogenanntes **Weißes Loch**. Neben dem Außenbereich $u > |v|$ gibt es einen weiteren Außenbereich $u < -|v|$. Damit lassen sich auch die Nullgeodäten $v = u + c$ im Schwarzen Loch deuten, es sind Photonen, die vom zweiten Außenbereich in das Schwarze Loch gefallen sind. Von einem Außenbereich kann kein Photon oder Teilchen in den anderen Außenbereich gelangen.

Kosmologie

15

Inhaltsverzeichnis

15.1 Räume konstanter Krümmung

Die Gaußsche Krümmung einer Fläche lässt sich zu den sogenannten Schnittkrümmungen für höherdimensionale Mannigfaltigkeiten verallgemeinern. Wenn diese Schnittkrümmungen konstant sind, hat der Krümmungstensor eine recht einfache Form. Wir beschränken uns hier auf Riemannsche Mannigfaltigkeiten, die Begriffe benötigen wir dann für die Mannigfaltigkeit $\mathbb{R}^3$, ausgestattet mit einer geeigneten Metrik.

Satz 15.1
Es sei R der kovariante Krümmungstensor zu einer Riemannschen Mannigfaltigkeit M, und E sei ein zweidimensionaler Unterraum eines Tangentialraumes M_P. Dann hat für jede Basis x_1, x_2 in E der Ausdruck

$$K_E = \frac{R(x_1, x_2, x_1, x_2)}{g(x_1, x_1)g(x_2, x_2) - (g(x_1, x_2))^2}$$

den gleichen Wert.

Beweis Wenn wir eine andere Basis $y_i = \lambda_i^1 x_1 + \lambda_i^2 x_2$, $i = 1, 2$, einsetzen und die Schiefsymmetrie bzgl. der letzten beiden und bzgl. der ersten beiden Variablen von R

© Springer-Verlag GmbH Deutschland, ein Teil von Springer Nature 2018
R. Oloff, *Geometrie der Raumzeit*, https://doi.org/10.1007/978-3-662-56737-1_15

(Satz 8.5) verwenden, erhalten wir für den Zähler

$$R(y_1, y_2, y_1, y_2) = (\lambda_1^1 \lambda_2^2 - \lambda_1^2 \lambda_2^1) R(x_1, x_2, y_1, y_2) = (\lambda_1^1 \lambda_2^2 - \lambda_1^2 \lambda_2^1)^2 R(x_1, x_2, x_1, x_2).$$

Für den Nenner ergibt sich

$$
\begin{aligned}
g(y_1, y_1)g(y_2, y_2) - (g(y_1, y_2))^2 &= \begin{vmatrix} g(y_1, y_1) & g(y_1, y_2) \\ g(y_2, y_1) & g(y_2, y_2) \end{vmatrix} \\
&= \begin{vmatrix} \lambda_1^1 & \lambda_1^2 \\ \lambda_2^1 & \lambda_2^2 \end{vmatrix} \cdot \begin{vmatrix} g(x_1, x_1) & g(x_1, x_2) \\ g(x_2, x_1) & g(x_2, x_2) \end{vmatrix} \cdot \begin{vmatrix} \lambda_1^1 & \lambda_2^1 \\ \lambda_1^2 & \lambda_2^2 \end{vmatrix} \\
&= (\lambda_1^1 \lambda_2^2 - \lambda_1^2 \lambda_2^1)^2 (g(x_1, x_1)g(x_2, x_2) - (g(x_1, x_2))^2).
\end{aligned}
$$

Der Quotient ist somit die gleiche Zahl wie für die Basis x_1, x_2.

Die Zahl K_E hängt also tatsächlich nur vom Unterraum E ab und wird **Schnittkrümmung von E** genannt. Im Fall einer gekrümmten Fläche erhält man bei Verwendung von Koordinatenvektorfeldern ∂_1 und ∂_2, die im Punkt P orthonormal sind, mit den Überlegungen im Beweis von Satz 8.16

$$K_{M_P} = R_{1212} = R_{212}^1 = \det W = K.$$

Wenn im Punkt P alle Schnittkrümmungen K_E übereinstimmen (K bezeichne jetzt diese Zahl), gilt für Tangentialvektoren $x, y \in M_P$

$$R(x, y, x, y) = K(g(x, x)g(y, y) - (g(x, y))^2).$$

Es zeigt sich, dass der kovariante Krümmungstensor in diesem Punkt dann aus der Zahl K rekonstruiert werden kann.

Satz 15.2
Im Punkt P der Riemannschen Mannigfaltigkeit M seien alle Schnittkrümmungen K_E gleich K. Dann gilt für Tangentenvektoren $x, y, z, v \in M_P$

$$R(x, y, z, v) = K(g(x, z)g(y, v) - g(x, v)g(y, z)).$$

Beweis Der vierfach kovariante Tensor

$$S(x, y, z, v) = g(x, z)g(y, v) - g(x, v)g(y, z)$$

hat offenbar die Eigenschaften

$$S(y, x, z, v) = -S(x, y, z, v)$$
$$S(x, y, v, z) = -S(x, y, z, v)$$
$$S(z, v, x, y) = S(x, y, z, v)$$
$$S(x, y, z, v) + S(x, v, y, z) + S(x, z, v, y) = 0,$$

wie auch R (Satz 8.5). Diese Eigenschaften übertragen sich natürlich auf die Kombination $T = R - KS$. Nach Voraussetzung gilt $T(x, y, x, y) = 0$ für $x, y \in M_P$, und zu zeigen ist $T = 0$. Aus

$$0 = T(x + z, y, x + z, y)$$
$$= T(x, y, x, y) + T(z, y, z, y) + T(x, y, z, y) + T(z, y, x, y) = 2T(x, y, z, y)$$

folgt zunächst $T(x, y, z, y) = 0$. Wegen

$$0 = T(x, y + v, z, y + v) = T(x, y, z, v) + T(x, v, z, y)$$

gilt

$$T(x, y, z, v) = T(x, v, y, z) = T(x, z, v, y)$$

und $3T(x, y, z, v) = 0$, also $T = 0$.

Wenn in jedem der Tangentialräume M_P die Schnittkrümmungen übereinstimmen, wäre eigentlich zu erwarten, dass die diese Schnittkrümmungen zweidimensionaler Unterräume von M_P angebende Zahl noch von dem Punkt P abhängt. Überraschenderweise ist das aber nicht so.

Satz 15.3

Es sei M eine zusammenhängende n-dimensionale ($n > 2$) Riemannsche Mannigfaltigkeit. Für $P \in M$ sei $K(P)$ die Schnittkrümmung aller zweidimensionalen Unterräume von M_P. Dann ist das skalare Feld $K(.)$ auf M konstant.

Beweis Wir zeigen für eine beliebige Karte und jedes Koordinatenvektorfeld ∂_i $\partial_i K = 0$. Nach Satz 15.2 gilt

$$R_{ijkl} = K(g_{ik} g_{jl} - g_{il} g_{jk}).$$

Durch kovariante Differentiation ergibt sich daraus bei Beachtung von $\nabla g = 0$

$$R_{ijkl;m} = (\partial_m K)(g_{ik} g_{jl} - g_{il} g_{jk}).$$

Wenn dazu die analogen Ausdrücke für $R_{ijlm;k}$ und $R_{ijmk;l}$ addiert werden, erhält man mit der zweiten Bianchi-Identität (Satz 11.9)

$$0 = (\partial_m K)(g_{ik}g_{jl} - g_{il}g_{jk}) + (\partial_k K)(g_{il}g_{jm} - g_{im}g_{jl}) + (\partial_l K)(g_{im}g_{jk} - g_{ik}g_{jm}).$$

Wir multiplizieren jetzt mit $g^{ik}g^{jl}$ (zwei Indizes nach oben ziehen und zweimal verjüngen). Mit den Nebenrechnungen

$$(g_{ik}g^{ik})(g_{jl}g^{jl}) = n^2$$
$$(g_{il}g^{ik}g_{jk})g^{jl} = g_{jl}g^{jl} = n$$
$$g_{il}g^{ik}g_{jm}g^{jl} = g_{jm}g^{jk}$$
$$g_{im}g^{ik}(g_{jl}g^{jl}) = g_{im}g^{ik}n$$
$$g_{im}g^{ik}g_{jk}g^{jl} = g_{im}g^{il}$$
$$(g_{ik}g^{ik})g_{jm}g^{jl} = ng_{jm}g^{jl}$$

erhalten wir

$$0 = \partial_m K(n^2 - n) + \partial_k K(g_{jm}g^{jk} - g_{im}g^{ik}n) + \partial_l K(g_{im}g^{il} - ng_{jm}g^{jl})$$
$$= n(n-1)\partial_m K + (1-n)\partial_m K + (1-n)\partial_m K = (n-2)(n-1)\partial_m K.$$

Definition 15.1
Eine zusammenhängende Riemannsche Mannigfaltigkeit M hat die **konstante Krümmung** K, wenn für den kovarianten Krümmungstensor R in jedem Punkt $P \in M$ für beliebige Tangentenvektoren $x, y, z, v \in M_P$ gilt

$$R(x, y, z, v) = K(g(x, z)g(y, v) - g(x, v)g(y, z)). \qquad \blacklozenge$$

Satz 15.4
Eine n-dimensionale Riemannsche Mannigfaltigkeit konstanter Krümmung K hat den Ricci-Tensor

$$\mathrm{Ric} = (n-1)Kg.$$

Beweis Es gilt

$$\mathrm{Ric}_{ik} = R^j_{ijk} = g^{jl}R_{lijk} = K(g_{lj}g_{ik} - g_{lk}g_{ij})g^{jl} = K(ng_{ik} - g_{ik}) = K(n-1)g_{ik}.$$

Beispiel 1 Wir bestimmen eine Metrik g für $\mathbb{R}^3$, so dass damit eine Riemannsche Mannigfaltigkeit konstanter Krümmung entsteht, wobei wir uns im Rahmen des Ansatzes

$$(g_{ik}) = \mathrm{diag}(a(r), r^2, r^2 \sin^2 \vartheta)$$

für eine Karte bzgl. der Kugelkoordinaten r, ϑ, φ bewegen wollen. Zur Bestimmung der kovarianten Ableitung können wir uns auf die Formeln in Abschn. 9.7 berufen und lesen ab

$$\nabla_{\partial_r} \partial_r = \frac{a'(r)}{2a(r)} \partial_r, \quad \nabla_{\partial_\vartheta} \partial_\vartheta = -\frac{r}{a(r)} \partial_r,$$

$$\nabla_{\partial_\varphi} \partial_\varphi = -\frac{r}{a(r)} \sin^2 \vartheta \, \partial_r - \sin \vartheta \cos \vartheta \, \partial_\vartheta,$$

$$\nabla_{\partial_r} \partial_\vartheta = \frac{1}{r} \partial_\vartheta, \quad \nabla_{\partial_r} \partial_\varphi = \frac{1}{r} \partial_\varphi, \quad \nabla_{\partial_\vartheta} \partial_\varphi = \cot \vartheta \, \partial_\varphi.$$

Die Matrizen der drei relevanten Krümmungsoperatoren $R(\partial_r, \partial_\vartheta)$, $R(\partial_r, \partial_\varphi)$ und $R(\partial_\vartheta, \partial_\varphi)$ sind dann

$$(R^k_{i12}) = \begin{pmatrix} 0 & \dfrac{ra'(r)}{2a^2(r)} & 0 \\ -\dfrac{a'(r)}{2ra(r)} & 0 & 0 \\ 0 & 0 & 0 \end{pmatrix}$$

$$(R^k_{i13}) = \begin{pmatrix} 0 & 0 & \dfrac{ra'(r)}{2a^2(r)} \sin^2 \vartheta \\ 0 & 0 & 0 \\ -\dfrac{a'(r)}{2ra(r)} & 0 & 0 \end{pmatrix}$$

$$(R^k_{i23}) = \begin{pmatrix} 0 & 0 & 0 \\ 0 & 0 & \left(1 - \dfrac{1}{a(r)}\right) \sin^2 \vartheta \\ 0 & \dfrac{1}{a(r)} - 1 & 0 \end{pmatrix}.$$

Damit ist der Ricci-Tensor

$$(\mathrm{Ric}_{ik}) = \mathrm{diag}\left(\frac{a'(r)}{ra(r)}, \frac{ra'(r)}{2a^2(r)} + 1 - \frac{1}{a(r)}, \left(\frac{ra'(r)}{2a^2(r)} + 1 - \frac{1}{a(r)} \right) \sin^2 \vartheta \right).$$

Aus Satz 15.4 folgen nun die beiden Gleichungen

$$\frac{a'(r)}{ra(r)} = 2Ka(r)$$

und

$$\frac{ra'(r)}{2a^2(r)} + 1 - \frac{1}{a(r)} = 2Kr^2.$$

Die erste in die zweite eingesetzt ergibt

$$a(r) = \frac{1}{1 - Kr^2}.$$

Umgekehrt sei $a(r)$ so gewählt. Die Komponenten $R_{ijkl} = g_{is}R^s_{jkl}$ lassen sich im Wesentlichen aus den angegebenen Matrizen der Krümmungsoperatoren ablesen, und dadurch lässt sich die konstante Krümmung tatsächlich bestätigen. Zusammenfassend lässt sich sagen, dass $\mathbb{R}^3$ mit der Metrik

$$(g_{ik}) = \operatorname{diag}\left(\frac{1}{1 - Kr^2}, r^2, r^2 \sin^2 \vartheta\right)$$

für diese Karte eine Mannigfaltigkeit konstanter Krümmung K ist. Die radiale Koordinate r lässt sich nun natürlich nicht mehr als Abstand zum Nullpunkt deuten, denn die Kurve $r = s, 0 \leq s \leq r_0$, ϑ und φ konstant, hat die Bodenlänge

$$\int_0^{r_0} \sqrt{g(\partial_r, \partial_r)}\, ds = \int_0^{r_0} 1/\sqrt{1 - Ks^2}\, ds = \begin{cases} \dfrac{1}{\sqrt{K}} \arcsin(\sqrt{K}\, r_0) & \text{für} \quad K > 0 \\[2mm] \dfrac{1}{\sqrt{-K}} \operatorname{arcsinh}(\sqrt{-K}\, r_0) & \text{für} \quad K < 0 \end{cases}.$$

Beispiel 2 Es ist zu vermuten, dass die Oberfläche einer Kugel in $\mathbb{R}^4$, ausgestattet mit der euklidische Metrik, eine konstante Krümmung hat. Die entsprechend verallgemeinerten Kugelkoordinaten

$$\xi^1 = R_0 \sin \chi \sin \vartheta \sin \varphi$$
$$\xi^2 = R_0 \sin \chi \sin \vartheta \cos \varphi$$
$$\xi^3 = R_0 \sin \chi \cos \vartheta$$
$$\xi^4 = R_0 \cos \chi$$

liefern eine Karte mit den Koordinaten $r := R_0 \sin \chi$, ϑ und φ. Wir lesen ab

$$\partial_r = \sin \vartheta \sin \varphi\, \partial_{\xi^1} + \sin \vartheta \cos \varphi\, \partial_{\xi^2} + \cos \vartheta\, \partial_{\xi^3} - \frac{r}{\sqrt{R_0^2 - r^2}} \partial_{\xi^4}$$

$$\partial_\vartheta = r \cos \vartheta \sin \varphi\, \partial_{\xi^1} + r \cos \vartheta \cos \varphi\, \partial_{\xi^2} - r \sin \vartheta\, \partial_{\xi^3}$$

$$\partial_\varphi = r \sin \vartheta \cos \varphi\, \partial_{\xi^1} - r \sin \vartheta \sin \varphi\, \partial_{\xi^2}$$

und erhalten neben $\partial_r \cdot \partial_\vartheta = \partial_r \cdot \partial_\varphi = \partial_\vartheta \cdot \partial_\varphi = 0$

$$\partial_r \cdot \partial_r = 1 + \frac{r^2}{R_0^2 - r^2} = \frac{R_0^2}{R_0^2 - r^2} = \frac{1}{1 - (1/R_0^2)r^2}$$

$$\partial_\vartheta \cdot \partial_\vartheta = r^2$$

$$\partial_\varphi \cdot \partial_\varphi = r^2 \sin^2 \vartheta.$$

Folglich hat diese Mannigfaltigkeit die konstante Krümmung $K = 1/R_0^2$. Das ist das gleiche Ergebnis wie für die Oberfläche einer Kugel in $\mathbb{R}^3$.

15.2 Die Robertson-Walker-Metrik

Im Weltraum ist die Materie konzentriert in Sternensysteme mit Sonne, Planeten und Monden, in Galaxien, in Haufen von Galaxien u. s. w. Jedoch haben astronomische Beobachtungen auch ergeben, dass bei einer Mittelung über Größenordnungen von 10^8 bis 10^9 Lichtjahren die Materie bis auf eine gewisse Genauigkeit wieder gleichmäßig verteilt ist. Das ist der Ausgangspunkt für das sogenannte **kosmologische Prinzip**. Es besagt, dass Dichte und Druck räumlich konstant (homogen) sind und dass damit auch von jedem Punkt aus alle Richtungen gleichberechtigt sind (isotrop). Relativgeschwindigkeiten, wie etwa durch das Kreisen von Planeten um einen Fixstern oder die Bewegung eines Fixsterns in einer Galaxie, werden vernachlässigt. Die Materie wird als ideale Strömung aufgefasst, deren Teilchen entlang Geodäten treiben, die sich nicht kreuzen. Von sogenannten „mitgeführten Koordinaten" $\xi^0, \xi^1, \xi^2, \xi^3$ wird gefordert, dass der Strömungsvektor das Komponentenquadrupel $(1, 0, 0, 0)$ hat und dass der zum Beobachter ∂_0 orthogonale Unterraum $\partial_0^\perp$ von $\partial_1, \partial_2, \partial_3$ aufgespannt wird. Wegen der Isotropie müsste $\partial_0^\perp$ mit der Metrik $-g$ ein Raum konstanter Krümmung sein. Alle diese Eigenschaften hat die in der folgenden Definition konstruierte Mannigfaltigkeit.

Definition 15.2
Es sei $M = \mathbb{R} \times \mathbb{R}^3$. Bzgl. der Karte $(t, Q) \to (t, r, \vartheta, \varphi)$ mit den Kugelkoordinaten r, ϑ, φ ist die **Robertson-Walker-Metrik** g definiert durch

$$(g_{ik}) = \operatorname{diag}\left(1, \frac{-S^2(t)}{1 - Kr^2}, -S^2(t)r^2, -S^2(t)r^2 \sin^2 \vartheta\right).$$

Die von t abhängige positive Zahl $S(t)$ heißt **Skalenfaktor**.   ◆

Durch Berechnung der Christoffel-Symbole mit den in Abschn. 7.5 genannten Formeln ergibt sich für die Robertson-Walker-Metrik

$$\nabla_{\partial_t} \partial_t = 0$$

$$\nabla_{\partial_r} \partial_r = \frac{S(t)S'(t)}{1 - Kr^2} \partial_t + \frac{Kr}{1 - Kr^2} \partial_r$$

$$\nabla_{\partial_\vartheta} \partial_\vartheta = S(t)S'(t)r^2 \partial_t - (1 - Kr^2)r\, \partial_r$$

$$\nabla_{\partial_\varphi} \partial_\varphi = S(t)S'(t)r^2 \sin^2 \vartheta\, \partial_t - (1 - Kr^2)r \sin^2 \vartheta\, \partial_r - \sin \vartheta \cos \vartheta\, \partial_\vartheta$$

$$\nabla_{\partial_t} \partial_r = \frac{S'(t)}{S(t)} \partial_r$$

$$\nabla_{\partial_t} \partial_\vartheta = \frac{S'(t)}{S(t)} \, \partial_\vartheta$$

$$\nabla_{\partial_t} \partial_\varphi = \frac{S'(t)}{S(t)} \, \partial_\varphi$$

$$\nabla_{\partial_r} \partial_\vartheta = \frac{1}{r} \, \partial_\vartheta$$

$$\nabla_{\partial_r} \partial_\varphi = \frac{1}{r} \, \partial_\varphi$$

$$\nabla_{\partial_\vartheta} \partial_\varphi = \cot \vartheta \, \partial_\varphi.$$

Zur Bestimmung des Krümmungstensors müssen die Matrizen von sechs Krümmungs-operatoren gemäß Def. 8.1 berechnet werden. Von Null verschieden sind die Elemente

$$R^1_{001} = R^2_{002} = R^3_{003} = S''(t)/S(t)$$
$$R^0_{101} = S''(t)S(t)/(1 - Kr^2)$$
$$R^0_{202} = S''(t)S(t)r^2$$
$$R^0_{303} = S''(t)S(t)r^2 \sin^2 \vartheta$$
$$R^1_{212} = ((S'(t))^2 + K)r^2 = -R^3_{223}$$
$$R^2_{112} = R^3_{113} = -((S'(t))^2 + K)/(1 - Kr^2)$$
$$R^1_{313} = R^2_{323} = ((S'(t))^2 + K)r^2 \sin^2 \vartheta.$$

Weitere zwölf Komponenten ergeben sich aus der Schiefsymmetrie $R^l_{ijk} = -R^l_{ikj}$, alle übrigen sind Null. Der Ricci-Tensor hat die Matrixdarstellung

$$(\mathrm{Ric}_{ik}) = \mathrm{diag} \left(-\frac{3S''(t)}{S(t)}, \frac{a(t)}{1 - Kr^2}, a(t)r^2, a(t)r^2 \sin^2 \vartheta \right)$$

mit

$$a(t) = S''(t)S(t) + 2(S'(t))^2 + 2K.$$

Für feste Koordinaten r, ϑ, φ ist die Kurve γ, die der Zahl t den Punkt mit den Koordinaten t, r, ϑ, φ zuordnet, eine Geodäte, denn es gilt

$$\nabla_{\gamma'(t)} \gamma'(t) = \nabla_{\partial_t} \partial_t = 0.$$

Der Tangentenvektor ∂_t repräsentiert ein Teilchen oder einen Beobachter, der relativ zu den ihn umgebenden Fixsternen ruht. Die für ihn verstreichende Zeit t wird **Weltzeit** genannt.

Für den Beobachter ∂_t ist die Welt zum Zeitpunkt t_0 die Riemannsche Mannigfaltig-keit $\mathbb{R}^3$ (jedenfalls lokal, solange der Ausdruck $1 - Kr^2$ positiv bleibt), wobei die Metrik folgendermaßen durch die Robertson-Walker-Metrik g bestimmt ist: Jeder Tangential-raum zu $\mathbb{R}^3$ ist ein dreidimensionaler Unterraum des entsprechenden Tangentialraumes der Robertson-Walker-Raumzeit, und $-g$ mit $t = t_0$ wird auf diesen Unterraum eingeschränkt. Dadurch wird $\mathbb{R}^3$ zu einem Raum konstanter Krümmung $K/S^2(t_0)$, was so zu begründen ist: Ohne den Vorfaktor $S^2(t_0)$ wäre K die konstante Krümmung. Der Vorfaktor beeinflusst die Christoffel-Symbole nicht, und damit auch nicht die Komponenten des Riemannschen Krümmungstensors (siehe Satz 8.2). Aber durch das Indexziehen erscheint der Faktor $S^2(t_0)$ im kovarianten Krümmungstensor. Offenbar gilt dann die Gleichung in Def. 15.1 mit $K/S^2(t_0)$ statt K.

Die Kurve $t = t_0$, $r = s$ für $0 \leq s \leq r_0$, $\vartheta = \vartheta_0$, $\varphi = \varphi_0$ hat bzgl. $-g$ die Bogenlänge $S(t_0)I$ mit

$$I = \int_0^{r_0} \frac{ds}{\sqrt{1 - Ks^2}}.$$

In $\mathbb{R}^3$ mit der dort vereinbarten Metrik gilt

$$\nabla_{\partial_r} \partial_r = \frac{Kr}{1 - Kr^2} \partial_r$$

und deshalb für den Tangenteneinheitsvektor $(\sqrt{1 - Kr^2}/S(t)) \partial_r$

$$\nabla_{(\sqrt{1-Kr^2}/S(t))\partial_r} (\sqrt{1 - Kr^2}/S(t)) \partial_r$$
$$= \frac{\sqrt{1 - Kr^2}}{S(t)} \left(\partial_r \frac{\sqrt{1 - Kr^2}}{S(t)} \partial_r + \frac{\sqrt{1 - Kr^2}}{S(t)} \nabla_{\partial_r} \partial_r \right) = 0.$$

Die genannte Kurve ist also, wie auch zu erwarten, eine Geodäte, und die Bogenlänge $S(t_0)I$ ist der Abstand, den ein im Punkt mit den Koordinaten $r_0, \vartheta_0, \varphi_0$ befindlicher Fixstern vom Beobachter im Nullpunkt zur Zeit t_0 hat. Die zeitliche Änderung dieses Abstandes ist $S'(t_0)I$, bezogen auf die Größe des Abstandes ist das $S'(t_0)/S(t_0)$. Das ist die sogenannte **Hubble-Konstante** $H(t_0)$. Ergebnis der Diskussion ist das **Hubble-Gesetz**: *Die „Fluchtgeschwindigkeit" eines Fixsterns zum Zeitpunkt t ist das $H(t)$-fache des Ortsvektors der Position des Fixsterns.* Natürlich gilt das nur, wenn gewisse Eigenbewegungen, z. B. innerhalb einer Galaxie, ignoriert werden. Es gilt also für sehr weit entfernte Fixsterne, oder besser Galaxien. Der Terminus „Fluchtgeschwindigkeit" suggeriert, dass der gegenwärtig beobachtete Hubble-Parameter positiv ist. Astronomische Messungen besagen, dass der reziproke Wert $1/H(t)$ in der von uns beobachteten Epoche bei $(18 \pm 2) \times 10^9$ Jahre liegt. Grob gesprochen heißt das, dass sich ein in einer Entfernung von $1{,}8 \cdot 10^{10}$ km befindliches Objekt von uns pro Jahr um einen Kilometer entfernt.

Im Rahmen der nichtrelativistischen Physik würde die Fluchtgeschwindigkeit weit entfernter Galaxien im Sinne eines Doppler-Effektes beim Empfänger eine verringerte Geschwindigkeit des von solchen Galaxien emittierten Lichtes und damit eine Rotverschiebung des Spektrums verursachen. Diese Erscheinung, die **kosmologische Rotverschiebung**, tritt tatsächlich auf. Der Rest dieses Abschnittes ist der Erklärung dieser Rotverschiebung im Rahmen der Allgemeinen Relativitätstheorie gewidmet.

Nach dem kosmologischen Prinzip können wir annehmen, dass der Empfänger die Position $r = 0$ hat und der Sender das Lichtsignal von einer Position bei $r = r_1$ radial zum Punkt $r = 0$ ausstrahlt. Diese Nullgeodäte ist charakterisiert durch $\varphi' = 0$, $\vartheta' = 0$ und

$$(t')^2 - \frac{S^2(t)}{1 - Kr^2}(r')^2 = 0.$$

Für die die Photonen beschreibende Funktion $t(r)$ ergibt sich daraus die Differentialgleichung

$$\frac{dt}{dr} = -\frac{S(t)}{\sqrt{1 - Kr^2}}.$$

Diese lässt sich durch Trennung der Variablen lösen. Die Funktion $t(r)$ kann damit in der nachfolgend beschriebenen Weise interpretiert werden.

Ein Photon, das zum Zeitpunkt t_3 bei $r = 0$ empfangen wird, ist zur Zeit t_1, charakterisiert durch

$$\int_{t_1}^{t_3} \frac{dt}{S(t)} = \int_0^{r_1} \frac{dr}{\sqrt{1 - Kr^2}},$$

bei r_1 ausgesendet worden. Ein dort zu einem ein wenig späteren Zeitpunkt $t_2 > t_1$ emittiertes Photon erreicht den Nullpunkt $r = 0$ zur Zeit $t_4 > t_3$, wobei auch wieder

$$\int_{t_2}^{t_4} \frac{dt}{S(t)} = \int_0^{r_1} \frac{dr}{\sqrt{1 - Kr^2}}$$

gilt. Die Integrale auf den linken Seiten sind also gleich, d. h.

$$\int_{t_1}^{t_2} \frac{dt}{S(t)} = \int_{t_3}^{t_4} \frac{dt}{S(t)}.$$

und mit geeignet gewählten t-Werten $t_{12} \in (t_1, t_2)$ und $t_{34} \in (t_3, t_4)$

$$\frac{t_2 - t_1}{S(t_{12})} = \frac{t_4 - t_3}{S(t_{34})}.$$

Es sollte t_2 dicht bei t_1 und deshalb auch t_4 dicht bei t_3 sein. Dann besagt die letzte Gleichung für die Frequenz v des Lichts

$$\frac{v(t_1)}{v(t_3)} = \frac{S(t_3)}{S(t_1)}.$$

Wegen $S(t_1) < S(t_3)$ hat das Licht bei $r = 0$ also eine geringere Frequenz als bei seiner Emission.

Dieser Effekt lässt sich auch mit dem Abstand D zwischen Sender und Empfänger quantifizieren. Wir nehmen an, dass r_1 und $t_3 - t_1$ nicht allzu groß sind und approximieren

$$\frac{S(t_3)}{S(t_1)} \approx \frac{S(t_3)}{S(t_3) + (t_1 - t_3)S'(t_3)} \approx 1 + (t_3 - t_1)S'(t_3)/S(t_3) \approx 1 + S'(t_3) \int_{t_1}^{t_3} \frac{dt}{S(t)}$$

$$= 1 + S'(t_3) \int_0^{r_1} \frac{dr}{\sqrt{1 - Kr^2}} \approx 1 + S'(t_3)r_1 = 1 + \frac{S'(t_3)}{S(t_3)}S(t_3)r_1 \approx 1 + H(t_3)D.$$

Wir fassen zusammen: *Ein Beobachter empfängt Licht mit der Frequenz ν_0, das von einer Galaxie in der Entfernung D dort mit einer Frequenz ν emittiert ist. Dann gilt mit dem Hubble-Parameter H_0 in grober Näherung*

$$\nu/\nu_0 \approx 1 + H_0 D.$$

15.3 Weltmodelle

In der im vorigen Abschnitt angegebenen Robertson-Walker-Metrik sind der Skalenfaktor $S(t)$ und die Zahl K noch unbestimmt. Aus der Einsteinschen Feldgleichung werden sich jetzt Forderungen ergeben. Aus Gründen der Einfachheit nehmen wir hier an, dass die kosmologische Konstante Null ist, verwenden also die Einstein-Gleichung in der Version $G = 8\pi T$. Ausgangspunkt ist die bereits berechnete Diagonalmatrix des Ricci-Tensors bzgl. der mitgeführten Koordinaten t, r, ϑ, φ. Von den Komponenten

$$\mathrm{Ric}_0^0 = -3S''(t)/S(t)$$

und

$$\mathrm{Ric}_1^1 = \mathrm{Ric}_2^2 = \mathrm{Ric}_3^3 = -a(t)/S^2(t)$$

des gemischten Ricci-Tensors ist der Krümmungsskalar $-3(S''/S + a/S^2)$ abzulesen. Der Einstein-Tensor ist

$$(G_{ik}) = \mathrm{diag}\left(3\frac{(S'(t))^2 + K}{S^2(t)}, \frac{b(t)}{1 - Kr^2}, b(t)r^2, b(t)r^2 \sin^2 \vartheta\right)$$

mit

$$b(t) = -2S''(t)S(t) - (S'(t))^2 - K.$$

Die Materie wird, wie schon angekündigt, aufgefasst als ideale Strömung (siehe Abschn. 9.1) mit der Dichte ϱ und dem Druck p, beides nach dem kosmologischen Prinzip nur von der Weltzeit t abhängig, und mit dem Vektorfeld Z, das bzgl. der mitgeführten

Koordinaten das Komponentenquadrupel $(1, 0, 0, 0)$ hat. Der Energie-Impuls-Tensor T ist bzgl. dieser Koordinaten die Diagonalmatrix

$$(T_{ik}) = \text{diag}\left(\varrho(t), \frac{p(t)S^2(t)}{1 - Kr^2}, p(t)S^2(t)r^2, p(t)S^2(t)r^2 \sin^2 \vartheta\right).$$

Die Komponentengleichungen $G_{ik} = 8\pi T_{ik}$ bedeuten für $(i, k) = (0, 0)$

$$\frac{3}{S^2(t)}((S'(t))^2 + K) = 8\pi\varrho(t)$$

und für $(1, 1)$, $(2, 2)$ und $(3, 3)$

$$2S''(t)S(t) + (S'(t))^2 + K = -8\pi S^2(t)p(t).$$

Wegen des Bestandteils $(S')^2$ heißt die erste Gleichung **Energiegleichung**, und wegen S'' wird die zweite **Bewegungsgleichung** genannt.

Ab jetzt ziehen wir uns auf den Spezialfall $p = 0$ zurück. Physikalisch heißt das, dass die die Raumzeit erzeugende Materie inkohärent ist, zwischen den Teilchen findet keine Wechselwirkung statt, die Teilchen verhalten sich wie Staub. Dieser Standpunkt entspricht weitgehend den realen Gegebenheiten, der Druck ist gegenüber der Dichte tatsächlich zu vernachlässigen.

Satz 15.5
Im Fall $p = 0$ ist in der Robertson-Walker-Raumzeit das Produkt $\varrho(t)S^3(t)$ konstant, und mit dieser Konstanten $C = \varrho S^3$ gilt die **Friedmannsche Differentialgleichung**

$$(S'(t))^2 + K = \frac{8}{3}\pi C / S(t).$$

Beweis Die Energiegleichung lässt sich in der Form

$$(S'(t))^2 + K = \frac{8}{3}\pi S^3(t)\varrho(t)/S(t)$$

schreiben, und so ist nur noch die Konstanz des Produktes $S^3(t)\varrho(t)$ zu zeigen. Durch Differentiation der Energiegleichung in der Form

$$(S')^2 + K = \frac{8}{3}\pi S^2\varrho$$

und Multiplikation mit S erhält man

$$2SS'S'' = \frac{8}{3}\pi(2S^2S'\varrho + S^3\varrho').$$

Abb. 15.1 Lösungen $S(t)$ der Friedmannschen Differentialgleichung

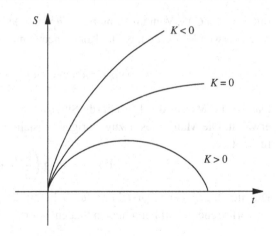

Die linke Seite ist gemäß der Bewegungsgleichung und der Energiegleichung

$$2S S' S'' = -S'((S')^2 + K) = -\frac{8}{3}\pi S' S^2 \varrho,$$

so dass sich insgesamt

$$0 = \frac{8}{3}\pi(3S^2 S' \varrho + S^3 \varrho'),$$

also

$$0 = 3S^2 S' \varrho + S^3 \varrho' = (S^3 \varrho)'$$

ergibt.

Bei der Lösung der Friedmannschen Differentialgleichung sind drei Fälle zu unterscheiden, $K = 0$, K positiv oder negativ. In allen Fällen wird der Effekt des sogenannten **Urknalls** auftreten: Der Skalarfaktor S ist Null für einen gewissen Wert, der dann der Nullpunkt der Zeitmessung ist.

Im Fall $K = 0$ ist die Differentialgleichung separierbar, und es ergibt sich für die Anfangsbedingung $S(0) = 0$ die Lösung

$$S(t) = t^{\frac{2}{3}} \sqrt[3]{6\pi C}$$

(siehe Abb. 15.1). Die Energiegleichung liefert die Dichte

$$\varrho(t) = \frac{3}{8\pi}(S'(t))^2 / S^2(t) = \frac{1}{6\pi t^2}.$$

Die Robertson-Walker-Metrik mit diesem Skalenfaktor hat bzgl. der bisher verwendeten Koordinaten die Komponentenmatrix

$$(g_{ik}) = \mathrm{diag}(1, -c t^{\frac{4}{3}}, -c t^{\frac{4}{3}} r^2, -c t^{\frac{4}{3}} r^2 \sin^2 \vartheta)$$

mit $c = (6\pi C)^{\frac{2}{3}}$. Wenn im Unterraum $\partial_t^\perp$ statt der Kugelkoordinaten kartesische Koordinaten verwendet werden, ist die Komponentenmatrix

$$(g_{ik}) = \mathrm{diag}(1, -ct^{\frac{4}{3}}, -ct^{\frac{4}{3}}, -ct^{\frac{4}{3}}).$$

Das ist die Metrik der Einstein-de Sitter-Raumzeit, bereits in Abschn. 4.5 als Beispiel erwähnt. Die Matrix des dazugehörigen Einstein-Tensors wurde dann in Abschn. 8.5 berechnet zu

$$(G_{ik}) = \mathrm{diag}\left(\frac{4}{3}\frac{1}{t^2}, 0, 0, 0\right).$$

Die hier angegebene Darstellung für G liefert das gleiche Ergebnis, denn es gilt für den im vorliegenden Fall berechneten Skalenfaktor S

$$3(S'(t))^2/S^2(t) = \frac{4}{3} \cdot \frac{1}{t^2}$$

und

$$-2S''(t)S(t) - (S'(t))^2 = 0.$$

Die Hubble-Funktion ist

$$H(t) = S'(t)/S(t) = \frac{2}{3} \cdot \frac{1}{t}.$$

Mit dem am Ende des vorigen Abschnitts angegebenen Wert für $1/H(t)$ ergibt sich in diesem Modell ein Weltalter von etwa 12 Milliarden Jahren (Man nimmt zur Zeit ein Weltalter von 15 bis 18 Milliarden Jahren an. Dieses Modell mit $\Lambda = 0$ und $K = 0$ scheint die Realität also nur recht unvollständig wiederzugeben.).

Für positives K ist die Kurve mit der Parameterdarstellung

$$S(\tau) = \frac{4}{3}\pi\frac{C}{K}(1 - \cos\tau)$$

und

$$t(\tau) = \frac{4}{3}\pi\frac{C}{K\sqrt{K}}(\tau - \sin\tau),$$

wie man leicht nachprüfen kann, eine Lösungskurve für die Friedmannsche Differentialgleichung. Das ist, abgesehen von dem Faktor $\sqrt{K}$, eine Zykloide (siehe Abb. 15.1). Die Zeitrechnung beginnt mit dem Urknall bei $t = 0$, der Skalenfaktor S wächst bis zum Maximalwert $\frac{8}{3}\pi\frac{C}{K}$ und schrumpft dann wieder. Wenn die Zeit $\frac{8}{3}\pi^2\frac{C}{K\sqrt{K}}$ verstrichen ist, ist die Raumzeit wieder in sich zusammengefallen, ähnlich einem Urknall, aber in umgekehrter Abfolge.

Für negatives K ist die Lösungskurve durch

$$S(\tau) = \frac{4}{3}\pi \frac{C}{-K}(\cosh \tau - 1)$$

und

$$t(\tau) = \frac{4}{3}\pi \frac{C}{(-K)^{\frac{3}{2}}}(\sinh \tau - \tau)$$

dargestellt. Sie verhält sich qualitativ genau wie im Fall $K = 0$, aber die Expansion geschieht schneller.

Rotierende Schwarze Löcher

16

Inhaltsverzeichnis

16.1 Die Kerr-Metrik

Das von einem nichtrotierenden Fixstern mit der Masse μ und dem Radius R im Äußeren $r > R$ erzeugte Gravitationsfeld wird mit der (äußeren) Schwarzschild-Metrik mit dem Parameter μ beschrieben. Wenn dieser Fixstern zu einem Schwarzen Loch kollabiert, ändert sich an den Formeln dieser Metrik nichts, aber die Einschränkung $r > R$ schwächt sich ab zu $r > 0$, einmal abgesehen von den Schwierigkeiten bei $r = 2\mu$. Eine (relativistische) Charakterisierung des Gravitationsfeldes eines rotierenden Fixsterns ist bisher nicht bekannt. Bekannt ist aber die Metrik, die ein Schwarzes Loch beschreibt, das durch den Kollaps eines rotierenden Fixsterns mit Masse μ und Drehimpuls J entstanden ist. Das ist die Kerr-Metrik (R. Kerr 1963) mit den Parametern μ und $a = J/\mu$, die im Mittelpunkt dieses Kapitels steht. Die Begründung dieser Metrik ist langwierig und überschreitet den Rahmen dieses Buches, wir verweisen auf [Ch] §§52–55.

© Springer-Verlag GmbH Deutschland, ein Teil von Springer Nature 2018
R. Oloff, *Geometrie der Raumzeit*, https://doi.org/10.1007/978-3-662-56737-1_16

Definition 16.1

Die **Kerr-Metrik** ist in Boyer-Lindquist-Koordinaten t, r, ϑ, φ festgelegt durch die Komponentenmatrix

$$
\begin{pmatrix}
g_{tt} & 0 & 0 & g_{t\varphi} \\
0 & g_{rr} & 0 & 0 \\
0 & 0 & g_{\vartheta\vartheta} & 0 \\
g_{t\varphi} & 0 & 0 & g_{\varphi\varphi}
\end{pmatrix}
=
\begin{pmatrix}
1 - \dfrac{2\mu r}{\rho^2} & 0 & 0 & \dfrac{2\mu r a s^2}{\rho^2} \\
0 & -\dfrac{\rho^2}{\Delta} & 0 & 0 \\
0 & 0 & -\rho^2 & 0 \\
\dfrac{2\mu r a s^2}{\rho^2} & 0 & 0 & -\left(r^2 + a^2 + \dfrac{2\mu r a^2 s^2}{\rho^2}\right)s^2
\end{pmatrix}
$$

mit
$$
s = \sin\vartheta, \qquad c = \cos\vartheta, \qquad \rho^2 = r^2 + a^2 c^2
$$

und
$$
\Delta = r^2 - 2\mu r + a^2 = (r - \mu)^2 + a^2 - \mu^2. \qquad \blacklozenge
$$

Es gilt

$$
\begin{vmatrix}
g_{tt} & g_{t\varphi} \\
g_{t\varphi} & g_{\varphi\varphi}
\end{vmatrix}
= -\left(r^2 + a^2 + \frac{2\mu r a^2 s^2}{\rho^2}\right)s^2 + \frac{2\mu r(r^2 + a^2)s^2}{\rho^2}
$$

$$
= -(r^2 + a^2)s^2 + \frac{2\mu r}{\rho^2}(r^2 + a^2 c^2)s^2 = -\Delta s^2.
$$

Diese Koordinaten versagen also auf der Drehachse $s = 0$ und bei $\Delta = 0$. Bei den Nullstellen von Δ sind drei Fälle zu unterscheiden. Generell können wir uns hier auf $a \neq 0$ beschränken, denn sonst handelt es sich um ein nichtrotierendes Schwarzes Loch (Kap. 14). Bei $|a| < \mu$ (langsam rotierend) gibt es zwei Nullstellen

$$
r_+ = \mu + \sqrt{\mu^2 - a^2} \qquad \text{und} \qquad r_- = \mu - \sqrt{\mu^2 - a^2}
$$

mit $0 < r_- < \mu < r_+ < 2\mu$. Im Fall $|a| > \mu$ (schnell rotierend) hat Δ keine Nullstellen, und im Grenzfall $|a| = \mu$ hat Δ nur bei μ eine Nullstelle. Wir werden uns hier auf den interessantesten Fall $|a| < \mu$ konzentrieren. Da es bei $r = 0$ außer bei $\vartheta = \pi/2$ keinerlei Schwierigkeiten mit der Metrik gibt, werden bei der Kerr-Raumzeit auch negative Werte für r zugelassen. Insofern besteht die Kerr-Raumzeit, soweit sie sich mit den Boyer-Lindquist-Koordinaten beschreiben lässt, aus den drei **Boyer-Lindquist-Blöcken** $\mathbb{R} \times (r_+, \infty) \times S_2$ (Region I), $\mathbb{R} \times (r_-, r_+) \times S_2$ (Region II) und $\mathbb{R} \times (-\infty, r_-) \times S_2$ (Region III). Zur geometrischen Veranschaulichung für fixiertes t rechnen wir die radiale Koordinate r um in e^r und verwenden e^r, ϑ, φ als Kugelkoordinaten. Die beiden Ereignishorizonte bei $r = r_\pm$ sind dann Kugelflächen mit dem Radius e^{r_+} bzw. e^{r_-}, und die

Abb. 16.1 Schnitt mit t und φ konstant

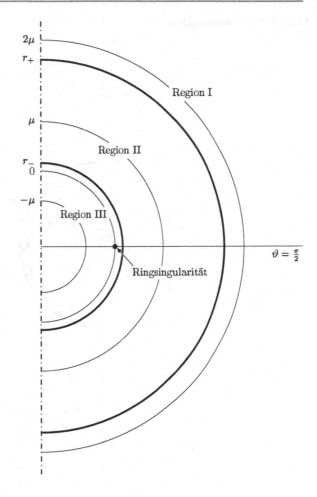

Ringsingularität $r = 0$ und $\vartheta = \pi/2$ ist der Äquator der Kugelfläche mit dem Radius $e^0 = 1$ (Abb. 16.1).

Die Kerr-Metrik hat die geforderte Signatur, denn in den Regionen I und III ist die von den Matrixelementen g_{tt}, $g_{\varphi\varphi}$, $g_{t\varphi}$ gebildete Untermatrix indefinit und die beiden anderen Diagonalelemente g_{rr} und $g_{\vartheta\vartheta}$ sind negativ, in der Region II ist diese Untermatrix negativ definit, g_{rr} ist positiv und $g_{\vartheta\vartheta}$ negativ.

Das Matrixelement g_{tt} ist nicht nur in der Region II negativ. Offenbar gilt $g_{tt} > 0$ genau dann, wenn $|r - \mu| > \sqrt{\mu^2 - a^2c^2}$ (Abb. 16.2). Das bedeutet, dass das Koordinatenvektorfeld ∂_t bei fallendem r schon vor dem Ereignishorizont $r = r_+$ die Eigenschaft verliert, zeitartig zu sein. Der Teil der Region I mit

$$r_+ = \mu + \sqrt{\mu^2 - a^2} < r < \mu + \sqrt{\mu^2 - a^2c^2}$$

heißt **Ergosphäre**.

Abb. 16.2 Vorzeichenverhalten von g_{tt}

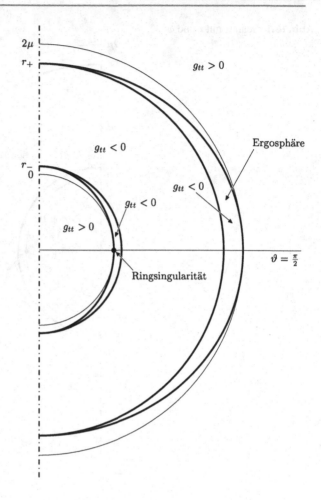

Das Matrixelement $g_{\varphi\varphi}$ ist für $r \geq 0$ und außerhalb der Drehachse negativ. Auch aus $r \leq -\mu$ folgt $g_{\varphi\varphi} < 0$, denn es gilt dann

$$(r^2 + a^2 c^2)(r^2 + a^2) > 2\mu(-r)a^2 s^2$$

wegen

$$2\mu(-r)a^2 s^2 \leq 2(-r)^2 a^2 = 2a^2 r^2$$

und

$$(r^2 + a^2 c^2)(r^2 + a^2) = r^4 + r^2 a^2(1 + c^2) + a^4 c^2 > a^2 r^2 + r^2 a^2 = 2a^2 r^2.$$

Zwischen $-\mu$ und 0 kann $g_{\varphi\varphi}$ positive Werte annehmen (Abb. 16.3), d. h. es gilt

$$(r^2 + a^2)(r^2 + a^2 c^2) < 2\mu(-r)a^2 s^2.$$

Abb. 16.3 Vorzeichenverhalten von $g_{\varphi\varphi}$

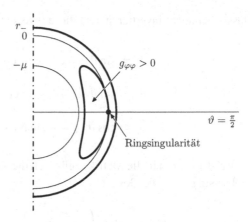

Die linke Seite $f(r)$ ist eine symmetrische und konvexe Parabel mit dem Scheitel in Höhe $a^4 c^2$ und die rechte Seite $g(r)$ ist eine fallende Gerade durch den Nullpunkt. Ob die Gerade die Parabel schneidet, berührt oder verfehlt, hängt von der Winkelkoordinate ϑ ab (Abb. 16.2). Unstrittig ist jedenfalls, und nur das wird im nächsten Abschnitt verwendet, dass es negative Werte von r gibt, so dass für solche r und $\vartheta = \pi/2$ $g_{\varphi\varphi}$ positiv ist, denn es gilt

$$\lim_{r \to 0-} g_{\varphi\varphi}(r, \pi/2) = \lim_{r \to 0-} [-(r^2 + a^2 + 2\mu a^2/r)] = +\infty.$$

16.2 Andere Darstellungen der Kerr-Metrik

Das Versagen der Boyer-Lindquist-Koordinaten auf der Drehachse $\sin \vartheta = 0$ liegt nur an den Kugelkoordinaten r, ϑ, φ. Um die Metrik auch auf der Drehachse zu beschreiben, verwenden wir kartesische Koordinaten

$$x = r \sin \vartheta \cos \varphi$$
$$y = r \sin \vartheta \sin \varphi$$
$$z = r \cos \vartheta$$

und lesen ab

$$\partial_r = \sin \vartheta \cos \varphi \, \partial_x + \sin \vartheta \sin \varphi \, \partial_y + \cos \vartheta \, \partial_z$$
$$\partial_\vartheta = r \cos \vartheta \cos \varphi \, \partial_x + r \cos \vartheta \sin \varphi \, \partial_y - r \sin \vartheta \, \partial_z$$
$$\partial_\varphi = -r \sin \vartheta \sin \varphi \, \partial_x + r \sin \vartheta \cos \varphi \, \partial_y.$$

Die Koeffizientenmatrix

$$\begin{pmatrix} 1 & 0 & 0 \\ 0 & r & 0 \\ 0 & 0 & r \sin \vartheta \end{pmatrix} \begin{pmatrix} \sin \vartheta \cos \varphi & \sin \vartheta \sin \varphi & \cos \vartheta \\ \cos \vartheta \cos \varphi & \cos \vartheta \sin \varphi & -\sin \vartheta \\ -\sin \varphi & \cos \varphi & \end{pmatrix}$$

lässt sich leicht invertieren, und diese Inverse führt zu der Darstellung

$$\partial_x = \sin\vartheta \cos\varphi\, \partial_r + \frac{1}{r}\cos\vartheta \cos\varphi\, \partial_\vartheta - \frac{\sin\varphi}{r\sin\vartheta}\, \partial_\varphi$$

$$\partial_y = \sin\vartheta \sin\varphi\, \partial_r + \frac{1}{r}\cos\vartheta \sin\varphi\, \partial_\vartheta + \frac{\cos\varphi}{r\sin\vartheta}\, \partial_\varphi$$

$$\partial_z = \cos\vartheta\, \partial_r - \frac{1}{r}\sin\vartheta\, \partial_\vartheta.$$

Durch Einsetzen in die Metrik ergibt sich die Komponentenmatrix (g_{ik}), die auf der Dreh-achse $\sin\vartheta = 0$ die Gestalt

$$(g_{ik}) = \mathrm{diag}\left(\frac{\Delta}{r^2 + a^2}, -\frac{r^2 + a^2}{r^2}, -\frac{r^2 + a^2}{r^2}, -\frac{r^2 + a^2}{\Delta}\right)$$

hat. Dieses Koordinatensytem versagt nur noch bei $r = 0$ und $\Delta = 0$.

Spätestens mit der Diskussion der Kruskal-Ebene hatte sich gezeigt, dass die Singulari-täten der Metrikkomponenten der Schwarzschild-Raumzeit nur durch die Schwarzschild-Koordinaten verursacht sind. Insofern ist es nicht überraschend, dass sich auch die Schwierigkeiten an den Ereignishorizonten r_+ und r_- durch den Übergang zu anderen Ko-ordinaten vermeiden lassen. Diese neuen Koordinaten sind die **Kerr-Stern-Koordinaten** $t^*, r, \vartheta, \varphi^*$, die wir jetzt einführen und im nächsten Abschnitt verwenden werden.

Wir wählen Funktionen T und F von r mit

$$\frac{dT}{dr} = \frac{r^2 + a^2}{\Delta} \quad \text{und} \quad \frac{dF}{dr} = \frac{a}{\Delta}$$

und setzen

$$t^*(t, r) = t + T(r) \quad \text{und} \quad \varphi^*(\varphi, r) = \varphi + F(r).$$

Entsprechend der Kettenregel sind die Kerr-Stern-Koordinatenvektorfelder $\partial_{t^*}^*, \partial_r^*, \partial_\vartheta^*, \partial_{\varphi^*}^*$ mit den Boyer-Lindquist-Koordinatenvektorfeldern $\partial_t, \partial_r, \partial_\vartheta, \partial_\varphi$ gekoppelt durch

$$\begin{pmatrix} \partial_t & \partial_r & \partial_\vartheta & \partial_\varphi \end{pmatrix} = \begin{pmatrix} \partial_{t^*}^* & \partial_r^* & \partial_\vartheta^* & \partial_{\varphi^*}^* \end{pmatrix} \begin{pmatrix} 1 & \dfrac{r^2 + a^2}{\Delta} & 0 & 0 \\ 0 & 1 & 0 & 0 \\ 0 & 0 & 1 & 0 \\ 0 & \dfrac{a}{\Delta} & 0 & 1 \end{pmatrix}.$$

Es sind also die Koordinatenvektorfelder

$$\partial_{t^*}^* = \partial_t, \ \partial_\vartheta^* = \partial_\vartheta, \ \partial_{\varphi^*}^* = \partial_\varphi, \ \partial_r^* = \partial_r - \frac{r^2 + a^2}{\Delta}\partial_t - \frac{a}{\Delta}\partial_\varphi = \partial_r - \frac{1}{\Delta}V$$

(V gemäß Definition 16.2) in die Metrik einzusetzen. Unter Beachtung der Rechenregeln in Satz 16.1 ergibt sich für die Komponentenmatrix

$$
(g_{ik}^*) = \begin{pmatrix} 1 - \dfrac{2\mu r}{\rho^2} & -1 & 0 & \dfrac{2\mu r a s^2}{\rho^2} \\[2mm] -1 & 0 & 0 & a s^2 \\[2mm] 0 & 0 & -\rho^2 & 0 \\[2mm] \dfrac{2\mu r a s^2}{\rho^2} & a s^2 & 0 & -\left(r^2 + a^2 + \dfrac{2\mu r a^2 s^2}{\rho^2}\right) s^2 \end{pmatrix},
$$

und diese hat bei $r = r_\pm$ keine Singularitäten mehr.

In Abschn. 16.4 werden wir die Krümmung der Kerr-Raumzeit mit Zusammenhangsformen und Krümmungsformen berechnen. Es ist dann von Vorteil, statt der Boyer-Lindquist-Koordinatenvektorfelder ∂_t und ∂_φ die beiden folgenden Vektorfelder zu verwenden.

Definition 16.2
Die **kanonischen Vektorfelder** V und W sind festgelegt durch

$$
V = (r^2 + a^2)\partial_t + a\partial_\varphi \quad \text{und} \quad W = \partial_\varphi + a s^2 \partial_t. \qquad \blacklozenge
$$

Die folgenden Rechenregeln sind von der Darstellung der Metrik abzulesen.

Satz 16.1
Für die Metrikkomponenten in Boyer-Lindquist-Koordinaten gilt

(1) $g(W, \partial_\varphi) = g_{\varphi\varphi} + a s^2 g_{t\varphi} = -(r^2 + a^2) s^2$
(2) $g(W, \partial_t) = g_{t\varphi} + a s^2 g_{tt} = a s^2$
(3) $g(V, \partial_\varphi) = a g_{\varphi\varphi} + (r^2 + a^2) g_{t\varphi} = -\Delta a s^2$
(4) $g(V, \partial_t) = a g_{t\varphi} + (r^2 + a^2) g_{tt} = \Delta.$

Aus diesen Formeln ist $g(V, W) = 0$, $g(V, V) = \Delta \rho^2$, $g(W, W) = -s^2 \rho^2$ abzulesen. Durch Ansatz mit unbekannten Koeffizienten erhält man daraus

$$
\partial_t = \frac{1}{\rho^2} V - \frac{a}{\rho^2} W \quad \text{und} \quad \partial_\varphi = -\frac{a s^2}{\rho^2} V + \frac{r^2 + a^2}{\rho^2} W.
$$

Satz 16.2
Die Vektorfelder $E_0 = V/(\rho\sqrt{|\Delta|})$, $E_1 = (\sqrt{|\Delta|}/\rho)\partial_r$, $E_2 = (1/\rho)\partial_\vartheta$, $E_3 = W/(\rho s)$ sind eine semi-orthonormale Basis mit

$$
(g_{ik}) = \operatorname{diag}(\operatorname{sgn}\Delta, -\operatorname{sgn}\Delta, -1, -1).
$$

16.3 Kausale Struktur

Unter den zeitartigen Vektoren sind die zukunftsweisenden zu bestimmen. Weit außerhalb des rotierenden Schwarzen Loches sind die Vektoren der Gestalt

$$\alpha \partial_t + \beta \partial_r + \frac{\gamma}{r} \partial_\vartheta + \frac{\delta}{rs} \partial_\varphi$$

mit

$$0 < \left(1 - \frac{2\mu r}{\rho^2}\right)\alpha^2 - \frac{\rho^2}{\Delta}\beta^2 - \frac{\rho^2}{r^2}\gamma^2 - \left(1 + \frac{a^2}{r^2} + \frac{2\mu a^2 s^2}{\rho^2 r}\right)\delta^2 + \frac{4\mu a s}{\rho^2}\alpha\delta$$

$$\approx \alpha^2 - \beta^2 - \gamma^2 - \delta^2$$

zeitartig, und diese sind genau dann zukunftsweisend, wenn α positiv ist. In der Ergosphäre ist ∂_t nicht mehr zeitartig, aber auch dort hat jeder zukunftsweisende Vektor einen positiven ∂_t-Koeffizienten α, denn wäre das nicht so, dann müsste aus Stetigkeitsgründen irgendwo in Region I ($r > r_+$) ein zukunftsweisender Vektor

$$v = \beta \partial_r + \frac{\gamma}{r} \partial_\vartheta + \frac{\delta}{rs} \partial_\varphi$$

existieren, was der Ungleichung $g(v, v) \leq 0$ widerspräche. Die Tatsache, dass für alle zukunftsweisenden Vektoren in Region I der Koeffizient α positiv ist, ist physikalisch so zu interpretieren, dass für jedes Teilchen (Beobachter) dort die Koordinate t monoton wächst, was nicht so überraschend ist.

Erstaunlich ist allerdings, dass für ein Teilchen in der Ergosphäre die Winkelkoordinate φ monoton ist. Um wiederholt Fallunterscheidungen zu vermeiden, setzen wir ab jetzt $a > 0$ voraus. Obiger Ungleichung zufolge muss in der Ergosphäre $\alpha\delta$ positiv sein. Zusammen mit $\alpha > 0$ heißt das $\delta > 0$, also muss φ monoton wachsen.

In der Region II ($r_- < r < r_+$) ist ∂_r zeitartig. In Analogie zur Schwarzschild-Raumzeit ist $-\partial_r$ als zukunftsweisend aufzufassen. Das ergibt sich auch aus der Art und Weise, wie die Regionen I und II durch die Einführung der Kerr-Stern-Koordinaten aneinandergefügt werden. Wenn man das Prädikat „zukunftsweisend" auch auf lichtartige Vektoren $v \neq 0$ überträgt, die sich durch zukunftsweisende zeitartige Vektoren approximieren lassen, ist $-\partial_{r*}^*$ in Region I zukunftsweisend, denn

$$g(-\partial_{r*}^*, \partial_t) = -g\left(\partial_r - \frac{V}{\Delta}, \partial_t\right) = \frac{1}{\Delta}g(V, \partial_t) = 1$$

ist positiv. Aus Gründen des stetigen Übergangs sollte $-\partial_{r*}^*$ auch in den Regionen II und III zukunftsweisend sein. In Region II ist dann auch $-\partial_r$ zukunftsweisend, denn

$$g(-\partial_{r*}^*, -\partial_r) = g(\partial_r, \partial_r) = -\frac{\rho^2}{\Delta}$$

ist dort positiv.

Da $-\partial_r$ in Region II zukunftsweisend ist, muss jedes Teilchen dort eine negative ∂_r-Komponente haben, die r-Koordinate ist also monoton fallend. Insbesondere heißt das, dass ein Übergang von der Region II zur Region I oder von der Region III zur Region II unmöglich ist.

Auch in Region III sollte der lichtartige Vektor $-\partial_{r*}^*$ zukunftsweisend sein. Damit ist wegen

$$g(-\partial_{r*}^*, V) = g\left(-\partial_r + \frac{V}{\Delta}, V\right) = \frac{1}{\Delta}g(V, V) = \rho^2 > 0$$

auch der dort zeitartige Vektor V zukunftsweisend. Es zeigt sich nun, dass die dadurch festgelegte Zeitorientierung in Region III derart pathologisch ist, dass sie einen Effekt beinhaltet, den man in der Science-Fiction-Literatur **Zeitmaschine** nennt.

Theorem 16.3
In Region III kann man von jedem Punkt zu jedem anderen Punkt entlang einer Kurve γ mit zukunftsweisend zeitartigen Tangentenvektoren γ' gelangen.

Beweis Wir wählen eine negative Zahl $\bar{r}$, so dass $g_{\varphi\varphi}$ auf der Kreislinie $r = \bar{r}$ und $\vartheta = \pi/2$ positiv ist. Die Zeitmaschine beruht darauf, dass wir durch Umläufe entlang der Kreislinie die „Zeit" t zurückdrehen können. Die gesuchte Kurve γ von $(t_0, r_0, \vartheta_0, \varphi_0)$ nach $(t_1, r_1, \vartheta_1, \varphi_1)$ besteht aus drei Abschnitten $\gamma_1, \gamma_2, \gamma_3$. γ_1 verläuft von $(t_0, r_0, \vartheta_0, \varphi_0)$ nach $(\hat{t}, \bar{r}, \pi/2, \hat{\varphi})$, γ_2 folgt der Kreislinie von $(\hat{t}, \bar{r}, \pi/2, \hat{\varphi})$ nach $(\check{t}, \bar{r}, \pi/2, \check{\varphi})$ und γ_3 führt schließlich zum Endpunkt $(t_1, r_1, \vartheta_1, \varphi_1)$. Im Einzelnen werden die Kurven γ_i folgendermaßen konstruiert:

Für γ_1 wählen wir auf $[0, 1]$ glatte Funktionen $r_1(.)$ mit $r_1(0) = r_0$ und $r_1(1) = \bar{r}$, $\vartheta_1(.)$ mit $\vartheta_1(0) = \vartheta_0$ und $\vartheta_1(1) = \pi/2$ und $\tau_1(.)$ mit $\tau_1(0) = 0$ und $\tau_1'(s) = r_1^2(s) + a^2$. Mit einer positiven Konstanten c_1 sei dann

$$\gamma_1(s) = (t_0 + c_1\tau_1(s), r_1(s), \vartheta_1(s), \varphi_0 + c_1 a s).$$

Aus

$$\gamma_1' = c_1\tau_1'\partial_t + r_1'\partial_r + \vartheta_1'\partial_\vartheta + c_1 a \partial_\varphi = c_1 V + r_1'\partial_r + \vartheta_1'\partial_\vartheta$$

folgt

$$g(\gamma_1', \gamma_1') = c_1^2\Delta\rho^2 + (r_1')^2(-\rho^2/\Delta) + (\vartheta_1')^2(-\rho^2).$$

Da die negativen Summanden auf $[0, 1]$ nach unten beschränkt sind, kann $g(\gamma_1', \gamma_1') > 0$ dadurch erzwungen werden, dass c_1 groß genug gewählt wird. Dann ist γ_1' also zeitartig, wegen

$$g(\gamma_1', V) = c_1\Delta\rho^2 > 0$$

auch zukunftsweisend. Die Kurve γ_1 endet im Punkt $\gamma_1(1) = (\hat{t}, \bar{r}, \pi/2, \hat{\varphi})$ mit

$$\hat{t} = t_0 + c_1\tau_1(1) > t_0 \quad \text{und} \quad \hat{\varphi} = \varphi_0 + c_1 a > \varphi_0.$$

Analog wird γ_3 definiert mit Funktionen $r_3(.)$, $\vartheta_3(.)$ und $\tau_3(.)$, für die gilt $r_3(0) = \bar{r}$, $r_3(1) = r_1$, $\vartheta_3(0) = \pi/2$, $\vartheta_3(1) = \vartheta_1$, $\tau_3(0) = 0$ und $\tau_3'(s) = r_3^2(s) + a^2$. Die Konstante c_3 wird wieder so groß gewählt, dass die Zeitartigkeit gesichert ist, und γ_3 ist dann

$$\gamma_3(s) = (\check{t} + c_3\tau_3(s), r_3(s), \vartheta_3(s), \check{\varphi} + c_3 a),$$

wobei $\check{t}$ und $\check{\varphi}$ so gewählt sind, dass

$$\check{t} + c_3\tau_3(1) = t_1 \quad \text{und} \quad \check{\varphi} + c_3 a = \varphi_1$$

gilt.

Als mittlerer Abschnitt γ_2 bietet sich

$$\gamma_2(s) = (\hat{t} + s(\check{t} - \hat{t}), \bar{r}, \pi/2, \hat{\varphi} - c_2 s)$$

an. Es gilt dann

$$\gamma_2' = (\check{t} - \hat{t})\partial_t - c_2\partial_\varphi$$

und damit

$$g(\gamma_2', \gamma_2') = (\check{t} - \hat{t})^2 g_{tt} - 2(\check{t} - \hat{t})c_2 g_{t\varphi} + c_2{}^2 g_{\varphi\varphi}$$

und

$$g(\gamma_2', V) = (\check{t} - \hat{t})g(\partial_t, V) - c_2 g(\partial_\varphi, V) = (\check{t} - \hat{t})\Delta + c_2\Delta a.$$

Wenn wir also die Konstante c_2 groß genug wählen, ist γ_2' tatsächlich zukunftsweisend zeitartig. Schließlich müssen wir noch dafür sorgen, dass sich die φ-Koordinate $\hat{\varphi} - c_2$ des Endpunktes von γ_2 nur um ein ganzzahliges Vielfaches von 2π von der φ-Koordinate $\check{\varphi}$ des Anfangspunktes von γ_3 unterscheidet.

Da es keinen Weg von der Region III zurück zur Region I gibt, hält sich die praktische Bedeutung dieser Zeitmaschine in Grenzen. Interessant ist jedoch, dass die Gesetze der Allgemeinen Relativitätstheorie eine solche Vermischung von Zukunft und Vergangenheit in einem globalen Sinne nicht ausschließen. Lokal, d. h. im einzelnen Tangentialraum, sind Zukunft und Vergangenheit jedoch streng getrennt, dieser Standpunkt ist schon in der Speziellen Relativitätstheorie verankert.

16.4   Kovariante Ableitung und Krümmung

Aus den Metrikkomponenten bzgl. der Boyer-Lindquist-Koordinaten lassen sich mit einigem Aufwand die Christoffel-Symbole berechnen. Damit ist dann die kovariante Differentiation von Vektorfeldern beschrieben.

Theorem 16.4

Für die Koordinatenvektorfelder der Boyer-Lindquist-Koordinaten gilt

$$\nabla_{\partial_t} \partial_t = \frac{\Delta\mu(2r^2 - \rho^2)}{\rho^6} \partial_r - \frac{2\mu r a^2 sc}{\rho^6} \partial_\vartheta$$

$$\nabla_{\partial_r} \partial_r = \left(\frac{r}{\rho^2} - \frac{r-\mu}{\Delta}\right) \partial_r + \frac{a^2 sc}{\Delta\rho^2} \partial_\vartheta$$

$$\nabla_{\partial_\vartheta} \partial_\vartheta = -\frac{\Delta r}{\rho^2} \partial_r - \frac{a^2 sc}{\rho^2} \partial_\vartheta$$

$$\nabla_{\partial_\varphi} \partial_\varphi = \frac{\Delta s^2}{\rho^2} \left(\frac{\mu a^2 s^2(2r^2 - \rho^2)}{\rho^4} - r\right) \partial_r - \frac{sc}{\rho^2} \left(r^2 + a^2 + \frac{2\mu r a^2 s^2(2\rho^2 + a^2 s^2)}{\rho^4}\right) \partial_\vartheta$$

$$\nabla_{\partial_t} \partial_r = \frac{\mu(2r^2 - \rho^2)(r^2 + a^2)}{\Delta\rho^4} \partial_t + \frac{\mu a(2r^2 - \rho^2)}{\Delta\rho^4} \partial_\varphi$$

$$\nabla_{\partial_t} \partial_\vartheta = -\frac{2\mu r a^2 sc}{\rho^4} \partial_t + \frac{2\mu rac}{\rho^4 s} \partial_\varphi$$

$$\nabla_{\partial_t} \partial_\varphi = \frac{\Delta\mu a s^2(\rho^2 - 2r^2)}{\rho^6} \partial_r + \frac{2\mu rasc(r^2 + a^2)}{\rho^6} \partial_\vartheta$$

$$\nabla_{\partial_r} \partial_\vartheta = -\frac{a^2 sc}{\rho^2} \partial_r + \frac{r}{\rho^2} \partial_\vartheta$$

$$\nabla_{\partial_r} \partial_\varphi = \frac{\mu a s^2}{\Delta\rho^4}[(r^2 + a^2)(\rho^2 - 2r^2) - 2r^2\rho^2]\partial_t + \frac{r\rho^4 + \mu a^2 s^2 \rho^2 - 2\mu r^2(r^2 + a^2)}{\Delta\rho^4} \partial_\varphi$$

$$\nabla_{\partial_\vartheta} \partial_\varphi = \frac{2\mu r a^3 s^3 c}{\rho^4} \partial_t$$
$$+ \frac{c}{\Delta\rho^4 s}[(r^2 + a^2)\rho^4 + 2\mu r(a^4 s^2 + (2a^2 s^2 - r^2 - a^2)\rho^2) - 4\mu^2 r^2 a^2 s^2]\partial_\varphi.$$

In den angegebenen Gleichungen für die kovarianten Ableitungen sind die Christoffel-Symbole festgehalten. Mit deren Kenntnis lassen sich auch die vier Geodätengleichungen aufschreiben. Diese sind allerdings viel zu kompliziert, um irgendwelche Lösungen bestimmen zu können. Im nächsten Abschnitt werden wir andere Hilfsmittel beschreiben, die für die Bestimmung von Geodäten nützlich sind. Auch für die Berechnung des Krümmungstensors sind die Christoffel-Symbole der Boyer-Lindquist-Koordinaten nicht zu empfehlen. Wir werden hier stattdessen Zusammenhangsformen und Krümmungsformen für die in Satz 16.2 genannte semi-orthonormale Basis E_0, E_1, E_2, E_3 bestimmen.

Nach Satz 8.21 berechnen sich die Zusammenhangsformen aus der äußeren Ableitung der dualen Basis, und deren Berechnung setzt die Kenntnis der Lie-Klammern mit den Basiselementen voraus.

Satz 16.5

Für die Vektorfelder E_0, E_1, E_2, E_3 gilt

$$[E_0, E_1] = \left(-\frac{2r\sqrt{|\Delta|}}{\rho^3} - |\Delta| \frac{\partial}{\partial r} \frac{1}{\rho\sqrt{|\Delta|}} \right) E_0 + \frac{2ras}{\rho^3} E_3$$

$$[E_0, E_2] = -\frac{a^2 sc}{\rho^3} E_0$$

$$[E_0, E_3] = 0$$

$$[E_1, E_2] = -\frac{a^2 sc}{\rho^3} E_1 - \frac{r\sqrt{|\Delta|}}{\rho^3} E_2$$

$$[E_1, E_3] = -\frac{r\sqrt{|\Delta|}}{\rho^3} E_3$$

$$[E_2, E_3] = \frac{2ac\sqrt{|\Delta|}}{\rho^3} E_0 - \frac{(r^2 + a^2)c}{\rho^3 s} E_3.$$

Beweis Wir bestätigen exemplarisch die erste Gleichung und erhalten

$$[E_0, E_1] = \left[\frac{r^2 + a^2}{\rho\sqrt{|\Delta|}} \partial_t + \frac{a}{\rho\sqrt{|\Delta|}} \partial_\varphi, \frac{\sqrt{|\Delta|}}{\rho} \partial_r \right]$$

$$= -\frac{\sqrt{|\Delta|}}{\rho} \partial_r \left(\frac{r^2 + a^2}{\rho\sqrt{|\Delta|}} \partial_t + \frac{a}{\rho\sqrt{|\Delta|}} \partial_\varphi \right)$$

$$= -\frac{2r}{\rho^2} \partial_t - \frac{\sqrt{|\Delta|}}{\rho} \frac{\partial}{\partial r} \frac{1}{\rho\sqrt{|\Delta|}} V = -\frac{2r}{\rho^4} (V - aW) - \frac{\sqrt{|\Delta|}}{\rho} \frac{\partial}{\partial r} \frac{1}{\rho\sqrt{|\Delta|}} V$$

$$= -\frac{2r\sqrt{|\Delta|}}{\rho^3} E_0 + \frac{2ras}{\rho^3} E_3 - |\Delta| \frac{\partial}{\partial r} \frac{1}{\rho\sqrt{|\Delta|}} E_0.$$

Mit den Lie-Klammern $[E_i, E_j]$ sind nach Satz 8.21 die Werte der Zusammenhangs-formen auf den Basiselementen und damit diese Formen insgesamt bestimmt. Schließlich lassen sich dadurch die kovarianten Ableitungen $\nabla_{E_i} E_j$ aufschreiben. Wir demonstrieren das hier für $i = j = 0$. Zur Berechnung von $\nabla_{E_0} E_0$ benötigen wir die Werte der Formen $\omega_0{}^k$ auf E_0. Zu beachten ist

$$(\varepsilon_0, \varepsilon_1, \varepsilon_2, \varepsilon_3) = (\varepsilon, -\varepsilon, -1, -1)$$

mit

$$\varepsilon = \text{sgn}\, \Delta.$$

Wegen Satz 8.20(1) entfällt $\omega_0{}^0$. Es gilt

$$\langle E_0, \omega_0{}^1 \rangle = -\frac{1}{2} \left(\varepsilon_1 \varepsilon_0 \langle [E_0, E_1], A^0 \rangle + \varepsilon_1 \varepsilon_0 \langle [E_0, E_1], A^0 \rangle \right) = \langle [E_0, E_1], A^0 \rangle$$

und analog

$$\langle E_0, \omega_0{}^2 \rangle = \varepsilon \langle [E_0, E_2], A^0 \rangle \quad \text{und} \quad \langle E_0, \omega_0{}^3 \rangle = \varepsilon \langle [E_0, E_3], A^0 \rangle,$$

insgesamt also

$$\nabla_{E_0} E_0 = \left(-\frac{2r\sqrt{|\Delta|}}{\rho^3} - |\Delta| \frac{\partial}{\partial r} \frac{1}{\rho\sqrt{|\Delta|}} \right) E_1 - \frac{\varepsilon a^2 sc}{\rho^3} E_2.$$

Theorem 16.6
Die kovariante Differentiation in der Kerr-Raumzeit ist charakterisiert durch

$$\nabla_{E_0} E_0 = \left(-\frac{2r\sqrt{|\Delta|}}{\rho^3} - |\Delta| \frac{\partial}{\partial r} \frac{1}{\rho\sqrt{|\Delta|}} \right) E_1 - \frac{\varepsilon a^2 sc}{\rho^3} E_2, \qquad \nabla_{E_1} E_1 = \frac{\varepsilon a^2 sc}{\rho^3} E_2,$$

$$\nabla_{E_2} E_2 = -\frac{\varepsilon r\sqrt{|\Delta|}}{\rho^3} E_1, \qquad \nabla_{E_3} E_3 = -\frac{\varepsilon r\sqrt{|\Delta|}}{\rho^3} E_1 - \frac{(r^2+a^2)c}{s\rho^3} E_2,$$

$$\nabla_{E_0} E_1 = \left(-\frac{2r\sqrt{|\Delta|}}{\rho^3} - |\Delta| \frac{\partial}{\partial r} \frac{1}{\rho\sqrt{|\Delta|}} \right) E_0 + \frac{ars}{\rho^3} E_3, \qquad \nabla_{E_1} E_0 = -\frac{ars}{\rho^3} E_3,$$

$$\nabla_{E_0} E_2 = -\frac{a^2 sc}{\rho^3} E_0 + \frac{\varepsilon ac\sqrt{|\Delta|}}{\rho^3} E_3, \qquad \nabla_{E_2} E_0 = \frac{\varepsilon ac\sqrt{|\Delta|}}{\rho^3} E_3,$$

$$\nabla_{E_0} E_3 = -\frac{\varepsilon ars}{\rho^3} E_1 - \frac{\varepsilon ac\sqrt{|\Delta|}}{\rho^3} E_2 = \nabla_{E_3} E_0,$$

$$\nabla_{E_1} E_2 = -\frac{a^2 sc}{\rho^3} E_1, \qquad \nabla_{E_2} E_1 = \frac{r\sqrt{|\Delta|}}{\rho^3} E_2,$$

$$\nabla_{E_1} E_3 = -\frac{\varepsilon ars}{\rho^3} E_0, \qquad \nabla_{E_3} E_1 = -\frac{\varepsilon ars}{\rho^3} E_0 + \frac{r\sqrt{|\Delta|}}{\rho^3} E_3,$$

$$\nabla_{E_2} E_3 = \frac{ac\sqrt{|\Delta|}}{\rho^3} E_0, \qquad \nabla_{E_3} E_2 = -\frac{ac\sqrt{|\Delta|}}{\rho^3} E_0 + \frac{(r^2+a^2)c}{s\rho^3} E_3.$$

Zu Beginn dieses Kapitels wurde ohne Begründung festgestellt, dass die Kerr-Raumzeit ein rotierendes Schwarzes Loch beschreibt. Insbesondere müsste dann ein Vakuum vorliegen, diese Raumzeit also Ricci-flach sein.

Theorem 16.7
In der Kerr-Raumzeit gilt Ric = 0.

Beweis Aus den in Theorem 16.6 angegebenen Formeln lassen sich die Zusammenhangsformen ablesen. Es gilt

$$\omega_0{}^1 = \left(-\frac{2r\sqrt{|\Delta|}}{\rho^3} - |\Delta|\frac{\partial}{\partial r}\frac{1}{\rho\sqrt{|\Delta|}}\right)A^0 + \frac{\varepsilon ras}{\rho^3}A^3 = \omega_1{}^0$$

$$\omega_0{}^2 = \qquad -\frac{\varepsilon a^2 sc}{\rho^3}A^0 - \frac{\varepsilon ac\sqrt{|\Delta|}}{\rho^3}A^3 \qquad = \varepsilon\omega_2{}^0$$

$$\omega_0{}^3 = \qquad -\frac{ars}{\rho^3}A^1 + \frac{\varepsilon ac\sqrt{|\Delta|}}{\rho^3}A^2 \qquad = \varepsilon\omega_3{}^0$$

$$\omega_1{}^2 = \qquad \frac{\varepsilon a^2 sc}{\rho^3}A^1 + \frac{r\sqrt{|\Delta|}}{\rho^3}A^2 \qquad = -\varepsilon\omega_2{}^1$$

$$\omega_1{}^3 = \qquad \frac{ars}{\rho^3}A^0 + \frac{r\sqrt{|\Delta|}}{\rho^3}A^3 \qquad = -\varepsilon\omega_3{}^1$$

$$\omega_2{}^3 = \qquad \frac{\varepsilon ac\sqrt{|\Delta|}}{\rho^3}A^0 + \frac{(r^2+a^2)c}{s\rho^3}A^3 \qquad = -\omega_3{}^2.$$

Durch langwierige Rechnung entsprechend Definition 8.9 ergeben sich daraus die Krümmungsformen zu

$$\Omega_1^0 = 2\varepsilon g A^0 \wedge A^1 - 2\varepsilon h A^2 \wedge A^3$$
$$\Omega_2^0 = -g A^0 \wedge A^2 + \varepsilon h A^3 \wedge A^1$$
$$\Omega_3^0 = -g A^0 \wedge A^3 - \varepsilon h A^1 \wedge A^2$$
$$\Omega_3^2 = 2h A^0 \wedge A^1 + 2g A^2 \wedge A^3$$
$$\Omega_1^3 = -h A^0 \wedge A^2 - \varepsilon g A^3 \wedge A^1$$
$$\Omega_2^1 = -\varepsilon h A^0 \wedge A^3 - g A^1 \wedge A^2$$

mit

$$g(r,\vartheta) = \frac{\mu r}{\rho^6}(r^2 - 3a^2 c^2) \quad \text{und} \quad h(r,\vartheta) = \frac{\mu ac}{\rho^6}(3r^2 - a^2 c^2).$$

Daraus lässt sich für jedes Indexpaar i und k

$$\mathrm{Ric}_{ik} = \Omega_i^j(E_j, E_k) = 0$$

ablesen.

16.5   Erhaltungssätze

Es geht hier um Größen, die sich für ein Photon oder ein frei fallendes Teilchen
γ in der Kerr-Raumzeit nicht ändern. Eine erste solche Erhaltungsgröße ist offenbar $Q = g(\gamma', \gamma')$, und diese Bezeichnung sei jetzt hier vereinbart. Zwei weitere

Erhaltungsgrößen werden durch die Killing-Vektorfelder ∂_t und ∂_φ erzeugt. In Verall-gemeinerung der Situation in der Schwarzschild-Raumzeit vereinbaren wir auch hier

$$E = g(\partial_t, \gamma') = g_{tt}t' + g_{t\varphi}\varphi'$$

und

$$L = -g(\partial_\varphi, \gamma') = -g_{t\varphi}t' - g_{\varphi\varphi}\varphi'.$$

Ziel der folgenden Untersuchung ist es, eine vierte Erhaltungsgröße zu formulieren und zu begründen.

Zur Geodäte γ in der Kerr-Raumzeit gehören die Funktionen

$$R(r) = g(V, \gamma') = g((r^2 + a^2)\partial_t + a\partial_\varphi, \gamma') = (r^2 + a^2)E - aL$$

und

$$D(\vartheta) = -g(W, \gamma') = -g(\partial_\varphi + as^2\partial_t, \gamma') = L - as^2E.$$

Offenbar gilt

$$R + aD = \rho^2 E.$$

Die Funktionen R und D lassen sich durch t' und φ' ausdrücken:

Satz 16.8
Für die Geodäte γ gilt

$$-at' + (r^2 + a^2)\varphi' = D/s^2 \quad und \quad t' - as^2\varphi' = R/\Delta.$$

Beweis Nach Satz 16.1 gilt

$$R = g(V, t'\partial_t + \varphi'\partial_\varphi) = \Delta t' - \Delta as^2\varphi'$$

und

$$D = -g(W, t'\partial_t + \varphi'\partial_\varphi) = -as^2t' + (r^2 + a^2)s^2\varphi'.$$

Da die Koeffizientendeterminante $\rho^2 \neq$ ist, lassen sich die beiden Gleichungen nach t' und φ' auflösen.

Satz 16.9
Für die Geodäte γ gilt

$$\rho^2\varphi' = D/s^2 + aR/\Delta \quad und \quad \rho^2 t' = aD + (r^2 + a^2)R/\Delta.$$

Satz 16.10

Für die Geodäte γ gilt

$$Q = -\frac{\rho^2}{\Delta}(r')^2 - \rho^2(\vartheta')^2 + \frac{R^2}{\Delta\rho^2} - \frac{D^2}{s^2\rho^2}.$$

Beweis Der Vektor

$$\gamma' = t'\partial_t + r'\partial_r + \vartheta'\partial_\vartheta + \varphi'\partial_\varphi$$

lässt sich mit dem Orthonormalsystem $\partial_r, \partial_\vartheta, V, W$ als

$$\gamma' = r'\partial_r + \vartheta'\partial_\vartheta + \frac{g(\gamma', V)}{g(V, V)}V + \frac{g(\gamma', W)}{g(W, W)}W$$

schreiben. Folglich gilt

$$Q = g(\gamma', \gamma') = (r')^2 g(\partial_r, \partial_r) + (\vartheta')^2 g(\partial_\vartheta, \partial_\vartheta) + \frac{(g(\gamma', V))^2}{g(V, V)} + \frac{(g(\gamma', W))^2}{g(W, W)}$$

$$= -\frac{\rho^2}{\Delta}(r')^2 - \rho^2(\vartheta')^2 + \frac{R^2}{\Delta\rho^2} - \frac{D^2}{s^2\rho^2}.$$

Der nächste Satz ist beweistechnisch am aufwendigsten.

Satz 16.11

Für die Geodäte γ gilt

$$\rho^2(\rho^2\vartheta')' = -\frac{1}{2\vartheta'}\left(\frac{D^2}{s^2}\right)' + a^2 sc\, Q.$$

Beweis Im Beweis von Satz 10.3 hatten wir die Euler-Lagrange-Gleichungen für das Geodätenproblem bestimmt. In der damaligen Notation sind das die Euler-Gleichungen

$$\frac{1}{2}\left(\frac{\partial}{\partial x^i}g_{jk}\right)(\xi^j)'(\xi^k)' = \left(\frac{\partial}{\partial x^j}g_{ik}\right)(\xi^j)'(\xi^k)' + g_{ij}(\xi^j)''.$$

Die ϑ-Euler-Gleichung lautet

$$\frac{1}{2}\partial_\vartheta g_{tt}(t')^2 + \frac{1}{2}\partial_\vartheta g_{rr}(r')^2 + \frac{1}{2}\partial_\vartheta g_{\vartheta\vartheta}(\vartheta')^2 + \frac{1}{2}\partial_\vartheta g_{\varphi\varphi}(\varphi')^2 + \partial_\vartheta g_{t\varphi}t'\varphi'$$

$$= (\partial_t g_{\vartheta\vartheta}t' + \partial_r g_{\vartheta\vartheta}r' + \partial_\vartheta g_{\vartheta\vartheta}\vartheta' + \partial_\varphi g_{\vartheta\vartheta}\varphi')\vartheta' + g_{\vartheta\vartheta}\vartheta'' = (g_{\vartheta\vartheta}\vartheta')',$$

also

$$-(\rho^2\vartheta')' = A + B$$

mit

$$A = \frac{1}{2}(\partial_\vartheta g_{rr}(r')^2 + \partial_\vartheta g_{\vartheta\vartheta}(\vartheta')^2) = \frac{1}{2}\left(\frac{2a^2sc}{\Delta}(r')^2 + 2a^2sc(\vartheta')^2\right)$$

$$= a^2sc\left(\frac{(r')^2}{\Delta} + (\vartheta')^2\right) = \frac{a^2sc}{\rho^4}\left(\frac{R^2}{\Delta} - \frac{D^2}{s^2} - \rho^2 Q\right)$$

(Satz 16.10) und

$$B = \frac{1}{2}(\partial_\vartheta g_{tt}t' + \partial_\vartheta g_{t\varphi}\varphi')t' + \frac{1}{2}(\partial_\vartheta g_{t\varphi}t' + \partial_\vartheta g_{\varphi\varphi}\varphi')\varphi'$$

$$= \frac{1}{2}\left(\partial_\vartheta g_{tt}t' + \partial_\vartheta\left(-\frac{a^2+r^2}{a}g_{tt}\right)\varphi'\right)t'$$

$$+ \frac{1}{2}\left(\partial_\vartheta g_{t\varphi}t' + \partial_\vartheta\left(-\frac{a^2+r^2}{a}g_{t\varphi} - \Delta s^2\right)\varphi'\right)\varphi'$$

$$= \frac{1}{2a}\partial_\vartheta g_{tt}(at' - (a^2+r^2)\varphi')t' + \frac{1}{2a}\partial_\vartheta g_{t\varphi}(at' - (a^2+r^2)\varphi')\varphi' - \Delta sc(\varphi')^2$$

$$= \frac{1}{2a}(at' - (a^2+r^2)\varphi')(\partial_\vartheta g_{tt}t' + \partial_\vartheta g_{t\varphi}\varphi') - \Delta sc(\varphi')^2$$

$$= -\frac{D}{2as^2}C - \frac{\Delta sc}{\rho^4}\left(\frac{D}{s^2} + \frac{aR}{\Delta}\right)^2$$

(Satz 16.1(4) und (3), Sätze 16.8 und 16.9) mit

$$C = \partial_\vartheta g_{tt}t' + \partial_\vartheta g_{t\varphi}\varphi'$$

$$= \frac{1}{\rho^2}\partial_\vartheta g_{tt}(aD + (a^2+r^2)R/\Delta) + \frac{1}{\rho^2}\partial_\vartheta g_{t\varphi}(D/s^2 + aR/\Delta)$$

$$= \frac{D}{s^2\rho^2}(as^2\partial_\vartheta g_{tt} + \partial_\vartheta g_{t\varphi}) + \frac{R}{\Delta\rho^2}\partial_\vartheta(ag_{t\varphi} + (a^2+r^2)g_{tt})$$

$$= \frac{2acD}{s\rho^2}(1 - g_{tt}) + \frac{R}{\Delta\rho^2}\partial_\vartheta\Delta$$

$$= \frac{4ac\mu rD}{s\rho^4}$$

(Satz 16.9 und Satz 16.1(2) und (4)). Als Zwischenergebnis halten wir fest

$$-(\rho^2\vartheta')' = \frac{a^2sc}{\rho^4}\left(\frac{R^2}{\Delta} - \frac{D^2}{s^2} - \rho^2 Q\right) - \frac{2\mu rcD^2}{s^3\rho^4} - \frac{\Delta sc}{\rho^4}\left(\frac{D}{s^2} + \frac{aR}{\Delta}\right)^2 .$$

Durch Ausmultiplizieren des letzten Quadrates und Sortieren nach Potenzen von D erhalten wir

$$(\rho^2\vartheta')' = \frac{cD^2}{s^3\rho^4}(2\mu r + \Delta + a^2s^2) + \frac{2acDR}{s\rho^4} + \frac{a^2scQ}{\rho^2}$$

und weiter

$$(\rho^2\vartheta')' = \frac{cD}{s^3\rho^2}(D + 2as^2E) + \frac{a^2scQ}{\rho^2}$$

(Definition von Δ und $R = \rho^2E - aD$). Das ergibt unter Verwendung der Definition von D schließlich

$$\rho^2(\rho^2\vartheta')' = \frac{1}{s^4}(scD^2 - s^2D\partial_\vartheta D) + a^2scQ = -\frac{1}{2\vartheta'}\left(\frac{D^2}{s^2}\right)' + a^2scQ.$$

Theorem 16.12

Die beiden Seiten der Gleichung

$$\rho^4(\vartheta')^2 + a^2c^2Q + \frac{D^2}{s^2} = -\frac{\rho^4}{\Delta}(r')^2 - Qr^2 + \frac{R^2}{\Delta}$$

sind entlang der Geodäten γ konstant.

Beweis Die Gleichung entspricht Satz 16.10. Wir verifizieren die Konstanz der linken Seite. Mit Satz 16.11 erhalten wir

$$\left(\rho^4(\vartheta')^2 + a^2c^2Q + \frac{D^2}{s^2}\right)' = 2\rho^2\vartheta'(\rho^2\vartheta')' + \partial_\vartheta(a^2c^2Q)\vartheta' + \left(\frac{D^2}{s^2}\right)'$$

$$= 2\vartheta'\left(-\frac{1}{2\vartheta'}\left(\frac{D^2}{s^2}\right)' + a^2scQ\right) - 2a^2scQ\vartheta' + \left(\frac{D^2}{s^2}\right)'$$

$$= 0.$$

Definition 16.3

Die Carter-Konstante K ist die Erhaltungsgröße

$$K = \rho^4(\vartheta')^2 + a^2c^2Q + \frac{D^2}{s^2} = -\frac{\rho^4}{\Delta}(r')^2 - Qr^2 + \frac{R^2}{\Delta}. \qquad \blacklozenge$$

Die Bedeutung dieser vierten Erhaltungsgröße besteht darin, dass jetzt ein Differentialgleichungssystem für die Geodäte γ aufgeschrieben werden kann. Es besteht aus den beiden Gleichungen aus Satz 16.9 und den beiden Definitionsgleichungen für K.

Theorem 16.13

Die vier Koordinatenfunktionen der Geodäte γ genügen dem Differentialgleichungssystem

$$\rho^2t' = aD + (r^2 + a^2)R/\Delta$$
$$\rho^2\varphi' = D/s^2 + aR/\Delta$$
$$\rho^4(r')^2 = -\Delta(Qr^2 + K) + R^2$$
$$\rho^4(\vartheta')^2 = K - a^2c^2Q - D^2/s^2.$$

Aus gegebenen Anfangswerten von t, φ, r, ϑ und den Vorzeichen von r' und ϑ' lässt sich dann die Geodäte bestimmen.

Wir beschränken uns jetzt auf Bewegungen in der Äquatorialebene $\vartheta = \pi/2$. Dann entfällt die vierte Gleichung, die Carter-Konstante reduziert sich zu

$$K = D^2 = (L - aE)^2$$

und die Gleichungen für t', r', φ' lassen sich auf die physikalisch interpretierbaren Größen E (Energie) und L (Drehimpuls) zurückführen. Elementare Rechnung ergibt

$$t' = \frac{1}{\Delta}\left[\left(r^2 + a^2 + \frac{2\mu a^2}{r}\right)E - \frac{2\mu a}{r}L\right]$$

$$\varphi' = \frac{1}{\Delta}\left[\frac{2\mu a}{r}E + \left(1 - \frac{2\mu}{r}\right)L\right]$$

$$r^2(r')^2 = -\Delta + \frac{2\mu}{r}(L - aE)^2 + (r^2 + a^2)E^2 - L^2.$$

Wir untersuchen schließlich dieses Differentialgleichungssystem für ein Teilchen, das in der Äquatorialebene bei $r = \infty$ aus der Ruhlage $r' = \varphi' = \vartheta' = 0$ startet. Aus dieser Anfangsbedingung folgt $E = 1$ und $L = 0$. Die Gleichungen lauten dann

$$t' = (r^2 + a^2 + 2\mu a^2/r)/\Delta$$

$$\varphi' = (2\mu a/r)/\Delta$$

$$r' = -\sqrt{2\mu(r^2 + a^2)/r^3}.$$

Zur Interpretation dieser Gleichungen sei zunächst daran erinnert, dass die unabhängige Variable, auf die sich der Ableitungsstrich bezieht, die Eigenzeit des Teilchens (des mitgeführten Beobachters) ist. Das Teilchen fällt auf das Schwarze Loch zu, die Eigenzeit wächst, r fällt und φ wächst. Die rechte Seite der Gleichung für φ' zeigt, dass die Winkelgeschwindigkeit φ' sehr stark von r abhängt, für $r \searrow r_+$ geht sie sogar gegen ∞. Weil der Ausdruck Δ bei $r = r_+$ eine Polstelle hat, divergiert das uneigentliche Integral über φ' von r_+ bis zu irgendeiner oberen Grenze. Das heißt, dass das Teilchen unendlich viele Umrundungen bis zum Erreichen des Ereignishorizontes r_+ ausführt. Und das geschieht wegen der Stetigkeit des Ausdrucks für r' in endlicher Eigenzeit.

Ausblick auf die Stringtheorie 17

Inhaltsverzeichnis

17.1 Quantentheorie kontra Relativitätstheorie

Es ist schon immer ein Wunschtraum der Physiker, alle physikalischen Erscheinungen der Welt in einer einzigen allumfassenden Theorie zu beschreiben. Dann müssten sich alle physikalischen Erscheinungen deduktiv aus dieser Theorie ableiten lassen. Leider ist die Allgemeine Relativitätstheorie dafür nicht geeignet, wie die folgenden Erklärungen zeigen.

Ein zentrales Ergebnis der auf die Mikrowelt gezielten Quantentheorie ist die Heisenbergsche Unschärferelation. Das ist die Ungleichung

$$\Delta x \Delta p \geq ah.$$

Dabei ist im Rahmen eines Experiments Δx der maximal mögliche Abstand von zwei gemessenen Positionen eines Teilchens, Δp das Entsprechende den Impuls dieses Teilchens betreffend, h das Plancksche Wirkungsquantum und a eine feste positive Zahl. Insbesondere heißt das, dass die Messergebnisse $\Delta x = 0$ und $\Delta p = 0$ nicht möglich sind. Solche präzisen Messungen von Position und Impuls eines Teilchens würden der Relativitätstheorie aber nicht widersprechen. Also lässt sich die Heisenbergsche Unschärferelation nicht aus der Relativitätstheorie ableiten. Die Relativitätstheorie ist deshalb keine die gesamten physikalischen Phänomene beschreibende Theorie.

Ein erfolgversprechender Versuch, diesen Mangel zu beheben, besteht darin, sich von der Vorstellung zu lösen, dass Elementarteilchen punktförmig sind.

© Springer-Verlag GmbH Deutschland, ein Teil von Springer Nature 2018
R. Oloff, *Geometrie der Raumzeit*, https://doi.org/10.1007/978-3-662-56737-1_17

17.2 Elementarteilchen als Strings

In der klassischen Physik fasst man ein Elementarteilchen zum Zeitpunkt t als einen Punkt im dreidimensionalen Raum $\mathbb{R}^3$ auf. In der Stringtheorie dagegen ist ein Elementarteilchen zum Zeitpunkt t ein (extrem kurzes) Fädchen in $\mathbb{R}^d$. Jeder Typ Elementarteilchen (Leptonen, Hadionen. Quarks, ...) hat eine bestimmte Form. Der dreidimensionale Raum $\mathbb{R}^3$ ist zu klein, um sie alle unterzubringen. Die natürliche Zahl $d > 3$ ist in den verschiedenen Versionen der Stringtheorie unterschiedlich. In der Standardversion gilt $d = 9$, in der M-Theorie $d = 10$.

In der Relativitätstheorie bewegt sich ein punktförmiges Teilchen entlang einer Kurve in der Raumzeit M, beschrieben mit einer Funktion $\gamma\colon \mathbb{R} \to M$. Dazu gehört zu jedem Zeitpunkt t ein zukunftsweisender zeitartiger Tangentenvektor $\gamma'(t)$ mit

$$g(\gamma'(t), \gamma'(t)) = 1,$$

der einer differenzierbaren Funktion f die Zahl

$$\gamma'(t)f = (f \circ \gamma)'(t)$$

zuordnet.

In der Stringtheorie ist das Teilchen ein Fädchen der Länge s_l, das sich in der Raumzeit M bewegt. Die diese Bewegung beschreibende M-wertige Funktion γ hat deshalb zwei Variablen, neben der Zeit $t \in \mathbb{R}$ noch eine Variable $s \in [0, s_l]$, die in Form einer Parameterdarstellung die Position des Fädchens zum Zeitpunkt t beschreibt. Das gibt neben dem durch

$$\gamma'f = \frac{\partial}{\partial s}(f \circ \gamma)$$

charakterisierten Tangentenvektor γ' Anlass zu dem raumartigen Tangentenvektor $\dot{\gamma}$, charakterisiert durch

$$\dot{\gamma}f = \frac{\partial}{\partial t}(f \circ \gamma).$$

Der String überstreicht im Zeitintervall $t_1 \le t \le t_2$ eine (extrem schmale) Fläche in der Raumzeit mit der Parameterdarstellung $\gamma(s, t)$ mit $t \in [t_1, t_2]$ und $s \in [0, s_l]$. Wir interessieren uns jetzt hier für die Größe dieser Fläche.

In der klassischen Analysis wird geklärt, wie man den Flächeninhalt einer gekrümmten glatten Fläche im Raum $\mathbb{R}^3$ mit den kartesischen Koordinaten x, y, z berechnet, die durch eine Parameterdarstellung $x(s, t)$, $y(s, t)$, $z(s, t)$ gegeben ist: Man hat die Funktion $\sqrt{EG - F^2}$ über die Parametermenge zu integrieren. Dabei ist E das Quadrat der Länge des Vektors $(\frac{\partial x}{\partial s}, \frac{\partial y}{\partial s}, \frac{\partial z}{\partial s})$, G das Quadrat der Länge des Vektors $(\frac{\partial x}{\partial t}, \frac{\partial y}{\partial t}, \frac{\partial z}{\partial t})$ und F das Skalarprodukt dieser beiden Vektoren. Wenn wir die Länge von Vektoren und das Skalarprodukt mit dem Tensor g formulieren, würde der Integrand in unserem Kontext auf die Quadratwurzel des Ausdruckes

$$g(\gamma)(\dot{\gamma}, \dot{\gamma})g(\gamma)(\gamma', \gamma') - (g(\gamma)(\dot{\gamma}, \gamma'))^2$$

hinauslaufen. Zu beachten ist hier aber, dass die Raumzeit kein euklidischer Raum ist und Vektoren auch eine negative Länge, ausgedrückt mit dem Tensor g, haben können. Tatsächlich ist der hier formulierte Ausdruck für alle s und t negativ. Das lässt sich folgendermaßen begründen: Für jedes Zahlenpaar (s, t) ist der Graph der auf $\mathbb{R}$ gegebenen Funktion

$$h(\lambda) = g(\gamma)(\gamma' + \lambda\dot{\gamma}, \gamma' + \lambda\dot{\gamma}) = g(\gamma)(\gamma', \gamma') + 2\lambda g(\gamma)(\gamma', \dot{\gamma}) + \lambda^2 g(\gamma)(\dot{\gamma}, \dot{\gamma})$$

wegen $g(\gamma)(\dot{\gamma}, \dot{\gamma}) < 0$ eine nach unten geöffnete Parabel. Wegen

$$h(0) = g(\gamma)(\gamma', \gamma') > 0$$

hat die Funktion h dann zwei verschiedene Nullstellen. Die Lösungsformel für die quadratische Gleichung

$$0 = \frac{h(\lambda)}{g(\gamma)(\dot{\gamma}, \dot{\gamma})} = \lambda^2 + 2\frac{g(\gamma)(\gamma', \dot{\gamma})}{g(\gamma)(\dot{\gamma}, \dot{\gamma})} + \frac{g(\gamma)(\gamma', \gamma')}{g(\gamma)(\dot{\gamma}, \dot{\gamma})}$$

erfordert die Ungleichung

$$\left(\frac{g(\gamma)(\gamma', \dot{\gamma})}{g(\gamma)(\dot{\gamma}, \dot{\gamma})}\right)^2 - \frac{g(\gamma)(\gamma', \gamma')}{g(\gamma)(\dot{\gamma}, \dot{\gamma})} > 0,$$

also

$$(g(\gamma)(\gamma', \dot{\gamma}))^2 - g(\gamma)(\gamma', \gamma')g(\gamma)(\dot{\gamma}, \dot{\gamma}) > 0.$$

17.3 Das Extremalprinzip

In Abschn. 10.1 hatten wir postuliert, dass für die Gleichung $\gamma \colon [t_1, t_2] \to M$ einer kräftefreien Bewegung eines (punktförmigen) Teilchens in der Raumzeit M vom Punkt P zum Punkt Q das Integral

$$\int_{t_1}^{t_2} \sqrt{g(\gamma(t))(\gamma'(t), \gamma'(t))}\, dt$$

mit $\gamma(t_1) = P$ und $\gamma(t_2) = Q$ maximal ist. In der Stringtheorie wird postuliert, dass für die Gleichung $\gamma \colon [0, s_l] \times [t_1, t_2] \to M$ einer kräftefreien Bewegung eines Teilchens der Flächeninhalt

$$\int_{t_1}^{t_2} \int_{0}^{s_l} \sqrt{(g(\gamma)(\dot{\gamma}, \gamma'))^2 - g(\gamma)(\dot{\gamma}, \dot{\gamma})g(\gamma)(\gamma', \gamma')}\, ds\, dt$$

der Fläche, die der String überstreicht, minimal ist. Um aus diesem Extremalprinzip Eigenschaften der Bewegungsgleichung γ abzuleiten, müssen wir die Variationsrechnung auf das Integral

$$\int\limits_{t_1}^{t_2} \int\limits_{0}^{s_l} L(s,t)\, ds\, dt$$

mit dem Integranden

$$L(s,t) = \sqrt{(g(\gamma)(\dot\gamma,\gamma'))^2 - g(\gamma)(\dot\gamma,\dot\gamma)g(\gamma)(\gamma',\gamma')}$$

anwenden. Zu beliebig gewählter differenzierbarer Abbildung

$$\eta\colon [0,s_l] \times [t_1,t_2] \to M$$

formulieren wir die Funktion

$$h(\varepsilon) = \int\limits_{t_1}^{t_2} \int\limits_{0}^{s_l} \sqrt{(a(s,t,\varepsilon))^2 - b(s,t,\varepsilon)c(s,t,\varepsilon)}\, ds\, dt$$

mit

$$a(s,t,\varepsilon) = g(\gamma + \varepsilon\eta)(\dot\gamma + \varepsilon\dot\eta, \gamma' + \varepsilon\eta')$$
$$b(s,t,\varepsilon) = g(\gamma + \varepsilon\eta)(\dot\gamma + \varepsilon\dot\eta, \dot\gamma + \varepsilon\dot\eta)$$
$$c(s,t,\varepsilon) = g(\gamma + \varepsilon\eta)(\gamma' + \varepsilon\eta', \gamma' + \varepsilon\eta').$$

Das Extremalprinzip impliziert $\frac{dh}{d\varepsilon}(0) = 0$. Zur Darstellung von $\frac{dh}{d\varepsilon}(0)$ benötigen wir die partielle Ableitung von $a^2 - bc$ nach ε für $\varepsilon = 0$. Wegen der Bilinearität der Metrik g gilt

$$a = g(\dot\gamma,\gamma') + \varepsilon g(\dot\gamma,\eta') + \varepsilon g(\gamma',\dot\eta) + \varepsilon^2 g(\dot\eta,\eta')$$
$$b = g(\dot\gamma,\dot\gamma) + 2\varepsilon g(\dot\gamma,\dot\eta) + \varepsilon^2 g(\dot\eta,\dot\eta)$$
$$c = g(\gamma',\gamma') + 2\varepsilon g(\gamma',\eta') + \varepsilon^2 g(\eta',\eta'),$$

insgesamt also

$$\begin{aligned}
a^2 - bc = {} & (g(\dot\gamma,\gamma'))^2 - g(\dot\gamma,\dot\gamma)g(\gamma',\gamma') + 2\varepsilon g(\dot\gamma,\gamma')g(\dot\gamma,\eta') \\
& + 2\varepsilon g(\dot\gamma,\gamma')g(\gamma',\dot\eta) - 2\varepsilon g(\dot\gamma,\dot\gamma)g(\gamma',\eta') - 2\varepsilon g(\gamma',\gamma')g(\dot\gamma,\dot\eta) \\
& + 2\varepsilon^2 g(\dot\gamma,\gamma')g(\dot\eta,\eta') + 2\varepsilon^2 g(\dot\gamma,\eta')g(\gamma',\dot\eta) + \cdots
\end{aligned}$$

Glücklicherweise brauchen wir bei der Berechnung von $\frac{d}{d\varepsilon}(a^2 - bc)$ an der Stelle $\varepsilon = 0$ nur die ersten sechs Summanden in der Darstellung von $a^2 - bc$ bearbeiten, denn die Ableitungen der anderen Summanden werden spätestens nach dem Einsetzen von $\varepsilon = 0$ zu Null. Für den ersten Summanden

$$(g(\dot{\gamma}, \gamma'))^2 = \left[\sum_{i,k} g_{ik}(\gamma + \varepsilon\eta)(\dot{\gamma})^i (\gamma')^k\right]^2$$

gilt

$$\frac{\partial}{\partial\varepsilon}\left(g(\dot{\gamma}, \gamma')\right)^2\bigg|_{\varepsilon=0} = 2g(\dot{\gamma}, \gamma')\sum_{i,j,k}\frac{\partial g_{ik}}{\partial x_j}(\gamma)(\dot{\gamma})^i (\gamma')^k \eta^j$$

und für den zweiten Summanden

$$g(\dot{\gamma}, \dot{\gamma})g(\gamma', \gamma') = \left[\sum_{i,k} g_{ik}(\gamma + \varepsilon\eta)(\dot{\gamma})^i (\dot{\gamma})^k\right]\left[\sum_{i,k} g_{ik}(\gamma + \varepsilon\eta)(\gamma')^i (\gamma')^k\right]$$

ergibt sich

$$\frac{\partial}{\partial\varepsilon}g(\dot{\gamma}, \dot{\gamma})g(\gamma', \gamma')\bigg|_{\varepsilon=0} = g(\gamma)(\dot{\gamma}, \dot{\gamma})\sum_{i,j,k}\frac{\partial g_{ik}}{\partial x_j}(\gamma)(\gamma')^i (\gamma')^k \eta^j$$

$$+ g(\gamma)(\gamma', \gamma')\sum_{i,j,k}\frac{\partial g_{ik}}{\partial x_j}(\gamma)(\dot{\gamma})^i (\dot{\gamma})^k \eta^j.$$

Von den Summanden Nummer drei bis sechs ist

$$\frac{\partial}{\partial\varepsilon}\varepsilon g(\dot{\gamma}, \gamma')g(\dot{\gamma}, \eta')\bigg|_{\varepsilon=0} = g(\dot{\gamma}, \gamma')g(\dot{\gamma}, \eta')$$

$$\frac{\partial}{\partial\varepsilon}\varepsilon g(\dot{\gamma}, \gamma')g(\gamma', \dot{\eta})\bigg|_{\varepsilon=0} = g(\dot{\gamma}, \gamma')g(\gamma', \dot{\eta})$$

$$\frac{\partial}{\partial\varepsilon}\varepsilon g(\dot{\gamma}, \dot{\gamma})g(\gamma', \eta')\bigg|_{\varepsilon=0} = g(\dot{\gamma}, \dot{\gamma})g(\gamma', \eta')$$

$$\frac{\partial}{\partial\varepsilon}\varepsilon g(\gamma', \gamma')g(\dot{\gamma}, \dot{\eta})\bigg|_{\varepsilon=0} = g(\gamma', \gamma')g(\dot{\gamma}, \dot{\eta})$$

abzulesen. Wir fassen zusammen

$$\frac{\partial}{\partial \varepsilon}(a^2 - bc)\Big|_{\varepsilon=0} = 2g(\dot{\gamma}, \gamma') \sum_{i,j,k} \frac{\partial g_{ik}}{\partial x_j}(\gamma)(\dot{\gamma})^i (\gamma')^k \eta^j$$

$$- g(\gamma)(\dot{\gamma}, \dot{\gamma}) \sum_{i,j,k} \frac{\partial g_{ik}}{\partial x_j}(\gamma)(\gamma')^i (\gamma')^k \eta^j$$

$$- g(\gamma)(\gamma', \gamma') \sum_{i,j,k} \frac{\partial g_{ik}}{\partial x_j}(\gamma)(\dot{\gamma})^i (\dot{\gamma})^k \eta^j$$

$$+ 2g(\gamma)(\dot{\gamma}, \gamma')g(\gamma)(\dot{\gamma}, \eta')$$

$$+ 2g(\gamma)(\dot{\gamma}, \gamma')g(\gamma)(\gamma', \dot{\eta})$$

$$- 2g(\gamma)(\dot{\gamma}, \dot{\gamma})g(\gamma)(\gamma', \eta')$$

$$- 2g(\gamma)(\gamma', \gamma')g(\gamma)(\dot{\gamma}, \dot{\eta}).$$

Wir können uns jetzt auf den Standpunkt zurückziehen, dass für die Metrikkoeffizienten $g_{ik} = 0$ für $i \neq k$, $g_{00} = 1$ und $g_{ii} = -1$ für $i > 0$ gilt. Dann sind insbesondere die partiellen Ableitungen der g_{ik} Null. Damit erhalten wir

$$0 = \frac{dh}{d\varepsilon}(0) = \int_{t_1}^{t_2} \int_0^{s_l} \frac{\partial}{\partial \varepsilon} \sqrt{a^2 - bc}\Big|_{\varepsilon=0} ds dt = \int_{t_1}^{t_2} \int_0^{s_l} \frac{\frac{1}{2}\frac{\partial}{\partial \varepsilon}(a^2 - bc)}{\sqrt{a^2 - bc}}\Big|_{\varepsilon=0} ds dt$$

$$= \int_{t_1}^{t_2} \int_0^{s_l} \frac{g(\dot{\gamma}, \gamma')g(\dot{\gamma}, \eta') + g(\dot{\gamma}, \gamma')g(\gamma', \dot{\eta}) - g(\dot{\gamma}, \dot{\gamma})g(\gamma', \eta') - g(\gamma', \gamma')g(\dot{\gamma}, \dot{\eta})}{\sqrt{a^2 - bc}} ds dt.$$

Das gilt für alle M-wertigen stückweise stetig differenzierbaren Funktionen η auf $[t_1, t_2] \times [0, s_l]$, insbesondere für solche, die nur eine m-te Komponente η^m haben und für die $\eta^m(t_1) = 0 = \eta^m(t_2)$ gilt. Für solche η erhalten wir

$$0 = \int_{t_1}^{t_2} \int_0^{s_l} \frac{g(\dot{\gamma}, \gamma')(\gamma^m)' - g(\dot{\gamma}, \dot{\gamma})(\gamma^m)'}{\sqrt{a^2 - bc}}(\eta^m)' ds dt$$

$$+ \int_0^{s_l} \int_{t_1}^{t_2} \frac{g(\dot{\gamma}, \gamma')(\gamma^m)' - g(\gamma', \gamma')(\gamma^m)^{\cdot}}{\sqrt{a^2 - bc}}(\eta^m)^{\cdot} dt ds.$$

Die inneren Integrale lassen sich durch partielle Integration umformen zu

$$\int_0^{s_l} \frac{g(\dot{\gamma}, \gamma')(\gamma^m)^{\boldsymbol{\cdot}} - g(\dot{\gamma}, \dot{\gamma})(\gamma^m)'}{\sqrt{a^2 - bc}} (\eta^m)' \, ds$$

$$= -\int_0^{s_l} \frac{\partial}{\partial s} \frac{g(\dot{\gamma}, \gamma')(\gamma^m)^{\boldsymbol{\cdot}} - g(\dot{\gamma}, \dot{\gamma})(\gamma^m)'}{\sqrt{a^2 - bc}} \eta^m \, ds$$

und

$$\int_{t_1}^{t_2} \frac{g(\dot{\gamma}, \gamma')(\gamma^m)' - g(\gamma', \gamma')(\gamma^m)^{\boldsymbol{\cdot}}}{\sqrt{a^2 - bc}} (\eta^m)^{\boldsymbol{\cdot}} \, dt$$

$$= -\int_{t_1}^{t_2} \frac{\partial}{\partial t} \frac{g(\dot{\gamma}, \gamma')(\gamma^m)' - g(\gamma', \gamma')(\gamma^m)^{\boldsymbol{\cdot}}}{\sqrt{a^2 - bc}} \eta^m \, dt.$$

Damit haben wir die Gleichung

$$\int_{t_1}^{t_2} \int_0^{s_l} \left(\frac{\partial}{\partial t} \frac{g(\dot{\gamma}, \gamma')(\gamma^m)' - g(\gamma', \gamma')(\gamma^m)^{\boldsymbol{\cdot}}}{\sqrt{a^2 - bc}} \right.$$
$$\left. + \frac{\partial}{\partial s} \frac{g(\dot{\gamma}, \gamma')(\gamma^m)^{\boldsymbol{\cdot}} - g(\dot{\gamma}, \dot{\gamma})(\gamma^m)'}{\sqrt{a^2 - bc}} \right) \eta^m \, ds \, dt = 0$$

erhalten. Da diese Gleichung für alle im formulierten Rahmen gewählten η gelten muss, kann das nur darauf beruhen, dass der Integrand konstant Null ist. Dadurch haben wir als Lösung des formulierten Extremalproblems die Eigenschaft

$$\frac{\partial}{\partial t} \frac{g(\dot{\gamma}, \gamma')(\gamma^m)' - g(\gamma', \gamma')(\gamma^m)^{\boldsymbol{\cdot}}}{\sqrt{(g(\dot{\gamma}, \gamma'))^2 - g(\dot{\gamma}, \dot{\gamma})g(\gamma', \gamma')}} + \frac{\partial}{\partial s} \frac{g(\dot{\gamma}, \gamma')(\gamma^m)^{\boldsymbol{\cdot}} - g(\dot{\gamma}, \dot{\gamma})(\gamma^m)'}{\sqrt{(g(\dot{\gamma}, \gamma'))^2 - g(\dot{\gamma}, \dot{\gamma})g(\gamma', \gamma')}} = 0$$

der Gleichung γ der kräftefreien Bewegung eines Strings erhalten.

Literatur

[AMR]   Abraham, R., Marsden, J.E., Ratiu, T.: Manifolds, Tensor Analysis, and Applications. Springer (1983)

[B]   Berry, M.: Kosmologie und Gravitation. Teubner (1990)

[BG]   Bishop, R.L., Goldberg, S.J.: Tensor Analysis on Manifolds. Macmillan (1968)

[Ch]   Chandrasekhar, S.: The Mathematical Theory of Black Holes. Clarendon Press, Oxford (1998)

[D]   Dirschmid, H.J.: Tensoren und Felder. Springer (1996)

[F]   Fliessbach, T.: Allgemeine Relativitätstheorie. Bibl.Inst. (1990)

[G]   Goenner, H.: Einführung in die spezielle und allgemeine Relativitätstheorie. Spektrum (1996)

[HE]   Hawking, S.W., Ellis, G.F.R.: The Large Scale Structure of Space-Time. Cambridge University Press (1973)

[dI]   d'Inverno, R.: Einführung in die Relativitätstheorie. VCH (1995)

[J]   Jänich, K.: Vektoranalysis. Springer (1992)

[LL]   Landau, L.D., Lifschitz, E.M.: Hydrodynamik. Lehrbuch der theoretischen Physik, Bd. VI. Akademie-Verlag (1991)

[L]   Luminet, J.-P.: Schwarze Löcher. Vieweg (1997)

[Me]   v. Meyenn, K.: Albert Einsteins Relativitätstheorie. Vieweg (1990)

[Mi]   Michor, P.: *Differentialgeometrie*, Vorlesungsausarbeitung. Wien (1983)

[MTW]   Miesner, C.W., Thorne, K.S., Wheeler, J.A.: Gravitation. Freeman (1973)

[oN1]   o'Neill, B.: Semi-Riemannian Geometry. Academic Press (1983)

[oN2]   o'Neill, B.: The Geometry of Kerr Black Holes. Peters (1995)

[R]   Ruder, H., Ruder, M.: Die Spezielle Relativitätstheorie. Vieweg (1993)

[SW]   Sachs, R.K., Wu, H.: General Relativity for Mathematicians. Springer (1977)

[Schm]   Schmutzer, E.: Relativitätstheorie – aktuell. Teubner (1979)

[Schr]   Schröder, U.E.: Spezielle Relativitätstheorie. Harry Deutsch (1981)

[SU]   Sexl, R.U., Urbantke, H.K.: Gravitation und Kosmologie. Bibl.Inst. (1983)

[Ste]   Stephani, H.: Allgemeine Relativitätstheorie. Verl.d.Wiss. (1977)

[Str]   Straumann, N.: General Relativity and Relativistic Astrophysics. Springer (1984)

[T]   Triebel, H.: Analysis und Mathematische Physik. Teubner (1981)

[War]   Warner, F.W.: Foundation of Differentiable Manifolds and Lie-Groups. Springer (1983)

[Was]   Wasserman, R.H.: Tensors and Manifolds. Oxford University Press (1992)

[We]   Weyl, H.: Raum–Zeit–Materie. Springer (1918)

[Z]   Zwiebach, B.: A First Course in String Theory. Cambridge University Press (2004)

© Springer-Verlag GmbH Deutschland, ein Teil von Springer Nature 2018
R. Oloff, *Geometrie der Raumzeit*, https://doi.org/10.1007/978-3-662-56737-1

Sachverzeichnis

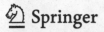

Printed in the United States
By Bookmasters